高等院校物理类规划教材

理论物理概论

下册

胡承正　缪灵　周详　编著

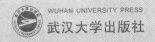
武汉大学出版社

图书在版编目(CIP)数据

理论物理概论.下/胡承正,缪灵,周详编著.—武汉：武汉大学出版社,2011.10
高等院校物理类规划教材
ISBN 978-7-307-09129-0

Ⅰ.理… Ⅱ.①胡… ②缪… ③周… Ⅲ.理论物理学—高等学校—教材 Ⅳ.O41

中国版本图书馆 CIP 数据核字(2011)第 168366 号

责任编辑：任仕元　史新奎　　责任校对：刘　欣　　版式设计：马　佳

出版发行：武汉大学出版社　　（430072　武昌　珞珈山）
（电子邮件：cbs22@whu.edu.cn　网址：www.wdp.com.cn）
印刷：通山金地印务有限公司
开本：720×1000　1/16　　印张：22　字数：380 千字　　插页：1
版次：2011 年 10 月第 1 版　　2011 年 10 月第 1 次印刷
ISBN 978-7-307-09129-0/O·456　　定价：33.00 元

版权所有，不得翻印；凡购我社的图书，如有质量问题，请与当地图书销售部门联系调换。

序

理论物理包括理论力学、电动力学、热力学与统计物理学、量子力学，俗称"四大力学"。它是物理类本科生极为重要的专业基础课程，难度也比较大。对于非物理类理工科（特别是应用物理专业）学生，由于以后所从事的工作和在校学时的安排，他们既需要学习这方面的所有核心知识点和主要内容，又无须学得过深、过细，且难度上也应有所降低。因此，在高等院校的物理教学中通常都把它整合成一门课程（即理论物理）予以讲授。不过，适合理论物理这门课程的教材却不多见。国内外已出版的同类著作虽然也有一些，但有的过于专深；有的虽简单，但大多是将传统的四大力学内容压缩后分开编写的。本教材的编写立足于将理论物理看做一个整体，注重将四大力学有机地结合，内容上包括四大力学的基本概念、理论和方法，程度上又便于非物理类理工科学生接受。

学生在学习新知识时往往会遇到要利用所学过的知识作基础的情况，然而以前学过的概念、定理却不一定能直接导出所涉及的内容。比如：热力学与统计物理学中双原子分子的转动能就要利用到理论力学中转动的知识。双原子分子的转动可以视为一个自由转子，属二维刚体（刚性杆）的定点转动，但理论力学中刚体的转动能是用三个欧拉角表示的，属三维刚体的定点转动，这就需要将后者化简成前者。另外，刚体的转动能在理论力学中通常写成角速度的函数，但双原子分子的转动能却要表示成广义动量的形式，这就需要利用理论力学中广义坐标和广义动量的定义式。经过以上两步才能得到恰当的双原子分子转动能的表示式。当然，这样的推导在将四大力学分开单独出版发行的教材中是难以找到的。这一来是它们的作者各不相同，二来是各不相同的作者追求的是自成体系，而非彼此间的联系。这样的推导在将四大力学整合成一门理论物理课程出版发行的教材中也是难以找到的。这是因为过于专深的教材不屑于此，而相对浅显的教材又未顾及此。本教材将尽可能弥补这些方面的不足或遗憾，借以让那些喜欢打破沙锅问到底的读者对此类问题搜索的结果不再是空白。

本教材作者无意追求涵盖面之广博，论述点之高深，而力争做到使讲授者易教，学习者易学，阅读者易懂。

作者

2011 年 8 月

于武汉珞珈山

前　言

理论力学、电动力学、热力学与统计物理学、量子力学是物理类本科生极为重要的四门专业基础课程，理论性强，难度大。为了使非物理类理工科学生既学习了这方面的理论和方法，又略去不必要的内容和适当降低难度，在高等院校的物理教学中通常都把它整合成一门课程，即理论物理予以讲授。本书的编写立足于把理论物理看做一个整体，注重将四大力学有机地结合，内容上包括四大力学的基本概念、理论和方法，程度上便于非物理类理工科学生接受。

（1）本书分上、下两册，以便于讲授者根据专业具体情况有选择地教学。上册介绍基本理论，内容包括牛顿力学、热现象的基本规律、电磁理论、狭义相对论、量子力学初步、近独立粒子体系及其分布。下册是这些理论的综合、提高与应用，内容包括分析力学、振动与转动、微扰与跃迁、经典与量子理想气体、原子与原子核、万有引力与天体。

（2）本书无意追求内容之广博、论证之深奥，而力求将基本理论讲清楚，将实际应用讲明白，将计算推导讲细致；争取做到使讲授者易教，学习者易学，阅读者易懂。

（3）本书各章结尾处均配有相关的示范性例题和难易程度不等的习题，以帮助读者加深对所学知识的理解。

（4）本书还安排了一些对应的阅读材料来介绍对物理学的发展作出过重要贡献的人物以及物理学的进步对社会和人类生活的巨大影响。希望读者能从中得到启发，受到教益。

（5）为了配合讲授、学习和阅读，本套教材还有配套的包含各章重点、难点及全部习题题解的《理论物理概论学习指导书》。

（6）随着教材的使用和推广，还将在广泛征求意见的基础上推出与本套教材配套的多媒体电子课件。真诚地欢迎使用本套教材的广大老师和读者与作者或出版社联系，多提宝贵意见，多谈教学心得体会，多提供课件素材。

本书的出版是与武汉大学出版社、武汉大学教务部、武汉大学物理科学与技术学院的支持分不开的。在此，作者对为本书能够得以出版提供过帮助的领导和同仁致以衷心的谢意。作者特别感谢武汉大学出版社任仕元老师为本书出版所付出的辛劳。

由于水平有限，书中难免有不当或疏漏之处，恳请读者批评指正。

2011 年 8 月

目 录

下 册

第7章 分析力学 ································· 1
  7.1 虚功原理 ································· 1
  7.2 达朗贝尔原理 ····························· 3
  7.3 拉格朗日方程 ····························· 4
  7.4 哈密顿正则方程 ··························· 8
  7.5 哈密顿原理 ······························· 10
  7.6 电磁场中带电粒子的拉格朗日函数和哈密顿函数 ······ 17
  7.7 电磁场的拉格朗日函数和哈密顿函数 ············· 20
  7.8 例题 ····································· 23
  阅读材料：分析力学的建立 ······················ 29
  习题7 ······································· 31

第8章 振动与转动 ································· 38
  8.1 简单振动 ································· 38
  8.2 复杂振动 ································· 43
  8.3 保守系的微振动 ··························· 48
  8.4 刚体的运动 ······························· 52
  8.5 刚体动力学 ······························· 58
  8.6 陀螺的运动 ······························· 64
  8.7 角动量的耦合 ····························· 73
  8.8 例题 ····································· 82
  阅读材料：陀螺及其应用 ························ 88
  习题8 ······································· 89

1

第 9 章 碰撞与散射 ·········· 97
9.1 宏观物体的碰撞 ·········· 97
9.2 碰撞对运动刚体的作用 ·········· 100
9.3 微观粒子的散射 ·········· 102
9.4 分波法与刚球散射 ·········· 104
9.5 玻恩近似及其适用范围 ·········· 110
9.6 全同粒子的散射 ·········· 115
9.7 质心坐标系与实验室坐标系 ·········· 117
9.8 例题 ·········· 119
阅读材料：激光及其应用 ·········· 125
习题 9 ·········· 130

第 10 章 经典与量子理想气体 ·········· 134
10.1 气体的热容 ·········· 134
10.2 固体的热容 ·········· 141
*10.3 顺磁性物质 ·········· 147
10.4 热辐射与光子气体 ·········· 150
10.5 玻色气体的性质 ·········· 154
10.6 费米气体的性质 ·········· 158
10.7 分子场近似与布喇格-威伦姆斯近似 ·········· 162
*10.8 系综理论 ·········· 167
10.9 例题 ·········· 178
阅读材料：激光冷却中性原子与玻色-爱因斯坦凝聚 ·········· 185
习题 10 ·········· 187

第 11 章 原子与原子核 ·········· 194
11.1 原子的一般特性 ·········· 194
11.2 玻尔的原子理论 ·········· 202
11.3 原子的谱项和磁矩 ·········· 210
11.4 原子的光谱 ·········· 217
11.5 原子的壳层结构和元素周期表 ·········· 226

11.6　原子核的基本性质 …… 229
11.7　核力与核反应 …… 233
11.8　原子核结构 …… 242
11.9　基本粒子 …… 247
11.10　例题 …… 253
阅读材料：玻尔与玻尔研究所 …… 257
习题 11 …… 259

第 12 章　万有引力与天体 …… 264

12.1　万有引力 …… 264
12.2　太阳系 …… 268
12.3　恒星世界 …… 278
12.4　宇宙空间 …… 287
12.5　例题 …… 294
阅读材料：人类航空航天之路 …… 302
习题 12 …… 308

附录 A　常用物理和天体物理常数 …… 311
附录 B　原子在基态时的电子组态 …… 313
附录 C　元素周期表 …… 318
附录 D　一些核素的性质 …… 319
附录 E.1　新一层次的"基本粒子表" …… 326
附录 E.2　介子表 …… 328
附录 E.3　重子表 …… 330
附录 F　太阳系行星的一些性质 …… 332
附录 G　25 颗亮星星表 …… 333
附录 H　诺贝尔物理学奖（1901—2010） …… 335
主要参考书目 …… 342

第 7 章 分析力学

本章内容包括虚功原理、达朗贝尔原理、拉格朗日运动方程和哈密顿运动方程等。

7.1 虚功原理

至此,我们已经介绍了力学的基本内容,它以牛顿运动定律为基础,数学上运用欧几里得几何方法来研究力学问题。力学中的这一大理论体系通常称为牛顿力学。不过,在一些比较复杂的力学问题中,比如受约束系统,单纯运用几何方法往往显得十分不便。18 世纪末,拉格朗日在其著作《分析力学》中阐述了用数学分析方法来处理力学问题的另一大理论体系,通常称为分析力学。分析力学不但为处理复杂的力学问题开辟了便捷的途径,而且为许多研究非力学问题的物理领域提供了可供理论推广的框架。下面我们对分析力学的主要内容予以简介。

7.1.1 实位移与虚位移

设质点位矢随时间的变化为 $r=r(t)$,则在无限短时间 dt 内,质点位移为 $dr=\dot{r}dt$。这种由于运动质点实际上所作的位移叫实位移。如果我们设想在某一时刻质点在约束许可的条件下产生一微小位移,那么这种设想的而并非因为时间改变质点所作的位移叫做虚位移。虚位移用变分符号 δ 表示,记以 δr,以区别于实位移 dr。由于虚位移是在约束许可的条件下质点的假想位移,在不破坏约束条件下具有任意性,因此,一般虚位移可有任意多个。而实位移是质点实际发生的位移,一般只有一个。对于稳定约束,约束不随时间改变,质点运动时段 dt 内的约束与 t 时刻的约束相同,实位移与虚位移中的某一个重合。但对于不稳定约束,实位移与虚位移一般并非一致。

7.1.2 虚功原理

考虑由 n 个质点组成的质点系受到 k 个稳定不可解约束①，平衡时有

$$F_i + N_i = 0 \quad (i = 1, 2, \cdots, n) \tag{7.1.1}$$

式中：F_i 是作用在第 i 个质点上的作用力，N_i 是作用在第 i 个质点上约束力。两边同时点乘第 i 个质点的虚位移 δr_i 得

$$F_i \cdot \delta r_i + N_i \cdot \delta r_i = 0 \quad (i = 1, 2, \cdots, n) \tag{7.1.2}$$

将上式对指标 i 求和给出

$$\sum_{i=1}^{n} F_i \cdot \delta r_i + \sum_{i=1}^{n} N_i \cdot \delta r_i = 0 \tag{7.1.3}$$

式(7.1.3)左边第一项表示所有主动力做的虚功(力在虚位移下所做的功叫虚功，记为 δW)，第二项表示所有约束力做的虚功。如果质点系所受的约束力在任意虚位移上所做的虚功为零，那么这样的约束为理想约束。这时式(7.1.3)第二项为零，所以

$$\delta W = \sum_{i=1}^{n} F_i \cdot \delta r_i = 0 \tag{7.1.4}$$

上式表明，受理想不可解稳定约束的质点系达到平衡时，所有作用在此质点系上的主动力在任意虚位移上的虚功之和等于零。这个结论叫做虚功原理，或虚位移原理。在直角坐标系中，式(7.1.4)可以写成

$$\delta W = \sum_{i=1}^{n} (F_{ix}\delta x_i + F_{iy}\delta y_i + F_{iz}\delta z_i) = 0 \tag{7.1.5}$$

由于约束关系，$3n$ 个坐标 $x_i, y_i, z_i (i = 1, 2, \cdots, n)$ 并非完全独立，因此一般不能令它前面的系数 F_{ix}, F_{iy}, F_{iz} 全为零。这时上式需要利用拉格朗日未定乘子法求解。设质点系的 k 个约束方程形如

$$f_\alpha = f_\alpha(x, y, z) = 0 \quad (\alpha = 1, 2, \cdots, k) \tag{7.1.6}$$

式中：x, y, z 是质点系 n 个质点坐标的缩写。由此得

$$\sum_{i=1}^{n} \left(\frac{\partial f_\alpha}{\partial x_i} \delta x_i + \frac{\partial f_\alpha}{\partial y_i} \delta y_i + \frac{\partial f_\alpha}{\partial z_i} \delta z_i \right) = 0 \quad (\alpha = 1, 2, \cdots, k) \tag{7.1.7}$$

将上面 k 个方程中的每一个乘以相应的待定因子，比如第 α 个乘以 λ_α，然后全部加到式(7.1.5)上，有

---

① 不可解约束是质点始终不能脱离的约束，否则约束是可解的。比如用软绳将小球固着在定点上，这时的约束便是可解的。

$$\sum_{i=1}^{n}\left[\left(F_{ix}+\sum_{\alpha=1}^{k}\lambda_\alpha\frac{\partial f_\alpha}{\partial x_i}\right)\delta x_i+\left(F_{iy}+\sum_{\alpha=1}^{k}\lambda_\alpha\frac{\partial f_\alpha}{\partial y_i}\right)\delta y_i+\left(F_{iz}+\sum_{\alpha=1}^{k}\lambda_\alpha\frac{\partial f_\alpha}{\partial z_i}\right)\delta z_i\right]=0$$
(7.1.8)

选择适当的 λ_α，使得 $\delta x_i, \delta y_i, \delta z_i$ 前系数为零。于是

$$F_{ix}+\sum_{\alpha=1}^{k}\lambda_\alpha\frac{\partial f_\alpha}{\partial x_i}=0$$

$$F_{iy}+\sum_{\alpha=1}^{k}\lambda_\alpha\frac{\partial f_\alpha}{\partial y_i}=0 \qquad (7.1.9)$$

$$F_{iz}+\sum_{\alpha=1}^{k}\lambda_\alpha\frac{\partial f_\alpha}{\partial z_i}=0 \qquad (i=1,2,\cdots,n)$$

联立 k 个约束方程

$$f_\alpha(x,y,z)=0 \qquad (\alpha=1,2,\cdots,k) \qquad (7.1.10)$$

得到含 $3n+k$ 个方程的方程组，由此可以确定 $3n+k$ 个变量 $x_i, y_i, z_i, \lambda_\alpha$。这种求解方法叫做拉格朗日未定乘子法，$\lambda_\alpha$ 叫做拉格朗日未定乘子。

7.2 达朗贝尔原理

如果 n 个质点组成的质点系做加速运动，那么根据牛顿第二定律

$$m_i\ddot{\boldsymbol{r}}_i=\boldsymbol{F}_i+\boldsymbol{N}_i \qquad (i=1,2,\cdots,n) \qquad (7.2.1)$$

或

$$\boldsymbol{F}_i+\boldsymbol{N}_i-m_i\ddot{\boldsymbol{r}}_i=0 \qquad (i=1,2,\cdots,n) \qquad (7.2.2)$$

上面两式的差别虽然数学上只不过作了一个移项处理，但物理上却有着不一样的含义。式(7.2.1)表示质点 i 在主动力 $\boldsymbol{F}_i$ 和约束力 $\boldsymbol{N}_i$ 作用下做加速运动，属动力学问题。式(7.2.2)却表示质点 i 在主动力、约束力和惯性力 $(-m\ddot{\boldsymbol{r}})$ 作用下达到平衡，属静力学问题。式(7.2.2)所表示的三者关系通常叫做达朗贝尔原理，它说明作用在质点系中各质点上的主动力、约束力和惯性力形成一个平衡力系。

在式(7.2.2)两边从左面叉乘第 i 个质点的位矢 $\boldsymbol{r}_i$，然后对指标 i 求和，给出

$$\sum_{i=1}^{n}(\boldsymbol{r}_i\times\boldsymbol{F}_i)+\sum_{i=1}^{n}(\boldsymbol{r}_i\times\boldsymbol{N}_i)-\sum_{i=1}^{n}(\boldsymbol{r}_i\times m_i\ddot{\boldsymbol{r}}_i)=0 \qquad (7.2.3)$$

它表明所有主动力、约束力、惯性力对任一中心的力矩之和为零。

如果以式(7.2.2)代替式(7.1.1)，然后类似 7.1 节的推导则得到相应的虚功原理：

$$\delta W = \sum_{i=1}^{n} (\boldsymbol{F}_i - m\ddot{\boldsymbol{r}}_i) \cdot \delta \boldsymbol{r}_i = 0 \qquad (7.2.4)$$

写成标量形式为

$$\sum_{i=1}^{n} \left[(F_{ix} - m\ddot{x}_i)\delta x_i + (F_{iy} - m\ddot{y}_i)\delta y_i + (F_{iz} - m\ddot{z}_i)\delta z_i \right] = 0 \qquad (7.2.5)$$

方程(7.2.4)或(7.2.5)称为动力学普遍方程,或达朗贝尔—拉格朗日方程。

7.3 拉格朗日方程

7.3.1 广义坐标

一个由 n 个质点组成的质点系在直角坐标系中有 $3n$ 个坐标:$x_i, y_i, z_i (i=1,2,\cdots,n)$。如果此质点系受到 k 个完整约束,即约束方程中不含坐标对时间的导数,其形式为

$$f_\alpha(x_1, y_1, z_1, \cdots, x_n, y_n, z_n, t) = 0 \quad (\alpha = 1, 2, \cdots, k) \qquad (7.3.1)$$

那么 $3n$ 个坐标中只有 $s = 3n - k$ 个是独立的。这种用来描写系统运动状态的独立坐标的个数叫做自由度。求解方程组(7.3.1),可以把这 $3n$ 个坐标表示成 s 个独立参数 $q_1, q_2, \cdots, q_s$ 的函数:

$$\left. \begin{array}{l} x_i = x_i(q_1, q_2, \cdots, q_s, t) \\ y_i = y_i(q_1, q_2, \cdots, q_s, t) \\ z_i = z_i(q_1, q_2, \cdots, q_s, t) \end{array} \right\} \quad (i = 1, 2, \cdots, n) \qquad (7.3.2)$$

或

$$\boldsymbol{r}_i = \boldsymbol{r}_i(q_1, q_2, \cdots, q_s, t) \quad (i = 1, 2, \cdots, n) \qquad (7.3.3)$$

这 s 个独立参数 $q_1, q_2, \cdots, q_s$ 称为广义坐标。

7.3.2 拉格朗日方程

n 个质点组成的质点系的动力学普遍方程为

$$\sum_{i=1}^{n} (\boldsymbol{F}_i - m\ddot{\boldsymbol{r}}_i) \cdot \delta \boldsymbol{r}_i = 0 \qquad (7.3.4)$$

由式(7.3.3)知:

$$\delta \boldsymbol{r}_i = \sum_{\alpha=1}^{s} \frac{\partial \boldsymbol{r}_i}{\partial q_\alpha} \delta q_\alpha \qquad (7.3.5)$$

将式(7.3.5)代入式(7.3.4),有

$$\sum_{i=1}^{n}(\boldsymbol{F}_i - m_i\ddot{\boldsymbol{r}}_i) \cdot \sum_{\alpha=1}^{s}\frac{\partial \boldsymbol{r}_i}{\partial q_\alpha}\delta q_\alpha = \sum_{i=1}^{n}\sum_{\alpha=1}^{s}\boldsymbol{F}_i \cdot \frac{\partial \boldsymbol{r}_i}{\partial q_\alpha}\delta q_\alpha - \sum_{i=1}^{n}\sum_{\alpha=1}^{s}m_i\ddot{\boldsymbol{r}}_i \cdot \frac{\partial \boldsymbol{r}_i}{\partial q_\alpha}\delta q_\alpha = 0$$

(7.3.6)

而

$$\sum_{i=1}^{n}\sum_{\alpha=1}^{s}\boldsymbol{F}_i \cdot \frac{\partial \boldsymbol{r}_i}{\partial q_\alpha}\delta q_\alpha = \sum_{\alpha=1}^{s}\left(\sum_{i=1}^{n}\boldsymbol{F}_i \cdot \frac{\partial \boldsymbol{r}_i}{\partial q_\alpha}\right)\delta q_\alpha = \sum_{\alpha=1}^{s}Q_\alpha \delta q_\alpha$$

$$\sum_{i=1}^{n}\sum_{\alpha=1}^{s}m_i\ddot{\boldsymbol{r}}_i \cdot \frac{\partial \boldsymbol{r}_i}{\partial q_\alpha}\delta q_\alpha = \sum_{\alpha=1}^{s}\left(\sum_{i=1}^{n}m_i\ddot{\boldsymbol{r}}_i \cdot \frac{\partial \boldsymbol{r}_i}{\partial q_\alpha}\right)\delta q_\alpha = \sum_{\alpha=1}^{s}P_\alpha \delta q_\alpha \quad (7.3.7)$$

式中:

$$Q_\alpha = \sum_{i=1}^{n}\boldsymbol{F}_i \cdot \frac{\partial \boldsymbol{r}_i}{\partial q_\alpha}$$

(7.3.8)

$$P_\alpha = \sum_{i=1}^{n}m_i\ddot{\boldsymbol{r}}_i \cdot \frac{\partial \boldsymbol{r}_i}{\partial q_\alpha} = \frac{\mathrm{d}}{\mathrm{d}t}\left(\sum_{i=1}^{n}m_i\dot{\boldsymbol{r}}_i \cdot \frac{\partial \boldsymbol{r}_i}{\partial q_\alpha}\right) - \sum_{i=1}^{n}m_i\dot{\boldsymbol{r}}_i \cdot \frac{\mathrm{d}}{\mathrm{d}t}\frac{\partial \boldsymbol{r}_i}{\partial q_\alpha}$$

由式(7.3.3)知

$$\dot{\boldsymbol{r}}_i = \frac{\mathrm{d}\boldsymbol{r}_i}{\mathrm{d}t} = \sum_{\alpha=1}^{s}\frac{\partial \boldsymbol{r}_i}{\partial q_\alpha}\dot{q}_\alpha + \frac{\partial \boldsymbol{r}_i}{\partial t} \quad (7.3.9)$$

注意到 $\boldsymbol{r}_i$ 和 $\frac{\partial \boldsymbol{r}_i}{\partial q_\alpha}$ 都不含 $\dot{q}_\alpha$,将上式对 $\dot{q}_\alpha$ 求偏微商得

$$\frac{\partial \dot{\boldsymbol{r}}_i}{\partial \dot{q}_\alpha} = \frac{\partial \boldsymbol{r}_i}{\partial q_\alpha} \quad (7.3.10)$$

而

$$\frac{\mathrm{d}}{\mathrm{d}t}\frac{\partial \boldsymbol{r}_i}{\partial q_\alpha} = \sum_{\beta=1}^{s}\dot{q}_\beta\frac{\partial}{\partial q_\beta}\frac{\partial \boldsymbol{r}_i}{\partial q_\alpha} + \frac{\partial}{\partial t}\frac{\partial \boldsymbol{r}_i}{\partial q_\alpha} = \frac{\partial}{\partial q_\alpha}\left(\sum_{\beta=1}^{s}\frac{\partial \boldsymbol{r}_i}{\partial q_\beta}\dot{q}_\beta + \frac{\partial \boldsymbol{r}_i}{\partial t}\right) = \frac{\partial}{\partial q_\alpha}\frac{\mathrm{d}\boldsymbol{r}_i}{\mathrm{d}t}$$

(7.3.11)

将式(7.3.10)和式(7.3.11)代入式(7.3.8),给出

$$P_\alpha = \frac{\mathrm{d}}{\mathrm{d}t}\left(\sum_{i=1}^{n}m_i\dot{\boldsymbol{r}}_i\frac{\partial \dot{\boldsymbol{r}}_i}{\partial \dot{q}_\alpha}\right) - \sum_{i=1}^{n}m_i\dot{\boldsymbol{r}}_i\frac{\partial \dot{\boldsymbol{r}}_i}{\partial q_\alpha}$$

$$= \frac{\mathrm{d}}{\mathrm{d}t}\frac{\partial}{\partial \dot{q}_\alpha}\left(\frac{1}{2}\sum_{i=1}^{n}m_i\dot{\boldsymbol{r}}_i^2\right) - \frac{\partial}{\partial q_\alpha}\left(\frac{1}{2}\sum_{i=1}^{n}m_i\dot{\boldsymbol{r}}_i^2\right) = \frac{\mathrm{d}}{\mathrm{d}t}\frac{\partial T}{\partial \dot{q}_\alpha} - \frac{\partial T}{\partial q_\alpha} \quad (7.3.12)$$

式中: $T = \frac{1}{2}\sum_{i=1}^{n}m_i\dot{\boldsymbol{r}}_i^2$ 是 n 个质点组成的质点系的总动能。结合式(7.3.6),式(7.3.7)和式(7.3.12)得到

$$\sum_{\alpha=1}^{s}\left[-\frac{\mathrm{d}}{\mathrm{d}t}\frac{\partial T}{\partial \dot{q}_\alpha} + \frac{\partial T}{\partial q_\alpha} + Q_\alpha\right]\delta q_\alpha = 0 \quad (7.3.13)$$

因为 δq_α 互相独立,所以

$$\frac{\mathrm{d}}{\mathrm{d}t}\left(\frac{\partial T}{\partial \dot{q}_\alpha}\right) - \frac{\partial T}{\partial q_\alpha} = Q_\alpha \qquad (\alpha = 1, 2, \cdots, s) \tag{7.3.14}$$

这就是受理想不可解约束的完整系中的拉格朗日方程。式中 $\dot{q}_\alpha$ 是广义速度,$\dfrac{\partial T}{\partial \dot{q}_\alpha}$ 是广义动量,Q_α 是广义力。

如果主动力是保守力,那么

$$\boldsymbol{F}_i = -\nabla_i V \quad \left(\nabla_i = \boldsymbol{i}\frac{\partial}{\partial x_i} + \boldsymbol{j}\frac{\partial}{\partial y_i} + \boldsymbol{k}\frac{\partial}{\partial z_i}\right) \tag{7.3.15}$$

式中:V 是质点系势能。利用式(7.3.3)可以将 V 表示成 $(q_1, q_2, \cdots, q_s)$ 的函数,于是

$$Q_\alpha = \sum_{i=1}^{n} \boldsymbol{F}_i \cdot \frac{\partial \boldsymbol{r}_i}{\partial q_\alpha} = \sum_{i=1}^{n}\left(F_{ix}\frac{\partial x_i}{\partial q_\alpha} + F_{iy}\frac{\partial y_i}{\partial q_\alpha} + F_{iz}\frac{\partial z_i}{\partial q_\alpha}\right)$$

$$= -\sum_{i=1}^{n}\left(\frac{\partial V}{\partial x_i}\frac{\partial x_i}{\partial q_\alpha} + \frac{\partial V}{\partial y_i}\frac{\partial y_i}{\partial q_\alpha} + \frac{\partial V}{\partial z_i}\frac{\partial z_i}{\partial q_\alpha}\right) = -\frac{\partial V}{\partial q_\alpha} \tag{7.3.16}$$

记 $L = T - V$,称为拉格朗日函数,并注意到势能中一般不包含广义速度 $\dot{q}_\alpha$,因而

$$\frac{\partial L}{\partial \dot{q}_\alpha} = \frac{\partial T}{\partial \dot{q}_\alpha} \quad \frac{\partial L}{\partial q_\alpha} = \frac{\partial T}{\partial q_\alpha} - \frac{\partial V}{\partial q_\alpha}$$

式(7.3.14)可表示成

$$\frac{\mathrm{d}}{\mathrm{d}t}\left(\frac{\partial L}{\partial \dot{q}_\alpha}\right) - \frac{\partial L}{\partial q_\alpha} = 0 \qquad (\alpha = 1, 2, \cdots, s) \tag{7.3.17}$$

这就是保守力系中的拉格朗日方程。

如果拉格朗日函数不明显地包含某个坐标 q_α,则由拉格朗日方程知:

$$\frac{\partial L}{\partial q_\alpha} = 0, \quad \frac{\mathrm{d}}{\mathrm{d}t}\frac{\partial L}{\partial \dot{q}_\alpha} = 0, \quad \frac{\partial L}{\partial \dot{q}_\alpha} = p_\alpha = 常数 \tag{7.3.18}$$

在这种情况下,q_α 称为循环坐标,上式表示相应坐标的广义动量 (p_α) 守恒。

如果拉格朗日函数不显含时间,则

$$\frac{\mathrm{d}L}{\mathrm{d}t} = \frac{\partial L}{\partial t} + \sum_{\alpha=1}^{s}\frac{\partial L}{\partial q_\alpha}\frac{\mathrm{d}q_\alpha}{\mathrm{d}t} + \sum_{\alpha=1}^{s}\frac{\partial L}{\partial \dot{q}_\alpha}\frac{\mathrm{d}\dot{q}_\alpha}{\mathrm{d}t}$$

$$= \sum_{\alpha=1}^{s}\left(\frac{\mathrm{d}}{\mathrm{d}t}\frac{\partial L}{\partial \dot{q}_\alpha}\right)\dot{q}_\alpha + \sum_{\alpha=1}^{s}\frac{\partial L}{\partial \dot{q}_\alpha}\frac{\mathrm{d}\dot{q}_\alpha}{\mathrm{d}t} = \frac{\mathrm{d}}{\mathrm{d}t}\left(\sum_{\alpha=1}^{s}\frac{\partial L}{\partial \dot{q}_\alpha}\dot{q}_\alpha\right) = \frac{\mathrm{d}}{\mathrm{d}t}\left(\sum_{\alpha=1}^{s}p_\alpha\dot{q}_\alpha\right) \tag{7.3.19}$$

即

$$\frac{\mathrm{d}}{\mathrm{d}t}\left(\sum_{\alpha=1}^{s}p_\alpha\dot{q}_\alpha - L\right) = \frac{\mathrm{d}h}{\mathrm{d}t} = 0 \tag{7.3.20}$$

式中：
$$h = \sum_{\alpha=1}^{s} p_\alpha \dot{q}_\alpha - L \tag{7.3.21}$$

称为广义能量函数，上式表明广义能量函数守恒。我们知道，力学体系的动能
$$T = \frac{1}{2}\sum_{i=1}^{m} m_i \dot{\boldsymbol{r}}^2 \tag{7.3.22}$$

根据变换式(7.3.3) $\quad \boldsymbol{r}_i = \boldsymbol{r}_i(q_1, q_2, \cdots, q_s, t) \quad (i = 1, 2, \cdots, n)$

于是
$$\dot{\boldsymbol{r}}_i = \sum_{\alpha=1}^{s} \frac{\partial \boldsymbol{r}_i}{\partial q_\alpha}\dot{q}_\alpha + \frac{\partial \boldsymbol{r}_i}{\partial t} \tag{7.3.23}$$

$$T = \frac{1}{2}\sum_{i=1}^{n} m_i \left(\sum_{\alpha=1}^{s} \frac{\partial \boldsymbol{r}_i}{\partial q_\alpha}\dot{q}_\alpha + \frac{\partial \boldsymbol{r}_i}{\partial t}\right) \cdot \left(\sum_{\beta=1}^{s} \frac{\partial \boldsymbol{r}_i}{\partial q_\beta}\dot{q}_\beta + \frac{\partial \boldsymbol{r}_i}{\partial t}\right)$$

$$= \frac{1}{2}\sum_{\alpha,\beta=1}^{s}\sum_{i=1}^{n} m_i \frac{\partial \boldsymbol{r}_i}{\partial q_\alpha} \cdot \frac{\partial \boldsymbol{r}_i}{\partial q_\beta}\dot{q}_\alpha\dot{q}_\beta + \sum_{\alpha=1}^{s}\sum_{i=1}^{n} m_i \frac{\partial \boldsymbol{r}_i}{\partial q_\alpha} \cdot \frac{\partial \boldsymbol{r}_i}{\partial t}\dot{q}_\alpha + \frac{1}{2}\sum_{i=1}^{n} m_i \left(\frac{\partial \boldsymbol{r}_i}{\partial t}\right)^2$$

$$= T_2 + T_1 + T_0 \tag{7.3.24}$$

式中：
$$T_2 = \frac{1}{2}\sum_{\alpha,\beta=1}^{s}\sum_{i=1}^{n} m_i \frac{\partial \boldsymbol{r}_i}{\partial q_\alpha} \cdot \frac{\partial \boldsymbol{r}_i}{\partial q_\beta}\dot{q}_\alpha\dot{q}_\beta$$

$$T_1 = \sum_{\alpha=1}^{s}\sum_{i=1}^{n} m_i \frac{\partial \boldsymbol{r}_i}{\partial q_\alpha} \cdot \frac{\partial \boldsymbol{r}_i}{\partial t}\dot{q}_\alpha \qquad T_0 = \frac{1}{2}\sum_{i=1}^{n} m_i \frac{\partial \boldsymbol{r}_i}{\partial t} \cdot \frac{\partial \boldsymbol{r}_i}{\partial t} \tag{7.3.25}$$

分别是广义速度的二次、一次和零次函数。对于稳定约束，$\dfrac{\partial \boldsymbol{r}_i}{\partial t} = 0$，从而动能只是速度的二次齐次函数
$$T = T_2 = \frac{1}{2}\sum_{\alpha,\beta=1}^{s}\sum_{i=1}^{n} m_i \frac{\partial \boldsymbol{r}_i}{\partial q_\alpha} \cdot \frac{\partial \boldsymbol{r}_i}{\partial q_\beta}\dot{q}_\alpha\dot{q}_\beta \tag{7.3.26}$$

根据欧拉齐次函数定理，若 $f(x_1, x_2, \cdots, x_n)$ 是 m 次齐次函数
$$f(\lambda x_1, \lambda x_2, \cdots, \lambda x_s) = \lambda^m f(x_1, x_2, \cdots, x_s) \tag{7.3.27}$$

那么
$$\sum_{i=1}^{s} x_i \frac{\partial f}{\partial x_i} = mf \tag{7.3.28}$$

以 T 代替 f，$\dot{q}_\alpha$ 代替 x_i，由(7.3.28)知
$$\sum_{\alpha=1}^{s} \dot{q}_\alpha \frac{\partial T}{\partial \dot{q}_\alpha} = 2T \tag{7.3.29}$$

即
$$\sum_{\alpha=1}^{s} p_\alpha \dot{q}_\alpha = 2T \tag{7.3.30}$$

代入式(7.3.21)得

$$h = 2T - (T-V) = T + V = E \tag{7.3.31}$$

可见广义能量函数即系统总能量。对动能不能表示成广义速度的二次齐次式的一般情形，h 并非系统总能量，而只是一个具有能量量纲的函数。

7.4 哈密顿正则方程

7.4.1 勒让德变换

对于两个变量 x, y 的函数 $f = f(x, y)$，它的微分式为

$$\mathrm{d}f = u\mathrm{d}x + v\mathrm{d}y \tag{7.4.1}$$

式中：

$$u = \frac{\partial f}{\partial x}, \quad v = \frac{\partial f}{\partial y} \tag{7.4.2}$$

式(7.4.1)的右边共有四个变量：x, y, u, v。实际上，可以选取其中任意两个作独立变量。比如，选取 u, y，于是，由式(7.4.2)可得

$$x = x(u, y), \quad v = v(u, y)$$

相应地，f 也是 u, y 的函数。令

$$g = -f + ux \tag{7.4.3}$$

则

$$\mathrm{d}g = -\mathrm{d}f + u\mathrm{d}x + x\mathrm{d}u = x\mathrm{d}u - v\mathrm{d}y \tag{7.4.4}$$

且

$$x = \frac{\partial g}{\partial u} \quad v = -\frac{\partial g}{\partial y} \tag{7.4.5}$$

由此可见，u 和 y 的地位取代了式(7.4.2)中 x 和 y 的地位，函数也由 f 变换成式(7.4.3)定义的 g。具有这种性质的变换叫勒让德变换。它在热力学中经常用到（参见 2.5 节）。

7.4.2 哈密顿正则方程

对受理想不可解约束的完整保守系，拉格朗日方程为

$$\frac{\mathrm{d}}{\mathrm{d}t}\frac{\partial L}{\partial \dot{q}_\alpha} - \frac{\partial L}{\partial q_\alpha} = 0 \quad (\alpha = 1, 2, \cdots, s) \tag{7.4.6}$$

式中：$L = T - V$ 是拉格朗日函数。引入广义动量 p_α，

$$p_\alpha = \frac{\partial L}{\partial \dot{q}_\alpha} \quad \dot{p}_\alpha = \frac{\partial L}{\partial q_\alpha} \quad (\alpha = 1, 2, \cdots, s) \tag{7.4.7}$$

令
$$H = -L + \sum_{\alpha=1}^{s} p_\alpha \dot{q}_\alpha \tag{7.4.8}$$

称为哈密顿函数或哈密顿量,它是 $p_\alpha, q_\alpha (\alpha = 1, 2, \cdots, s)$ 和 t 的函数,相当于式(7.4.3) 中的 g,是一种勒让德变换。显然

$$\begin{aligned}
dH &= -dL + \sum_{\alpha=1}^{s} (p_\alpha d\dot{q}_\alpha + \dot{q}_\alpha dp_\alpha) \\
&= -\left[\sum_{\alpha=1}^{s}\left(\frac{\partial L}{\partial q_\alpha}dq_\alpha + \frac{\partial L}{\partial \dot{q}_\alpha}d\dot{q}_\alpha\right) + \frac{\partial L}{\partial t}dt\right] + \sum_{\alpha=1}^{s}(p_\alpha d\dot{q}_\alpha + \dot{q}_\alpha dp_\alpha) \\
&= -\sum_{\alpha=1}^{s}(\dot{p}_\alpha dq_\alpha + p_\alpha d\dot{q}_\alpha) - \frac{\partial L}{\partial t}dt + \sum_{\alpha=1}^{s}(p_\alpha d\dot{q}_\alpha + \dot{q}_\alpha dp_\alpha) \\
&= \sum_{\alpha=1}^{s}(\dot{q}_\alpha dp_\alpha - \dot{p}_\alpha dq_\alpha) - \frac{\partial L}{\partial t}dt
\end{aligned} \tag{7.4.9}$$

由此知
$$\dot{q}_\alpha = \frac{\partial H}{\partial p_\alpha}$$
$$\dot{p}_\alpha = -\frac{\partial H}{\partial q_\alpha} \quad (\alpha = 1, 2, \cdots, s) \tag{7.4.10}$$

$$\frac{\partial H}{\partial t} = -\frac{\partial L}{\partial t} \tag{7.4.11}$$

式(7.4.10) 称为哈密顿正则方程。通常把广义坐标和广义动量 (q_α, p_α) 叫做正则共轭量。由于广义动量(动量或动量矩) p_α 是比广义速度(线速度或角速度) $\dot{q}_\alpha$ 重要得多的物理量,因此用 (p_α, q_α) 作独立变量比用 $q_\alpha, \dot{q}_\alpha$ 要广泛得多。

同样,如果哈密顿函数不显含广义坐标 q_α,那么由哈密顿正则方程有

$$\dot{p}_\alpha = -\frac{\partial H}{\partial q_\alpha} = 0 \tag{7.4.12}$$

即
$$p_\alpha = c \ (c \text{ 为常数}) \tag{7.4.13}$$

它表明相应的广义动量 p_α 守恒,q_α 是循环坐标(或可遗坐标)。另外,将 H 对 t 求导给出

$$\frac{dH}{dt} = \sum_{\alpha=1}^{s}\left(\frac{\partial H}{\partial q_\alpha}\dot{q}_\alpha + \frac{\partial H}{\partial p_\alpha}\dot{p}_\alpha\right) + \frac{\partial H}{\partial t} \tag{7.4.14}$$

由式(7.4.10) 知
$$\frac{dH}{dt} = \sum_{\alpha=1}^{s}\left(\frac{\partial H}{\partial q_\alpha}\frac{\partial H}{\partial p_\alpha} - \frac{\partial H}{\partial p_\alpha}\frac{\partial H}{\partial q_\alpha}\right) + \frac{\partial H}{\partial t} = \frac{\partial H}{\partial t} \tag{7.4.15}$$

可见,如果哈密顿函数不显含时间,那么

$$\frac{\mathrm{d}H}{\mathrm{d}t} = \frac{\partial H}{\partial t} = 0 \tag{7.4.16}$$

从而

$$H = -L + \sum_{\alpha=1}^{s} p_\alpha \dot{q}_\alpha = h \tag{7.4.17}$$

h 是一个积分常数。对照式(7.3.21)知,这个积分常数 h 就是广义能量函数。对于稳定约束,动能是速度的二次齐次函数,这时哈密顿函数 H 就是力学体系的总能量 E。

7.4.3 泊松括号

如果函数 φ 是正则变量 $p_\alpha, q_\alpha (\alpha = 1, 2, \cdots, s)$ 和时间 t 的函数

$$\varphi = \varphi(p_1, p_2, \cdots, p_s; q_1, q_2, \cdots, q_s; t) \tag{7.4.18}$$

那么

$$\frac{\mathrm{d}\varphi}{\mathrm{d}t} = \sum_{\alpha=1}^{s} \left(\frac{\partial \varphi}{\partial p_\alpha} \dot{p}_\alpha + \frac{\partial \varphi}{\partial q_\alpha} \dot{q}_\alpha \right) + \frac{\partial \varphi}{\partial t} \tag{7.4.19}$$

利用正则方程(7.4.10)得

$$\frac{\mathrm{d}\varphi}{\mathrm{d}t} = \frac{\partial \varphi}{\partial t} + \sum_{\alpha=1}^{s} \left(\frac{\partial \varphi}{\partial q_\alpha} \frac{\partial H}{\partial p_\alpha} - \frac{\partial \varphi}{\partial p_\alpha} \frac{\partial H}{\partial q_\alpha} \right) \tag{7.4.20}$$

记

$$[\varphi, H] = \sum_{\alpha=1}^{s} \left(\frac{\partial \varphi}{\partial q_\alpha} \frac{\partial H}{\partial p_\alpha} - \frac{\partial \varphi}{\partial p_\alpha} \frac{\partial H}{\partial q_\alpha} \right) \tag{7.4.21}$$

称为泊松括号,于是

$$\frac{\mathrm{d}\varphi}{\mathrm{d}t} = \frac{\partial \varphi}{\partial t} + [\varphi, H] \tag{7.4.22}$$

而正则方程可以改写成

$$\dot{p}_\alpha = [p_\alpha, H] \quad \dot{q}_\alpha = [q_\alpha, H] \quad (\alpha = 1, 2, \cdots, s) \tag{7.4.23}$$

7.5 哈密顿原理

7.5.1 变分法简介

在推导虚功原理时,我们已经利用了变分方法,在此,对其再作进一步扼要

介绍。

变分法是为了解决一个力学问题,即最速曲线的确定而发展起来的。最速曲线问题指的是:在所有连接不在同一铅直线上两固定点 A、B 的曲线中,初速为零的质点沿什么样的曲线仅凭重力自 A 点下滑到 B 点,滑行时间最短?

在过 A、B 的铅直面内取直角坐标系,水平线为 x 轴,铅直线为 y 轴,A、B 点的坐标为 (a_1,a_2),(b_1,b_2),而连接 A、B 的任意光滑连续曲线则可表示成 $y=y(x)$。质点自 A 沿光滑曲线 $y(x)$ 自由下滑时,速率 v 与坐标 y 之间的关系是

$$v=\sqrt{2gy} \tag{7.5.1}$$

而

$$v=\frac{\mathrm{d}s}{\mathrm{d}t}=\frac{\sqrt{\mathrm{d}x^2+\mathrm{d}y^2}}{\mathrm{d}t}=\frac{\mathrm{d}x}{\mathrm{d}t}\sqrt{1+y'^2}$$

即

$$\mathrm{d}t=\frac{\sqrt{1+y'^2}}{v}\mathrm{d}x=\sqrt{\frac{1+y'^2}{2gy}}\mathrm{d}x \tag{7.5.2}$$

式中:g 是重力加速度,$y'=\dfrac{\mathrm{d}y}{\mathrm{d}x}$。于是质点自 A 沿曲线 $y(x)$ 下滑到 B 所需的时间为

$$t=\int_{a_1}^{b_1}\sqrt{\frac{1+y'^2}{2gy}}\mathrm{d}x \tag{7.5.3}$$

上式右边的积分值与函数 $y(x)$ 的形式相关,因此它是函数的函数。为了与普通的函数有所区别,我们称之为泛函,并记做

$$J[y(x)]=\int_{a_1}^{b_1}\sqrt{\frac{1+y'^2}{2gy}}\mathrm{d}x \tag{7.5.4}$$

在一般情况下,式(7.5.4)右边被积函数可写成 $f(x,y,y')$,变分法的目的就是确定在指定条件 $y(a_1)=a_2$,$y(b_1)=b_2$ 下,泛函

$$J[y]=\int_{a_1}^{b_1}f(x,y,y')\mathrm{d}x \tag{7.5.5}$$

取极值时的函数 $y=y(x)$ 的形式。

假设使 $J(y)$ 取极值的函数存在,记为

$$y=\bar{y}(x) \tag{7.5.6}$$

那么与之相近的连接 A、B 的任意曲线函数形式则可表示成

$$y(x,\varepsilon)=\bar{y}(x)+\varepsilon\eta(x) \tag{7.5.7}$$

上式也可写成

$$\delta y=y(x,\varepsilon)-\bar{y}(x)=\varepsilon\eta(x)$$

式中:δy 称为 y 的变分,ε 是任意小实数,$\eta(x)$ 是 x 的连续函数,且满足

$$\eta(a_1) = \eta(b_1) = 0 \tag{7.5.8}$$

将式(7.5.7)代入(7.5.5),则泛函 J 变成 ε 的函数。由于它在 $\varepsilon = 0$ 时取极值,故必成立

$$\left.\frac{\partial J}{\partial \varepsilon}\right|_{\varepsilon=0} = \left[\frac{\partial}{\partial \varepsilon}J(\varepsilon)\right]_{\varepsilon=0} = 0 \tag{7.5.9}$$

式中:

$$\left[\frac{\partial}{\partial \varepsilon}J(\varepsilon)\right]_{\varepsilon=0} = \left[\frac{\partial}{\partial \varepsilon}\int_{a_1}^{b_1} f(x, y(x, \varepsilon), y'(x, \varepsilon))\mathrm{d}x\right]_{\varepsilon=0}$$

$$= \left[\frac{\partial}{\partial \varepsilon}\int_{a_1}^{b_1} f(x, \overline{y}(x) + \varepsilon\eta(x), \overline{y}'(x) + \varepsilon\eta'(x)\mathrm{d}x\right]_{\varepsilon=0}$$

$$= \int_{a_1}^{b_1} [\overline{f}_y \eta + \overline{f}_{y'} \eta']\mathrm{d}x \tag{7.5.10}$$

这里 $\overline{f}_y$、$\overline{f}_{y'}$ 表示在把 x、y、y' 看作独立变量而将 $f(x,y,y')$ 对 y 或 y' 偏微分后再代以 $y = \overline{y}(x), y' = \dfrac{\mathrm{d}\overline{y}(x)}{\mathrm{d}x}$ 给出的导函数。对式(7.5.10)的最后一个表示式的第二项实行分部积分并注意到式(7.5.8),得

$$\int_{a_1}^{b_1} \overline{f}_{y'} \eta' \mathrm{d}x = \overline{f}_{y'} \eta\Big|_{a_1}^{b_1} - \int_{a_1}^{b_1} \eta \frac{\mathrm{d}}{\mathrm{d}x}\overline{f}_{y'} \mathrm{d}x = -\int_{a_1}^{b_1} \eta \frac{\mathrm{d}}{\mathrm{d}x}\overline{f}_{y'} \mathrm{d}x$$

代入式(7.5.10),有

$$\left.\frac{\partial J}{\partial \varepsilon}\right|_{\varepsilon=0} = \int_{a_1}^{b_1} \left[\overline{f}_y - \frac{\mathrm{d}}{\mathrm{d}x}\overline{f}_{y'}\right]\eta(x)\mathrm{d}x = 0 \tag{7.5.11}$$

最后一个等号的成立是因为式(7.5.9)。变分学中有条基本引理,即如果某一连续函数 $F(x)$,它对满足边界条件(式(7.5.8))的任意函数 $\eta(x)$ 恒成立

$$\int_{a_1}^{b_1} F(x)\eta(x)\mathrm{d}x = 0 \tag{7.5.12}$$

此时必有

$$F(x) \equiv 0 \tag{7.5.13}$$

事实上,如果在某点 x_0 处 $F(x_0) \neq 0$,比如 $F(x_0) > 0$,则依连续性,在 x_0 的近旁亦有 $F(x) > 0$。于是可取在这一近旁为正而其余处为 0 的 $\eta(x)$,使得式(7.5.12)左边为正,这样便与假设相矛盾。将式(7.5.11)乘以 ε,那么它可以改写成

$$\delta J = \int_{a_1}^{b_1} \left(\frac{\partial f}{\partial y} - \frac{\mathrm{d}}{\mathrm{d}x}\frac{\partial f}{\partial y'}\right)\delta y \mathrm{d}x = 0$$

于是,根据变分学基本引理,$y = \overline{y}(x)$ 必须满足微分方程:

$$\frac{\partial f}{\partial y} - \frac{\mathrm{d}}{\mathrm{d}x}\frac{\partial f}{\partial y'} = 0 \tag{7.5.14}$$

这一方程称为欧拉(微分)方程,它是使泛函(数)J 取极值的必要条件。欧拉

方程可以进一步写成
$$f_y - f_{y'x} - f_{y'y}y' - f_{y'y'}y'' = 0 \tag{7.5.15}$$

这是一个关于 y 的二阶微分方程,不能简单地解出,但在下列两种情况下可以求得它的初(次)积分。

(1) 函数 f 不显含 y,这时式(7.5.14)化简为
$$\frac{\mathrm{d}}{\mathrm{d}x}\frac{\partial f}{\partial y'} = 0 \tag{7.5.16}$$

从而
$$\frac{\partial f}{\partial y'} = c \tag{7.5.17}$$

式中:c 为积分常数。

(2) 函数 f 不显含 x,这时有初积分
$$f - y'\frac{\partial f}{\partial y'} = c \tag{7.5.18}$$

这是因为此时式(7.5.15)化简成
$$f_y - f_{y'y}y' - f_{y'y'}y'' = 0$$

若将式(7.5.18)左边对 x 求导并利用上式,则有
$$\frac{\mathrm{d}}{\mathrm{d}x}\left(f - y'\frac{\partial f}{\partial y'}\right) = \frac{\partial f}{\partial y'}y' + \frac{\partial f}{\partial y'}y'' - \frac{\partial f}{\partial y'}y'' - \frac{\partial^2 f}{\partial y'\partial y}y'^2 - \frac{\partial^2 f}{\partial y'^2}y'y''$$
$$= \frac{\partial f}{\partial y'}y' - \frac{\partial^2 f}{\partial y'\partial y}y'^2 - \frac{\partial^2 f}{\partial y'^2}y'y'' = y'\left(\frac{\partial f}{\partial y} - \frac{\partial^2 f}{\partial y'\partial y}y' - \frac{\partial^2 f}{\partial y'^2}y''\right) = 0$$

故式(7.5.18)成立。

在最速曲线问题中,
$$f = \sqrt{\frac{1+y'^2}{2gy}} \tag{7.5.19}$$

不显含 x,式(7.5.18)成立。而
$$\frac{\partial f}{\partial y'} = \frac{1}{\sqrt{2gy}}\frac{1}{2}\frac{2y'}{\sqrt{1+y'^2}} = \frac{y'}{\sqrt{2gy(1+y'^2)}} \tag{7.5.20}$$

将式(7.5.19)和(7.5.20)代入式(7.5.18),得
$$\sqrt{\frac{1+y'^2}{2gy}} - \frac{y'^2}{\sqrt{2gy(1+y'^2)}} = \frac{1}{\sqrt{2gy(1+y'^2)}} = c$$

即
$$y(1+y'^2) = \lambda \quad \left(\lambda = \frac{1}{2gc^2}\right) \tag{7.5.21}$$

令
$$y = \lambda \sin^2\theta \tag{7.5.22}$$

则
$$y'^2 = \frac{1}{\sin^2\theta} - 1 = \cot^2\theta$$

$$y' = \frac{dy}{dx} = \cot\theta \quad dx = \frac{dy}{\cot\theta} \tag{7.5.23}$$

由式(7.5.22)知
$$dy = \lambda 2\sin\theta\cos\theta d\theta$$

因此
$$dx = \frac{\lambda 2\sin\theta\cos\theta}{\cos\theta/\sin\theta}d\theta = \lambda(1-\cos2\theta)d\theta$$

两边积分,得
$$x - \mu = \frac{\lambda}{2}(2\theta - \sin2\theta)$$

而
$$y = \frac{\lambda}{2}(1 - \cos2\theta) \tag{7.5.24}$$

上面两个方程即是最速曲线的参数方程,它表示一条圆滚线。

7.5.2 哈密顿原理

下面我们利用达朗贝尔 — 拉格朗日方程,即动力学普遍方程(7.2.4)来导出哈密顿原理。

设 n 个质点构成的质点组受 k 个几何约束,则质点组自由度 $s = 3n - k$,因此存在 s 个广义坐标 $q_\alpha = q_\alpha(t)(\alpha = 1, 2, \cdots, s)$,它们确定 s 维空间中的一个点,代表了该力学体系在 t 时刻的运动状态。随着时间 t 的改变,这些点的集合形成 s 维空间中一条曲线。将达朗贝尔 — 拉格朗日方程(式 7.2.4)沿由 $q_\alpha = q_\alpha(t)(\alpha = 1, 2, \cdots, s)$ 确定的 s 维空间的曲线,自 t_1 至 t_2 对 t 积分得①

$$\int_{t_1}^{t_2}\sum_{i=1}^{n}(\boldsymbol{F}_i - m_i\ddot{\boldsymbol{r}}_i)\cdot\delta\boldsymbol{r}_i\cdot dt = 0 \tag{7.5.25}$$

利用
$$\ddot{\boldsymbol{r}}_i\cdot\delta\boldsymbol{r}_i = \frac{d}{dt}(\dot{\boldsymbol{r}}_i\cdot\delta\boldsymbol{r}_i) - \dot{\boldsymbol{r}}\frac{d}{dt}(\delta\boldsymbol{r}_i) = \frac{d}{dt}(\dot{\boldsymbol{r}}_i\cdot\delta\boldsymbol{r}_i) - \dot{\boldsymbol{r}}_i\cdot\delta\dot{\boldsymbol{r}}_i \tag{7.5.26}$$

式(7.5.25)可化成
$$\int_{t_1}^{t_2}\sum_{i=1}^{n}\left[-m_i\frac{d}{dt}(\dot{\boldsymbol{r}}\cdot\delta\boldsymbol{r}_i) + \frac{1}{2}m_i\delta\dot{\boldsymbol{r}}_i^2 + \boldsymbol{F}_i\cdot\delta\boldsymbol{r}_i\right]dt$$

---

① 可以证明,在 $\delta t = 0$ 的条件下,δ 与 $\dfrac{d}{dt}$ 可以对易。

$$= -\sum_{i=1}^{n} m_i \dot{\boldsymbol{r}}_i \cdot \delta \boldsymbol{r}_i \Big|_{t_1}^{t_2} + \int_{t_1}^{t_2} \sum_{i=1}^{n} \left(\frac{1}{2} m_i \delta \dot{\boldsymbol{r}}_i^2 + \boldsymbol{F}_i \cdot \delta \boldsymbol{r}_i \right) dt = 0$$

上式表明,力学体系在约束允许的 s 维空间运动的真实轨道满足泛函数取极值条件。而式中最右边第一项相当于轨道上两端点,成立

$$\delta \boldsymbol{r}_i |_{t_1} = \delta \boldsymbol{r}_i |_{t_2} = 0 \quad (i = 1, 2, \cdots, n)$$

所以

$$\int_{t_1}^{t_2} \left[\delta \sum_{i=1}^{n} \left(\frac{1}{2} m_i \dot{\boldsymbol{r}}_i^2 \right) + \sum_{i=1}^{n} \boldsymbol{F}_i \cdot \delta \boldsymbol{r}_i \right] dt = \int_{t_1}^{t_2} \left(\delta T + \sum_{i=1}^{n} \boldsymbol{F}_i \cdot \delta \boldsymbol{r}_i \right) dt = 0$$
(7.5.27)

这里,$T = \sum_{i=1}^{n} \frac{1}{2} m_i \dot{\boldsymbol{r}}_r^2$ 是质点组动能。特别地,若质点组是在保守力场中运动,则

$$\boldsymbol{F}_i = -\nabla_i V \quad \left(\nabla_i = \boldsymbol{i} \frac{\partial}{\partial x_i} + \boldsymbol{j} \frac{\partial}{\partial y_i} + \boldsymbol{k} \frac{\partial}{\partial z_i} \quad i = 1, 2, \cdots, n \right)$$
(7.5.28)

于是

$$\int_{t_1}^{t_2} \delta (T - V) dt = \delta \int_{t_1}^{t_2} L dt = 0$$

记

$$S = \int_{t_1}^{t_2} (T - V) dt = \int_{t_1}^{t_2} L dt \tag{7.5.29}$$

称为作用函数,那么

$$\delta S = \delta \int_{t_1}^{t_2} (T - V) dt = \delta \int_{t_1}^{t_2} L dt = 0 \tag{7.5.30}$$

它表明,保守完整的力学体系在相同时间内,由某一初始状态转变到另一已知状态的一切可能运动中,真实运动的作用函数具有极值。这一结论叫做哈密顿原理。

7.5.3 由哈密顿原理导出拉格朗日方程

在 7.3 节,我们利用达朗贝尔 — 拉格朗日方程求出了拉格朗日方程。这节我们将从哈密顿原理出发推导拉格朗日方程。

因 L 是变量 $q_\alpha, \dot{q}_\alpha, t (\alpha = 1, 2, \cdots, s)$ 的函数,故

$$\delta S = \delta \int_{t_1}^{t_2} L dt = \int_{t_1}^{t_2} \delta L dt = \int_{t_1}^{t_2} \sum_{\alpha=1}^{s} \left(\frac{\partial L}{\partial \dot{q}_\alpha} \delta \dot{q}_\alpha + \frac{\partial L}{\partial q_\alpha} \delta q_\alpha \right) dt = 0 \tag{7.5.31}$$

而

$$\frac{\partial L}{\partial \dot{q}_\alpha} \delta \dot{q}_\alpha = \frac{\partial L}{\partial \dot{q}_\alpha} \frac{d}{dt} \delta q_\alpha = \frac{d}{dt} \left(\frac{\partial L}{\partial \dot{q}_\alpha} \delta q_\alpha \right) - \frac{d}{dt} \left(\frac{\partial L}{\partial \dot{q}_\alpha} \right) \delta q_\alpha$$

代入上面积分,得

$$\delta S = \int_{t_1}^{t_2} \left\{ \frac{\mathrm{d}}{\mathrm{d}t}\left(\sum_{\alpha=1}^{s} \frac{\partial L}{\partial \dot{q}_\alpha}\right) + \sum_{\alpha=1}^{s}\left[-\frac{\mathrm{d}}{\mathrm{d}t}\left(\frac{\partial L}{\partial \dot{q}_\alpha}\right) + \frac{\partial L}{\partial q_\alpha}\right]\delta q_\alpha \right\} \mathrm{d}t$$

$$= \sum_{\alpha=1}^{s} \frac{\partial L}{\partial \dot{q}_\alpha} \delta q_\alpha \bigg|_{t_1}^{t_2} + \int_{t_1}^{t_2}\sum_{\alpha=1}^{s}\left[-\frac{\mathrm{d}}{\mathrm{d}t}\left(\frac{\partial L}{\partial \dot{q}_\alpha}\right) + \frac{\partial L}{\partial q_\alpha}\right]\delta q_\alpha \mathrm{d}t = 0 \qquad (7.5.32)$$

因为 $\delta q_\alpha \big|_{t_1} = \delta q_\alpha \big|_{t_2} = 0$，所以

$$\sum_{\alpha=1}^{s} \frac{\partial L}{\partial \dot{q}_\alpha} \delta q_\alpha \bigg|_{t_1}^{t_2} = 0$$

将上式代入式(7.5.32)，得

$$\delta S = \int_{t_1}^{t_2}\sum_{\alpha=1}^{s}\left[-\frac{\mathrm{d}}{\mathrm{d}t}\left(\frac{\partial L}{\partial \dot{q}_\alpha}\right) + \frac{\partial L}{\partial q_\alpha}\right]\delta q_\alpha \mathrm{d}t = 0 \qquad (7.5.33)$$

于是，根据变分法基本引理推知

$$\frac{\mathrm{d}}{\mathrm{d}t}\left(\frac{\partial L}{\partial \dot{q}_\alpha}\right) - \frac{\partial L}{\partial q_\alpha} = 0 \qquad (\alpha = 1,2,\cdots,s) \qquad (7.5.34)$$

此即拉格朗日方程。

7.5.4 由哈密顿原理导出哈密顿方程

同样，从哈密顿原理也可以推导出哈密顿正则运动方程。

按定义，有

$$H = \sum_{\alpha=1}^{s} p_\alpha \dot{q}_\alpha - L \qquad (7.5.35)$$

于是

$$L = \sum_{\alpha=1}^{s} p_\alpha \dot{q}_\alpha - H$$

将上式代入哈密顿原理数学表达式(7.5.30)，得

$$\delta S = \delta \int_{t_1}^{t_2} L \mathrm{d}t = \delta \int_{t_1}^{t_2}\left(\sum_{\alpha=1}^{s} p_\alpha \dot{q}_\alpha - H\right)\mathrm{d}t = 0$$

即

$$\int_{t_1}^{t_2}\sum_{\alpha=1}^{s}\left(p_\alpha \delta \dot{q}_\alpha + \dot{q}_\alpha \delta p_\alpha - \frac{\partial H}{\partial p_\alpha}\delta p_\alpha - \frac{\partial H}{\partial q_\alpha}\delta q_\alpha\right)\mathrm{d}t = 0 \qquad (7.5.36)$$

式中第一个和式可写成

$$\sum_{\alpha=1}^{s} p_\alpha \delta \dot{q}_\alpha = \sum_{\alpha=1}^{s}\left[p_\alpha \frac{\mathrm{d}}{\mathrm{d}t}(\delta q_\alpha)\right] = \frac{\mathrm{d}}{\mathrm{d}t}\left(\sum_{\alpha=1}^{s} p_\alpha \delta q_\alpha\right) - \sum_{\alpha=1}^{s} \dot{p}_\alpha \delta q_\alpha$$

代入式(7.5.36)，有

$$\sum_{\alpha=1}^{s} p_\alpha \delta q_\alpha \bigg|_{t_1}^{t_2} + \int_{t_1}^{t_2} \sum_{\alpha=1}^{s} \left[\left(\dot{q}_\alpha - \frac{\partial H}{\partial p_\alpha} \right) \delta p_\alpha - \left(\dot{p}_\alpha + \frac{\partial H}{\partial q_\alpha} \right) \delta q_\alpha \right] \mathrm{d}t = 0 \quad (7.5.37)$$

因为 $\delta q_\alpha \big|_{t_1} = \delta q_\alpha \big|_{t_2} = 0$，故

$$\sum_{\alpha=1}^{s} p_\alpha \delta q_\alpha \bigg|_{t_1}^{t_2} = 0$$

$$\int_{t_1}^{t_2} \sum_{\alpha=1}^{s} \left[\left(\dot{q}_\alpha - \frac{\partial H}{\partial p_\alpha} \right) \delta p_\alpha - \left(\dot{p}_\alpha + \frac{\partial H}{\partial q_\alpha} \right) \delta q_\alpha \right] \mathrm{d}t = 0 \quad (7.5.38)$$

由于 $\delta p_\alpha, \delta q_\alpha$ 的任意性和独立性，所以

$$\dot{q}_\alpha = \frac{\partial H}{\partial p_\alpha} \quad \dot{p}_\alpha = -\frac{\partial H}{\partial q_\alpha} \quad (\alpha = 1, 2, \cdots, s) \quad (7.5.39)$$

这便是哈密顿正则运动方程。

由此可见，从哈密顿原理出发，我们可以导出力学体系的基本运动方程（拉格朗日方程和哈密顿正则方程），故哈密顿原理的确可以作为力学里的最高原理。事实上，哈密顿原理不但可以作为力学的最高原理，而且可以作为物理学的最高原理看待。这是因为，对任何物理体系（不一定是力学的），只要它的拉氏函数确定，就能够利用哈密顿原理求出它的运动方程，确定它的运动状态。

7.6 电磁场中带电粒子的拉格朗日函数和哈密顿函数

在力学的表述形式中，分析力学具有更普遍的意义。这不仅是因为这种形式更便于对力学系统的讨论，从而得出系统运动更一般的特点，而且还适宜将经典理论过渡到量子理论。在微观领域，带电粒子的运动问题占有重要地位，而微观粒子的运动需要利用量子理论才能分析和解决问题。

7.6.1 非相对论情形

为了简单起见，先考虑非相对论情形。带电粒子在电磁场中运动的方程是

$$\frac{\mathrm{d}\boldsymbol{p}}{\mathrm{d}t} = q(\boldsymbol{E} + \boldsymbol{v} \times \boldsymbol{B}) \quad (7.6.1)$$

等式左边是粒子动量随时间变化率，等式右边是电荷为 q 的粒子所受到的洛仑兹力。电磁场的场量可以通过它的矢势和标势表示成

$$\boldsymbol{E} = -\nabla\varphi - \frac{\partial \boldsymbol{A}}{\partial t} \quad \boldsymbol{B} = \nabla \times \boldsymbol{A} \quad (7.6.2)$$

注意到拉格朗日函数中的坐标与速度是独立变量，而 ∇ 算符不作用在速度的函数上，我们得到

$$v \times (\nabla \times A) = \nabla(v \cdot A) - v \cdot \nabla A \tag{7.6.3}$$

因此

$$E + v \times B = -\nabla\varphi - \frac{\partial A}{\partial t} + v \times (\nabla \times A) = -\nabla\varphi - \frac{\partial A}{\partial t} + \nabla(v \cdot A) - v \cdot \nabla A$$

$$= -\nabla(\varphi - v \cdot A) - \frac{\partial A}{\partial t} - v \cdot \nabla A = -\nabla(\varphi - v \cdot A) - \frac{dA}{dt} \tag{7.6.4}$$

最后一个等号的成立是因为

$$\frac{dA_i}{dt} = \frac{\partial A_i}{\partial t} + \sum_j \frac{\partial A_i}{\partial x_j} \frac{dx_j}{dt} = \frac{\partial A_i}{\partial t} + \sum_j v_j \frac{\partial A_i}{\partial x_j} \quad (i = 1,2,3)$$

即

$$\frac{dA}{dt} = \frac{\partial A}{\partial t} - v \cdot \nabla A \tag{7.6.5}$$

将式(7.6.4)代入式(7.6.1)，有

$$\frac{d}{dt}(p + qA) = -q\nabla(\varphi - v \cdot A) \tag{7.6.6}$$

若令

$$\begin{cases} L = T - V \\ T = \frac{1}{2}mv^2 \\ V = q(\varphi - v \cdot A) \end{cases} \tag{7.6.7}$$

并将其代入拉格朗日方程

$$\frac{d}{dt}\frac{\partial L}{\partial v_i} - \frac{\partial L}{\partial x_i} = 0 \tag{7.6.8}$$

便可以得到带电粒子在电磁场中运动的方程即式(7.6.1)。可见

$$L = \frac{1}{2}mv^2 - q(\varphi - v \cdot A) \tag{7.6.9}$$

这正是电磁场中带电粒子的拉格朗日函数或拉格朗日量。

知道了 L，根据定义 $H = P \cdot v - L$ 就可以确定哈密顿函数或哈密顿量。值得注意的是，这里 P 是粒子的正则动量，它由下式给出

$$P_i = \frac{\partial L}{\partial v_i} = mv_i + qA_i$$

或

$$P = mv + qA \tag{7.6.10}$$

上式表明，带电粒子在电磁场中运动时的正则动量 P 并不等于它的机械动

量 $p=mv$,而是多了一附加项 qA。将式(7.6.10)代入 H 的定义式得

$$H = \boldsymbol{P} \cdot \boldsymbol{v} - L = (m\boldsymbol{v} + q\boldsymbol{A}) \cdot \boldsymbol{v} - \frac{1}{2}mv^2 + q(\varphi - \boldsymbol{v} \cdot \boldsymbol{A})$$

$$= \frac{1}{2}mv^2 + q\varphi = \frac{1}{2m}(\boldsymbol{P} - q\boldsymbol{A})^2 + q\varphi \qquad (7.6.11)$$

这就是电磁场中带电粒子的哈密顿函数或哈密顿量。

7.6.2 相对论情形

相对论性粒子的动量 p 应是

$$\boldsymbol{p} = m\boldsymbol{v} = \frac{m_0 \boldsymbol{v}}{\sqrt{1 - \dfrac{v^2}{c^2}}} \qquad (7.6.12)$$

注意到

$$p_i = \frac{\partial}{\partial v_i}\left(-m_0 c^2 \sqrt{1 - \frac{v^2}{c^2}}\right) \qquad (7.6.13)$$

我们可以令

$$L = -m_0 c^2 \sqrt{1 - \frac{v^2}{c^2}} - q(\varphi - \boldsymbol{v} \cdot \boldsymbol{A}) \qquad (7.6.14)$$

代入拉格朗日方程(式(7.6.8))得

$$\frac{\mathrm{d}}{\mathrm{d}t}(p_i + qA_i) + q\left(\frac{\partial \varphi}{\partial x_i} - \sum_j v_j \frac{\partial A_j}{\partial x_i}\right) = 0$$

即

$$\frac{\mathrm{d}}{\mathrm{d}t}(\boldsymbol{p} + q\boldsymbol{A}) + q\nabla(\varphi - \boldsymbol{v} \cdot \boldsymbol{A}) = 0 \qquad (7.6.15)$$

这便是式(7.6.6)。因此,由式(7.6.14)定义的 L 就是电磁场中相对论性粒子的拉格朗日函数。

相应的哈密顿量为

$$H = \boldsymbol{P} \cdot \boldsymbol{v} - L = (m\boldsymbol{v} + q\boldsymbol{A}) \cdot \boldsymbol{v} + m_0 c^2 \sqrt{1 - \frac{v^2}{c^2}} + q(\varphi - \boldsymbol{v} \cdot \boldsymbol{A})$$

$$= \frac{m_0 v^2}{\sqrt{1 - \dfrac{v^2}{c^2}}} + m_0 c^2 \sqrt{1 - \frac{v^2}{c^2}} + q\varphi$$

$$= \frac{m_0 c^2}{\sqrt{1 - \dfrac{v^2}{c^2}}} + q\varphi \qquad (7.6.16)$$

而粒子的四维动量

$$p_\mu = \left(\boldsymbol{p}, i\frac{W}{c}\right) \tag{7.6.17}$$

式中：$\boldsymbol{p}$ 由式(7.6.12)给出，$W = \dfrac{m_0 c^2}{\sqrt{1-\dfrac{v^2}{c^2}}}$。由于

$$-m_0^2 c^2 = p_\mu p_\mu = \boldsymbol{p}^2 - \frac{W^2}{c^2}$$

所以

$$W = \frac{m_0 c^2}{\sqrt{1-\dfrac{v^2}{c^2}}} = \sqrt{\boldsymbol{p}^2 c^2 + m_0^2 c^4}$$

$$= \sqrt{(\boldsymbol{P}-q\boldsymbol{A})^2 c^2 + m_0^2 c^4} \tag{7.6.18}$$

将上式代入式(7.6.16)得电磁场中相对论性粒子的哈密顿量

$$H = \sqrt{(\boldsymbol{P}-q\boldsymbol{A})^2 c^2 + m_0^2 c^4} + q\varphi \tag{7.6.19}$$

7.7 电磁场的拉格朗日函数和哈密顿函数

场也是物质存在的一种形式。与粒子不同的是，粒子在空间只占有一小体积；而场则弥漫于空间中。前者称为定域，后者称为非定域。描写场的运动状态可以先将场所在的整个空间分成许多小区域，比如 N 个。如果将每个小区域看作质点，那么场就变成一个由 N 个质点组成的力学体系，这个质点系有 $3N$ 个自由度。于是，我们便可以用有关质点系的运动规律来近似地加以描写。N 越大，近似度越高。当 N 趋于无穷时，它就成为精确描写。可见，场是一个自由度为无穷多的体系，通常就用它的在某个区域内连续取值的坐标来描写。电磁场便是一个人们熟知的场。

7.7.1 电磁场的拉格朗日函数

当电磁场用矢势 $\boldsymbol{A}$ 和标势 φ 描写时，电磁场的运动方程为达朗贝尔方程(式3.6.10)

$$\nabla^2 \boldsymbol{A} - \frac{1}{c^2}\frac{\partial^2 \boldsymbol{A}}{\partial t^2} = -\mu_0 \boldsymbol{J}$$

$$\nabla^2 \varphi - \frac{1}{c^2}\frac{\partial^2 \varphi}{\partial t^2} = -\frac{\rho}{\varepsilon_0} \tag{7.7.1}$$

且满足洛伦兹条件(式(3.6.7))

$$\nabla \cdot \boldsymbol{A} + \frac{1}{c^2}\frac{\partial \varphi}{\partial t} = 0 \tag{7.7.2}$$

写成四维形式时,它们分别是(式(4.6.14)和式(4.6.15))

$$\Box A_\mu = -\mu_0 \cdot J_\mu$$
$$\partial_\mu A_\mu = 0 \tag{7.7.3}$$

式中:$A_\mu = (\boldsymbol{A}, \mathrm{i}\varphi/c)$,$J_\mu = (\boldsymbol{j}, \mathrm{i}c\varphi)$。

为了确定电磁场的拉格朗日函数,可以利用变分原理。电磁场的作用量

$$S = \int L \mathrm{d}t = \int \widetilde{L} \mathrm{d}^4 x \tag{7.7.4}$$

式中:$\widetilde{L}$ 是拉格朗日函数密度,简称拉氏函数密度,$\mathrm{d}^4 x$ 是闵可夫斯基四维空间中的体积元。一般情况下

$$\widetilde{L} = \widetilde{L}(A_\mu, \partial_\nu A_\mu) \tag{7.7.5}$$

变分原理要求,一个描写真实运动状态的 A_μ,必然使 S 取极值,即对满足边界条件 $\delta A_\mu = 0$ 的任何变动有

$$\delta S = \delta \int \widetilde{L} \mathrm{d}^4 x = \int \delta \widetilde{L}(A_\mu, \partial_\nu A_\mu) \mathrm{d}^4 x = 0 \tag{7.7.6}$$

而 $\displaystyle\int \delta \widetilde{L}(A_\mu, \partial_\nu A_\mu) \mathrm{d}^4 x = \int \left[\frac{\partial \widetilde{L}}{\partial A_\mu} \delta A_\mu + \frac{\partial \widetilde{L}}{\partial(\partial_\nu A_\mu)} \delta(\partial_\nu A_\mu) \right] \mathrm{d}^4 x$

对上式右边第二项实行分部积分,并注意到边界条件后有①

$$\int \frac{\partial \widetilde{L}}{\partial(\partial_\nu A_\mu)} \delta(\partial_\nu A_\mu) \mathrm{d}^4 x = \int \mathrm{d}^3 x \int \frac{\partial \widetilde{L}}{\partial(\partial_\nu A_\mu)} \partial_\nu (\delta A_\mu) \mathrm{d}x_\nu$$

$$= \int \mathrm{d}^3 x \left[\frac{\partial \widetilde{L}}{\partial(\partial_\nu A_\mu)} \delta A_\mu \bigg|_0 - \int \frac{\partial}{\partial x_\nu}\left(\frac{\partial \widetilde{L}}{\partial(\partial_\nu A_\mu)}\right) \delta A_\mu \mathrm{d}x_\nu \right]$$

$$= -\int \frac{\partial}{\partial x_\nu}\left(\frac{\partial \widetilde{L}}{\partial(\partial_\nu A_\mu)}\right) \delta A_\mu \mathrm{d}^4 x$$

将上两式代入式(7.7.6),有

$$\int \left[\frac{\partial \widetilde{L}}{\partial A_\mu} - \frac{\partial}{\partial x_\nu}\left(\frac{\partial \widetilde{L}}{\partial(\partial_\nu A_\mu)}\right) \right] \delta A_\mu \mathrm{d}^4 x = 0 \tag{7.7.7}$$

根据变分学基本引理必成立

$$\frac{\partial \widetilde{L}}{\partial A_\mu} - \frac{\partial}{\partial x_\nu}\left(\frac{\partial \widetilde{L}}{\partial(\partial_\nu A_\mu)}\right) = 0 \qquad (\mu = 1,2,3,4) \tag{7.7.8}$$

---

① 式中 $\mathrm{d}^3 x$ 表示除变量 x_ν 外的积分变元,下标 0 表示被积出项取边界上的值。

由 7.5 节知，这便是电磁场的拉格朗日方程，当然，这个方程必须与式(7.7.3)一致。因此，电磁场拉格朗日函数或拉氏函数密度的正确形式应该是：将这一形式代入式(7.7.8) 给出与式(7.7.3) 完全一致的结果。显然，可选取拉氏函数密度

$$\widetilde{L} = -\frac{1}{2\mu_0}\partial_\nu A_\mu \partial_\nu A_\mu + A_\mu J_\mu \tag{7.7.9}$$

将上式代入式(7.7.8)，则

$$J_\mu + \frac{1}{\mu_0}\partial_\nu \partial_\nu A_\mu = 0 \tag{7.7.10}$$

与式(7.7.3) 完全一致。可见 $\widetilde{L}$ 的这种取法是正确的①。

7.7.2 电磁场的哈密顿函数

知道了电磁场的拉格朗日函数和拉格朗日方程后，仿照 7.4 节的推导便可得到电磁场的哈密顿函数和哈密顿方程。类似地，定义与 A_μ 相对应的共轭量

$$\pi_\mu = \frac{\partial \widetilde{L}}{\partial \dot{A}_\mu} = \frac{\partial \widetilde{L}}{ic\partial(\partial_4 A_\mu)} = -\frac{i}{c}\frac{\partial \widetilde{L}}{\partial(\partial_4 A_\mu)} \tag{7.7.11}$$

将式(7.7.9) 中 $\widetilde{L}$ 的表达式代入式(7.7.11)，有

$$\pi_\mu = -\frac{i}{c}\frac{-1}{2\mu_0}2\partial_4 A_\mu = \frac{i}{\mu_0 c}\partial_4 A_\mu = \frac{1}{\mu_0 c^2}\dot{A}_\mu \tag{7.7.12}$$

于是，哈密顿函数密度

$$\begin{aligned}\widetilde{H} &= \pi_\mu \dot{A}_\mu - \widetilde{L} = \frac{i}{\mu_0 c}\partial_4 A_\mu ic\partial_4 A_\mu - \left[-\frac{1}{2\mu_0}\partial_\nu A_\mu \partial_\nu A_\mu + A_\mu J_\mu\right]\\ &= -\frac{1}{\mu_0}\partial_4 A_\mu \partial_4 A_\mu + \frac{1}{2\mu_0}\partial_\nu A_\mu \partial_\nu A_\mu - A_\mu J_\mu\\ &= \frac{1}{2\mu_0}\left[\frac{\partial A_\mu}{\partial x_i}\frac{\partial A_\mu}{\partial x_i} - \frac{\partial A_\mu}{\partial x_4}\frac{\partial A_\mu}{\partial x_4}\right] - A_\mu J_\mu\end{aligned} \tag{7.7.13}$$

在推导哈密顿方程前，必须记住这时的 $\widetilde{H}, \widetilde{L}$ 和 $\dot{A}_\mu$ 都是 A_μ, π_μ 和 $\partial_i A_\mu$ 的函数②。因此

$$\frac{\partial \widetilde{H}}{\partial \pi_\mu} = \dot{A}_\mu + \pi_\mu \frac{\partial \dot{A}_\mu}{\partial \pi_\mu} - \frac{\partial \widetilde{L}}{\partial \dot{A}_\mu}\frac{\partial \dot{A}_\mu}{\partial \pi_\mu} = \dot{A}_\mu$$

---

① 由于电磁场是规范不变的，因此电磁场拉氏函数密度的选取不是唯一的。
② 下标 i 表示空间三维变量 x_i。

$$\frac{\partial \widetilde{H}}{\partial A_\mu} = \pi_\mu \frac{\partial \dot{A}_\mu}{\partial A_\mu} - \frac{\partial \widetilde{L}}{\partial A_\mu} - \frac{\partial \widetilde{L}}{\partial \dot{A}_\mu}\frac{\partial \dot{A}_\mu}{\partial A_\mu}$$

$$= -\frac{\partial \widetilde{L}}{\partial A_\mu} = -\frac{\partial}{\partial x_\nu}\left(\frac{\partial \widetilde{L}}{\partial(\partial_\nu A_\mu)}\right) = -\frac{\partial}{\partial t}\frac{\partial \widetilde{L}}{\partial \dot{A}_\mu} - \frac{\partial}{\partial x_i}\left(\frac{\partial \widetilde{L}}{\partial(\partial_i A_\mu)}\right) \quad (7.7.14)$$

上面第二式中第三个等号的成立是利用了拉格朗日方程(7.7.8)的结果。而根据哈密顿函数密度定义又有

$$\frac{\partial \widetilde{H}}{\partial(\partial_i A_\mu)} = \pi_\mu \frac{\partial \dot{A}_\mu}{\partial(\partial_i A_\mu)} - \frac{\partial \widetilde{L}}{\partial(\partial_i A_\mu)} - \frac{\partial \widetilde{L}}{\partial \dot{A}_\mu}\frac{\partial \dot{A}_\mu}{\partial(\partial_i A_\mu)} = -\frac{\partial \widetilde{L}}{\partial(\partial_i A_\mu)}$$

于是,式(7.7.14)第二式成为

$$\frac{\partial \widetilde{H}}{\partial A_\mu} = -\dot{\pi}_\mu + \frac{\partial}{\partial x_i}\left(\frac{\partial \widetilde{H}}{\partial(\partial_i A_\mu)}\right) \quad (7.7.15)$$

结合式(7.7.14)第一式和式(7.7.15)给出

$$\dot{A}_\mu = \frac{\partial \widetilde{H}}{\partial \pi_\mu}$$

$$\dot{\pi}_\mu = -\frac{\partial \widetilde{H}}{\partial A_\mu} + \frac{\partial}{\partial x_i}\left(\frac{\partial \widetilde{H}}{\partial(\partial_i A_\mu)}\right) \quad (7.7.16)$$

这就是电磁场的哈密顿方程,它亦与式(7.7.1)完全相当。将$\widetilde{H}$具体形式(7.7.13)代入便得

$$\dot{A}_\mu = \mu_0 c^2 \pi_\mu$$

$$\dot{\pi}_\mu = -J_\mu + \frac{1}{\mu_0}\frac{\partial^2 A_\mu}{\partial x_i \partial x_i} \quad (7.7.17)$$

7.8 例 题

1. 重 P_1,长 l_1 的均匀杆 OA 与重 P_2,长 l_2 的均匀杆 AB 用铰链连接于公共点 A,组成一平面双摆(图7.1)。O 点可绕固定铰转动,B 点受一水平力 F 作用。试用虚功原理,求平衡时二杆与铅垂线所成的夹角 α 和 β。

解 平面双摆的位置由 A,B 点确定,由于 OA,AB 的长度已知,因此,只有两个自由度,独立变量即可选为 α 和 β。此系统受三个力作用:两个沿铅垂方向的重力 P_1, P_2 和一个水平力 F。

P_1 的作用点为 OA 中点,坐标设为 (x_1, y_1);P_2 的作用点为 AB 中点,坐标设为 (x_2, y_2),F 的作用点为 B,坐标设为 (x_3, y_3)。它们所做的虚功等于力和在

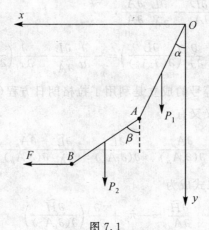

图 7.1

力的方向所发生的虚位移之积。根据虚功原理应有：

$$P_1\delta y_1 + P_2\delta y_2 + F\delta x_3 = 0$$

而

$$x_1 = \frac{l_1}{2}\sin\alpha \qquad y_1 = \frac{l_1}{2}\cos\alpha$$

$$x_2 = l_1\sin\alpha + \frac{l_2}{2}\sin\beta \qquad y_2 = l_1\cos\alpha + \frac{l_2}{2}\cos\beta$$

$$x_3 = l_1\sin\alpha + l_2\sin\beta \qquad y_3 = l_1\cos\alpha + l_2\cos\beta$$

将其代入虚功表示式，得

$$P_1\delta\left(\frac{l_1}{2}\cos\alpha\right) + P_2\delta\left(l_1\cos\alpha + \frac{l_2}{2}\cos\beta\right) + F\delta(l_1\sin\alpha + l_2\sin\beta) = 0$$

即

$$\left(-\frac{1}{2}P_1 l_1\sin\alpha - P_2 l_1\sin\alpha + Fl_1\cos\alpha\right)\delta\alpha + \left(-\frac{1}{2}P_2 l_2\sin\beta + Fl_2\cos\beta\right)\delta\beta = 0$$

因为 $\delta\alpha$ 和 $\delta\beta$ 是互相独立的，所以

$$-\frac{1}{2}P_1 l_1\sin\alpha - P_2 l_1\sin\alpha + Fl_1\cos\alpha = 0$$

$$-\frac{1}{2}P_2 l_2\sin\beta + Fl_2\cos\beta = 0$$

由此得

$$\tan\alpha = \frac{2F}{P_1 + 2P_2} \qquad \tan\beta = \frac{2F}{P_2}$$

2. 质量为 m_1 的滑块可沿固定水平直杠滑动，一长为 l 的均匀轻杠 AB，一端 A 铰接在滑块上，另一端 B 安有质量为 m_2 的摆锤。杠 AB 可在铅垂面内绕过 A 点

的轴转动。滑块、轻杆和摆锤构成一个所谓的椭圆摆(图 7.2),试利用拉格朗日方程证明,椭圆摆运动时成立

$$(m_1+m_2)\dot{x}+m_2 l\dot{\theta}\cos\theta=c \quad (c\text{ 为常数})$$

式中:x 是滑块坐标,θ 是轻杆与铅垂线夹角。

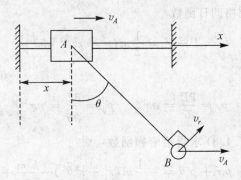

图 7.2

证明 椭圆摆有两个自由度,广义坐标可取为滑块的坐标 x 和杆的转角 θ。椭圆摆的动能为

$$\begin{aligned}T&=\frac{1}{2}m_1 v_A^2+\frac{1}{2}m_2(v_B^2)\\&=\frac{1}{2}m_1 v_A^2+\frac{1}{2}m_2(v_A^2+v_r^2+2v_A v_r\cos\theta)\\&=\frac{1}{2}m_1\dot{x}^2+\frac{1}{2}m_2(\dot{x}^2+l^2\dot{\theta}^2+2\dot{x}l\dot{\theta}\cos\theta)\end{aligned}$$

若选取水平直杆所处的铅垂位置势能为零,则

$$V=-m_2 gl\cos\theta$$

所以,系统的拉格朗日函数为

$$L=T-V=\frac{1}{2}(m_1+m_2)\dot{x}^2+\frac{1}{2}m_2 l^2\dot{\theta}^2+m_2 l\dot{x}\dot{\theta}\cos\theta+m_2 gl\cos\theta$$

由于 L 不显含 x,因此从拉格朗日方程知

$$\frac{\mathrm{d}}{\mathrm{d}t}\left(\frac{\partial L}{\partial \dot{x}}\right)-\frac{\partial L}{\partial x}=\frac{\mathrm{d}}{\mathrm{d}t}\left(\frac{\partial L}{\partial \dot{x}}\right)=0$$

$$\frac{\partial L}{\partial \dot{x}}=c \quad (c\text{ 为常数})$$

即

$$(m_1+m_2)\dot{x}+m_2 l\dot{\theta}\cos\theta=c$$

3. 一质点在与距离平方成反比的有心引力场中运动的动能和势能分别是

$$T = \frac{1}{2}m(\dot{r}^2 + r^2\dot{\theta}^2) \qquad V = -\frac{k^2 m}{r}$$

式中：m 是质点质量；(r,θ) 是它的极坐标。求质点的哈密顿函数和质点的运动方程。

解 质点的拉格朗日函数

$$L = T - V = \frac{1}{2}m(\dot{r}^2 + r^2\dot{\theta}^2) + \frac{k^2 m}{r}$$

由式(7.4.7)知

$$p_r = \frac{\partial L}{\partial \dot{r}} = m\dot{r} \qquad p_\theta = \frac{\partial L}{\partial \dot{\theta}} = mr^2\dot{\theta}$$

根据 H 的定义式(7.4.8)求得哈密顿函数

$$H = -L + p_r\dot{r} + p_\theta\dot{\theta} = -\frac{1}{2}m(\dot{r}^2 + r^2\dot{\theta}^2) - \frac{k^2 m}{r} + p_r\dot{r} + p_\theta\dot{\theta}$$

而 $\dot{r} = \dfrac{p_r}{m} \qquad \dot{\theta} = \dfrac{p_\theta}{mr^2}$，于是

$$H = -\frac{p_r^2}{2m} - \frac{p_\theta^2}{2mr^2} - \frac{k^2 m}{r} + \frac{p_r^2}{m} + \frac{p_\theta^2}{mr^2} = \frac{1}{2m}\left(p_r^2 + \frac{p_\theta^2}{r^2}\right) - \frac{k^2 m}{r}$$

将上式代入哈密顿正则方程(7.4.10)，有

$$\dot{p}_\theta = -\frac{\partial H}{\partial \theta} = 0$$

故

$$p_\theta = mr^2\dot{\theta} = mh \qquad (h \text{ 是一常数})$$

它表明中心力场中动量矩守恒。

$$\dot{p}_r = -\frac{\partial H}{\partial r} = \frac{p_\theta^2}{mr^3} - \frac{k^2 m}{r^2} = \frac{m^2 r^4 \dot{\theta}^2}{mr^3} - \frac{k^2 m}{r^2} = mr\dot{\theta}^2 - \frac{k^2 m}{r^2}$$

又 $\dot{p}_r = m\ddot{r}$，故

$$m\ddot{r} = mr\dot{\theta}^2 - \frac{k^2 m}{r^2}$$

即

$$m(\ddot{r} - r\dot{\theta}^2) = -\frac{k^2 m}{r^2}$$

这就是质点的运动方程。

4. 1744 年莫培督提出了一个与哈密顿原理类似的原理。他定义

$$\int \sum_{i=1}^{n} m_i \boldsymbol{v}_i \cdot \mathrm{d}\boldsymbol{r}_i$$

为力学系的作用量,并认为保守完整的力学系,由某一初位形变到另一已知位形的所有具有相同能量的可能运动中,真实运动的作用量具有极小值。这个原理称为最小作用量原理。试利用达朗贝尔—拉格朗日方程导出最小作用量原理,即证明

$$\Delta \int_A^B \sum_{i=1}^n m_i \boldsymbol{v}_i \cdot \mathrm{d}\boldsymbol{r}_i = 0$$

证明 设某力学系 t_1 时刻处在位形 A,t_2 时刻处在位形 B。将达朗贝尔—拉格朗日方程沿这一位形变化积分有

$$\int_{t_1}^{t_2} \sum_{i=1}^{n} (\boldsymbol{F}_i - m_i \ddot{\boldsymbol{r}}_i) \cdot \Delta \boldsymbol{r}_i \cdot \mathrm{d}t = 0$$

这里用 Δ 代替 δ 表示这一变更既包含路径的变更,也包含时间的变更,是一种全变更①,即

$$\Delta\left(\frac{\mathrm{d}\boldsymbol{r}}{\mathrm{d}t}\right) = \frac{\mathrm{d}}{\mathrm{d}t}(\Delta \boldsymbol{r}) - \frac{\mathrm{d}\boldsymbol{r}}{\mathrm{d}t}\frac{\mathrm{d}}{\mathrm{d}t}(\Delta t)$$

或

$$\frac{\mathrm{d}}{\mathrm{d}t}(\Delta \boldsymbol{r}) = \Delta(\dot{\boldsymbol{r}}) + \dot{\boldsymbol{r}}\frac{\mathrm{d}}{\mathrm{d}t}(\Delta t)$$

于是

$$\frac{\mathrm{d}}{\mathrm{d}t}(\dot{\boldsymbol{r}}_i \cdot \Delta \boldsymbol{r}_i) = \ddot{\boldsymbol{r}}_i \cdot \Delta \boldsymbol{r}_i + \dot{\boldsymbol{r}}_i \cdot \frac{\mathrm{d}}{\mathrm{d}t}(\Delta \boldsymbol{r}_i)$$

$$= \ddot{\boldsymbol{r}}_i \cdot \Delta \boldsymbol{r}_i + \dot{\boldsymbol{r}}_i \cdot \Delta(\dot{\boldsymbol{r}}_i) + \dot{\boldsymbol{r}}_i \cdot \dot{\boldsymbol{r}}_i \frac{\mathrm{d}}{\mathrm{d}t}(\Delta t)$$

$$= \ddot{\boldsymbol{r}}_i \cdot \Delta \boldsymbol{r}_i + \frac{1}{2}\Delta \dot{\boldsymbol{r}}_i^2 + \dot{\boldsymbol{r}}_i^2 \frac{\mathrm{d}}{\mathrm{d}t}(\Delta t)$$

$$-\int_{t_1}^{t_2} \sum_{i=1}^{n} m_i \ddot{\boldsymbol{r}}_i \cdot \Delta \boldsymbol{r}_i \mathrm{d}t = -\int_{t_1}^{t_2} \sum_{i=1}^{n} m_i \left[\frac{\mathrm{d}}{\mathrm{d}t}(\dot{\boldsymbol{r}}_i \cdot \Delta \boldsymbol{r}_i) - \frac{1}{2}\Delta \dot{\boldsymbol{r}}_i^2 - \dot{\boldsymbol{r}}_i^2 \frac{\mathrm{d}}{\mathrm{d}t}(\Delta t)\right]\mathrm{d}t$$

$$= -\sum_{i=1}^{n} m_i \dot{\boldsymbol{r}}_i \cdot \Delta \boldsymbol{r}_i \bigg|_{t_1}^{t_2} + \int_{t_1}^{t_2} \sum_{i=1}^{n} \left[\frac{1}{2} m_i \Delta \dot{\boldsymbol{r}}_i^2 + m_i \dot{\boldsymbol{r}}_i^2 \frac{\mathrm{d}}{\mathrm{d}t}(\Delta t)\right]\mathrm{d}t$$

$$= \int_{t_1}^{t_2} \Delta T \mathrm{d}t + 2T\Delta(\mathrm{d}t)$$

---

① 从达朗贝尔—拉格朗日方程推导哈密顿作用原理时,我们用了等时的假定,即 $\delta t = 0$,这时算符 δ 与 $\frac{\mathrm{d}}{\mathrm{d}t}$ 对易。而从达朗贝尔—拉格朗日方程推导最小作用量原理时,我们用的是等能量假定,即 $\delta E = 0$,这时 δ 与 $\frac{\mathrm{d}}{\mathrm{d}t}$ 不对易。为了表示这种不等时的变更或全变分,我们改用 Δ 代替 δ。

式中：
$$T = \frac{1}{2}\sum_i m_i \dot{r}_i^2$$

而对保守力学系 $\sum_{i=1}^{n} \boldsymbol{F}_i \cdot \Delta \boldsymbol{r}_i = -\Delta V = \Delta T$

这是因为对于具有相同能量的一切可能运动之间的变更，$\Delta E = 0, -\Delta V = \Delta T$。

因此
$$\int_{t_1}^{t_2} \sum_{i=1}^{n}(\boldsymbol{F}_i - m_i \ddot{\boldsymbol{r}}_i)\cdot \Delta \boldsymbol{r}_i \mathrm{d}t = \int_{t_1}^{t_2} \Delta T \mathrm{d}t + 2T\Delta(\mathrm{d}t) + \Delta T \mathrm{d}t$$

$$= \int_{t_1}^{t_2} 2\Delta T \mathrm{d}t + 2T\Delta(\mathrm{d}t) = \Delta \int_{t_1}^{t_2} 2T \mathrm{d}t$$

$$= \Delta \int_{t_1}^{t_2} 2 \sum_{i=1}^{n} \frac{1}{2} m_i \dot{\boldsymbol{r}}_i \cdot \dot{\boldsymbol{r}}_i \mathrm{d}t = \Delta \int_{A}^{B} \sum_{i=1}^{n} m_i \boldsymbol{v}_i \cdot \mathrm{d}\boldsymbol{r}_i = 0$$

这样，我们就从达朗贝尔 — 拉格朗日方程导出了最小作用量原理。

5. 试利用拉格朗日方程求质点加速度在球坐标系中的表达式。

解 拉格朗日方程为
$$\frac{\mathrm{d}}{\mathrm{d}t}\left(\frac{\partial L}{\partial \dot{q}_\alpha}\right) - \frac{\partial L}{\partial q_\alpha} = 0$$

注意到 $L = T - V$，广义力 $Q_\alpha = -\dfrac{\partial V}{\partial q_\alpha}$ 和 V 一般与 $\dot{q}_\alpha$ 无关，上式化成

$$\frac{\mathrm{d}}{\mathrm{d}t}\frac{\partial T}{\partial \dot{q}_\alpha} - \frac{\partial T}{\partial q_\alpha} + \frac{\partial V}{\partial q_\alpha} = \frac{\mathrm{d}}{\mathrm{d}t}\frac{\partial T}{\partial \dot{q}_\alpha} - \frac{\partial T}{\partial q_\alpha} - Q_\alpha$$

即
$$Q_\alpha = \frac{\mathrm{d}}{\mathrm{d}t}\frac{\partial T}{\partial \dot{q}_\alpha} - \frac{\partial T}{\partial q_\alpha}$$

直角坐标系与球坐标系的关系是
$$x = r\cos\theta\cos\varphi$$
$$y = r\sin\theta\sin\varphi$$
$$z = r\cos\theta$$

如果将 r, θ, φ 看作广义坐标，那么它们相应的广义力为 Q_r, Q_θ, Q_φ。

广义力所做的功则为
$$-\Delta V = ma_r \Delta r + ma_\theta(r\Delta\theta) + ma_\varphi(r\sin\theta\Delta\varphi) = Q_r \Delta r + Q_\theta \Delta\theta + Q_\varphi \Delta\varphi$$

由此得
$$a_r = \frac{Q_r}{m} \qquad a_\theta = \frac{1}{r}\frac{Q_\theta}{m} \qquad a_\varphi = \frac{1}{r\sin\theta}\frac{Q_\varphi}{m}$$

在球坐标系中，弧长
$$\Delta s^2 = \Delta x^2 + \Delta y^2 + \Delta z^2 = \Delta r^2 + r^2 \Delta\theta^2 + r^2 \sin^2\theta \Delta\varphi^2$$

故
$$\dot{s}^2 = \dot{r}^2 + r^2\dot{\theta}^2 + r^2\sin^2\theta\dot{\varphi}^2 \qquad T = \frac{1}{2}m\dot{s}^2$$

所以

$$a_r = \frac{1}{m}Q_r = \frac{1}{m}\left[\frac{\mathrm{d}}{\mathrm{d}t}\frac{\partial T}{\partial \dot{r}} - \frac{\partial T}{\partial r}\right] = \frac{1}{2}\left[\frac{\mathrm{d}}{\mathrm{d}t}\left(\frac{\partial \dot{s}^2}{\partial \dot{r}}\right) - \frac{\partial \dot{s}^2}{\partial r}\right] = \ddot{r} - r\dot{\theta}^2 - r\sin^2\theta\dot{\varphi}^2$$

$$a_\theta = \frac{1}{2r}\left[\frac{\mathrm{d}}{\mathrm{d}t}\left(\frac{\partial \dot{s}^2}{\partial \dot{\theta}}\right) - \frac{\partial \dot{s}^2}{\partial \theta}\right] = r\ddot{\theta} + 2\dot{r}\dot{\theta} - r\sin\theta\cos\theta\dot{\varphi}^2$$

$$a_\varphi = \frac{1}{2r\sin\theta}\left[\frac{\mathrm{d}}{\mathrm{d}t}\left(\frac{\partial \dot{s}^2}{\partial \dot{\varphi}}\right) - \frac{\partial \dot{s}^2}{\partial \varphi}\right] = r\sin\theta\ddot{\varphi} + 2\sin\theta\dot{r}\dot{\varphi} + 2r\cos\theta\dot{\theta}\dot{\varphi}$$

阅读材料:分析力学的建立

分析力学是经典力学理论的发展与完善,它的建立经历了三次大的飞跃。

第一次飞跃表现为牛顿力学的对象从质点发展到刚体和流体,特别是欧拉提出的运动学和动力学方程。

第二次飞跃表现为拉格朗日理论的建立。1788年拉格朗日将伯努利提出的虚功原理和达朗贝尔提出的达朗贝尔原理结合在一起,建立了拉格朗日方程,从而奠定了分析力学的基础。

第三次飞跃表现为哈密顿理论的建立。哈密顿所提出的哈密顿原理使分析力学发展成一个完整的体系。

(1) 欧拉(Leonhard Euler,1707—1783),瑞士数学家、物理学家。

欧拉1707年4月15日出生于瑞士巴塞尔。1720年,欧拉考入了巴塞尔大学,起初他遵从父愿学习神学,不久改学数学,17岁在巴塞尔大学获得硕士学位。欧拉20岁受凯瑟林一世的邀请加入圣彼得斯堡科学院,23岁成为该院物理学教授。26岁接任著名数学家丹尼尔·伯努利的职务,成为数学所所长。两年后,欧拉有一只眼睛失明,但仍以极大的热情继续工作,写出了许多杰出的论文。1741年,欧拉赴德国任职柏林科学院,于1766年返回俄国。不久他的另一只眼睛也失去了光明。即使这样的灾祸降临,他也没有停止研究工作,他不断地发表第一流的学术论文,直到生命的最后一息。

欧拉是18世纪最优秀的数学家,也是历史上最杰出的科学家之一。欧拉对数学、物理学和工程学都作出过巨大的贡献。欧拉一生中写了32部著作,还写下了许多富有创造性的数学和科学论文。总计起来,他的科学论著达70多卷。

科学上有许多与欧拉相连的名称,如:欧拉公式(包括欧拉辐角公式、欧拉多面体公式、欧拉函数公式等)、欧拉函数、欧拉定理(也称费马—欧拉定理)、欧拉角、欧拉方程等。

(2) 拉格朗日(Joseph-Louis Lagrange,1736—1813),法国数学家、物理学家。

拉格朗日1736年1月25日生于意大利都灵。父亲是法国陆军骑兵的一名军官,一心想把拉格朗日培养成一名律师。但拉格朗日个人却对法律毫无兴趣。青年时代,在数学家雷维里的教导下,拉格朗日喜爱上了几何学。19岁时,拉格朗日发表第一篇论文《极大和极小的方法研究》,发展了欧拉所开创的变分法,由此他当上了都灵皇家炮兵学校的教授。1756年,受欧拉的举荐,拉格朗日被任命为普鲁士科学院通讯院士。1766年,拉格朗日应邀前往柏林,任普鲁士科学院数学部主任。1783年,拉格朗日的故乡建立了都灵科学院,他被任命为名誉院长。1786年他离开柏林,定居法国巴黎,直至去世。1791年,拉格朗日被选为英国皇家学会会员,并先后在巴黎高等师范学院和巴黎综合工科学校任数学教授。1795年法兰西研究院成立后,拉格朗日被选为科学院数理委员会主席。

拉格朗日是18世纪的伟大科学家,在数学、力学和天文学三个学科中都有历史性的重大贡献。拉格朗日是继欧拉后促使莱布尼兹所创立的数学分析方法更深入发展的最大开拓者,在18世纪数学的主要分支,如变分法、微分方程、数论、函数和无穷级数中都有开创性工作。拉格朗日还是分析力学的创立者。1788年拉格朗日出版了名著《分析力学》,将伯努利提出的虚功原理和达朗贝尔提出的达朗贝尔原理结合在一起,建立了拉格朗日方程,奠定了分析力学的基础,为把力学理论推广应用到物理学其他领域开辟了道路。

(3) 哈密顿(William Rowan Hamilton,1805—1865),爱尔兰物理学家、数学家。

哈密顿1805年8月4日生于爱尔兰都柏林。哈密顿自幼聪明,1823年7月7日,哈密顿以入学考试第一名的成绩进入著名的三一学院。哈密顿兄弟姐妹8人,家庭负担很重。为减轻父亲经济压力,他毕业后带着3个妹妹到敦辛克天文台。1827年,哈密顿被任命为敦辛克天文台的皇家天文研究员和三一学院的天文学教授。1832年,哈密顿成为爱尔兰皇家科学院院士。由于哈密顿的学术成就和声望,1835年在都柏林召开的不列颠科学进步协会上被选为主席,同年被授予爵士头衔。1837年,哈密顿被任命为爱尔兰皇家科学院院长。1863年,新成立的美国科学院任命哈密顿为14个国外院士之一。

哈密顿工作勤奋,思想活跃。他的研究工作涉及不少领域,在科学史上影响很大,成果最大当数光学、力学和四元数。他完成了多篇有关光学的论文,其中在1924年12月送交爱尔兰皇家科学院会议的有关焦散曲线(caustics)的论文,引起了科学界广泛重视。1836年,哈密顿因在光学上所取得的成就而被授予皇家奖章。在对复数长期研究的基础上,哈密顿在1843年正式提出了四元数(quaternion),这是代数学中一项重要成果。哈密顿对力学的贡献尤为巨大。他作为公设所提出的哈密顿原理是分析力学达到顶峰的标志,使分析力学发展成一个完整的体系。而哈密顿正则方程、哈密顿量则是现代物理极为重要的概念。

习 题 7

1. 质量 $m = 45\text{kg}$ 的匀质细杆 AB,下端 A 搁在光滑水平面上,上端 B 用一质量可以忽略不计的软绳 BD 系在固定点 D。细杆长 $l = 3\text{m}$,软绳长 $h = 1.2\text{m}$。当软绳呈铅垂状时,细杆对水平面的倾角 $\theta = 30°$。若此时点 A 以匀速度 $v = 2.4\text{m/s}$ 开始向左运动。求在这瞬时:(1) 杆的角加速度;(2) 需加在 A 端的水平力 F;(3) 绳中拉力 F'。

2. 两等长杆 AB 和 BC 在 B 点用铰链连接,在杆的 D,E 两点连一水平弹簧(如图)。已知距离 $AB = l, BD = a$。当 $AC = s$ 时,弹簧内拉力为零。若在 C 点加一水平作用力 F 仍能保持此系统处于平衡,试利用虚功原理求这时 AC 之值 x。(设弹簧的刚度系数为 k,杆重和摩擦不计)

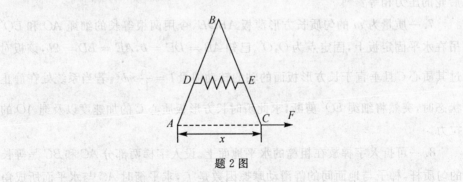

题 2 图

3. 一轻三足架,其足长均为 l,与铅垂线均成 φ 角,三足成等边三角形置于光滑水平面上。今用一绳圈套在三足架三足上,使其不能改变与铅垂线夹角。若三

足架与其载重为 W，试利用虚功原理证明绳中张力 $T = \dfrac{W}{3}\dfrac{\tan\varphi}{\sqrt{3}}$。

4. 长为 $2a$ 的匀质细杆 AB，A 端靠在铅垂墙面上，B 端放在固定光滑曲面 DE 上（如图）。如果要使 AB 能静止在铅垂平面的任意位置，那么曲线 DE 的形状应该如何？

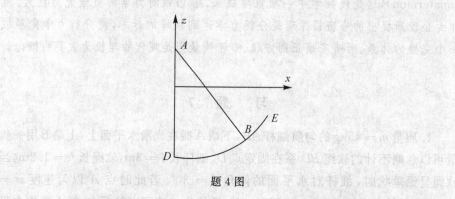

题 4 图

5. 重量为 W，周长为 l，弹性模量为 λ 的弹性圈置入光滑铅垂圆锥体上，锥体顶角为 2α。试利用虚功原理求平衡时圈面离锥体顶点的距离 h。

6. 一辆载重汽车总质量为 M，沿水平向做匀加速直线运动，加速度为 a。若汽车质心离地面的高度为 h，汽车前后轴到过质心垂线的距离分别是 b 和 d，试利用达朗贝尔原理求汽车前后轮对地面的正压力。汽车的加速度多大时，汽车前后轮的压力相等？

7. 一质量为 m 的匀质长方形薄板 $ABDE$，今用两根等长的细绳 AO 和 EO' 吊在水平固定板上，固定点为 O，O'。已知 $AB = DE = b$，$AE = BD = 2b$，该板对过其质心 C 且垂直于长方形板面的轴的转动惯量 $I = \dfrac{5}{12}mb^2$。若当系统处在静止状态时，突然将细绳 EO' 剪断，求此瞬时长方形板质心 C 的加速度以及绳 AO 的拉力。

8. 一可折人字梯放在粗糙的水平地面上。设人字梯两部分 AC 和 BC 是等长的匀质杆，梯子与地面间的静滑动摩擦因数是 f_s，求平衡时 AC 与水平面所成角度的最小值。

9. 质量为 M 的一匀质杆可绕其一端自由转动。设开始时匀质杆处于水平位置，试利用达朗贝尔原理求匀质杆自由落下经过铅垂位置时支点上的反作用力。

10. 一架飞机着陆时速度为200km/h,飞机在制动力 F_d 的作用下沿跑道做匀减速运动,滑行450m后速度减低为50km/h。已知飞机的质量为 125×10^3 kg,质心距地面3m,距后轮2.4m,F_d 的作用线距地面1.8m,前后轮相距15m。求从开始制动到制动终结这段时间内,前轮 B 的正压力 F_B(计算中不考虑地面摩擦力和空气阻力及作用在机翼上的上升力)。

11. 质量为 M 的列车以匀速沿半径为 r 的路轨拐弯。设两铁轨间距为 d,铁轨对水平面的倾角为 θ,列车质心离铁轨的距离为 h,试利用达朗贝尔原理求两铁轨所受压力。当两铁轨所受压力相等时,列车速度 v 应为多大?

12. 设 $t=0$ 时,质量为 $m=1000$kg 的飞船离月球的高度 $h=15.5$m,初速 $v_0=9.15$m/s,方向与月球表面成夹角 $\theta=30°$。要使飞船沿直线到达月球表面且着陆时速度为零,飞船所受的推力大小和方向如何?(月球表面重力加速度 $g_m=1.62$m/s²)

13. 质量为 m 的匀质平板,放在两个相同的匀质圆柱形滚子上,滚子半径都是 r,质量均等于 $0.5m$。今在平板上作用一水平力 F,若平板与滚子间无相对滑动,滚子在水平面上只做滚动,求平板的加速度。

14. 一旋轮线方程为
$$x=a(\theta-\sin\theta),\quad y=-a(1-\cos\theta)$$
质量为 m 的小环在重力作用下沿该曲线运动,试利用拉格朗日方程求小环的运动微分方程。

15. 质量是 m 的滑轮可绕过其中心 O 的光滑水平轴转动。滑轮上套着不可伸长的柔绳,绳的一端挂着质量是 M 的重物,而另一端则用劲度系数是 k 的铅直弹簧 AB 系于固定点 B。若不计绳和弹簧的质量,试利用拉格朗日方程求重物的振动周期。(假设滑轮的质量分布在轮缘,且绳与轮缘间无相对滑动)

16. 质量为 m 的质点悬挂在细线的一端,线的另一端绕在半径是 r 的固定圆柱体上,构成一摆(如图)。设在平衡位置时线的下垂部分长度是 l,不计线的质量,试求摆的运动微分方程。

17. O_1,O_2,O_3 组成一个行星齿轮机构,整个机构处在同一水平面内(如图)。其中,O_1 为不动轮,两动轮 O_2 和 O_3 安装在曲柄 O_1O_3 上并随之一起转动。当作用在曲柄 O_1O_3 上的转矩为 M 时,试利用拉格朗日方程求曲柄的角加速度。(设各轮都是匀质圆盘,半径都是 r,质量都是 m,曲柄质量可以忽略)

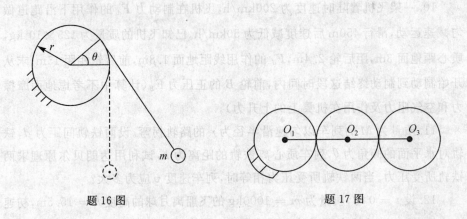

题 16 图   题 17 图

18. 质量为 m 的小球在半径为 r 的光滑圆环内运动,圆环在力矩 M 作用下以匀角速度 ω 绕铅垂轴 AB 转动(如图)。试利用拉格朗日方程求小球相对于圆环的运动微分方程和力矩 M 的大小。

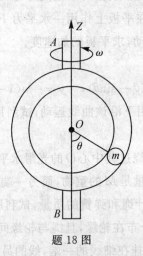

题 18 图

19. 水平面上放着一个半径为 r,质量为 M 的匀质薄球壳,球壳内放着质量为 m,长度为 $2r\sin\varphi$ 的匀质细杆(φ 是杆对于球壳中心张角的一半)。设此系统由静止开始运动,在开始的瞬间,杆对水平面成倾角 α(如图)。若运动时杆的两端始终未脱离球壳,且球壳滚而不滑,试利用拉格朗日方程证明在以后的运动中,杆对水平面的倾角 θ 满足微分方程

$$[(5M+3m)(2\cos^2\varphi+1)-9m\cos^2\varphi\cos^2\theta]r\dot\theta^2$$
$$=6g(5M+3m)(\cos\theta-\cos\alpha)\cos\varphi$$

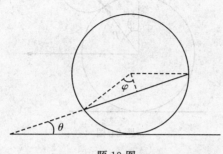

题 19 图

20. 半径为 r、质量为 m 的均匀半圆柱体置于水平面上只滚动而不滑动(如图)。已知半圆柱体质心到柱体母线的垂直距离为 a,半圆柱体对过质心且平行于柱体母线的轴的回转半径为 ρ,试利用拉格朗日方程求半圆柱体做微小摆动的周期。(回转半径的定义为:$\rho^2=I/m$,I 是半圆柱体对其质心的转动惯量。)

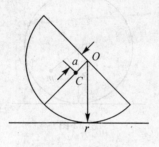

题 20 图

21. 两匀质圆柱体半径分别是 r 和 $R(r<R)$,质量分别是 m 和 $M(m<M)$。将 M 放在粗糙的水平面上,m 叠在 M 上(如图)。设该系统由静止开始运动,试证明:若以 M 的质心初始位置为固定坐标系的原点,则 m 的质心在任意时刻的坐标为

$$x=(r+R)\frac{m\theta+(m+3M)\sin\theta}{3(m+M)} \qquad y=(r+R)\cos\theta$$

式中:θ 是两圆柱连心线与铅垂线间的夹角。

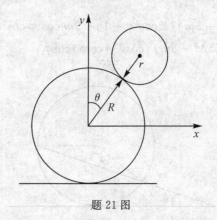

题 21 图

22. 半径为 R、质量为 M 的匀质薄圆筒横放在水平面上,圆筒中心轴线其质心 C 处连一单摆(如图)。单摆摆长是 l,摆锤质量是 m。设圆筒在水平面上滚动而不滑动,当摆的偏角是 θ_0 时系统由静止释放,求圆筒质心往返运动的最大位移。(当摆由一侧的最高位置摆到另一侧的最高位置时,圆筒质心即获得最大位移)

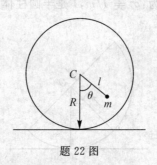

题 22 图

23. 质量为 m 的小环套在半径为 r 的光滑圆圈上,小环可沿圆圈自由滑动。今圆圈以匀角速度 ω 在水平面内绕圈上某点 O 转动,试利用哈密顿正则方程求小环沿圆周切线方向的运动微分方程。

24. 质量为 m 的小球置于光滑细管内,细管以匀角速度 ω 绕过其一端的水平轴在铅垂平面上转动。已知 $t=0$ 时,细管沿水平方向,小球与转轴距离为 a,小球相对细管速度为 v,试求小球相对细管的运动规律。

25. 质量为 m 的小环套在半径为 r 的光滑圆形金属圈上,金属圈以匀角速度 ω 绕过其中心(圆心)的铅垂轴转动。今小环自金属圈顶点沿金属圈无初速滑下,试利用哈密顿正则方程求小环与圆心的连线和向上铅垂轴成 θ 角时小环运动的微分方程。

26. 试利用哈密顿原理计算复摆作微小振动时的周期 T。

27. 试由哈密顿原理求圆柱体自斜面滚下时的加速度。

28. 由一个定滑轮和一根跨此滑轮的轻绳两端所系两砝码组成的力学系统称为阿脱武德机。若定滑轮质量为 m，两砝码质量分别为 m_1 和 m_2，试利用哈密顿原理求两砝码运动的加速度。

29. 试用最小作用量原理求解上题。

30. 利用矢量的分量表示式直接证明式(7.6.3)。

31. 由式(7.6.7)和式(7.6.8)推导式(7.6.1)。

32. 如果电磁场的拉氏函数密度取为

$$\widetilde{L} = -\frac{1}{4\mu_0} F_{\mu\nu} F_{\mu\nu} + A_\mu J_\mu$$

$$= -\frac{1}{4\mu_0} (\partial_\mu A_\nu - \partial_\nu A_\mu)(\partial_\mu A_\nu - \partial_\nu A_\mu) + A_\mu J_\mu$$

证明由此 $\widetilde{L}$ 可以得到电磁场方程式。此处的 $\widetilde{L}$ 和式(7.7.9)中的 $\widetilde{L}$ 有何关系？

33. 如果电磁场的拉氏函数密度取为上题的形式，求它的哈密顿密度和哈密顿函数。

34. 在高斯单位制中写出相应式(7.7.9)的 $\widetilde{L}$ 表达式。

第8章 振动与转动

本章内容振动部分包括简单振动,即单自由度线性系统的自由振动、阻尼振动、受迫振动和复杂振动以及保守系的微振动;转动部分包括刚体的运动(平动、定轴和定点转动、平面运动和一般运动、陀螺运动)及其规律,角动量耦合。

8.1 简单振动

物体在其平衡位置附近所做的周期往复运动叫做机械振动,简称振动。振动是人们在日常生活中常见的物理、力学现象,比如,拉奏乐器发出的声音,车辆在不平道路上的颠簸等。物体在发生振动时,会受到一个总是要把它拉回到平衡位置的力的作用,这个力叫做恢复力,而物体的平衡位置则叫做振动中心。物体在仅有恢复力作用时所产生的振动称为自由振动。物体除受到恢复力外,还受到周期性干扰力(外界激扰)的作用时所产生的振动称为受迫振动。物体如果只受到恢复力作用,则物体的振动会不断进行下去,然而实际的自由振动,由于不可避免地要遇到阻力,因此振幅(物体相对振动中心的最大偏离)将逐渐减小,最终会停止振动,这种振动叫做阻尼振动。如果振动物体的自由度等于1,那么此振动称为单自由度振动,否则称为多自由度振动。如果振动物体所受恢复力的大小和物体到平衡位置的距离成正比,那么此振动称为线性振动,否则称为非线性振动。单自由度线性自由振动是最简单的振动形式,通常称为简谐振动,下面予以介绍。

8.1.1 简谐振动

图 8.1 所示的弹簧振子运动就是一种简谐振动。弹簧一端固定,另一端与一物体相连,这就构成了一个弹簧振子。弹簧处于自然长度时,物体的位置便是平衡位置,取为原点 O。

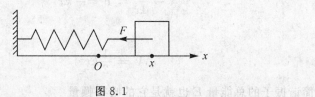

图 8.1

当沿弹簧长度方向(选取为 x 方向)拉长或压缩物体,然后释放,物体将沿水平方向在 O 点两侧来回往复地运动。物体运动中若忽略摩擦力,x 方向便只受到弹簧弹力 F 的作用。在弹性限度内,根据胡克定律有

$$F = -kx \tag{8.1.1}$$

式中:x 是物体的位移即坐标;k 为弹簧劲度系数;负号表示力的方向与位移方向相反。由牛顿第二定律知,物体的运动微分方程为

$$m\ddot{x} = -kx$$

令 $\omega = \sqrt{k/m}$,上式可写成

$$\ddot{x} + \omega^2 x = 0 \tag{8.1.2}$$

此为一个二阶常系数微分方程,其解为

$$x = A\sin(\omega t + \theta) \tag{8.1.3}$$

式中:A 称为振动的振幅,$\omega t + \theta$ 叫做振动的相位(位相),θ 称为初相位或初相。式(8.1.3)反映了简谐振动的运动规律。与一般直线运动不同,简谐振动具有周期性。振动从某个运动状态出发仍回复到此运动状态的时间叫做周期,记为 T。由于 $x(t+T) = x(t)$,因此

$$A\sin(\omega t + \omega T + \theta) = A\sin(\omega t + \theta)$$

由此得

$$\omega T = 2\pi \quad T = \frac{2\pi}{\omega} = 2\pi\sqrt{\frac{m}{k}} \tag{8.1.4}$$

单位时间振动的次数叫做频率,记以 ν,它是周期的倒数

$$\nu = \frac{1}{T} = \frac{\omega}{2\pi} \tag{8.1.5}$$

在国际单位制中,T 的单位为秒(s),ν 的单位为赫兹(Hz),1 赫兹等于 1 秒振动一次。ω 又称为角频率,单位为弧度/秒(rad/s)。

弹簧形变时产生的弹力 F 是保守力,因此存在一个弹性势能 V,使得

$$F = -\nabla V \tag{8.1.6}$$

对一维情形

$$-\frac{dV}{dx} = F = -kx$$

所以
$$V = \frac{1}{2}kx^2 \tag{8.1.7}$$

简谐振子的总能量 E 也就是它的哈密顿量
$$H = E = \frac{1}{2}mv^2 + \frac{1}{2}kx^2 \tag{8.1.8}$$

8.1.2 阻尼振动

实际振动大都会遇到阻力，振动物体沿润滑表面和在流体中低速运动时所遇到的阻力称为黏滞阻力，一般近似地与速度成正比。这时物体的运动微分方程为
$$m\ddot{x} = -kx - \alpha\dot{x} \tag{8.1.9}$$

式中：$-\alpha\dot{x}$ 是黏滞阻力；α 是黏滞阻力系数。

令 $\omega^2 = \dfrac{k}{m}, 2\gamma = \dfrac{\alpha}{m}$，式(8.1.9)化成
$$\ddot{x} + 2\gamma\dot{x} + \omega^2 x = 0 \tag{8.1.10}$$

这也是一个二阶常系数齐次微分方程，相应的特征方程是
$$\lambda^2 + 2\gamma\lambda + \omega^2\lambda = 0 \tag{8.1.11}$$

其解
$$\lambda = -\gamma \pm \sqrt{\gamma^2 - \omega^2} \tag{8.1.12}$$

当阻尼比较小，以致 $\gamma < \omega$ 时
$$\lambda = -\gamma \pm i\omega_1 \qquad \omega_1 = \sqrt{\omega^2 - \gamma^2} \tag{8.1.13}$$

于是，式(8.1.10)的通解是①
$$\begin{aligned}
x &= c_1 e^{(-\gamma + i\omega_1)t} + c_2 e^{(-\gamma + i\omega_1)t} = e^{-\gamma t}(c_1 e^{i\omega_1 t} + c_2 e^{-i\omega_1 t}) \\
&= e^{-\gamma t}[c_1(\cos\omega_1 t + i\sin\omega_1 t) + c_2(\cos\omega_1 t - i\sin\omega_1 t)] \\
&= e^{-\gamma t}(B_1 \cos\omega_1 t + B_2 \sin\omega_1 t) \quad (B_1 = c_1 + c_2, B_2 = i(c_1 - c_2)) \\
&= e^{-\gamma t}\sqrt{|B_1|^2 + |B_2|^2}\left(\frac{B_1}{\sqrt{|B_1|^2 + |B_2|^2}}\cos\omega_1 t + \frac{B_2}{\sqrt{|B_1|^2 + |B_2|^2}}\sin\omega_1 t\right)
\end{aligned}$$

---

① 式中 c_1, c_2 为常数，下同。

$$= A\mathrm{e}^{-\gamma t}\sin(\omega_1 t+\theta) \quad \left(A=\sqrt{|B_1|^2+|B_2|^2},\ \tan\theta=\frac{B_1}{B_2}\right) \quad (8.1.14)$$

可见，物体仍然在平衡位置两侧交替运动，但它偏离平衡位置的最大值随时间而不断减小，最终趋近于零。这样的运动叫做阻尼振动。习惯上仍把 $T_1=\dfrac{2\pi}{\omega_1}$ 称为它的周期，$A\mathrm{e}^{-\gamma t}$ 叫做它的振幅，而 $\mathrm{e}^{-\gamma t}$ 叫做阻尼因数。

当阻尼比较大，以至 $\gamma>\omega$ 时，有

$$\lambda=-\gamma\pm m<0 \qquad m=\sqrt{\gamma^2-\omega^2} \quad (8.1.15)$$

于是，式(8.1.10)的通解是

$$x=\mathrm{e}^{-\gamma t}(c_1\mathrm{e}^{mt}+c_2\mathrm{e}^{-mt}) \quad (8.1.16)$$

这时物体所受的阻力完全阻止振动发生，物体位移随时间增大而逐渐减少，最后趋于静止。

如果 $\gamma=\omega$，那么 $\lambda=-\gamma$ 是二重根。于是，式(8.1.10)的通解是

$$x=\mathrm{e}^{-\gamma t}(c_1 t+c_2) \quad (8.1.17)$$

这时，物体的位移虽开始略有增加，但随后便随时间增大而逐渐减小，最终趋近于零。

由此可见，$\gamma<\omega$ 为阻尼振动；$\gamma\geqslant\omega$ 是偏离平衡位置但非振动的运动。$\gamma=\omega$ 是刚好抑制振动发生的条件，称为临界阻尼。

8.1.3 受迫振动

物体振动中，除受弹性恢复力作用外，还受到其他外力（外界激振力）作用，这种振动称为受迫振动。为了简单起见，仅考虑正弦型激振力引起的受迫振动，先讨论有阻尼的情况，后讨论无阻尼的情况。

设激振力为 $F_0\sin\omega t$，有阻尼的情况下，物体运动微分方程是

$$m\ddot{x}=-kx-\alpha\dot{x}+F_0\sin\omega t \quad (8.1.18)$$

记 $\omega_0^2=\dfrac{k}{m},\ 2\gamma=\dfrac{\alpha}{m},\ f_0=\dfrac{F_0}{m}$，上式化成

$$\ddot{x}+2\gamma\dot{x}+\omega_0^2 x=f_0\sin\omega t \quad (8.1.19)$$

这是一个二阶常系数非齐次方程。它的通解是

$$x=x_1+x_2 \quad (8.1.20)$$

式中 x_1 是相应齐次方程

$$\ddot{x}+2\gamma\dot{x}+\omega_0^2 x=0$$

的解。对 $\gamma < \omega_0$,有

$$x_1 = Ae^{-\gamma t}\sin(\omega_1 t + \theta) \qquad (\omega_1 = \sqrt{\omega_0^2 - \gamma^2}) \qquad (8.1.21)$$

x_2 是方程(8.1.19)的一个特解。由于它的非齐次项是正弦形式,因此它的特解也可设为正弦形式,即令

$$x_2 = B\sin(\omega t + \varphi) \qquad (8.1.22)$$

将式(8.1.22)代入式(8.1.19),得

$$-B\omega^2\sin(\omega t + \varphi) + 2\gamma B\omega\cos(\omega t + \varphi) + \omega_0^2 B\sin(\omega t + \varphi) = f_0\sin\omega t$$

即

$$\begin{aligned}&-B\omega^2(\sin\omega t\cos\varphi + \cos\omega t\sin\varphi) + 2\gamma B\omega(\cos\omega t\cos\varphi - \sin\omega t\sin\varphi)\\&+ \omega_0^2 B(\sin\omega t\cos\varphi + \cos\omega t\sin\varphi) = f_0\sin\omega t\end{aligned} \qquad (8.1.23)$$

上式对任何 t 均成立,故所有包含 $\sin\omega t$ 和所有包含 $\cos\omega t$ 的项的代数和分别等于零:

$$\begin{cases} -B\omega^2\sin\varphi + 2\gamma B\omega\cos\varphi + \omega_0^2 B\sin\varphi = 0 \\ -B\omega^2\cos\varphi - 2\gamma B\omega\sin\varphi + \omega_0^2 B\cos\varphi = f_0 \end{cases} \qquad (8.1.24)$$

由式(8.1.24)第一式知

$$\tan\varphi = \frac{\sin\varphi}{\cos\varphi} = \frac{-2\gamma\omega}{\omega_0^2 - \omega^2} \qquad (8.1.25)$$

$$\frac{1}{\cos^2\varphi} = 1 + \frac{\sin^2\varphi}{\cos^2\varphi} = 1 + \frac{4\gamma^2\omega^2}{(\omega_0^2 - \omega^2)^2} = \frac{(\omega_0^2 - \omega^2)^2 + 4\gamma^2\omega^2}{(\omega_0^2 - \omega^2)^2}$$

由式(8.1.24)第二式知

$$-B\omega^2\cos\varphi - 2\gamma B\omega\frac{-2\lambda\omega}{\omega_0^2 - \omega^2}\cos\varphi + \omega_0^2 B\cos\varphi = f_0$$

$$B\cos\varphi = \frac{f_0(\omega_0^2 - \omega^2)}{(\omega_0^2 - \omega^2)^2 + 4\gamma^2\omega^2} \qquad (8.1.26)$$

$$B = \frac{f_0(\omega_0^2 - \omega^2)}{(\omega_0^2 - \omega^2)^2 + 4\gamma^2\omega^2}\frac{1}{\cos\varphi} = \frac{f_0}{\sqrt{(\omega_0^2 - \omega^2)^2 + 4\gamma^2\omega^2}}$$

结合式(8.1.20),式(8.1.21),式(8.1.22),式(8.1.25)和式(8.1.26),给出方程(8.1.19)的通解为

$$x = Ae^{-\gamma t}\sin(\omega_1 t + \theta) + \frac{f_0}{\sqrt{(\omega_0^2 - \omega^2)^2 + 4\gamma^2\omega^2}}\sin(\omega t + \varphi) \qquad (8.1.27)$$

式中:

$$\omega_1 = \sqrt{\omega_0^2 - \gamma^2}, \quad \tan\varphi = \frac{-2\gamma\omega}{\omega_0^2 - \omega^2} \qquad (8.1.28)$$

式(8.1.27)右边第一项表示有阻尼自由振动(或固有振动)随时间增加而逐渐衰减,最终消失;第二项表示受迫振动,受迫振动频率与激振力频率相同,但相位不同。

当 $\gamma = 0$ 时,振动无阻尼。这时式(8.1.27)化简成

$$x = A\sin(\omega_0 t + \theta) + \frac{f_0}{\omega_0^2 - \omega^2}\sin\omega t \tag{8.1.29}$$

合运动是由两个均不衰减的简谐振动叠加而成的:一个是圆频率等于固有频率 ω_0 的无阻尼自由振动,一个是圆频率等于激振力圆频率的受迫振动。对 $\omega = \omega_0$,式(8.1.29)不再适用,因为它右边第二项为 $\frac{0}{0}$ 不定式。这时代替式(8.1.22)作为方程(8.1.29)的特解可选取为①

$$x_2 = Bt\sin(\omega_0 t + \varphi) \tag{8.1.30}$$

代入式(8.1.19),并注意到 $\omega = \omega_0$,类似前述推导得

$$\begin{aligned} 2B\omega_0\cos\varphi &= 0 \\ -2B\omega_0\sin\varphi &= f_0 \end{aligned} \tag{8.1.31}$$

由此得

$$\varphi = \frac{\pi}{2} \qquad B = \frac{-f_0}{2\omega_0}$$

从而

$$x_2 = -\frac{f_0 t}{2\omega_0}\sin\left(\omega_0 t + \frac{\pi}{2}\right) \tag{8.1.32}$$

$$x = A\sin(\omega_0 t + \theta) - \frac{f_0 t}{2\omega_0}\sin\left(\omega_0 t + \frac{\pi}{2}\right) \tag{8.1.33}$$

由此可见,当 $\omega = \omega_0$ 时,受迫振动的振幅随时间增长而不断增大,这种现象称为共振。共振是自然界中一种普遍现象,在声、光、电、原子与工程技术等方面都可见到。共振现象有其有利的一面,如收音机利用电磁共振选台;也有其不利的一面,如电动机后座的共振。

8.2 复杂振动

实际振动并不都是单自由度线性系统的振动(一维简谐振动),因为振动物

---

① 参见相关微分方程教材。

体可能或者不止一个自由度,或者并非线性的,或者兼而有之。振动系统自由度的数目等于完全描写该系统运动所需独立坐标的数目。需要 n 个独立坐标描写的振动系统,叫做 n 自由度振动系统。

本节仅讨论二自由度线性系统的自由振动。

8.2.1 两个同频率简谐振动的合成

质点参与两个独立的振动,它的实际运动是这两个振动的合成。下面将局限于两个同频率简谐振动合成的简单情形。

(1) 两个振动在同一直线上

设两个简谐振动都在 x 轴上,两振动产生的位移①

$$x_1 = a_1\cos(\omega t + \theta_1) \qquad x_2 = a_2\cos(\omega t + \theta_2) \qquad (8.2.1)$$

式中:a_1, a_2 是两个振动的振幅;θ_1, θ_2 是它们的初位相。振动合成后产生的合位移是

$$\begin{aligned}
x &= x_1 + x_2 = a_1\cos(\omega t + \theta_1) + a_2\cos(\omega t + \theta_2) \\
&= a_1(\cos\omega t\cos\theta_1 - \sin\omega t\sin\theta_1) + a_2(\cos\omega t\cos\theta_2 - \sin\omega t\sin\theta_2) \qquad (8.2.2)\\
&= (a_1\cos\theta_1 + a_2\cos\theta_2)\cos\omega t - (a_1\sin\theta_1 + a_2\sin\theta_2)\sin\omega t
\end{aligned}$$

令

$$\begin{aligned}
a\cos\theta &= a_1\cos\theta_1 + a_2\cos\theta_2 \\
a\sin\theta &= a_1\sin\theta_1 + a_2\sin\theta_2
\end{aligned} \qquad (8.2.3)$$

由式(8.2.3)可确定 a 和 θ,即

$$\begin{aligned}
a^2 &= (a_1\cos\theta_1 + a_2\cos\theta_2)^2 + (a_1\sin\theta_1 + a_2\sin\theta_2)^2 \\
&= a_1^2 + a_2^2 + 2a_1a_2\cos(\theta_2 - \theta_1)
\end{aligned}$$

$$\tan\theta = \frac{a_1\sin\theta_1 + a_2\sin\theta_2}{a_1\cos\theta_1 + a_2\cos\theta_2} \qquad (8.2.4)$$

从而

$$x = a\cos\theta\cos\omega t - a\sin\theta\sin\omega t = a\cos(\omega t + \theta) \qquad (8.2.5)$$

由此可见,同一直线上两同频率简谐振动合成的结果仍然是一个简谐振动,其频率和振动方向都不变,但振幅和初位相发生了改变,它们的取值由式(8.2.4)确定。

(2) 两个振动互相垂直

---

① 简谐振动微分方程的解也可以写成余弦形式或指数形式。

设两个简谐振动一个在 x 轴上,一个在 y 轴上,两振动产生的位移是
$$x = a_1\cos(\omega t + \theta_1) \qquad y = a_2\cos(\omega t + \theta_2) \tag{8.2.6}$$
为了消去 t,将上面的式子展开
$$\begin{aligned}x &= a_1(\cos\omega t\cos\theta_1 - \sin\omega t\sin\theta_1) \\ y &= a_2(\cos\omega t\cos\theta_2 - \sin\omega t\sin\theta_2)\end{aligned} \tag{8.2.7}$$
先用 $a_2\cos\theta_2$ 乘第一式减去 $a_1\cos\theta_1$ 乘第二式得
$$xa_2\cos\theta_2 - ya_1\cos\theta_1 = a_1 a_2\sin\omega t\sin(\theta_2 - \theta_1) \tag{8.2.8}$$
然后用 $a_2\sin\theta_2$ 乘第一式减去 $a_1\sin\theta_1$ 乘第二式得
$$xa_2\sin\theta_2 - ya_1\sin\theta_1 = a_1 a_2\cos\omega t\sin(\theta_2 - \theta_1) \tag{8.2.9}$$
再将所得两式(8.2.8)和(8.2.9)两边平方后相加得
$$(xa_2\cos\theta_2 - ya_1\cos\theta_1)^2 + (xa_2\sin\theta_2 - ya_1\sin\theta_1)^2 = a_1^2 a_2^2 \sin^2(\theta_2 - \theta_1)$$
即
$$a_2^2 x^2 - 2a_1 a_2\cos(\theta_2 - \theta_1)xy + a_1^2 y^2 = a_1^2 a_2^2 \sin^2(\theta_2 - \theta_1) \tag{8.2.10}$$
这就是合成振动的轨迹方程,一般为一椭圆。事实上,如果将坐标轴旋转 α,那么新旧坐标关系为
$$\begin{aligned}x &= x'\cos\alpha - y'\sin\alpha \\ y &= x'\sin\alpha + y'\cos\alpha\end{aligned} \tag{8.2.11}$$
代入式(8.2.10)有
$$\begin{aligned}&a_2^2(x'\cos\alpha - y'\sin\alpha)^2 - 2a_1 a_2\cos(\theta_2 - \theta_1)(x'\cos\alpha - y'\sin\alpha)(x'\sin\alpha + y'\cos\alpha) \\ &+ a_1^2(x'\sin\alpha + y'\cos\alpha)^2 = a_1^2 a_2^2\sin^2(\theta_2 - \theta_1)\end{aligned}$$
即
$$\begin{aligned}&x'^2[a_2^2\cos^2\alpha - 2a_1 a_2\cos(\theta_2 - \theta_1)\sin\alpha\cos\alpha + a_1^2\sin^2\alpha] \\ &- 2x'y'[a_2^2\sin\alpha\cos\alpha + a_1 a_2\cos(\theta_2 - \theta_1)\cos2\alpha - a_1^2\sin\alpha\cos\alpha] \\ &+ y'^2[a_2^2\sin^2\alpha + 2a_1 a_2\cos(\theta_2 - \theta_1)\sin\alpha\cos\alpha + a_1^2\cos^2\alpha] \\ &= a_1^2 a_2^2\sin^2(\theta_2 - \theta_1)\end{aligned} \tag{8.2.12}$$
令 $x'y'$ 的系数等于零,得
$$2a_2^2\sin\alpha\cos\alpha + 2a_1 a_2\cos(\theta_2 - \theta_1)\cos2\alpha - 2a_1^2\sin\alpha\cos\alpha = 0$$
这就要求旋转角度 α 满足
$$\tan2\alpha = \frac{\sin2\alpha}{\cos2\alpha} = \frac{2a_1 a_2\cos(\theta_2 - \theta_1)}{a_1^2 - a_2^2} \tag{8.2.13}$$
继而
$$\cos2\alpha = \frac{1}{\sqrt{1+\tan2\alpha}} = \frac{a_1^2 - a_2^2}{\sqrt{(a_2^2 - a_1^2)^2 + 4a_1^2 a_2^2\cos^2(\theta_2 - \theta_1)}}$$

$$\sin 2\alpha = \frac{2a_1 a_2 \cos(\theta_2 - \theta_1)}{\sqrt{(a_2^2 - a_1^2)^2 + 4a_1^2 a_2^2 \cos^2(\theta_2 - \theta_1)}} \tag{8.2.14}$$

这时式(8.2.12)不出现包含 $x'y'$ 的项,余下的项为

$$\begin{aligned}& x'^2 [a_1^2 + (a_2^2 - a_1^2)\cos^2\alpha - a_1 a_2 \cos(\theta_2 - \theta_1)\sin 2\alpha] \\ & + y'^2 [a_2^2 - (a_2^2 - a_1^2)\cos^2\alpha + a_1 a_2 \cos(\theta_2 - \theta_1)\sin 2\alpha] \\ & = a_1^2 a_2^2 \sin^2(\theta_2 - \theta_1)\end{aligned} \tag{8.2.15}$$

利用式(8.2.14)和

$$\cos^2\alpha = \frac{1}{2}(1+\cos 2\alpha) = \frac{1}{2}\left[1 + \frac{a_1^2 - a_2^2}{\sqrt{(a_2^2 - a_1^2)^2 + 4a_1^2 a_2^2 \cos^2(\theta_2 - \theta_1)}}\right]$$

可以将式(8.2.15)写成如下形式:

$$Ax'^2 + By'^2 = C \tag{8.2.16}$$

式中

$$\begin{aligned}A &= \frac{1}{2}\left[a_2^2 + a_1^2 - \sqrt{(a_2^2 - a_1^2)^2 + 4a_1^2 a_2^2 \cos^2(\theta_2 - \theta_1)}\right] \\ B &= \frac{1}{2}\left[a_2^2 + a_1^2 + \sqrt{(a_2^2 - a_1^2)^2 + 4a_1^2 a_2^2 \cos^2(\theta_2 - \theta_1)}\right] \\ C &= a_1^2 a_2^2 \sin^2(\theta_2 - \theta_1)\end{aligned} \tag{8.2.17}$$

显然,式(8.2.16)即椭圆方程的标准形式[①]。可见,两个正交同频率简谐振动合成的结果一般是一个椭圆运动。

8.2.2 二自由度线性系统的自由振动

考虑两根水平放置的弹簧。一根一端固定,另一端连一质量为 m_1 的物体;另一根一端与物体 m_1 相连,另一端连一质量为 m_2 的物体(图 8.2)。选取两个坐标轴 x_1, x_2,它们的原点 O_1, O_2 分别是弹簧处在自然状态时两个物体的位置。当两物体分别有位移 x_1, x_2 时,两个弹簧的形变各为 $x_1, x_2 - x_1$。物体铅垂方向的力互相平衡,在该方向无运动。在水平方向,物体 m_1 受到两根弹簧各自的弹力 F_1、F_2 的作用,且 $F_1 = -k_1 x_1, F_2 = k_2(x_2 - x_1)$($k_1, k_2$ 分别是两个弹簧的劲度系数)。根据牛顿第二定律,有

$$m_1 \ddot{x}_1 = -k_1 x_1 + k_2(x_2 - x_1) \tag{8.2.18}$$

物体 m_2 受到一根弹簧的弹力 $F_2' = -F_2 = -k_2(x_2 - x_1)$ 作用,根据牛顿第二定

---

① 当 $\theta_2 - \theta_1$ 等于 π 的整数倍时,椭圆运动化成直线运动。

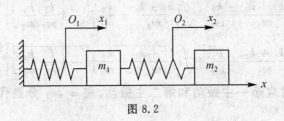

图 8.2

律,有

$$m_2\ddot{x}_2 = -k_2(x_2 - x_1) \tag{8.2.19}$$

结合式(8.2.18)和式(8.2.19)得到二自由度线性系统自由振动的微分方程

$$\begin{cases} m_1\ddot{x}_1 + (k_1+k_2)x_1 - k_2 x_2 = 0 \\ m_2\ddot{x}_2 - k_2 x_1 + k_2 x_2 = 0 \end{cases} \tag{8.2.20}$$

式(8.2.20)微分方程组的尝试解可选为

$$x_1 = A\sin(\omega t + \theta) \qquad x_2 = B\sin(\omega t + \theta) \tag{8.2.21}$$

将式(8.2.21)代入式(8.2.20),有

$$-m_1\omega^2 A\sin(\omega t+\theta) + (k_1+k_2)A\sin(\omega t+\theta) - k_2 B\sin(\omega t+\theta) = 0$$
$$-m_2\omega^2 B\sin(\omega t+\theta) - k_2 A\sin(\omega t+\theta) + k_2 B\sin(\omega t+\theta) = 0$$

即

$$\begin{aligned}(-m_1\omega^2 + k_1 + k_2)A - k_2 B &= 0 \\ -k_2 A + (-m_2\omega^2 + k_2)B &= 0 \end{aligned} \tag{8.2.22}$$

这是关于变量 A,B 的齐次方程组,它有非零解的条件为

$$\begin{vmatrix} -m_1\omega^2 + k_1 + k_2 & -k_2 \\ -k_2 & -m_2\omega^2 + k_2 \end{vmatrix} = (-m_1\omega^2 + k_1 + k_2)(-m_2\omega^2 + k_2) - k_2^2 = 0$$

(8.2.23)

由此得到一个关于 ω^2 的一元二次方程:

$$m_1 m_2 \omega^4 - [(k_1+k_2)m_2 + k_2 m_1]\omega^2 + k_1 k_2 = 0 \tag{8.2.24}$$

其解为

$$\omega^2 = \frac{1}{2}\left[\frac{k_1+k_2}{m_1} + \frac{k_2}{m_2} \pm \sqrt{\left(\frac{k_1+k_2}{m_1} + \frac{k_2}{m_2}\right)^2 - 4\frac{k_1}{m_1}\frac{k_2}{m_2}}\right] \tag{8.2.25}$$

不难看出,无论开方前取正号还是负号,上式右边的数都是正数,由此得到两个圆频率:

$$\omega_1 = \left\{\frac{1}{2}\left[\frac{k_1+k_2}{m_1}+\frac{k_2}{m_2}-\sqrt{\left(\frac{k_1+k_2}{m_1}+\frac{k_2}{m_2}\right)^2-4\frac{k_1}{m_1}\frac{k_2}{m_2}}\right]\right\}^{\frac{1}{2}}$$

$$\omega_2 = \left\{\frac{1}{2}\left[\frac{k_1+k_2}{m_1}+\frac{k_2}{m_2}+\sqrt{\left(\frac{k_1+k_2}{m_1}+\frac{k_2}{m_2}\right)^2-4\frac{k_1}{m_1}\frac{k_2}{m_2}}\right]\right\}^{\frac{1}{2}}$$

(8.2.26)

$\omega_1 < \omega_2$，分别对应第一主振动和第二主振动。将 ω_1, ω_2 分别代入式(8.2.22)给出

$$\frac{A_1}{B_1} = \frac{k_2 - m_2\omega_1^2}{k_2} = 1 - \frac{\omega_1^2}{k_2/m_2} > 0$$

$$\frac{A_2}{B_2} = 1 - \frac{\omega_2^2}{k_2/m_2} < 0$$

(8.2.27)

这说明：相应第一主振动，m_1 和 m_2 是同相的；相应第二主振动，m_1 和 m_2 是反相的。方程组(8.2.20)的解最后可写成

$$x_1 = A_1\sin(\omega_1 t + \theta_1) + A_2\sin(\omega_2 t + \theta_2)$$
$$x_2 = B_1\sin(\omega_1 t + \theta_1) + B_2\sin(\omega_2 t + \theta_2)$$

(8.2.28)

8.3 保守系的微振动

8.3.1 保守力学体系在平衡位置附近的运动方程

保守力学体系是一个所有的力都是有势力的系统，因而它具有势能。如果保守体系自平衡位置发生一微小偏移，那么它的势能 V 在其平衡位形区域内可以展开成如下形式

$$V = V_0 + \sum_\alpha \left(\frac{\partial V}{\partial q_\alpha}\right)_0 q_\alpha + \frac{1}{2}\sum_{\alpha\beta}\left(\frac{\partial^2 V}{\partial q_\alpha \partial q_\beta}\right)_0 q_\alpha q_\beta + \cdots \quad (8.3.1)$$

式中：$q_\alpha(\alpha=1,2,\cdots,s)$ 是保守系的广义坐标，下标 0 表示在平衡位置的取值。由于在平衡位置时，广义力为零，势能取极值，因此

$$\left(\frac{\partial V}{\partial q_\alpha}\right)_0 = 0 \quad (8.3.2)$$

而 V_0 是势能参考点，也可令 $V_0 = 0$。所以舍去三阶以上的项得①

$$V = \frac{1}{2}\sum_{\alpha,\beta} c_{\alpha\beta} q_\alpha q_\beta \quad (8.3.3)$$

---

① 将体系的势能函数只保留至 q_α 二次项的近似方法称为简谐近似。

式中：$c_{\alpha\beta} = \left(\dfrac{\partial V}{\partial q_\alpha \partial q_\beta}\right)_0$。

对稳定约束，动能只是速度的二次齐次函数，所以

$$T = \frac{1}{2}\sum_{\alpha\beta}\tilde{a}_{\alpha\beta}\dot{q}_\alpha\dot{q}_\beta \tag{8.3.4}$$

式中：系数 $\tilde{a}_{\alpha\beta}$ 是坐标 q_α 的函数。

同样，$\tilde{a}_{\alpha\beta}$ 在其平衡位形区域内可以展开成如下形式

$$\tilde{a}_{\alpha\beta} = a_{\alpha\beta} + \sum_\gamma \left(\frac{\partial \tilde{a}_{\alpha\beta}}{\partial q_\gamma}\right)_0 q_\gamma + \sum_{\gamma\delta}\left(\frac{\partial^2 \tilde{a}_{\alpha\beta}}{\partial q_\gamma \partial q_\delta}\right)_0 q_\gamma q_\delta + \cdots \tag{8.3.5}$$

由于对平衡位置发生微小偏离的体系具有的速度也不大，因此展开式中可以只保留第一项 $a_{\alpha\beta} = (\tilde{a}_{\alpha\beta})_0$，它不再与坐标 q_α 相关。于是

$$T = \frac{1}{2}\sum_{\alpha\beta} a_{\alpha\beta}\dot{q}_\alpha\dot{q}_\beta \tag{8.3.6}$$

而体系的拉格朗日函数为

$$L = T - V = \frac{1}{2}\sum_{\alpha\beta} a_{\alpha\beta}\dot{q}_\alpha\dot{q}_\beta - \frac{1}{2}\sum_{\alpha,\beta} c_{\alpha\beta} q_\alpha q_\beta \tag{8.3.7}$$

式中：$c_{\alpha\beta}$ 称为恢复系数或似弹性系数；$a_{\alpha\beta}$ 称为惯性系数。它们都是不变参数。利用

$$\frac{\mathrm{d}}{\mathrm{d}t}\left(\frac{\partial L}{\partial \dot{q}_\alpha}\right) = \sum_\beta a_{\alpha\beta}\ddot{q}_\beta \qquad \frac{\partial L}{\partial q_\alpha} = -\sum_\beta c_{\alpha\beta} q_\beta$$

由拉格朗日方程便知

$$\sum_{\beta=1}^{s}(a_{\alpha\beta}\ddot{q}_\beta + c_{\alpha\beta} q_\beta) = 0 \qquad (\alpha = 1,2,\cdots,s) \tag{8.3.8}$$

这就是保守力学体系在其平衡位置附近运动的微分方程。令①

$$\widetilde{A} = \|a_{\alpha\beta}\| = \begin{pmatrix} a_{11} & a_{12} & \cdots & a_{1s} \\ a_{21} & a_{22} & \cdots & a_{2s} \\ \vdots & & & \vdots \\ a_{s1} & a_{s2} & \cdots & a_{ss} \end{pmatrix} \quad \widetilde{Q} = \|q_\alpha\| = \begin{pmatrix} q_1 \\ q_2 \\ \vdots \\ q_s \end{pmatrix}$$

$$\widetilde{C} = \|c_{\alpha\beta}\| = \begin{pmatrix} c_{11} & c_{12} & \cdots & c_{1s} \\ c_{21} & c_{22} & \cdots & c_{2s} \\ \vdots & & & \vdots \\ c_{s1} & c_{s2} & \cdots & c_{ss} \end{pmatrix} \tag{8.3.9}$$

---

① 对体系的动能和势能而言，$\|a_{\alpha\beta}\|$，$\|c_{\alpha\beta}\|$ 都是实对称矩阵。

微分方程组也可以写成如下形式：

$$\widetilde{A}\ddot{\widetilde{Q}} + \widetilde{C}\widetilde{Q} = 0 \tag{8.3.10}$$

而动能(式(8.3.6))和势能(式(8.3.3))则可以写成①

$$2T = \sum_{\alpha,\beta} a_{\alpha\beta}\dot{q}_\alpha\dot{q}_\beta = \dot{\widetilde{Q}}^{\mathrm{T}}\widetilde{A}\dot{\widetilde{Q}} \quad 2V = \sum_{\alpha,\beta} c_{\alpha\beta}q_\alpha q_\beta = \widetilde{Q}^{\mathrm{T}}\widetilde{C}\widetilde{Q} \tag{8.3.11}$$

这种形式称为二次型。因为动能恒为正，所以二次型

$$\dot{\widetilde{Q}}^{\mathrm{T}}\widetilde{A}\dot{\widetilde{Q}} = \sum_{\alpha,\beta} a_{\alpha\beta}\dot{q}_\alpha\dot{q}_\beta > 0 \tag{8.3.12}$$

又因为对稳定平衡，势能取极小值，所以二次型

$$\widetilde{Q}^{\mathrm{T}}\widetilde{C}\widetilde{Q} = \sum_{\alpha,\beta} c_{\alpha\beta}q_\alpha q_\beta > 0 \tag{8.3.13}$$

这样的二次型称为正定的。

8.3.2 运动方程的解

运动方程(式(8.3.8))是一组线性齐次常微分方程，它的尝试解可取为

$$q_\beta = A_\beta \sin(\omega t + \theta) \tag{8.3.14}$$

将式(8.3.14)代入式(8.3.8)得

$$\sum_{\beta=1}^{s}(-a_{\alpha\beta}\omega^2 + c_{\alpha\beta})A_\beta = 0 \quad (\alpha = 1, 2, \cdots, s) \tag{8.3.15}$$

即

$$\begin{cases}(-a_{11}\omega^2 + c_{11})A_1 + (-a_{12}\omega^2 + c_{12})A_2 + \cdots + (-a_{1s}\omega^2 + c_{1s})A_s = 0 \\ (-a_{21}\omega^2 + c_{21})A_1 + (-a_{22}\omega^2 + c_{22})A_2 + \cdots + (-a_{2s}\omega^2 + c_{2s})A_s = 0 \\ \vdots \\ (-a_{s1}\omega^2 + c_{s1})A_1 + (-a_{s2}\omega^2 + c_{s2})A_2 + \cdots + (-a_{ss}\omega^2 + c_{ss})A_s = 0 \end{cases}$$

这是一个关于 s 个变量 $A_\beta(\beta = 1, 2, \cdots, s)$ 的齐次方程组，它有非零解的条件是

$$\begin{vmatrix} -a_{11}\omega^2 + c_{11} & -a_{12}\omega^2 + c_{12} & \cdots & -a_{1s}\omega^2 + c_{1s} \\ -a_{21}\omega^2 + c_{12} & -a_{22}\omega^2 + c_{22} & \cdots & -a_{2s}\omega^2 + c_{2s} \\ \vdots & & & \vdots \\ -a_{s1}\omega^2 + c_{s1} & -a_{s2}\omega^2 + c_{s2} & \cdots & -a_{ss}\omega^2 + c_{ss} \end{vmatrix} = 0 \tag{8.3.16}$$

由于 $a_{\alpha\beta}$ 和 $c_{\alpha\beta}$ 是体系动能和势能表示式中的系数，因此它们都是实数。上式给出一个关于 ω^2 的 s 阶实系数代数方程，原则上可以求得 s 个解。而对于每一个

---

① 式中上标 T 表示转置矩阵。

解比如 λ, ω 可取 $\pm\sqrt{\lambda}$。如果我们在齐次方程组（式(8.3.15)）的第一个方程两边同乘 A_1，第二个方程两边同乘 A_2，一般地，第 α 个方程两边同乘 A_α，然后相加则可以得到

$$\sum_\alpha A_\alpha \sum_\beta (-a_{\alpha\beta}\omega^2 + c_{\alpha\beta})A_\beta = \sum_{\alpha,\beta} A_\alpha A_\beta (-a_{\alpha\beta}\omega^2 + c_{\alpha\beta}) = 0 \quad (8.3.17)$$

注意到上式第一项与动能形式相似，只是 $\dot{q}_\alpha \dot{q}_\beta$ 替换成了 $A_\alpha A_\beta$，故

$$-\omega^2 \sum_{\alpha,\beta} a_{\alpha\beta} A_\alpha A_\beta = -2\omega^2 T(A) \quad (8.3.18)$$

同样地，第二项与势能形式相似，故

$$\sum_{\alpha,\beta} c_{\alpha\beta} A_\alpha A_\beta = 2V(A) \quad (8.3.19)$$

由此得

$$-\omega^2 T(A) + V(A) = 0$$

$$\omega = \pm \sqrt{\frac{V(A)}{T(A)}} \quad (8.3.20)$$

由于体系的动能和势能皆为正，根号内为正实数，而频率 $\omega > 0$，所以

$$\omega = \sqrt{\frac{V(A)}{T(A)}} \quad (8.3.21)$$

这就是说，存在与体系振动自由度相等的 s 个频率 $\nu = \dfrac{\omega}{2\pi}$，这些频率叫简正频率。

8.3.3　简正坐标

根据线性代数知识，对于两个正定的实对称二次型

$$A(q,q) = \sum_{\alpha,\beta} a_{\alpha\beta} q_\alpha q_\beta \quad C(q,q) = \sum_{\alpha,\beta} c_{\alpha\beta} q_\alpha q_\beta \quad (8.3.22)$$

总存在一个非奇异线性变换

$$q_\beta = \sum_{j=1}^{s} b_{\beta j} \xi_j \quad (\beta = 1,2,\cdots,s; \quad \det\|b_{\beta j}\| \neq 0) \quad (8.3.23)$$

使得它们同时化为平方和

$$A(q,q) = \sum_{j=1}^{s} \xi_j^2 \quad C(q,q) = \sum_{j=1}^{s} \lambda_j \xi_j^2 \quad (8.3.24)$$

并且由于 $C(q,q)$ 也是正定的，故所有 $\lambda_j > 0$。

事实上，因为 A 是正定的，所以有满秩矩阵 F 使 $F^T A F = I$（I 为单位矩阵），而 $C' = F^T C F$ 仍是实对称矩阵，故存在实正交矩阵 U 使 $U^T C' U$ 对角化。于是，

$U^T F^T A F U = U^T I U = U^T U = I, U^T F^T C F U = \text{diag}(\lambda_1 \cdots \lambda_s)$。令出现在式(8.3.23)中的变换 $B = \|b_{\beta j}\| = FU$，则二次型 $A(q,q)$ 和 $C(q,q)$ 显然具有式(8.3.24)的形式。由于广义速度 $\dot{q}_\beta$ 与 $\dot{\xi}_j$ 之间的关系

$$\dot{q}_\beta = \sum_{j=1}^s b_{\beta j} \dot{\xi}_j \quad (\beta = 1, 2, \cdots, s) \tag{8.3.25}$$

和 q_β 与 ξ_j 之间的关系相同，故在式(8.3.24)第一个等式中用 $\dot{q}_\beta$ 与 $\dot{\xi}_j$ 代替 q_β 与 ξ_j 后仍然成立。于是，体系的动能和势能可以表示成如下形式

$$T = \frac{1}{2} \sum_{\alpha,\beta=1}^s a_{\alpha\beta} \dot{q}_\alpha \dot{q}_\beta = \frac{1}{2} \sum_{j=1}^s \dot{\xi}_j^2$$

$$V = \frac{1}{2} \sum_{\alpha,\beta=1}^s c_{\alpha\beta} q_\alpha q_\beta = \frac{1}{2} \sum_{j=1}^s \lambda_j \xi_j^2 \tag{8.3.26}$$

T 和 V 这种没有交叉项 $\dot{q}_\alpha \dot{q}_\beta$ 和 $q_\alpha q_\beta$ 的形式叫做正则形式。式中 ξ_j 称为主坐标或简正坐标。这时，拉格朗日方程为

$$\frac{d}{dt}\left(\frac{\partial T}{\partial \dot{\xi}_j}\right) - \frac{\partial T}{\partial \xi_j} + \frac{\partial V}{\partial \xi_j} = 0 \quad (j=1,2,\cdots,s) \tag{8.3.27}$$

将式(8.3.26)代入式(8.3.27)得

$$\ddot{\xi}_j + \lambda_j \xi_j = 0 \quad (j=1,2,\cdots,s)$$

将上式积分给出

$$\xi_j = A_j \sin(\omega_j t + \theta_j) \quad (j=1,2,\cdots,s) \tag{8.3.28}$$

式中：A_j, θ_j 是积分常数，$\omega_j = \sqrt{\lambda_j}(\lambda_j > 0)$。

由式(8.3.28)可知，每个简正坐标都以其相应的简正频率作简谐振动，称为主振动，而系统的任何振动均由这些主振动叠加生成。

固体中所有原子构成的体系就是一个有代表性的保守力学体系。固体中的原子由于相互间作用强而只能各自在其平衡位置附近作微小运动。设固体中有 N 个原子，共 $3N$ 个自由度。固体的 $3N$ 个自由度中有3个是整个固体的平动即质心的平动，有3个是固体绕质心的转动。不过，由于固体中原子数目 N 很大，因此振动自由度数目 $s = 3N - 6 \sim 3N$。

8.4 刚体的运动

8.4.1 刚体的自由度

由于刚体上任意两点的距离始终不变，因此，要确定刚体的位置只需确定它

上面不在同一直线上 3 个点的位置就足够了。确定 3 个点需要 9 个变量,但因每两点间距离一定,所以只有 6 个是独立的,这就是说,刚体自由度数目等于 6。

刚体的 6 个自由度通常可以如下选取:先在刚体上任取一点,确定这个点的位置需要 3 个坐标;然后取过该点的任意一条直线作为转动轴,确定这条直线取向需要 2 个方位角;最后确定刚体绕这条轴线旋转大小,需要 1 个转角。

8.4.2 刚体运动学

刚体的运动由简单到复杂可分为平动、定轴转动、平面运动、定点转动和一般运动。

1. 平动

选两个坐标轴互相平行的坐标系,一个固连在静止参考系上设为 $Oxyz$,一个固连在刚体上设为 $O'x'y'z'$。如果刚体运动时,固连在刚体上的坐标系与固连在静止参考系上的坐标系的各坐标轴始终平行,即 $O'x'//Ox, O'y'//Oy, O'z'//Oz$,那么刚体的这种运动叫做平动(平移)。这时的活动坐标系又叫平移坐标系。

刚体平动时,刚体上任意一点 P 的位置可表示为
$$\overrightarrow{OO'} + \overrightarrow{O'P} \tag{8.4.1}$$

由于刚体上任意两点的距离不变,因此刚体平动时,任意一点位置的变化都由 $\overrightarrow{OO'}$ 确定。就是说,刚体上各点有相同的运动轨迹、相同的速度和加速度,故刚体平动时,刚体上任意一点(通常选为质心)的运动可以代表其全体的运动。

2. 定轴转动

刚体运动时,如果刚体上有两点保持静止,那么刚体中位于通过这两点的直线(即转动轴)上各点也保持静止。由于刚体上任意两点距离保持不变,因此刚体上其余所有点只能绕这条直线做圆运动。如果选取转动轴为 z 轴,那么刚体上所有不在转轴上的点都在它所在的 xy 平面内做圆运动。这时刚体只有一个自由度,即它的角位移 θ。刚体上任意一点的速度[①]

$$v = r\omega = r\dot\theta, \boldsymbol{v} = \boldsymbol{\omega} \times \boldsymbol{r} \tag{8.4.2}$$

式中:$\boldsymbol{\omega}$ 是刚体绕轴转动的角速度,方向沿 z 轴,且与转动方向成右手螺旋;r 是该点到转轴的垂直距离。该点的加速度为

---

① 参见第 1 章第 1.1 节。

$$a_\tau = \dot{v} = r\dot{\omega} = r\ddot{\theta} = r\alpha$$
$$a_n = \frac{v^2}{r} = r\omega^2 = \omega v \tag{8.4.3}$$

式中:a_τ, a_n 分别是切向加速度和法向加速度;θ 是角位移;α 是角加速度。

3. 平面运动

刚体运动时,如果刚体上任意一点到某个固定平面的距离始终不变,那么刚体的这种运动叫做平面运动。过刚体上任意一点 A,作与固定平面相平行的平面,它在刚体上所截得部分叫做平面图形,记为 S。刚体在过 A 与 S 垂直的直线上诸点组成的线段,在刚体的平面运动中做始终与自身平行的平动,所以它的运动可由它与 S 的交点 A 的运动来代表。由于 A 点的任意性,因此平面图形 S 的运动便代表了整个刚体的运动。研究平面图形 S 的运动,可以选取它上面任意一点,比如 A,作为基点,而 S 上所有其他点,比如 B,都只能绕通过 A 且垂直 S 的直线做定轴转动,这是因为 AB 两点距离始终保持定值。

由上面的分析,我们知道,做平面运动的刚体的自由度等于 3。如果令平面图形 S 所在的平面为固定参考系的 Oxy 平面,那么 3 个自由度可选取为 A 点坐标 x_A, y_A 和 S 上其余点(比如 B)的角坐标,即绕 A 做定轴转动的角位移 θ。相应地,B 点的速度为

$$\boldsymbol{v}_B = \boldsymbol{v}_e + \boldsymbol{v}_r = \boldsymbol{v}_A + \boldsymbol{\omega} \times \boldsymbol{r} \tag{8.4.4}$$

式中:$\boldsymbol{v}_e$ 是牵连速度,即基点 A 的速度 $\boldsymbol{v}_A$,$\boldsymbol{v}_r$ 是 B 点相对固定在 A 上的平动参考系的速度,即定轴转动时的线速度,ω 是转速,方向沿过 A 点且与 S 垂直的直线,r 是 A 到 B 的距离。B 点的加速度

$$\boldsymbol{a}_B = \boldsymbol{a}_e + \boldsymbol{a}_r = \boldsymbol{a}_A + \boldsymbol{a}_\tau + \boldsymbol{a}_n \tag{8.4.5}$$

式中:$\boldsymbol{a}_e$ 是牵连加速度,即 A 点的加速度;$\boldsymbol{a}_r$ 是 B 点的相对加速度,它包括 B 做定轴转动的圆运动时的切向加速度和法向加速度。

在研究刚体的平面运动时,为了简单起见,通常选取一些特殊点作基点,比如刚体的质心。另一类感兴趣的点就是瞬时速度中心,简称速度瞬心,它定义为:平面图形 S 上瞬时速度为零的点。由式(8.4.4)知,对速度瞬心 C,它的相对速度和牵连速度大小相等,方向相反,记速度瞬心 C 到点 A 的距离 $\boldsymbol{r} = \overrightarrow{CA}$,由于 $\boldsymbol{\omega} \perp \boldsymbol{r}$,故

$$r = |\overrightarrow{CA}| = \frac{v_A}{\omega} \tag{8.4.6}$$

可见,C 在与 v_A 垂直的直线上。如果取速度瞬心 C 为基点,那么 S 上任意一点 B

的速度大小为

$$v_B = |\overrightarrow{CB}|\omega \tag{8.4.7}$$

式中：$|\overrightarrow{CB}|$ 是点 B 与速度瞬心间的距离；v_B 的方向与转动半径 $|\overrightarrow{CB}|$ 垂直且指向平面图形绕 C 的转动方向。

由此可见，当取某一时刻的速度瞬心 C 作基点时，平面图形 S 的瞬时运动就是围绕该时刻的速度瞬心做瞬时转动，即 S 上任意一点 B 都在 S 所在平面内绕 C 做圆运动，其速度

$$\boldsymbol{v}_B = \boldsymbol{\omega} \times \boldsymbol{r}_B \tag{8.4.8}$$

式中：r_B 是 C 到 B 的位矢，即 $\overrightarrow{CB}$；ω 是图形角速度，方向与图形垂直，且与图形转向成右手螺旋。

不过，值得注意的是，在不同瞬时，平面图形有不同的速度瞬心，这是它与定轴转动的重要区别。速度瞬心位置的确定可以利用图示法（图 8.3）。如已知平面图形上 A 点的速度 $\boldsymbol{v}_A$，那么速度瞬心 C 必在与 $\boldsymbol{v}_A$ 垂直的直线上；又若已知平面图形上 B 点的速度 $\boldsymbol{v}_B$，那么 C 也在与 $\boldsymbol{v}_B$ 垂直的直线上。于是两直线的交点便是速度瞬心。

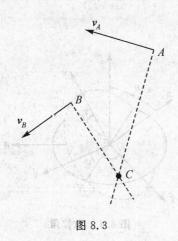

图 8.3

4. 定点转动

刚体运动时，如果刚体上有一点保持静止，那么刚体上其余点由于与该点距离为定值而只能绕该点转动。刚体的这种运动叫做刚体的定点转动。刚体定点转动时，在每个瞬时，刚体都绕通过定点 O 的某一轴线以某一角速度 ω 而转动。刚

体的这一转轴称为转动瞬轴,或瞬轴,刚体转动的角速度叫做瞬时角速度。由于确定瞬轴需要2个方位角,而确定刚体绕瞬轴的转动又需要一个转角,因此刚体定点转动的自由度等于3。

描写刚体定点转动的3个自由度可以有不同的选择方法,普遍采用的是欧拉提出的欧拉角方法。取两组都以定点 O 为原点的坐标系,一组 $O\xi\eta\zeta$ 固定不动(定坐标系),一组 $Oxyz$ 随刚体一起运动(动坐标系)。动坐标面 Oxy 与定坐标面 $O\xi\eta$ 的交线 ON 叫做节线。定坐标轴 $O\xi$ 与节线 ON 的夹角 ψ 称为进动角;定坐标轴 $O\zeta$ 与动坐标轴 Oz 的夹角 θ 称为章动角;节线 ON 与动坐标轴 Ox 的夹角 φ 称为自转角。以上三个彼此独立的角统称欧拉角,它们满足如下关系:

$$0 \leqslant \psi \leqslant 2\pi, \quad 0 \leqslant \theta \leqslant \pi, \quad 0 \leqslant \varphi \leqslant 2\pi \tag{8.4.9}$$

三个欧拉角确定了动坐标系对定坐标系的位置,也就确定了刚体的位置。这一论断可如下说明(如图8.4):设开始时动坐标系与定坐标系重合。先令 $Oxyz$ 绕 ζ 轴转 ψ 角,于是 Ox 轴转到 Ox' 即节线 ON 位置,Oy 轴转到 Oy' 位置。再令 $Ox'y'z$ 绕 ON 转 θ 角,这时 z 轴与 ζ 轴的夹角即是 θ,Oy' 轴转到 Oy'' 位置。最后令 $Ox'y''z$ 绕 z 轴转 φ 角,于是 Ox' 轴,Oy'' 轴也转到刚体在定点转动的某个瞬时的指定位置 Ox 和 Oy。由此可见,经过这三次转动,动坐标系便转到它应在位置。

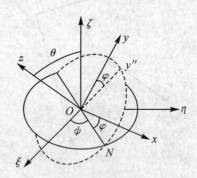

图 8.4 欧拉角

如果刚体定点转动的瞬时角速度为 ω,它在动坐标系的投影为 $\omega_x,\omega_y,\omega_z$,则

$$\omega = \omega_x \mathbf{i} + \omega_y \mathbf{j} + \omega_z \mathbf{k} \tag{8.4.10}$$

式中:$\mathbf{i},\mathbf{j},\mathbf{k}$ 为 x,y,z 轴上单位矢量。

另一方面,ω 也可以看做是三个欧拉角随时间的变化,即相应角速度 $\dot{\psi},\dot{\theta},\dot{\varphi}$

的矢量和。注意到 $\dot{\varphi}$ 是绕 z 轴旋转,故在 x 轴,y 轴没有分量。$\dot{\theta}$ 是绕 ON 的旋转,而 ON 与 z 轴是垂直,故 $\dot{\theta}$ 在 z 轴没有分量,而在 x 轴,y 轴的分量分别是 $\dot{\theta}\cos\varphi$,$-\dot{\theta}\sin\varphi$。$\dot{\psi}$ 是绕 ζ 轴旋转,我们先将 $\dot{\psi}$ 沿 Oz 和 Oy'' 方向分角成 $\dot{\psi}\cos\theta$ 和 $\dot{\psi}\sin\theta$,然后将 Oy'' 上的分量 $\dot{\psi}\sin\theta$ 再沿 x 轴,y 轴分解成 $\dot{\psi}\sin\theta\sin\varphi$ 和 $\dot{\psi}\sin\theta\cos\varphi$。结合 $\dot{\psi}$,$\dot{\theta}$,$\dot{\varphi}$ 在动坐标系上的各分量,并与式(8.4.10)对照可得:

$$\begin{cases} \omega_x = \dot{\psi}\sin\theta\sin\varphi + \dot{\theta}\cos\varphi \\ \omega_y = \dot{\psi}\sin\theta\cos\varphi - \dot{\theta}\sin\varphi \\ \omega_z = \dot{\psi}\cos\theta + \dot{\varphi} \end{cases} \quad (8.4.11)$$

式(8.4.11)称为欧拉运动学方程。

刚体定点转动时,每一瞬时,刚体都绕过定点的某个转动瞬轴转动,这时刚体上任意一点 B 的位移 $\Delta \boldsymbol{r}$ 与转角 $\Delta \boldsymbol{\beta}$(方向沿瞬轴,与转动方向成右手螺旋)的关系同刚体定轴转动相似,有如下关系:

$$\Delta \boldsymbol{r} = \Delta \boldsymbol{\beta} \times \boldsymbol{r} = \boldsymbol{\omega}\Delta t \times \boldsymbol{r}$$

由此得到与定轴转动时形式完全一样的速度公式

$$\boldsymbol{v} = \boldsymbol{\omega} \times \boldsymbol{r} \quad (8.4.12)$$

式(8.4.12)对时间求导得到加速度公式

$$\boldsymbol{a} = \frac{\mathrm{d}\boldsymbol{v}}{\mathrm{d}t} = \frac{\mathrm{d}\boldsymbol{\omega}}{\mathrm{d}t} \times \boldsymbol{r} + \boldsymbol{\omega} \times \frac{\mathrm{d}\boldsymbol{r}}{\mathrm{d}t} = \frac{\mathrm{d}\boldsymbol{\omega}}{\mathrm{d}t} \times \boldsymbol{r} + \boldsymbol{\omega} \times (\boldsymbol{\omega} \times \boldsymbol{r}) \quad (8.4.13)$$

式中:$\boldsymbol{\alpha} = \dfrac{\mathrm{d}\boldsymbol{\omega}}{\mathrm{d}t}$ 是刚体的角加速度矢量。

值得注意的是,刚体定点转动的角速度 $\boldsymbol{\omega}$ 和角加速度 $\boldsymbol{\alpha}$ 一般并不共线,这与刚体定轴转动时 $\boldsymbol{\omega}$ 与 $\boldsymbol{\alpha}$ 共线大不相同。这是因为刚体定点转动时,转动瞬轴在空间方位是变化的;而刚体定轴转动时,转轴是不变的。

5. 一般运动

取以基点 O' 为原点跟随 O' 平动的平移坐标系 $O'xyz$,以基点 O' 为原点固连在刚体上的结体坐标系 $O'x'y'z'$ 和以固定点 O 为原点的静止坐标系 $O\xi\eta\zeta$。刚体的自由度最多等于6,刚体的一般运动自由度数目也就是6。这6个自由度可以用刚体上任意一点(基点)O' 的3个坐标和刚体上其余点绕定点 O' 转动的3个角(一般取为欧拉角)来描写。可见刚体的一般运动可以看做基点 O' 的平动(牵连运动)和相对 O' 的定点转动(相对运动)的合成。这时,刚体上任意一点 B 相对

于定坐标系 $O\xi\eta\zeta$ 的速度为

$$v_B = v_e + v_r = v_{O'} + \omega \times r' \tag{8.4.14}$$

式中：v_e 为牵连速度，即点 O' 相对 $O\xi\eta\zeta$ 的平动速度；ω' 是刚体绕基点 O' 转动的角速度，即 $O'x'y'z'$ 相对 $O'xyz$ 转动的角速度；r' 是 B 对 O' 的矢径。点 B 的加速度是

$$a_B = a_e + a_r \tag{8.4.15}$$

式中：
$$a_e = a_{O'} \qquad a_r = \alpha \times r' + \omega \times v_r \tag{8.4.16}$$

a_e 是牵连加速度，a_r 是相对加速度。

到此，我们已经知道，刚体的运动通常有平动、定轴转动、平面运动、定点转动和一般运动五种形式。在这五种形式中，平动和转动（定轴和定点转动）是基本形式，而刚体的平面运动可看做平面平动和定轴转动的合成，刚体的一般运动可以看做是空间平动和定点转动的合成。

8.5 刚体动力学

8.5.1 刚体运动微分方程

刚体可以看做一个包含 n 个质点的系统①。根据牛顿第二定律，刚体中第 j 个质点的运动方程为

$$m_j \frac{d^2 \rho_j}{dt^2} = F_j^{(e)} + F_j^{(i)} \qquad (j = 1, 2, \cdots, n) \tag{8.5.1}$$

式中：ρ_j 是第 j 个质点在定坐标系中的位矢；m_j 是它的质量；$F_j^{(e)}$ 和 $F_j^{(i)}$ 是它所受的外力和内力。将式(8.5.1)对所有质点求和，得

$$\sum_{j=1}^{n} m_j \frac{d^2 \rho_j}{dt^2} = \sum_{j=1}^{n} F_j^{(e)} + \sum_{j=1}^{n} F_j^{(i)} = \sum_{j=1}^{n} F_j^{(e)} \tag{8.5.2}$$

式(8.5.2)第一个等号后第二项根据牛顿第三定律，其值为零。令

$$\rho_C = \frac{\sum_{j=1}^{n} m_j \rho_j}{m} \qquad m = \sum_{j=1}^{n} m_j \tag{8.5.3}$$

我们把位置恰在坐标 ρ_C 处的点称为质量中心或质心。将式(8.5.3)代入式(8.5.2)，得

---

① 这里 n 是一个很大的数。

$$m\ddot{\boldsymbol{\rho}}_c = \boldsymbol{F}^{(e)} \qquad \boldsymbol{F}^{(e)} = \sum_{j=1}^{n} \boldsymbol{F}_j^{(e)} \tag{8.5.4}$$

这就是刚体质心 C 的运动方程。式(8.5.4)的分量形式为

$$m\ddot{\xi}_C = F_\xi^{(e)} \qquad m\ddot{\eta}_C = F_\eta^{(e)} \qquad m\ddot{\zeta}_C = F_\zeta^{(e)} \tag{8.5.5}$$

ξ_C, η_C, ζ_C 是刚体质心在定坐标系中的坐标，$F_\xi^{(e)}, F_\eta^{(e)}, F_\zeta^{(e)}$ 是合外力在定坐标系三个坐标轴的分量。

将式(8.5.1)两边叉乘 $\boldsymbol{\rho}_j$ 然后对所有质点求和，得

$$\sum_{j=1}^{n} \boldsymbol{\rho}_j \times m_j \frac{\mathrm{d}^2 \boldsymbol{\rho}_j}{\mathrm{d}t^2} = \sum_{j=1}^{n} \boldsymbol{\rho}_j \times \boldsymbol{F}_j^{(e)} + \sum_{j=1}^{n} \boldsymbol{\rho}_j \times \boldsymbol{F}_j^{(i)} = \sum_{j=1}^{n} \boldsymbol{\rho}_j \times \boldsymbol{F}_j^{(e)} \tag{8.5.6}$$

如果我们选取质心 C 为基点，那么

$$\boldsymbol{\rho}_j = \boldsymbol{\rho}_C + \boldsymbol{r}_j \tag{8.5.7}$$

式中：$\boldsymbol{\rho}_C$ 是质心在定坐标系中的位矢；$\boldsymbol{r}_j$ 是第 j 个质点相对质心的位矢。

注意到式(8.5.6)中存在关系

$$\boldsymbol{\rho}_j \times \frac{\mathrm{d}^2 \boldsymbol{\rho}_j}{\mathrm{d}t^2} = \frac{\mathrm{d}}{\mathrm{d}t}\left(\boldsymbol{\rho}_j \times \frac{\mathrm{d}\boldsymbol{\rho}_j}{\mathrm{d}t}\right)$$

$$\sum_{j=1}^{n} \boldsymbol{\rho}_j \times m_j \frac{\mathrm{d}^2 \boldsymbol{\rho}_j}{\mathrm{d}t^2} = \frac{\mathrm{d}}{\mathrm{d}t} \sum_{j=1}^{n} \left(\boldsymbol{\rho}_j \times m_j \frac{\mathrm{d}\boldsymbol{\rho}_j}{\mathrm{d}t}\right) = \frac{\mathrm{d}\boldsymbol{L}}{\mathrm{d}t}$$

于是，式(8.5.6)可写成

$$\frac{\mathrm{d}\boldsymbol{L}}{\mathrm{d}t} = \boldsymbol{M} \tag{8.5.8}$$

式中：

$$\boldsymbol{L} = \sum_{j=1}^{n} \left(\boldsymbol{\rho}_j \times m_j \frac{\mathrm{d}\boldsymbol{\rho}_j}{\mathrm{d}t}\right) \qquad \boldsymbol{M} = \sum_{j=1}^{n} \boldsymbol{\rho}_j \times \boldsymbol{F}_j^{(e)} \tag{8.5.9}$$

$\boldsymbol{L}$ 是刚体对定坐标系原点 O 的动量矩，$\boldsymbol{M}$ 是所有外力对点 O 的合力矩，从而有

$$\boldsymbol{L} = \sum_{j=1}^{n} \left[(\boldsymbol{\rho}_C + \boldsymbol{r}_j) \times m_j \frac{\mathrm{d}}{\mathrm{d}t}(\boldsymbol{\rho}_C + \boldsymbol{r}_j)\right]$$

$$= \sum_{j=1}^{n} (\boldsymbol{\rho}_C \times m_j \dot{\boldsymbol{\rho}}_C) + \sum_{j=1}^{n} (\boldsymbol{\rho}_C \times m_j \dot{\boldsymbol{r}}_j) + \sum_{j=1}^{n} (\boldsymbol{r}_j \times m_j \dot{\boldsymbol{\rho}}_C) + \sum_{j=1}^{n} (\boldsymbol{r}_j \times m_j \dot{\boldsymbol{r}}_j)$$

$$\tag{8.5.10}$$

由于质心在动坐标系中的坐标为零，因此根据质心定义有

$$\sum_{j=1}^{n} m_j \boldsymbol{r}_j = 0 \qquad \sum_{j=1}^{n} m_j \dot{\boldsymbol{r}}_j = 0 \tag{8.5.11}$$

式(8.5.10)化简成

$$\boldsymbol{L} = \boldsymbol{\rho}_C \times m\dot{\boldsymbol{\rho}}_C + \sum_{j} (\boldsymbol{r}_j \times m_j \dot{\boldsymbol{r}}_j) \tag{8.5.12}$$

将式(8.5.7)、式(8.5.9) 和式(8.5.12) 代入式(8.5.8),得

$$\frac{\mathrm{d}}{\mathrm{d}t}\left[\boldsymbol{\rho}_C \times m\dot{\boldsymbol{\rho}}_C + \sum_j (\boldsymbol{r}_j \times m_j \dot{\boldsymbol{r}}_j)\right] = \boldsymbol{\rho}_C \times \sum_j \boldsymbol{F}_j^{(e)} + \sum_j \boldsymbol{r}_j \times \boldsymbol{F}_j^{(e)} \quad (8.5.13)$$

利用式(8.5.4),上式即为

$$\frac{\mathrm{d}\boldsymbol{L}_C}{\mathrm{d}t} = \sum_j \boldsymbol{r}_j \times \boldsymbol{F}_j^{(e)} = \boldsymbol{M}_C^{(e)} \quad (8.5.14)$$

式中:$\boldsymbol{L}_C = \sum_j \boldsymbol{r}_j \times m_j \dot{\boldsymbol{r}}_j$ 是刚体对质心 C 的总动量矩;$\boldsymbol{M}_C^{(e)}$ 是所有外力对质心的合力矩。

式(8.5.14) 也是刚体对质心的动量矩定理,式(8.5.14) 的分量形式是

$$\frac{\mathrm{d}L_{cx}}{\mathrm{d}t} = M_{cx}^{(e)} \qquad \frac{\mathrm{d}L_{cy}}{\mathrm{d}t} = M_{cy}^{(e)} \qquad \frac{\mathrm{d}L_{cz}}{\mathrm{d}t} = M_{cz}^{(e)} \quad (8.5.15)$$

式中:L_{cx}, L_{cy}, L_{cz} 是刚体对质心总动量矩在以质心为原点的平动坐标系三个轴上的分量;$M_{cx}^{(e)}, M_{cy}^{(e)}, M_{cz}^{(e)}$ 是刚体对质心合外力矩在这一动坐标系三个轴上的分量。

如果选取刚体质心作基点,那么刚体的一般运动可以分解成质心的平动和刚体绕质心的转动,它们分别由式(8.5.4) 和式(8.5.14),或它们的分量形式(8.5.5) 和式(8.5.15) 确定。它们是讨论刚体运动的基本微分方程。刚体有 6 个自由度,式(8.5.4) 和式(8.5.12) 共 6 个方程,它们恰好能确定刚体的运动情况。

因为刚体中任意两点间距离不变,刚体内力不做功,所以刚体中动能定理的形式为

$$\mathrm{d}T = \sum_j \boldsymbol{F}_j^{(e)} \cdot \boldsymbol{\rho}_j \quad (8.5.16)$$

如力为保守力,则有

$$T + V = E \quad (8.5.17)$$

8.5.2 刚体的平动和定轴转动

刚体平动时,刚体上任意一点的运动都可以代表整个刚体的运动。通常这个代表点就选取为刚体的质心。这时,其运动微分方程便是式(8.5.4)。应该注意的是,实际刚体平动时,可能受到某种约束(非自由刚体),因而式(8.5.4) 的右边还包含约束反作用力。这时需要加上相对质心的力矩平衡方程,才能完全确定其运动规律及约束反作用力。

刚体定轴转动时,取固定轴为 z 轴。刚体只有一个自由度,即绕 z 轴的转角

φ。根据式(8.5.15)第三式,我们可以写出①

$$\frac{\mathrm{d}L_z}{\mathrm{d}t} = M_z$$

即

$$\frac{\mathrm{d}}{\mathrm{d}t}\sum_j m_j(x_j\dot{y}_j - y_j\dot{x}_j) = \sum_j (x_j Y_j - y_j X_j) \tag{8.5.18}$$

式中:L_z 是刚体对 z 轴的动量矩,M_z 是刚体所受外力对 z 轴的力矩,x_j, y_j 是质点 m_j 在 x 轴,y 轴上的坐标,X_j, Y_j 是 m_j 所受的外力在 x 轴,y 轴上的分量。式(8.5.18) 也可以写成如下形式:

$$\sum_j m_j(x_j\ddot{y}_j - y_j\ddot{x}_j) = \sum_j (x_j Y_j - y_j X_j) \tag{8.5.19}$$

刚体绕固定轴 z 转动时,其上任意一点在该方向上的坐标 z_j 为定值,所以

$$z_j = 常数, \qquad \dot{z}_j = \ddot{z}_j = 0 \tag{8.5.20}$$

如令 m_j 到 z 轴的距离为 R_j,绕 z 轴的转角为 φ_j,则

$$\begin{aligned}
x_j &= R_j\cos\varphi_j \qquad y_j = R_j\sin\varphi_j \\
\dot{x}_j &= -R_j\dot{\varphi}_j\sin\varphi_j = -\omega y_j \qquad \dot{y}_j = R_j\dot{\varphi}_j\cos\varphi_j = \omega x_j \\
\ddot{x}_j &= -(\dot{\omega}y_j + \omega\dot{y}_j) = -\omega^2 x_j - \dot{\omega}y_j \qquad \ddot{y}_j = -\omega^2 y_j + \dot{\omega}x_j
\end{aligned} \tag{8.5.21}$$

式中:$\dot{\varphi} = \omega = \omega_z$ 是刚体绕定轴 z 转动的角速度。

将式(8.5.21) 代入式(8.5.19),得

$$\dot{\omega}\sum_j m_j(x_j^2 + y_j^2) = \sum_j (x_j Y_j - y_j X_j) \tag{8.5.22}$$

记

$$I_z = \sum_j m_j(x_j^2 + y_j^2) = \sum_j m_j R_j^2 \tag{8.5.23}$$

称为刚体对 z 轴的转动惯量。转动惯量是刚体转动时惯性的量度,它不仅与刚体的质量有关,而且与其质量分布有关。于是,刚体定轴转动的运动方程为

$$I_z\dot{\omega}_z = M_z \tag{8.5.24}$$

与质点运动微分方程 $\boldsymbol{F} = m\boldsymbol{a}$ 相似。由此可见,转动惯量在转动中的作用与质量在质点运动中的作用相同。刚体定轴转时,其动能

$$T = \sum_j \frac{1}{2}m_j v_j^2 = \frac{1}{2}\sum_j m_j\omega^2 R_j^2 = \frac{1}{2}\omega^2\sum_j m_j R_j^2 = \frac{1}{2}I_z\omega_z^2 \tag{8.5.25}$$

---

① 对刚体定轴转动的一般情形,固定轴不一定通过质心,因此去掉了下标中的 C。

8.5.3 刚体的平面运动

刚体做平面运动时,刚体的运动可以用一个平面图形 S 来代表。如果选取 S 通过刚体质心,那么刚体的平面运动可分解成质心 C 的平面移动和刚体绕通过 C 且与 S 垂直的轴线的转动。这时刚体只有 3 个自由度。若取 S 面为固定坐标系的 $O\xi\eta$ 平面,过 C 且垂直 S 的轴线为质心平动系的 z 轴,则刚体的平面运动微分方程为式(8.5.5)的第一、二式和式(8.5.15)的第三式。

$$m\ddot{\xi}_C = F_\xi \qquad m\ddot{\eta}_C = F_\eta \qquad I_z\dot{\omega} = M_z \tag{8.5.26}$$

式中:m 是刚体的质量;I_z 是刚体绕 z 轴的转动惯量;F_ξ, F_η 是合外力在 ξ, η 轴的分量;ξ_C, η_C 是质心在 ξ, η 轴的坐标分量;$\omega = \omega_z$ 是刚体绕 z 轴转动的角速度;M_z 是合外力对 z 轴的矩。

8.5.4 刚体的定点转动

刚体绕定点 O 以角速度 $\boldsymbol{\omega}$ 转动时,刚体的动量矩(角动量)

$$\boldsymbol{L} = \sum_j m_j [\boldsymbol{r}_j \times (\boldsymbol{\omega} \times \boldsymbol{r}_j)] = \sum_j m_j [\boldsymbol{\omega} r_j^2 - \boldsymbol{r}_j(\boldsymbol{\omega} \cdot \boldsymbol{r}_j)] \tag{8.5.27}$$

后一个等号的成立利用了矢量性质 $\boldsymbol{c} \times (\boldsymbol{a} \times \boldsymbol{b}) = (\boldsymbol{c} \cdot \boldsymbol{b})\boldsymbol{a} - (\boldsymbol{c} \cdot \boldsymbol{a})\boldsymbol{b}$。选取一个原点在 O 上的直角坐标系,将式(8.5.27)写成分量形式。因为

$$\boldsymbol{r}_j = x_j \boldsymbol{i} + y_j \boldsymbol{j} + z_j \boldsymbol{k} \qquad \boldsymbol{\omega} = \omega_x \boldsymbol{i} + \omega_y \boldsymbol{j} + \omega_z \boldsymbol{k}$$

故

$$\begin{aligned}
L_x &= \sum_j m_j [\omega_x(x_j^2 + y_j^2 + z_j^2) - x_j(\omega_x x_j + \omega_y y_j + \omega_z z_j)] \\
&= \omega_x \sum_j m_j(y_j^2 + z_j^2) - \omega_y \sum_j m_j x_j y_j - \omega_z \sum_j m_j x_j z_j \\
&= A\omega_x - H\omega_y - G\omega_z
\end{aligned}$$

同理,有

$$\begin{aligned}
L_y &= -H\omega_x + B\omega_y - F\omega_z \\
L_z &= -G\omega_x - F\omega_y + C\omega_z
\end{aligned} \tag{8.5.28}$$

式中:

$$A = \sum_j m_j(y_j^2 + z_j^2) \quad B = \sum_j m_j(z_j^2 + x_j^2) \quad C = \sum_j m_j(x_j^2 + y_j^2)$$

$$F = \sum_j m_j y_j z_j \qquad G = \sum_j m_j z_j x_j \qquad H = \sum_j m_j x_j y_j \tag{8.5.29}$$

如果上面的直角坐标系选取为固连在刚体上且与刚体一起转动的活动坐标

系,那么 A,B,C,F,G,H 这 6 个惯量系数均为常数。如果进一步选取适当的坐标轴(即将坐标系适当旋转),可使 $F=G=H=0$,这样的坐标轴叫惯量主轴。当以惯量主轴为坐标轴时,对它们的转动惯量 A,B,C 叫主转动惯量。这时式(8.5.28)简化成

$$\boldsymbol{L} = L_x\boldsymbol{i} + L_y\boldsymbol{j} + L_z\boldsymbol{k}$$
$$L_x = A\omega_x \quad L_y = B\omega_y \quad L_z = \omega_z \tag{8.5.30}$$

将上式代入刚体绕定点转动的微分方程

$$\frac{\mathrm{d}\boldsymbol{L}}{\mathrm{d}t} = \boldsymbol{M} \tag{8.5.31}$$

便可得到具体表达式。值得注意的是,式(8.5.31)是对静止坐标系而言,所以,

$$\frac{\mathrm{d}\boldsymbol{L}}{\mathrm{d}t} = \frac{\mathrm{d}L_x}{\mathrm{d}t}\boldsymbol{i} + \frac{\mathrm{d}L_y}{\mathrm{d}t}\boldsymbol{j} + \frac{\mathrm{d}L_z}{\mathrm{d}t}\boldsymbol{k} + L_x\frac{\mathrm{d}\boldsymbol{i}}{\mathrm{d}t} + L_y\frac{\mathrm{d}\boldsymbol{j}}{\mathrm{d}t} + L_z\frac{\mathrm{d}\boldsymbol{k}}{\mathrm{d}t} \tag{8.5.32}$$

由于 $\boldsymbol{i},\boldsymbol{j},\boldsymbol{k}$ 是固连在刚体上,且随刚体以角速度 $\boldsymbol{\omega} = \omega_x\boldsymbol{i} + \omega_y\boldsymbol{j} + \omega\boldsymbol{k}$ 绕定点 O 转动的三个坐标轴上的单位矢量,因此有

$$\frac{\mathrm{d}\boldsymbol{i}}{\mathrm{d}t} = \boldsymbol{\omega}\times\boldsymbol{i} \quad \frac{\mathrm{d}\boldsymbol{j}}{\mathrm{d}t} = \boldsymbol{\omega}\times\boldsymbol{j} \quad \frac{\mathrm{d}\boldsymbol{k}}{\mathrm{d}t} = \boldsymbol{\omega}\times\boldsymbol{k} \tag{8.5.33}$$

而

$$\frac{\mathrm{d}L_x}{\mathrm{d}t} = A\dot{\omega}_x \quad \frac{\mathrm{d}L_y}{\mathrm{d}t} = B\dot{\omega}_y \quad \frac{\mathrm{d}L_z}{\mathrm{d}t} = C\dot{\omega}_z \tag{8.5.34}$$

将式(8.5.33)和式(8.5.34)代入式(8.5.32),故有

$$\begin{aligned}\frac{\mathrm{d}\boldsymbol{L}}{\mathrm{d}t} &= A\dot{\omega}_x\boldsymbol{i} + B\dot{\omega}_y\boldsymbol{j} + C\dot{\omega}_z\boldsymbol{k} + (\omega_x\boldsymbol{i} + \omega_y\boldsymbol{j} + \omega_z\boldsymbol{k})\times(A\omega_x\boldsymbol{i} + B\omega_y\boldsymbol{j} + C\omega_z\boldsymbol{k})\\ &= (A\dot{\omega}_x + C\omega_y\omega_z - B\omega_y\omega_z)\boldsymbol{i} + (B\dot{\omega}_y + A\omega_z\omega_x - C\omega_z\omega_x)\boldsymbol{j}\\ &\quad + (C\dot{\omega}_z + B\omega_x\omega_y - A\omega_y\omega_x)\boldsymbol{k}\end{aligned} \tag{8.5.35}$$

利用式(8.5.31)可写出它的分量形式

$$\begin{aligned}A\dot{\omega}_x - (B-C)\omega_y\omega_z &= M_x\\ B\dot{\omega}_y - (C-A)\omega_z\omega_x &= M_y\\ C\dot{\omega}_z - (A-B)\omega_x\omega_y &= M_z\end{aligned} \tag{8.5.36}$$

这就是刚体定点转动的运动方程,通常称为欧拉动力学方程。结合欧拉运动学方程

$$\begin{aligned}\omega_x &= \dot{\psi}\sin\theta\sin\varphi + \dot{\theta}\cos\varphi\\ \omega_y &= \dot{\psi}\sin\theta\cos\varphi - \dot{\theta}\sin\varphi\\ \omega_z &= \dot{\psi}\cos\theta + \dot{\varphi}\end{aligned} \tag{8.5.37}$$

共有6个微分方程,从中消去 ω_x,ω_y 和 ω_z 可以得到3个关于欧拉角 θ,ψ,φ 的微分方程,进而确定刚体的定点转动。

8.5.5 刚体的一般运动

刚体的一般运动可以看做刚体质心的平动和整个刚体绕质心的转动的合成运动。刚体质心平动的微分方程由式(8.5.4)给出,刚体绕质心运动方程的分量形式由式(8.5.36)给出。为了把质心的运动方程也写成沿固连在刚体上且随刚体一同运动的坐标轴(这些坐标轴为刚体惯量主轴)的分量形式,同样需要将质心相对静止参考系的加速度转换成用这一活动坐标系分量表示的形式。与式(8.5.32)至式(8.5.35)的推导类似,可令质心速度在活动坐标系的表示式为

$$\boldsymbol{v}_c = v_x\boldsymbol{i} + v_y\boldsymbol{j} + v_z\boldsymbol{k} \tag{8.5.38}$$

于是

$$\begin{aligned}\ddot{\boldsymbol{\rho}}_c &= \frac{\mathrm{d}\boldsymbol{v}_c}{\mathrm{d}t} = \dot{v}_x\boldsymbol{i} + \dot{v}_y\boldsymbol{j} + \dot{v}_z\boldsymbol{k} + (\omega_x\boldsymbol{i} + \omega_y\boldsymbol{j} + \omega_z\boldsymbol{k}) \times (v_x\boldsymbol{i} + v_y\boldsymbol{j} + v_z\boldsymbol{k}) \\ &= (\dot{v}_x + \omega_y v_z - \omega_z v_y)\boldsymbol{i} + (\dot{v}_y + \omega_z v_x - \omega_x v_z)\boldsymbol{j} \\ &\quad + (\dot{v}_z + \omega_x v_y - \omega_y v_x)\boldsymbol{k}\end{aligned} \tag{8.5.39}$$

相应地,刚体做一般运动的微分方程可写成:

$$\begin{aligned} m(\dot{v}_x - v_y\omega_z + v_z\omega_y) &= F_x \\ m(\dot{v}_y - v_z\omega_y + v_x\omega_z) &= F_y \\ m(\dot{v}_z - v_x\omega_y + v_y\omega_x) &= F_z \\ A\dot{\omega}_x - (B-C)\omega_y\omega_z &= M_x \\ B\dot{\omega}_y - (C-A)\omega_z\omega_x &= M_y \\ C\dot{\omega}_z - (A-B)\omega_x\omega_y &= M_z \end{aligned} \tag{8.5.40}$$

8.6 陀螺的运动

本节介绍陀螺运动的经典与量子理论。如果一个刚体具有对称轴 z,且绕此轴上某一定点 O 转动,那么这样的刚体便称为对称陀螺,或陀螺。

8.6.1 重刚体定点转动的解

只受重力作用的刚体叫重刚体。重刚体定点转动时,只有三种情况是可

解的。

(1) 欧拉 — 潘索情形

这时,刚体的重心与定点重合,力矩为零,即 $M_x = M_y = M_z = 0$,若 $A = B$,则式(8.4.35)化成如下形式

$$A\dot{\omega}_x - (A-C)\omega_y\omega_z = 0$$
$$A\dot{\omega}_y - (C-A)\omega_z\omega_x = 0$$
$$C\dot{\omega}_z = 0 \qquad (8.6.1)$$

如果忽略太阳和月亮对地球的吸引作用,那么地球的自转可算作属于此情形。将式(8.6.1)的第三个方程积分得

$$\omega_z = \Omega \qquad (8.6.2)$$

式中:Ω 是常数。再把式(8.6.2)代入式(8.6.1)的前两个方程,有

$$\dot{\omega}_x = -\left(\frac{C-A}{A}\Omega\right)\omega_y = -n\omega_y$$
$$\dot{\omega}_y = \left(\frac{C-A}{A}\Omega\right)\omega_x = n\omega_x$$

式中:$n = \dfrac{C-A}{A}\Omega$ 为常数。

将上面第一式再对时间求导并利用第二式,得

$$\ddot{\omega}_x = -n\dot{\omega}_y = -n^2\omega_x$$

其解为
$$\omega_x = \omega_0 \cos(nt + \varepsilon) \qquad (8.6.3)$$

同理
$$\omega_y = \omega_0 \sin(nt + \varepsilon) \qquad (8.6.4)$$

式中:ω_0 与 ε 是两积分常数。

由式(8.6.2)、式(8.6.3)和式(8.6.4)知,总角速度大小等于 $\sqrt{\Omega^2 + \omega_0^2}$,总角速度在对称轴 Z 上的投影等于 Ω,这两者都是常数;但总角速度的方向则绕 Z 轴做匀速转动,周期是

$$T = \frac{2\pi}{n} = \frac{2\pi}{\Omega}\frac{A}{C-A} \qquad (8.6.5)$$

由于外力矩为零,因此动量矩 L 是一守恒量,取其方向即固定坐标系 S 的 ζ 轴方向。它在活动坐标系 S' 中的三个分量是

$$L\sin\theta\sin\varphi = A\omega_x$$
$$L\sin\theta\cos\varphi = A\omega_y \qquad (8.6.6)$$
$$L\cos\theta = C\omega_z = C\Omega$$

上面第三式中的 L、C、Ω 均是常数,故

$$\theta = \theta_0 = 常数 \tag{8.6.7}$$

利用式(8.6.3)、式(8.6.4)和式(8.6.7),式(8.6.6)的前两式为

$$L\sin\theta_0 \sin\varphi = A\omega_0 \cos(nt+\varepsilon)$$

$$L\sin\theta_0 \cos\varphi = A\omega_0 \sin(nt+\varepsilon)$$

对比这两式可知

$$L\sin\theta_0 = A\omega_0 \qquad \varphi = \frac{\pi}{2} - (nt+\varepsilon) \tag{8.6.8}$$

利用 $\omega_z = \dot{\psi}\cos\theta + \varphi, \omega_z = \Omega, \theta = \theta_0, \dot{\varphi} = -n$,得

$$\dot{\psi}\cos\theta_0 - n = \Omega$$

积分有
$$\psi = \sec\theta_0 (\Omega+n)t + \psi_0 \tag{8.6.9}$$

结合式(8.6.7)、式(8.6.8)、式(8.6.9)给出

$$\theta = \theta_0 \qquad \varphi = \frac{\pi}{2} - (nt+\varepsilon) \qquad \psi = (\Omega+n)t\sec\theta_0 + \psi_0 \tag{8.6.10}$$

从上面的三个方程便可以解出 $\psi、\theta、\varphi$。

(2) 拉格朗日 — 泊松情形

这种情况下,重刚体重心与定点不重合,存在由重力产生的外力矩。它的典型代表就是旋转陀螺。

对对称陀螺,$A = B \neq C$。令活动坐标系 S' 的 z 轴与陀螺对称轴一致,固定点与 S 及 S' 系的原点相同,陀螺重心离原点距离为 l,则作用在陀螺上的力即它的重力 $-mg\mathbf{K}$。这里,m 是陀螺质量,$\mathbf{K}$ 是固定坐标系 S 中铅直向上的坐标轴 ζ 上的单位矢量。于是重力对定点的力矩为

$$\mathbf{M} = l\mathbf{k} \times (-mg\mathbf{K}) = -mgl\mathbf{k} \times \mathbf{K} \tag{8.6.11}$$

因为 φ 沿 ζ 轴方向,所以

$$\mathbf{K} = \sin\theta\sin\varphi \mathbf{i} + \sin\theta\cos\varphi \mathbf{j} + \cos\theta \mathbf{k}$$

式中:$\mathbf{i},\mathbf{j},\mathbf{k}$ 是 S' 系中三个坐标轴上的单位矢量。

将上式代入式(8.6.11),得

$$\mathbf{M} = mgl(\sin\theta\cos\varphi \mathbf{i} - \sin\theta\sin\varphi \mathbf{j}) \tag{8.6.12}$$

于是,根据式(8.4.35)有

$$A\dot{\omega}_x - (A-C)\omega_y\omega_z = mgl\sin\theta\cos\varphi$$

$$A\dot{\omega}_y - (C-A)\omega_z\omega_x = -mgl\sin\theta\sin\varphi \tag{8.6.13}$$

$$C\dot{\omega}_z = 0$$

将上面第三式积分给出

$$\omega_z = \omega_0 \tag{8.6.14}$$

式中：ω_0 是一常数。它表明陀螺角速度沿对称轴分量是不变的。

分别用 ω_x 乘式(8.6.13)第一式，ω_y 乘第二式，ω_z 乘第三式，然后相加得

$$A\omega_x\dot{\omega}_x + A\omega_y\dot{\omega}_y + C\omega_z\dot{\omega}_z = mgl\sin\theta(\cos\varphi\omega_x - \sin\varphi\omega_y)$$

进而由式(8.4.36)知

$$A\omega_x\dot{\omega}_x + A\omega_y\dot{\omega}_y + C\omega_z\dot{\omega}_z = mgl\dot{\theta}\sin\theta \tag{8.6.15}$$

积分得

$$\frac{1}{2}(A\omega_x^2 + A\omega_y^2 + C\omega_z^2) + mgl\cos\theta = T + V = E \tag{8.6.16}$$

式中：

$$T = \frac{1}{2}(A\omega_x^2 + A\omega_y^2 + C\omega_z^2) \qquad V = mgl\cos\theta$$

T 是对称陀螺的动能，V 是它的势能，E 是它的机械能。将式(8.4.36)和式(8.6.14)中 ω_x、ω_y、ω_z 的表达式代入式(8.6.16)后，得

$$A(\dot{\psi}^2\sin^2\theta + \dot{\theta}^2) + C\omega_0^2 = 2(E - mgl\cos\theta) \tag{8.6.17}$$

因为陀螺的重力方向与 ζ 轴平行，所以它对 ζ 轴的力矩为零，因而动量矩 L 在 ζ 方向为常数，即

$$\boldsymbol{L} \cdot \boldsymbol{K} = \alpha = 常数 \tag{8.6.18}$$

将 L 和 K 的表示式代入有

$$(A\omega_x\boldsymbol{i} + A\omega_y\boldsymbol{j} + C\omega_z\boldsymbol{k}) \cdot (\sin\theta\sin\varphi\boldsymbol{i} + \sin\theta\cos\varphi\boldsymbol{j} + \cos\theta\boldsymbol{k}) = \alpha$$

结合式(8.5.36)和式(8.6.14)给出

$$A\dot{\psi}\sin^2\theta + C\omega_0\cos\theta = \alpha \tag{8.6.19}$$

令 $\beta = C\omega_0$，式(8.6.17)和式(8.6.19)变成如下形式

$$A\dot{\psi}\sin^2\theta = \alpha - \beta\cos\theta$$

$$A(\dot{\psi}^2\sin^2\theta + \dot{\theta}^2) + \frac{\beta^2}{C} = 2(E - mgl\cos\theta) \tag{8.6.20}$$

联合式(8.6.14)和式(8.6.20)给出

$$A\dot{\psi}\sin^2\theta = \alpha - \beta\cos\theta$$

$$A(\dot{\psi}^2\sin^2\theta + \dot{\theta}^2) + \frac{\beta^2}{C} = 2(E - mgl\cos\theta) \tag{8.6.21}$$

$$\dot{\psi}\cos\theta + \dot{\varphi} = \frac{\beta}{C}$$

原则上，从上面的三个方程便可以解出 ψ, θ, φ。

若令 $x = \cos\theta$，则 $\dot{x} = -\sin\theta \dot{\theta}$，式(8.6.21)的第一个方程化为

$$A\dot{\psi}(1-x^2) = \alpha - \beta x \qquad \dot{\psi} = \frac{\alpha - \beta x}{A(1-x^2)} \qquad (8.6.22)$$

代入第二个方程得

$$A\left[\frac{(\alpha-\beta x)^2}{A^2(1-x^2)^2}(1-x^2) + \frac{\dot{x}^2}{1-x^2}\right] + \frac{\beta^2}{C} = 2(E - mglx)$$

即

$$A\left[\dot{x}^2 + \frac{(\alpha-\beta x)^2}{A^2}\right] + \frac{\beta^2}{C}(1-x^2) = 2(E-mglx)(1-x^2) \quad (8.6.23)$$

令

$$f(x) = \frac{1}{A}\left(2E - \frac{\beta^2}{C} - 2mglx\right)(1-x^2) - \frac{(\alpha-\beta x)^2}{A^2}$$

则

$$\dot{x}^2 = f(x) \qquad (8.6.24)$$

$f(x)$ 是一个关于 x 的三次方程，它有三个实根 x_1, x_2, x_3，且 $-1 < x_1 < x_2 < 1 < x_3$，因此，$f(x)$ 可写成

$$f(x) = \frac{2mgl}{A}(x-x_1)(x-x_2)(x-x_3) \qquad (8.6.25)$$

而式(8.6.24)成为

$$\dot{x}^2 = \frac{2mgl}{A}(x-x_1)(x-x_2)(x-x_3) \qquad (8.6.26)$$

再令 $u^2 = x - x_1$，则 $2u\dot{u} = \dot{x}$，上式化为

$$\dot{u}^2 = \frac{mgl}{2A}(x_2 - x_1 - u^2)(x_3 - x_1 - u^2) \qquad (8.6.27)$$

引入新的变量 $v = \dfrac{u}{\sqrt{x_2 - x_1}}$，则上式变成

$$\dot{v}^2 = \frac{mgl}{2A}\left(1 - \frac{u^2}{x_2-x_1}\right)(x_3-x_1)\left(1 - \frac{u^2}{x_3-x_1}\right)$$

$$= \frac{mgl}{2A}(x_3 - x_1)(1-v^2)(1-k^2v^2) \qquad (8.6.28)$$

式中：

$$k^2 = \frac{x_2 - x_1}{x_3 - x_1} \qquad (8.6.29)$$

记

$$p^2 = \frac{mgl(x_3 - x_1)}{2A} \qquad (8.6.30)$$

可将式(8.6.28)化为

$$p\,dt = \frac{dv}{\sqrt{(1-v^2)(1-k^2v^2)}}$$

积分得
$$p(t-t_0) = \int_0^{\sin\Phi} \frac{\mathrm{d}v}{\sqrt{(1-v^2)(1-k^2v^2)}} \tag{8.6.31}$$

这是一个第一类椭圆积分,由此可确定
$$\sin\Phi = v = \mathrm{sn}[p(t-t_0)]$$
$$u^2 = (x_2-x_1)v^2 = (x_2-x_1)\mathrm{sn}^2[p(t-t_0)] \tag{8.6.32}$$

进而得
$$\cos\theta = x = u^2 + x_1 = x_1 + (x_2-x_1)\mathrm{sn}^2[p(t-t_0)] \tag{8.6.33}$$

再由式(8.6.21)和式(8.6.22)知
$$\dot{\psi} = \frac{\alpha-\beta x}{A(1-x^2)} \quad \dot{\varphi} = \frac{\beta}{C} - x\dot{\psi} \tag{8.6.34}$$

式(8.6.33)和式(8.6.34)便完全确定了对称陀螺的运动。

(3) 柯凡律夫斯卡雅情形

在这一情形下,$A=B=2C$,刚体重心在惯量椭球的赤道平面上,计算稍繁,在此不予赘述。

8.6.2 陀螺运动的近似方法

绕自身对称轴高速转动的陀螺可以用一种较简单的近似方法处理。由于陀螺绕自身对称轴转动(自转)的角速度 ω_z 很大,因此,陀螺总的角速度 $\omega \sim \omega_z$,陀螺的动量矩(角动量)$\boldsymbol{L} \sim C\omega_z \boldsymbol{k}$。通常我们写成
$$\boldsymbol{L} = I\boldsymbol{\omega} \tag{8.6.35}$$

式中:$\boldsymbol{\omega}$ 是陀螺自转角速度,I 是陀螺绕对称轴转动的转动惯量。

上式表明,对高速自转的陀螺,其动量矩大小等于自转角速度与对对称轴的主转动惯量之乘积,方向沿对称轴。

陀螺运动中如果受到外力矩 $\boldsymbol{M}$ 的作用,那么根据动量矩定理,有
$$\frac{\mathrm{d}\boldsymbol{L}}{\mathrm{d}t} = \boldsymbol{M}$$

若将上式左端解释为长度和方向都与 $\boldsymbol{L}$ 相同的矢径随时间的变化,那它就是
$$\frac{\mathrm{d}\boldsymbol{L}}{\mathrm{d}t} = \boldsymbol{u} = \boldsymbol{M} \tag{8.6.36}$$

这就是说,刚体对定点的动量矩矢量末端运动的速度 $\boldsymbol{u}$,等于作用在刚体上的外力对该定点的力矩 $\boldsymbol{M}$。这一结论叫做赖柴(Resal)定理。

通常陀螺除了以角速度 ω 绕对称轴自转外,还以角速度 Ω 绕固定轴 ζ 转动

（进动），只是一般情况下，$\Omega \ll \omega$。根据运动学知识，这时动量矩矢量 L 的末端运动速度

$$u = \Omega \times L \tag{8.6.37}$$

因此，由赖柴定理知，陀螺所受的外力矩

$$M = u = \Omega \times L = I\Omega \times \omega \tag{8.6.38}$$

式中：I 是陀螺绕对称轴的转动惯量；Ω 是进动角速度；ω 是自转角速度。

所以，陀螺对外所施的反作用力矩

$$M_g = -M = -I\Omega \times \omega = I\omega \times \Omega \tag{8.6.39}$$

陀螺的这种反作用力矩叫做陀螺力矩，或回转力矩。陀螺力矩的方向垂直于进动平面 $Oz\zeta$，它具有使自转轴 Oz 转向进动轴 $O\zeta$ 的趋势。这样一种效应叫做陀螺效应。陀螺力矩和陀螺效应在工程实践中经常碰到，具有重要意义。

8.6.3 陀螺运动的量子化

由 8.5 节刚体动力学知，对称陀螺（$A = B$）运动的能量

$$T = \frac{1}{2A}(L_{x'}^2 + L_{y'}^2) + \frac{1}{2C}L_{z'}^2 \tag{8.6.40}$$

量子力学中，力学量用算符描写，相应的算符是

$$T = \frac{1}{2A}(\hat{L}_{x'}^2 + \hat{L}_{y'}^2) + \frac{1}{2C}\hat{L}_{z'}^2 = \frac{1}{2A}\hat{L}^2 + \frac{1}{2}\left(\frac{1}{C} - \frac{1}{A}\right)\hat{L}_{z'}^2 \tag{8.6.41}$$

而陀螺的角动量平方算符可写成

$$\hat{L}^2 = \hat{L}_x^2 + \hat{L}_y^2 + \hat{L}_z^2 = \hat{L}_{x'}^2 + \hat{L}_{y'}^2 + \hat{L}_{z'}^2 \tag{8.6.42}$$

式中：x, y, z 表示固定坐标系三分量；x', y', z' 表示活动坐标系三分量。由此可知，角动量平方算符 $\hat{L}^2$ 与其沿空间固定的 z 轴分量 $\hat{L}_z$ 及沿对称轴分量 $\hat{L}_{z'}$ 三者间互相对易，故它们有共同的本征函数，记为 ψ_{IMK}，则

$$\hat{L}^2 \psi_{IMK} = I(I+1)\hbar^2 \psi_{IMK} \quad (I = 0, 1, 2, \cdots)$$

$$\hat{L}_z \psi_{IMK} = M\hbar \psi_{IMK} \quad (M = 0, \pm 1, \cdots, \pm I)$$

$$\hat{L}_{z'} \psi_{IMK} = K\hbar \psi_{IMK} \quad (K = 0, \pm 1, \cdots, \pm I) \tag{8.6.43}$$

式中：I、M、K 是描写陀螺运动状态的三个量子数。

从式(8.6.43)可以看出，ψ_{IMK} 也是陀螺运动能量算符的本征函数，即定态波函数；不过，能量的本征值与 M 无关。

下面来推导陀螺角动量算符的具体表示式。为了避免与波函数符号相混淆，

我们用 $\alpha、\beta、\gamma$ 来定义三个欧拉角：α 是先绕 z 轴旋转的角度($0 \leqslant \alpha \leqslant 2\pi$)；$\beta$ 是绕新位置的 y 轴（节线）旋转的角度($0 \leqslant \beta \leqslant \pi$)；$\gamma$ 是绕最终的 z' 轴旋转的角度($0 \leqslant \alpha \leqslant 2\pi$)。这样做的另一个优点是，$\alpha、\beta$ 就是 z' 轴相对固定坐标系的球坐标，即通常的 (φ, θ)。设 $\Delta\alpha、\Delta\beta、\Delta\gamma$ 是相应各量的微小转动，它们分别沿 z 轴、节线方向、z' 轴，从而它们在固定坐标系的投影为

$$\Delta\alpha(0,0,1) \quad \Delta\beta(-\sin\alpha, \cos\alpha, 0) \quad \Delta\gamma(\sin\beta\cos\alpha, \sin\beta\sin\alpha, \cos\beta)$$

将它们在同一坐标轴上的投影相加便得到陀螺任一微小转动在三个固定坐标轴 x, y, z 的分量表示式：

$$\Delta\varphi_x = -\sin\alpha\Delta\beta + \cos\alpha\sin\beta\Delta\gamma$$
$$\Delta\varphi_y = \cos\alpha\Delta\beta + \sin\alpha\sin\beta\Delta\gamma$$
$$\Delta\varphi_y = \Delta\alpha + \cos\beta\Delta\gamma \qquad (8.6.44)$$

不难求得上式的逆变换为

$$\Delta\alpha = -\cos\alpha\cot\beta\Delta\varphi_x - \sin\alpha\cot\beta\Delta\varphi_y + \Delta\varphi_z$$
$$\Delta\beta = -\sin\alpha\Delta\varphi_x + \cos\alpha\Delta\varphi_y$$
$$\Delta\gamma = \frac{\cos\alpha}{\sin\beta}\Delta\varphi_x + \frac{\sin\alpha}{\sin\beta}\Delta\varphi_y \qquad (8.6.45)$$

量子力学中，一个正则动量的算符可以用对它相应的广义坐标的偏微商表示。于是，我们有

$$\hat{L}_x = -i\hbar\frac{\partial}{\partial\varphi_x} \quad \hat{L}_y = -i\hbar\frac{\partial}{\partial\varphi_y} \quad \hat{L}_z = -i\hbar\frac{\partial}{\partial\varphi_z} \qquad (8.6.46)$$

利用式(8.6.45)即得陀螺角动量在固定坐标系的分量表示式

$$\hat{L}_x = -i\hbar\frac{\partial}{\partial\varphi_x} = -i\hbar\left(\frac{\partial}{\partial\alpha}\frac{\partial\alpha}{\partial\varphi_x} + \frac{\partial}{\partial\beta}\frac{\partial\beta}{\partial\psi_x} + \frac{\partial}{\partial\gamma}\frac{\partial\gamma}{\partial\psi_x}\right)$$
$$= -i\hbar\left(-\cos\alpha\cot\beta\frac{\partial}{\partial\alpha} - \sin\alpha\frac{\partial}{\partial\beta} + \frac{\cos\alpha}{\sin\beta}\frac{\partial}{\partial\gamma}\right) \qquad (8.6.47)$$

同理

$$\hat{L}_y = -i\hbar\left(-\sin\alpha\cot\beta\frac{\partial}{\partial\alpha} + \cos\alpha\frac{\partial}{\partial\beta} + \frac{\sin\alpha}{\sin\beta}\frac{\partial}{\partial\gamma}\right)$$
$$\hat{L}_z = -i\hbar\frac{\partial}{\partial\alpha} \qquad (8.6.48)$$

利用它们可以求出

$$\hat{L}^2 = \hat{L}_x^2 + \hat{L}_y^2 + \hat{L}_z^2$$
$$= -\hbar^2\left[\frac{1}{\sin^2\beta}\frac{\partial^2}{\partial\alpha^2} - \frac{2\cos\beta}{\sin^2\beta}\frac{\partial^2}{\partial\alpha\partial\gamma} + \frac{1}{\sin^2\beta}\frac{\partial^2}{\partial\gamma^2} + \frac{1}{\sin\beta}\frac{\partial}{\partial\beta}\left(\sin\beta\frac{\partial}{\partial\beta}\right)\right] \qquad (8.6.49)$$

不难看出 $\Delta\alpha$、$\Delta\beta$、$\Delta\gamma$ 在活动坐标系三个坐标轴 x'、y'、z' 的分量是

$$\Delta\alpha(-\sin\beta\cos\gamma,\sin\beta\sin\gamma,\cos\beta) \quad \Delta\beta(\sin\gamma,\cos\gamma,0) \quad \Delta\gamma(0,0,1)$$

类似地，陀螺任一微小转动在此三个坐动轴 x'，y'，z' 的分量表示式为

$$\begin{aligned}\Delta\varphi_{x'} &= -\sin\beta\cos\gamma\Delta\alpha + \sin\gamma\Delta\beta \\ \Delta\varphi_{y'} &= \sin\beta\sin\gamma\Delta\alpha + \cos\gamma\Delta\beta \\ \Delta\varphi_{z'} &= \cos\beta\Delta\alpha + \Delta\gamma\end{aligned} \qquad (8.6.50)$$

其逆变换是

$$\begin{aligned}\Delta\alpha &= -\frac{\cos\gamma}{\sin\beta}\Delta\varphi_{x'} + \frac{\sin\gamma}{\sin\beta}\Delta\varphi_{y'} \\ \Delta\beta &= \sin\gamma\Delta\varphi_{x'} + \cos\gamma\Delta\varphi_{y'} \\ \Delta\gamma &= \cot\beta\cos\gamma\Delta\varphi_{x'} - \cot\beta\sin\gamma\Delta\varphi_{y'} + \Delta\varphi_{z'}\end{aligned} \qquad (8.6.51)$$

由此得到陀螺角动量在活动坐标系的分量表示式：

$$\begin{aligned}\hat{L}_{x'} &= -i\hbar\left(-\frac{\cos\gamma}{\sin\beta}\frac{\partial}{\partial\alpha} + \sin\gamma\frac{\partial}{\partial\beta} + \cot\beta\cos\gamma\frac{\partial}{\partial\gamma}\right) \\ \hat{L}_{y'} &= -i\hbar\left(\frac{\sin\gamma}{\sin\beta}\frac{\partial}{\partial\alpha} + \cos\gamma\frac{\partial}{\partial\beta} - \cot\beta\sin\gamma\frac{\partial}{\partial\gamma}\right) \\ \hat{L}_{z'} &= -i\hbar\frac{\partial}{\partial\gamma}\end{aligned} \qquad (8.6.52)$$

可以证明，陀螺归一化波函数 $\psi_{IMK}(\alpha,\beta,\gamma)$ 的具体表达式是

$$\psi_{IMK} = \sqrt{\frac{2I+1}{8\pi^2}}D_{MK}^{I*}(\alpha,\beta,\gamma) \qquad (8.6.53)$$

这里

$$D_{m'm}^{j}(\alpha,\beta,\gamma) = e^{-im'\alpha}d_{m'm}^{j}(\beta)e^{-im\gamma} \qquad (8.6.54)$$

叫做 D 函数。而

$$\begin{aligned}d_{m'm}^{j}(\beta) &= [(j+m)!(j-m)!(j+m')!(j-m')!]^{1/2} \\ &\times \sum_{v}[(-1)^{v}(j-m'-v)!(j+m-v)!(v+m'-m)!v!]^{-1} \\ &\times (\cos\beta/2)^{2j+m-m'-2v}(-\sin\beta/2)^{m'-m+2v}\end{aligned} \qquad (8.6.55)$$

D 函数具有如下性质：

$$\begin{aligned}D_{m'm}^{j*}(\alpha,\beta,\gamma) &= (-1)^{m'-m}D_{-m',-m}^{j}(\alpha,\beta,\gamma) \\ D_{m'm}^{j}(-\gamma,-\beta,-\alpha) &= D_{mm'}^{j*}(\alpha,\beta,\gamma) \\ D_{m0}^{l}(\alpha,\beta,0) &= \sqrt{\frac{4\pi}{2l+1}}Y_{lm}^{*}(\beta,\alpha)\end{aligned} \qquad (8.6.56)$$

8.7 角动量的耦合

8.7.1 角动量算符

力学中的动量矩在量子力学中通常称为角动量。一个力学量在量子力学中用相应的算符表示,角动量算符的一般定义式为①

$$\hat{\boldsymbol{J}} \times \hat{\boldsymbol{J}} = i\hbar \hat{\boldsymbol{J}} \tag{8.7.1}$$

写成分量形式是

$$[\hat{J}_\alpha, \hat{J}_\beta] = i\hbar \hat{J}_\gamma \tag{8.7.2}$$

这里 α, β, γ 是 x, y, z 的任一轮换,即 $(\alpha, \beta, \gamma) = (x, y, z), (y, z, x), (z, x, y)$。

定义

$$\hat{\boldsymbol{J}}^2 = \hat{J}_x^2 + \hat{J}_y^2 + \hat{J}_z^2 \tag{8.7.3}$$

称为角动量平方算符,它与角动量算符各分量彼此对易,即

$$[\hat{\boldsymbol{J}}^2, \hat{J}_\alpha] = 0 \quad (\alpha = x, y, z) \tag{8.7.4}$$

为了证明此式,我们先证明性质:

$$[\hat{A}\hat{B}, \hat{C}] = \hat{A}[\hat{B}, \hat{C}] + [\hat{A}, \hat{C}]\hat{B} \tag{8.7.5}$$

事实上

$$[\hat{A}\hat{B}, \hat{C}] = \hat{A}\hat{B}\hat{C} - \hat{C}\hat{A}\hat{B} = \hat{A}\hat{B}\hat{C} - \hat{A}\hat{C}\hat{B} + \hat{A}\hat{C}\hat{B} - \hat{C}\hat{A}\hat{B}$$
$$= \hat{A}(\hat{B}\hat{C} - \hat{C}\hat{B}) + (\hat{A}\hat{C} - \hat{C}\hat{A})\hat{B} = \hat{A}[\hat{B}, \hat{C}] + [\hat{A}, \hat{C}]\hat{B}$$

将式(8.7.5)运用到式(8.7.4),有

$$[\hat{\boldsymbol{J}}^2, \hat{J}_x] = [\hat{J}_x^2 + \hat{J}_y^2 + \hat{J}_z^2, \hat{J}_x] = [\hat{J}_y^2 + \hat{J}_z^2, \hat{J}_x]$$
$$= \hat{J}_y[\hat{J}_y, \hat{J}_x] + [\hat{J}_y, \hat{J}_x]\hat{J}_y + \hat{J}_z[\hat{J}_z, \hat{J}_x] + [\hat{J}_z, \hat{J}_x]\hat{J}_z$$
$$= -i\hbar \hat{J}_y \hat{J}_z - i\hbar \hat{J}_z \hat{J}_y + i\hbar \hat{J}_z \hat{J}_y + i\hbar \hat{J}_y \hat{J}_z = 0$$

类似地

$$[\hat{\boldsymbol{J}}^2, J_y] = [\hat{\boldsymbol{J}}^2, \hat{J}_z] = 0$$

故式(8.7.4)成立。可见角动量平方算符与角动量算符的任意一个分量对易,根据 5.4 节第 5 点,它们有共同的本征函数。通常选取 $\hat{\boldsymbol{J}}^2$ 和 $\hat{J}_z$ 这对对易算符,若记它们的共同本征函数为 $|\lambda m>$,则

---

① 参见式(5.6.4)~式(5.6.6)。

$$\hat{J}^2 |\lambda m\rangle = \lambda \hbar^2 |\lambda m\rangle \qquad \hat{J}_z |\lambda m\rangle = m\hbar |\lambda m\rangle \tag{8.7.6}$$

这里 $\lambda\hbar^2$ 与 $m\hbar$ 分别是 $\hat{J}^2$ 与 $\hat{J}_z$ 相应的本征值。定义①

$$\hat{J}_+ = \hat{J}_x + i\hat{J}_y \qquad \hat{J}_- = \hat{J}_x - i\hat{J}_y = \hat{J}_+^+ \tag{8.7.7}$$

于是

$$[\hat{J}_z, \hat{J}_\pm] = [\hat{J}_z, \hat{J}_x \pm i\hat{J}_y] = [\hat{J}_z, \hat{J}_x] \pm i[\hat{J}_z, \hat{J}_y]$$
$$= i\hbar\hat{J}_y \pm i(-i\hbar)\hat{J}_x = \pm\hbar(\hat{J}_x \pm i\hat{J}_y) = \pm\hbar\hat{J}_\pm \tag{8.7.8}$$

$$\hat{J}_+\hat{J}_- = (\hat{J}_x + i\hat{J}_y)(\hat{J}_x - i\hat{J}_y) = \hat{J}_x^2 + i(\hat{J}_y\hat{J}_x - \hat{J}_x\hat{J}_y) + \hat{J}_y^2$$
$$= \hat{J}_x^2 + i(-i\hbar\hat{J}_z) + \hat{J}_y^2 = \hat{J}^2 - \hat{J}_z^2 + \hbar\hat{J}_z \tag{8.7.9}$$

以及

$$\hat{J}_-\hat{J}_+ = \hat{J}^2 - \hat{J}_z^2 - \hbar\hat{J}_z \tag{8.7.10}$$

由式(8.7.4)及定义(8.7.7)知

$$\hat{J}^2\hat{J}_+ - \hat{J}_+\hat{J}^2 = 0 \tag{8.7.11}$$

两边取矩阵元

$$\langle\lambda' m'| \hat{J}^2\hat{J}_+ - \hat{J}_+\hat{J}^2 |\lambda m\rangle$$
$$= \langle\lambda' m'| \hat{J}^2\hat{J}_+ |\lambda m\rangle - \langle\lambda' m'| \hat{J}_+\hat{J}^2 |\lambda m\rangle = 0$$

利用式(8.7.6)得

$$\lambda'\hbar^2 \langle\lambda' m'| \hat{J}_+ |\lambda m\rangle - \langle\lambda' m'| \hat{J}_+ |\lambda m\rangle \lambda\hbar^2$$
$$= \hbar^2(\lambda' - \lambda)\langle\lambda' m'| \hat{J}_+ |\lambda m\rangle = 0 \tag{8.7.12}$$

由此可见，只有当 $\lambda' \neq \lambda$ 时，矩阵元 $\langle\lambda' m| \hat{J}_+ |\lambda m\rangle$ 才不可能为零。所以

$$\langle\lambda' m'| \hat{J}_+ |\lambda m\rangle = \delta_{\lambda'\lambda} \langle\lambda m'| \hat{J}_+ |\lambda m\rangle \tag{8.7.13}$$

对于 $\hat{J}_-, \hat{J}_x, \hat{J}_y$ 和 $\hat{J}_z$ 也有类似的公式，即它们对量子数 λ 来说都是对角化的，或者说它们的表示矩阵是分块对角化的。

从式(8.7.8)和式(8.7.6)知

$$\hat{J}^2\hat{J}_+ |\lambda m\rangle = \hat{J}_+ \hat{J}^2 |\lambda m\rangle = \lambda\hbar^2 \hat{J}_+ |\lambda m\rangle$$
$$\hat{J}_z\hat{J}_+ |\lambda m\rangle = (\hat{J}_+\hat{J}_z + \hbar\hat{J}_+)|\lambda m\rangle = (m+1)\hbar\hat{J}_+ |\lambda m\rangle \tag{8.7.14}$$

这就是说，$\hat{J}_+|\lambda m\rangle$ 也是 $\hat{J}^2$ 和 $\hat{J}_z$ 的共同的本征函数，相应的本征值为 $\lambda\hbar^2$ 和

---

① 参见第5章例题4。

$(m+1)\hbar$,即
$$\hat{J}_+ | \lambda m > = C_{m+1,m} | \lambda m+1 > \qquad (8.7.15)$$
类似地,成立
$$\hat{J}_- | \lambda m > = C_{m,m-1} | \lambda m-1 > \qquad (8.7.16)$$
式中:$C_{m+1,m}$ 与 $C_{m,m-1}$ 均为常数因子。

在某种意义上,$\hat{J}_+$ 和 $\hat{J}_-$ 相当于上升和下降算符,它们对态函数 $|\lambda m>$ 的作用分别使相应的本征值 m 增加和减少 1。由于
$$\lambda \hbar^2 = <\lambda m | \hat{\boldsymbol{J}}^2 | \lambda m> = <\lambda m | \hat{J}_x^2 + \hat{J}_y^2 + \hat{J}_z^2 | \lambda m>$$
$$= <\lambda m | \hat{J}_x^2 | \lambda m> + <\lambda m | \hat{J}_y^2 | \lambda m> + <\lambda m | \hat{J}_z^2 | \lambda m>$$
$$= |\hat{J}_x | \lambda m>|^2 + |\hat{J}_y | \lambda m>|^2 + m^2 \hbar^2 \geqslant m^2 \hbar^2$$
所以
$$m^2 \leqslant \lambda \qquad (8.7.17)$$
上式表明,对确定的 λ,m 存在一个上界 $\overline{m}$ 和下界 $\underline{m}$,使得
$$\hat{J}_+ | \lambda \overline{m} > = 0 \qquad \hat{J}_- | \lambda \underline{m} > = 0 \qquad (8.7.18)$$
于是,由式(8.7.10)得
$$0 = <\lambda \overline{m} | \hat{J}_- \hat{J}_+ | \lambda \overline{m}> = <\lambda \overline{m} | \hat{\boldsymbol{J}}^2 - \hat{J}_z^2 - \hbar \hat{J}_z | \lambda \overline{m}>$$
$$= \lambda \hbar^2 - \overline{m}^2 \hbar^2 - \overline{m} \hbar^2$$
$$\lambda = \overline{m}(\overline{m}+1) \qquad (8.7.19)$$
$$0 = <\lambda \underline{m} | \hat{J}_+ \hat{J}_- | \lambda \underline{m}> = <\lambda \underline{m} | \hat{\boldsymbol{J}}^2 - \hat{J}_z^2 + \hbar \hat{J}_z | \lambda \underline{m}>$$
$$= \lambda \hbar^2 - \underline{m}^2 \hbar^2 + \underline{m} \hbar^2$$
$$\lambda = \underline{m}(\underline{m}-1) = -\underline{m}(-\underline{m}+1) \qquad (8.7.20)$$
比较式(8.7.19)和式(8.7.20)知 $\overline{m} = -\underline{m}$,令
$$j = \overline{m} = -\underline{m} \qquad (8.7.21)$$
则
$$\lambda = j(j+1) \qquad m = j, j-1, \cdots, -j+1, -j \qquad (8.7.22)$$
又由于 $\overline{m} - \underline{m} = 2j$ 必须是非负整数,所以 j 的可能取值是
$$j = \begin{cases} 1/2, 3/2, 5/2, \cdots & \text{非负半整数} \\ 0, 1, 2, \cdots & \text{非负整数} \end{cases} \qquad (8.7.23)$$
综合式(8.7.20)和式(8.7.21),我们得到有关角动量本征方程(式 8.7.6)的普遍结果如下:
$$\hat{\boldsymbol{J}}^2 | jm > = j(j+1)\hbar^2 | jm >$$

$$\hat{J}_z\,|\,jm>=m\hbar\,|\,jm> \qquad (8.7.24)$$

式中：
$$j=\begin{cases}1/2,3/2,5/2,\cdots\\0,1,2,\cdots\end{cases}$$

$$m=-j,-j+1,\cdots,j-1,j$$

这一结论的推导只利用了角动量的定义式(8.7.1)，5.6 节介绍过的轨道角动量和自旋都是它的特殊情况。

在 $(\hat{\boldsymbol{J}}^2,\hat{J}_z)$ 表象中①，$\hat{\boldsymbol{J}}^2$、$\hat{J}_z$ 是对角矩阵，而 $\hat{J}_+$、$\hat{J}_-$、$\hat{J}_x$、$\hat{J}_y$ 则是分块对角的，即它们关于下标 j 对角，但关于同一 j 下的 m 是非对角的。下面计算这些算符的非零矩阵元。将式(8.7.10)两边对态 $|jm>$ 求平均有

$$<jm\,|\,\hat{J}_-\hat{J}_+\,|\,jm>=<jm\,|\,\hat{\boldsymbol{J}}^2-\hat{J}_z^2-\hbar\hat{J}_z\,|\,jm> \qquad (8.7.25)$$

上式左边为

$$<jm\,|\,\hat{J}_-\hat{J}_+\,|\,jm>=<jm\,|\,\hat{J}_-\,|\,jm+1><jm+1\,|\,\hat{J}_+\,|\,jm>$$
$$=<jm+1\,|\,\hat{J}_+\,|\,jm>^*<jm+1\,|\,\hat{J}_+\,|\,jm>$$
$$=|<m+1\,|\,\hat{J}_+\,|\,jm>|^2=|C_{m+1,m}|^2$$

上式右边为

$$<jm\,|\,\hat{\boldsymbol{J}}^2-\hat{J}_z^2-\hbar\hat{J}_z\,|\,jm>=j(j+1)\hbar^2-m^2\hbar^2-m\hbar$$

因此
$$|C_{m+1,m}|^2=[j(j+1)-m^2-m]\hbar^2=\hbar^2(j^2-m^2+j-m)$$
$$=\hbar^2(j-m)(j+m+1)$$

选取波函数适当相因子，可使 $C_{m+1,m}$ 为实数，从而

$$<jm+1\,|\,\hat{J}_+\,|\,jm>=\hbar\sqrt{(j-m)(j+m+1)} \qquad (8.7.26)$$

类似地，有

$$<jm\,|\,\hat{J}_+\hat{J}_-\,|\,jm>=<jm\,|\,\hat{\boldsymbol{J}}^2-\hat{J}_z^2+\hbar\hat{J}_z\,|\,jm> \qquad (8.7.27)$$

而 $<jm\,|\,\hat{J}_+\hat{J}_-\,|\,jm>=<jm\,|\,\hat{J}_+\,|\,jm-1><jm-1\,|\,\hat{J}_-\,|\,jm>$
$$=|<jm-1\,|\,\hat{J}_-\,|\,jm>|^2$$

$$<jm-1\,|\,\hat{J}_-\,|\,jm>=\hbar\sqrt{(j+m)(j-m+1)} \qquad (8.7.28)$$

式(8.7.26)和式(8.7.28)可以合并成

---

① 态矢量所在的空间是以算符 $\hat{\boldsymbol{J}}^2$ 和 $\hat{J}_z$ 的共同本征函数 $|jm>$ 作基矢的希尔伯特空间，力学量是作用在这组基矢上的矩阵。

$$<j'm'|\hat{J}_\pm|jm> = \hbar\sqrt{(j\mp m)(j\pm m+1)}\delta_{j'j}\delta_{m'm\pm 1} \quad (8.7.29)$$

或
$$\hat{J}_\pm|jm> = \hbar\sqrt{(j\mp m)(j\pm m+1)}|jm\pm 1> \quad (8.7.30)$$

由 $\hat{J}_\pm$ 的定义知
$$\hat{J}_x = \frac{1}{2}(\hat{J}_+ + \hat{J}_-) \qquad \hat{J}_y = \frac{1}{2i}(\hat{J}_+ - \hat{J}_-) \quad (8.7.31)$$

由此求得 $\hat{J}_x, \hat{J}_y$ 的非零矩阵元是

$$<jm+1|\hat{J}_x|jm> = \frac{\hbar}{2}\sqrt{(j-m)(j+m+1)}$$

$$<jm-1|\hat{J}_x|jm> = \frac{\hbar}{2}\sqrt{(j+m)(j-m+1)}$$

$$<jm+1|\hat{J}_y|jm> = -\mathrm{i}\frac{\hbar}{2}\sqrt{(j-m)(j+m+1)}$$

$$<jm-1|\hat{J}_y|jm> = \mathrm{i}\frac{\hbar}{2}\sqrt{(j+m)(j-m+1)} \quad (8.7.32)$$

8.7.2 角动量耦合

角动量的相加又叫做角动量的耦合。下面我们讨论最简单的情形,即两个角动量的耦合。

设 $\hat{J}_1, \hat{J}_2$ 是体系的两个属于不同自由度的角动量算符。它们满足角动量基本对易关系

$$\hat{\boldsymbol{J}}_1 \times \hat{\boldsymbol{J}}_1 = \mathrm{i}\hbar\hat{\boldsymbol{J}}_1 \qquad \hat{\boldsymbol{J}}_2 \times \hat{\boldsymbol{J}}_2 = \mathrm{i}\hbar\hat{\boldsymbol{J}}_2 \quad (8.7.33)$$

由于 $\hat{J}_1$ 与 $\hat{J}_2$ 是互相独立的,所以它们彼此对易。

$$[\hat{J}_{1\alpha}, \hat{J}_{2\beta}] = 0 \qquad \alpha,\beta = x,y,z \quad (8.7.34)$$

记 $(\hat{J}_1^2, \hat{J}_{1z})$ 的共同本征态为 $\psi_{j_1 m_1}$,则

$$\hat{J}_1^2 \psi_{j_1 m_1} = j_1(j_1+1)\hbar^2 \psi_{j_1 m_1}$$

$$\hat{J}_{1z} \psi_{j_1 m_1} = m_1 \hbar \psi_{j_1 m_1}$$

$$m_1 = -j_1, -j_1+1, \cdots, j_1-1, j_1 \quad (8.7.35)$$

设 $(\hat{J}_2^2, \hat{J}_{2z})$ 的共同本征态为 $\psi_{j_2 m_2}$,则

$$\hat{J}_2^2 \psi_{j_2 m_2} = j_2(j_2+1)\hbar^2 \psi_{j_2 m_2}$$

$$\hat{J}_{2z} \psi_{j_2 m_2} = m_2 \hbar \psi_{j_2 m_2}$$

$$m_2 = -j_2, -j_2+1, \cdots, j_2-1, j_2 \tag{8.7.36}$$

因为 $\hat{J}_1^2, \hat{J}_{1z}, \hat{J}_2^2, \hat{J}_{2z}$ 四个算符是互相对易的，所以它们的共同本征函数

$$|j_1 m_1 j_2 m_2\rangle = |j_1 m_1\rangle |j_2 m_2\rangle = \psi_{j_1 m_1} \psi_{j_2 m_2} \tag{8.7.37}$$

组成正交归一的完全系，体系的任意一个态（仅涉及与角动量有关的自由度）均可用它们展开。以这些本征函数为基矢的表象称为无耦合表象①。在这个表象中，$\hat{J}_1^2, \hat{J}_{1z}, \hat{J}_2^2, \hat{J}_{2z}$ 都是对角矩阵。

现在考虑两个角动量的耦合。定义

$$\hat{\boldsymbol{J}} = \hat{\boldsymbol{J}}_1 + \hat{\boldsymbol{J}}_2 \tag{8.7.38}$$

下面证明 $\boldsymbol{J}$ 也满足角动量的对易关系式(8.7.1)。事实上

$$\hat{\boldsymbol{J}} \times \hat{\boldsymbol{J}} = (\hat{\boldsymbol{J}}_1 + \hat{\boldsymbol{J}}_2) \times (\hat{\boldsymbol{J}}_1 + \hat{\boldsymbol{J}}_2) = \hat{\boldsymbol{J}}_1 \times \hat{\boldsymbol{J}}_1 + \hat{\boldsymbol{J}}_2 \times \hat{\boldsymbol{J}}_1 + \hat{\boldsymbol{J}}_1 \times \hat{\boldsymbol{J}}_2 + \hat{\boldsymbol{J}}_2 \times \hat{\boldsymbol{J}}_2$$

由于 $\hat{\boldsymbol{J}}_1$ 与 $\hat{\boldsymbol{J}}_2$ 彼此对易，因此

$$\hat{\boldsymbol{J}}_2 \times \hat{\boldsymbol{J}}_1 + \hat{\boldsymbol{J}}_1 \times \hat{\boldsymbol{J}}_2 = 0$$

于是

$$\hat{\boldsymbol{J}} \times \hat{\boldsymbol{J}} = \mathrm{i}\hbar \hat{\boldsymbol{J}}_1 + \mathrm{i}\hbar \hat{\boldsymbol{J}}_2 = \mathrm{i}\hbar \hat{\boldsymbol{J}} \tag{8.7.39}$$

$\hat{\boldsymbol{J}}$ 满足角动量对易关系式，所以 $\hat{\boldsymbol{J}}$ 是体系的总角动量算符。由

$$\hat{J}^2 = \hat{J}_x^2 + \hat{J}_y^2 + \hat{J}_z^2$$

和式(8.7.39)亦可推得

$$[\hat{J}^2, \hat{J}_\alpha] = 0 \qquad \alpha = x, y, z \tag{8.7.40}$$

另一方面

$$\hat{J}^2 = (\hat{\boldsymbol{J}}_1 + \hat{\boldsymbol{J}}_2)^2 = \hat{J}_1^2 + \hat{J}_2^2 + 2\hat{\boldsymbol{J}}_1 \cdot \hat{\boldsymbol{J}}_2 \tag{8.7.41}$$

式中：

$$\hat{\boldsymbol{J}}_1 \cdot \hat{\boldsymbol{J}}_2 = \hat{J}_{1x}\hat{J}_{2x} + \hat{J}_{1y}\hat{J}_{2y} + \hat{J}_{1z}\hat{J}_{2z} \tag{8.7.42}$$

由此可见

$$[\hat{J}^2, \hat{J}_1^2] = [\hat{J}^2, \hat{J}_2^2] = 0 \tag{8.7.43}$$

但 $\hat{J}^2$ 和 $\hat{J}_{1\alpha}$ 和 $\hat{J}_{2\alpha}(\alpha = x, y, z)$ 却是不对易的。此外不难证明

$$[\hat{J}_z, \hat{J}_1^2] = [\hat{J}_z, \hat{J}_2^2] = 0 \qquad (\hat{J}_z = \hat{J}_{1z} + \hat{J}_{2z}) \tag{8.7.44}$$

结合式(8.7.41)、式(8.7.43)和式(8.7.44)推知，$\hat{J}^2$、$\hat{J}_z$、$\hat{J}_1^2$、$\hat{J}_2^2$ 四个算符也是互相对易的，它们的共同本征函数记为

$$|jm\rangle = |j_1 j_2 jm\rangle = \psi_{j_1 j_2 jm} = \psi_{jm} \tag{8.7.45}$$

---

① 量子力学中态和力学量的具体表述方式称为表象。

满足

$$\hat{J}^2\psi_{j_1j_2jm} = j(j+1)\hbar^2\psi_{j_1j_2jm}$$

$$\hat{J}_z\psi_{j_1j_2jm} = m\hbar\psi_{j_1j_2jm}$$

$$\hat{J}_1^2\psi_{j_1j_2jm} = j_1(j_1+1)\hbar^2\psi_{j_1j_2jm}$$

$$\hat{J}_2^2\psi_{j_1j_2jm} = j_2(j_2+1)\hbar^2\psi_{j_1j_2jm} \tag{8.7.46}$$

所有的 $|jm>$ 组成正交归一完全系,以它们为基矢的表象称为耦合表象。在这个表象中,$\hat{J}^2,\hat{J}_z,\hat{J}_1^2,\hat{J}_2^2$ 都是对角矩阵。

8.7.3 矢量耦合系数

在 j_1 和 j_2 给定的情况下,由于 m_1 有 $2j_1+1$ 个取值,m_2 有 $2j_2+1$ 个取值,因此共有 $(2j_1+1)(2j_2+1)$ 个基矢。它们在非耦合表象空间中张成一个 $(2j_1+1)(2j_2+1)$ 维子空间。而耦合表象与非耦合表象之间可以通过这个 $(2j_1+1)(2j_2+1)$ 维子空间上的么正变换联系起来。事实上,将 $|j_1j_2jm>=|jm>$ 按完全系(8.7.35)式展开,有

$$|jm> = \sum_{m_1,m_2} |j_1m_1j_2m_2><j_1m_1j_2m_2|jm> \tag{8.7.47}$$

式中:展开系数 $<j_1m_1j_2m_2|jm>$ 就是这个变换矩阵的矩阵元,通常称为矢量耦合系数或克来布希(Clebsch)—高登(Gordon)系数,简称矢耦系数或 C.G. 系数。

由于 $\hat{J}_z = \hat{J}_{1z}+\hat{J}_{2z}$,故 $m=m_1+m_2$。在 j_1 和 j_2 给定时,m_1 和 m_2 的最大值分别是 j_1 和 j_2,因此 m 的最大值是 j_1+j_2,即 j 的最大值

$$j_{\max} = j_1+j_2 \tag{8.7.48}$$

又因为 m_1 和 m_2 取值均依次相差 1,所以 m 取值只能依次相差 1,即 j 的取值也只能依次相差 1,它们是

$$j = j_1+j_2, j_1+j_2-1, \cdots, j_{\min} \tag{8.7.49}$$

从式(8.7.47)知,由右边 $(2j_1+1)(2j_2+1)$ 个独立的 $|j_1m_1j_2m_2\rangle$ 只能在右边构成同样数目的独立的 $|j_1j_2jm>$;而对每个 j,m 可能的取值为 $(2j+1)$,所以

$$\sum_{j_{\min}}^{j_{\max}} (2j+1) = (2j_1+1)(2j_2+1) \tag{8.7.50}$$

由此即可以确定 $j_{\min}$。事实上,上式左边是一个等差级数,它的和

$$\sum_{j_{\min}}^{j_{\max}} (2j+1) = \frac{(2j_{\max}+1+2j_{\min}+1)(j_{\max}-j_{\min}+1)}{2}$$

$$= (j_{\max}+j_{\min}+1)(j_{\max}-j_{\min}+1) = (j_{\max}+1)^2 - j_{\min}^2$$

将其代入式(8.7.50),得

$$j_{\min}^2 = (j_{\max}+1)^2 - (2j_1+1)(2j_2+1)$$
$$= (j_1+j_2+1)^2 - (2j_1+1)(2j_2+1)$$
$$= j_1^2 + j_2^2 + 1 + 2j_1j_2 + 2j_1 + 2j_2 - (4j_1j_2 + 2j_1 + 2j_2 + 1)$$
$$= j_1^2 + j_2^2 - 2j_1j_2 = (j_1-j_2)^2$$

所以
$$j_{\min} = |j_1 - j_2| \tag{8.7.51}$$

由此可知,当 j_1 和 j_2 给定时,j 的可能取值是:

$$j = j_1+j_2, j_1+j_2-1, \cdots, |j_1-j_2| \tag{8.7.52}$$

j_1, j_2, j 所满足的上述关系称为三角形关系,通常记以 $\Delta(j_1 j_2 j)$。

由于 j_1, j_2, j 必须满足三角形关系(8.7.52),因此,在展开式(8.7.47)中,凡不满足这一关系的矢耦系数必为零。

$$<j_1 m_1 j_2 m_2 | jm> = 0 \qquad \Delta(j_1 j_2 j) \text{ 不成立} \tag{8.7.53}$$

又由于 $m = m_1 + m_2$,故

$$<j_1 m_1 j_2 m | jm> = 0 \qquad m \neq m_1 + m_2 \tag{8.7.54}$$

另外矢耦系数还具有如下正交归一性①:

$$\sum_{m_1} <j_1 m_1 j_2 m-m_1 | j'm><j_1 m_1 j_2 m-m_1 | jm> = \delta_{j'j}$$

$$\sum_j <j_1 m_1 j_2 m-m_1 | jm><j_1 m_1' j_2 m'-m_1' | jm'> = \delta_{m_1 m_1'} \delta_{mm'}$$

$$\tag{8.7.55}$$

矢耦系数具体表示式的推导比较繁杂,我们不打算在此叙述,仅将结果写在下面②:

$$<j_1 m_1 j_2 m_2 | jm> =$$
$$\delta_{m, m_1+m_2} \times \left[(2j+1) \frac{(j_1+j_2-j)!(j_2+j-j_1)!(j+j_1-j_2)!}{(j_1+j_2+j+1)!} \times \right.$$
$$\left. (j_1+m_1)!(j_1-m_1)!(j_2+m_2)!(j_2-m_2)!(j+m)!(j-m)! \right]^{\frac{1}{2}} \times$$

---

① 只要选择适当的相位因子,可以将 C.G. 系数取为实数。
② G. Racah. Phys. Rev. 62(1942),438.

$$\sum_v \frac{(-1)^v}{v!}[(j_1+j_2-j-v)!(j_1-m_1-v)!(j_2+m_2-v)! \times$$
$$(j-j_2+m_1+v)!(j-j_1-m_2+v)!]^{-1} \qquad (8.7.56)$$

由这个表示式可以看出,矢耦系数具有如下对称性质:

$$<j_1m_1j_2m_2\mid j_1j_2jm> = (-1)^{j_1+j_2-j}<j_1-m_1j_2-m_2\mid j_1j_2j-m>$$
$$= (-1)^{j_1+j_2-j}<j_2m_2j_1m_1\mid j_2j_1jm>$$
$$= (-1)^{j_1-m_1}\sqrt{\frac{2j+1}{2j_2+1}}<j_1m_1j-m\mid j_1jj_2-m_2> \qquad (8.7.57)$$

表 8.1 和表 8.2 给出了两种简单情况下的矢耦系数:(1) j_1,j_2 中有一个等于 $\frac{1}{2}$;(2) j_1,j_2 中有一个等于 1。

表 8.1　　矢耦系数 $<j_1m_1\frac{1}{2}m_2\mid jm>$

m_2 \ j	$\frac{1}{2}$	$-\frac{1}{2}$
$j_1+\frac{1}{2}$	$\sqrt{\frac{j_1+m+1/2}{2j_1+1}}$	$\sqrt{\frac{j_1-m+1/2}{2j_1+1}}$
$j_1-\frac{1}{2}$	$-\sqrt{\frac{j_1-m+1/2}{2j_1+1}}$	$\sqrt{\frac{j_1+m+1/2}{2j_1+1}}$

表 8.2　　矢耦系数 $<j_1m_11m_2\mid jm>$

m_2 \ j	1	0	-1
j_1+1	$\sqrt{\frac{(j_1+m)(j_1+m+1)}{(2j_1+1)(2j_1+2)}}$	$\sqrt{\frac{(j_1-m+1)(j_1+m+1)}{(2j_1+1)(j_1+1)}}$	$\sqrt{\frac{(j_1-m)(j_1-m+1)}{(2j_1+1)(2j_1+2)}}$
j_1	$-\sqrt{\frac{(j_1+m)(j_1-m+1)}{2j_1(j_1+1)}}$	$\frac{m}{\sqrt{j_1(j_1+1)}}$	$\sqrt{\frac{(j_1-m)(j_1+m+1)}{2j_1(j_1+1)}}$
j_1-1	$\sqrt{\frac{(j_1-m)(j_1-m+1)}{2j_1(2j_1+1)}}$	$-\sqrt{\frac{(j_1-m)(j_1+m)}{j_1(2j_1+1)}}$	$\sqrt{\frac{(j_1+m)(j_1+m+1)}{2j_1(2j_1+1)}}$

8.8 例 题

1. 振动在介质中的传播形成了波。设波沿一直线传播,取为 x 轴,原点 O 为研究波动的始点,且始点做简谐振动,其振动规律为

$$y = a\cos\omega t$$

式中:y 是振动方向位移;a 是振幅;ω 是圆频率。由于波的传播需要时间,因此 x 点的振动比 O 点的振动要落后一个位相 $\frac{x}{v}$,这里 v 是波速。故任意点 x 在任意时刻 t 的位移为

$$y = a\cos\omega\left(t - \frac{x}{v}\right)$$

这就是沿 x 正向传播的波的方程。如果介质是弹性介质,试求波速 v 与弹性介质弹性常数的关系。

解 取无限靠近的两点 $x, x+\mathrm{d}x$,相应位移为 $y, y+\mathrm{d}y$,形变为 $\mathrm{d}y$。根据弹性力学,在弹性限度内,应力与应变成正比,即

$$\frac{f}{S} = E\frac{\mathrm{d}y}{\mathrm{d}x}$$

为具体起见,这里考虑纵波(振动方向 y 与传播方向 x 平行),S 是与 x 正交的横截面面积,f 是作用在 S 上的弹力,E 是杨氏模量。考虑 x 方向上一长为 Δx 的介质,介质的质量 $m = \rho S \Delta x$,ρ 是介质密度。介质的运动方程为

$$m\frac{\mathrm{d}^2 y}{\mathrm{d}t^2} = \Delta f \qquad \frac{\mathrm{d}^2 y}{\mathrm{d}t^2} = \frac{\Delta f}{\rho S \Delta x}$$

Δf 是介质两端受其他部分的弹性力,其大小为

$$\Delta f = f_{x+\Delta x} - f_x = S\left(E\frac{\mathrm{d}y}{\mathrm{d}x}\bigg|_{x+\Delta x} - E\frac{\mathrm{d}y}{\mathrm{d}x}\bigg|_{x}\right) = SE\frac{\mathrm{d}^2 y}{\mathrm{d}x^2}\Delta x$$

两式联合给出:

$$\frac{\mathrm{d}^2 y}{\mathrm{d}t^2} = \frac{E}{\rho}\frac{\mathrm{d}^2 y}{\mathrm{d}x^2}$$

另一方面,由波的方程知

$$\frac{\mathrm{d}^2 y}{\mathrm{d}t^2} = -\omega^2 y \qquad \frac{\mathrm{d}^2 y}{\mathrm{d}x^2} = -\frac{\omega^2}{v^2}y \qquad \frac{\mathrm{d}^2 y}{\mathrm{d}t^2} = v^2\frac{\mathrm{d}^2 y}{\mathrm{d}x^2}$$

所以

$$v = \sqrt{\frac{E}{\rho}}$$

如果波是横波,即振动方向与波的传播方向正交,用类似方法则可推得

$$v = \sqrt{\frac{n}{\rho}}$$

式中:n 是切变模量。

2.证明刚体对任一轴线的转动惯量,等于对通过质心且与之平行的轴线(平行轴)的转动惯量,加上刚体质量与此两轴间垂直距离平方的乘积。这个结论叫平行轴定理。

证明 为了简单起见,选取固定坐标系 $Oxyz$ 的 z 轴为此转动轴。刚体质心在 $Oxyz$ 上的坐标为 x_C, y_C, z_C。令 $O'x'y'z'$ 是固连在质心上且与 $Oxyz$ 的坐标轴互相平行的坐标系(平移坐标系),若 m_i 是刚体内任意一质点,它在 $Oxyz$ 和 $O'x'y'z'$ 的坐标分别为 (x, y, z) 和 (x', y', z'),则

$$x_i = x'_i + x_C \qquad y_i = y'_i + y_C \qquad z_i = z'_i + z_C$$

刚体对 z 轴的转动惯量为

$$\begin{aligned}I &= \sum_i m_i (x_i^2 + y_i^2) \\ &= \sum_i m_i (x_i'^2 + y_i'^2) + (x_C^2 + y_C^2)\sum_i m_i + 2x_C \sum_i m_i x'_i + 2y_C \sum_i m_i y'_i\end{aligned}$$

因为 $\qquad x'_C = y'_C = z'_C = 0$

而 $\qquad x'_C = \dfrac{\sum_i m_i x'_i}{\sum_i m_i} \qquad y'_C = \dfrac{\sum_i m_i y'_i}{\sum_i m_i} \qquad z'_C = \dfrac{\sum_i m_i z'_i}{\sum_i m_i}$

所以 $\qquad \sum_i m_i x'_i = \sum_i m_i y'_i = \sum_i m_i z'_i = 0$

从而 $\qquad I = I_C + md^2$

式中: $\qquad I_C = \sum_i m_i (x_i'^2 + y_i'^2)$

是刚体对 z' 轴(平行轴)的转动惯量,而

$$m = \sum_i m_i \qquad d^2 = x_C^2 + y_C^2$$

则分别是刚体质量和两平行轴间垂直距离的平方。这就证明了平行轴定理。

3.刚体以角速度 $\boldsymbol{\omega}$ 绕定点 O 转动,

(1) 证明角速度 $\boldsymbol{\omega}$、刚体的动量矩($\boldsymbol{L}$)和转动能(T)之间存在关系:

$$\boldsymbol{L} = \sum_j m_j [\boldsymbol{\omega} r_j^2 - \boldsymbol{r}_j (\boldsymbol{\omega} \cdot \boldsymbol{r}_j)] \qquad 2T = \boldsymbol{\omega} \cdot \boldsymbol{L}$$

(2) 若选取固连在刚体上的活动坐标系的坐标轴为刚体的惯量主轴,求 L 和 T 的表示式。

(3) 如果用三个欧拉角描写刚体转动,则相应的广义动量为
$$p_\theta = A\omega_x \cos\varphi - B\omega_y \sin\varphi$$
$$p_\psi = A\omega_x \sin\theta\sin\varphi + B\omega_y \sin\theta\cos\varphi + C\omega_z \cos\theta$$
$$p_\varphi = C\omega_z$$

解 (1) 根据定义, $L = \sum_j r_j \times m_j v_j$, r_j 是刚体内质点 m_j 到定点 O 的位矢, v_j 是它的速度, 而 $v_j = \boldsymbol{\omega} \times r_j$, 所以
$$L = \sum_j m_j [r_j \times (\boldsymbol{\omega} \times r_j)] = \sum_j m_j [\boldsymbol{\omega} r_j^2 - r_j(\boldsymbol{\omega} \cdot r_j)]$$
$$2T = \sum_j m_j v_j \cdot v_j = \sum_j m_j v_j \cdot (\boldsymbol{\omega} \times r_j) = \sum_j m_j \boldsymbol{\omega} \cdot (r_j \times v_j)$$
$$= \boldsymbol{\omega} \cdot \sum_j r_j \times m_j v_j = \boldsymbol{\omega} \cdot L$$

推导中利用了三矢量三重矢积和混合积的性质:
$$c \times (a \times b) = (c \cdot b)a - (c \cdot a)b$$
$$a \cdot (b \times c) = b \cdot (c \times a) = c \cdot (a \times b)$$

(2) 当取固连在刚体上的活动坐标系的坐标轴是刚体惯量主轴时, L 的表示式由式(8.5.29)给出
$$L = A\omega_x \boldsymbol{i} + B\omega_y \boldsymbol{j} + C\omega_z \boldsymbol{k}$$
而
$$\boldsymbol{\omega} = \omega_x \boldsymbol{i} + \omega_y \boldsymbol{j} + \omega_z \boldsymbol{k}$$
于是
$$T = \frac{1}{2}\boldsymbol{\omega} \cdot L = \frac{1}{2}(\omega_x \boldsymbol{i} + \omega_y \boldsymbol{j} + \omega_z \boldsymbol{k})(A\omega_x \boldsymbol{i} + B\omega_y \boldsymbol{j} + C\omega_z \boldsymbol{k})$$
$$= \frac{1}{2}(A\omega_x^2 + B\omega_y^2 + C\omega_z^2)$$

(3) 由欧拉运动学方程(式(8.5.36))
$$\omega_x = \dot{\psi}\sin\theta\sin\varphi + \dot{\theta}\cos\varphi$$
$$\omega_y = \dot{\psi}\sin\theta\cos\varphi - \dot{\theta}\sin\varphi$$
$$\omega_z = \dot{\psi}\cos\theta + \dot{\varphi}$$

和(2)中 T 的表示即可得到
$$p_\theta = \frac{\partial T}{\partial \dot{\theta}} = A\omega_x \frac{\partial \omega_x}{\partial \dot{\theta}} + B\omega_y \frac{\partial \omega_y}{\partial \dot{\theta}} = A\omega_x \cos\varphi - B\omega_y \sin\varphi$$

$$p_\psi = \frac{\partial T}{\partial \dot{\psi}} = A\omega_x \frac{\partial \omega_x}{\partial \dot{\psi}} + B\omega_y \frac{\partial \omega_y}{\partial \dot{\psi}} + C\omega_z \frac{\partial \omega_z}{\partial \dot{\psi}}$$
$$= A\omega_x \sin\theta\sin\varphi + B\omega_y \sin\theta\cos\varphi + C\omega_z \cos\theta$$
$$p_\varphi = \frac{\partial T}{\partial \dot{\varphi}} = C\omega_z \frac{\partial \omega_z}{\partial \dot{\varphi}} = C\omega_z$$

4. 一个不受外力作用而绕其质心转动的刚性杆称为自由转子，试证明：自由转子的转动动能

$$T = \frac{1}{2I}\left(p_\theta^2 + \frac{p_\psi^2}{\sin^2\theta}\right) = \frac{L^2}{2I}$$

证明 选取 z 轴与刚性杠重合，则刚性杆上任意一点都有 $x = y = 0$，从而
$$A = B = \sum_j m_j z_j^2 = I \qquad C = 0$$

所以
$$\boldsymbol{L} = I\omega_x \boldsymbol{i} + I\omega_y \boldsymbol{j}$$
$$T = \frac{I}{2}(\omega_x^2 + \omega_y^2) = \frac{I}{2}\left[(\dot{\psi}\sin\theta\sin\varphi + \dot{\theta}\cos\varphi)^2 + (\dot{\psi}\sin\theta\cos\varphi - \dot{\theta}\sin\varphi)^2\right]$$
$$= \frac{I}{2}(\dot{\theta}^2 + \dot{\psi}^2 \sin^2\theta)$$
$$L^2 = (I\omega_x)^2 + (I\omega_y)^2 = I^2(\omega_x^2 + \omega_y^2) = 2IT$$

而
$$p_\theta = \frac{\partial T}{\partial \dot{\theta}} = I\dot{\theta} \qquad p_\psi = \frac{\partial T}{\partial \dot{\psi}} = I\dot{\psi}\sin^2\theta$$

代入 T 的表示式即有
$$T = \frac{1}{2I}\left(p_\theta^2 + \frac{p_\psi^2}{\sin^2\theta}\right) = \frac{L^2}{2I}$$

5. 量子力学中态和力学量的具体表述方式称为表象。设某力学量算符 $\hat{Q}$ 的本征值为 $\lambda_1, \lambda_2, \cdots$ 相应的本征函数为 $u_1, u_2, \cdots$ 它们组成一正交归一的完全系。描写体系任意状态的波函数 ψ 可以展开成如下形式：

$$\psi = \sum_i a_i u_i$$

如果将本征函数 u_i 看作基矢，它们间的点积即是内积（式(5.4.20)），那么所有的 u_i 张成一个函数空间，称为希尔伯特空间，a_i 则是任意态矢 ψ 在此空间的坐标。若 $\hat{F}$ 是任一力学量算符，它将 ψ 变成 φ：

$$\varphi = \hat{F}\psi$$

因 φ 与 ψ 均可按 u_i 展开成如下形式：
$$\psi = \sum_i a_i u_i \qquad \varphi = \sum_i b_i u_i$$

故
$$\sum_i b_i u_i = \hat{F} \sum_i a_i u_i$$

两边左乘 u_j^*，然后作内积，再利用本征函数的正交归一性，有
$$b_j = \sum_i F_{ji} a_i$$

式中：
$$F_{ji} = \int u_j^* \hat{F} u_i \mathrm{d}V$$

可以看作作用在基矢上的变换矩阵 F 的矩阵元。上面这种借助算符 $\hat{Q}$ 的本征矢作基矢来描述任一系统状态和力学量的方法称为 Q 表象。在 Q 表象中，状态 ψ 的波函数即 $\{a_i\}$，算符 $\hat{F}$ 即矩阵元为 F_{ji} 的变换矩阵。如果 $\hat{Q}$ 的本征值连续，则
$$\psi = \int a_\lambda u_\lambda \mathrm{d}\lambda \qquad F_{\lambda\mu} = \int u_\lambda^* \hat{F} u_\mu \mathrm{d}V$$

$\{a_\lambda\}$ 是相应态 ψ 的波函数，$F_{\lambda\mu}$ 是 $\hat{F}$ 的矩阵元，只是 λ、μ 都为连续取值。

已知一维动量算符
$$\hat{p}_x = \frac{\hbar}{\mathrm{i}} \frac{\partial}{\partial x}$$

它的本征函数
$$u_p = u(p,x) = \frac{1}{\sqrt{2\pi\hbar}} \mathrm{e}^{\mathrm{i}px/\hbar}$$

相应的本征值是 p。

(1) 在坐标表象中，如果一维体系的一个定态用波函数 $\psi(x)$ 描写，那么在动量表象中，它的波函数 $a(p)$ 取何形式？

(2) 若 $\psi(x) = u_p = u(p,x)$，那么 $a(p) = ?$

(3) 在动量表象中，写出动量算符 $\hat{p}_x$ 和坐标算符 $\hat{x}$ 的表示式。

(4) 已知坐标表象中的一维薛定谔方程是
$$\mathrm{i}\hbar \frac{\partial}{\partial t}\psi(x,t) = \left[-\frac{\hbar^2}{2m}\frac{\partial^2}{\partial x^2} + V(x)\right]\psi(x,t)$$

写出它在动量表象中的形式。

解 （1）由于动量的本征值组成连续谱（p 可以连续变化），因此 $\psi(x)$ 的展开式为
$$\psi(x) = \int a_p u_p \mathrm{d}p \int a(p) u(p,x) \mathrm{d}p$$

两边同乘 $u_{p'}^* = u^*(p',x)$ 并对变量 x 积分有

$$\int u^*(p',x)\psi(x)\mathrm{d}x = \iint a(p)u^*(p',x)u(p,x)\mathrm{d}x\mathrm{d}p$$

利用 $\int u^*(p',x)u(p,x)\mathrm{d}x = \delta(p'-p)$ 得

$$\int u^*(p',x)\psi(x)\mathrm{d}x = \int a(p)\delta(p'-p)\mathrm{d}p = a(p')$$

所以态 $\psi(x)$ 在动量表象用如下波函数描写：

$$a(p') = \int u^*(p',x)\psi(x)\mathrm{d}x = \int \psi(x)\frac{1}{\sqrt{2\pi\hbar}}\mathrm{e}^{-\mathrm{i}p'x/\hbar}\mathrm{d}x$$

(2) 若 $\psi(x) = u(p,x)$，则

$$a(p') = \int u^*(p',x)u(p,x)\mathrm{d}x = \delta(p'-p)$$

(3) 在动量表象中，$\hat{p}$ 算符的矩阵元

$$\begin{aligned}
p_{p'p} &= \int u^*(p',x)\frac{\hbar}{\mathrm{i}}\frac{\partial}{\partial x}u(p,x)\mathrm{d}x \\
&= \frac{1}{2\pi\hbar}\int \mathrm{e}^{-\mathrm{i}p'x/\hbar}\frac{\hbar}{\mathrm{i}}\frac{\partial}{\partial x}\mathrm{e}^{\mathrm{i}px/\hbar}\mathrm{d}x \\
&= \frac{1}{2\pi\hbar}\int \mathrm{e}^{-\mathrm{i}p'x/\hbar}p\mathrm{e}^{\mathrm{i}px/\hbar}\mathrm{d}x = p\delta(p'-p)
\end{aligned}$$

波函数的变换为

$$b_{p'} = \int p_{p'p}a_p\mathrm{d}p = \int p\delta(p'-p)a_p\mathrm{d}p = p'a_{p'}$$

所以 $\hat{p} = p$

$\hat{x}$ 算符的矩阵元

$$\begin{aligned}
x_{p'p} &= \int u^*(p',x)xu(p,x)\mathrm{d}x \\
&= \frac{1}{2\pi\hbar}\int \mathrm{e}^{-\mathrm{i}p'x/\hbar}x\mathrm{e}^{\mathrm{i}px/\hbar}\mathrm{d}x \\
&= \frac{1}{2\pi\hbar}\int \left(\frac{-\hbar}{\mathrm{i}}\frac{\partial}{\partial p'}\mathrm{e}^{-\mathrm{i}p'x/\hbar}\right)\mathrm{e}^{\mathrm{i}px/\hbar}\mathrm{d}x \\
&= \frac{1}{2\pi\hbar}\frac{-\hbar}{\mathrm{i}}\frac{\partial}{\partial p'}\int \mathrm{e}^{\mathrm{i}(p-p')x/\hbar}\mathrm{d}x \\
&= \mathrm{i}\hbar\frac{\partial}{\partial p'}\delta(p-p')
\end{aligned}$$

波函数的变换为

$$b_{p'} = \int x_{p'p} a_p \, dp = \int i\hbar \frac{\partial}{\partial p} \delta(p-p') a_p \, dp = i\hbar \frac{\partial}{\partial p'} a_{p'}$$

所以
$$\hat{x} = i\hbar \frac{\partial}{\partial p'}$$

(4) 利用(1)和(3)的结果即可以得到薛定谔方程在动量表象中的形式为

$$i\hbar \frac{\partial}{\partial t} a(p,t) = \left[\frac{p^2}{2m} + V\left(i\hbar \frac{\partial}{\partial p}\right) \right] a(p,t)$$

阅读材料：陀螺及其应用

陀螺是一种很普及也很古老的民间玩具。陀螺在我国受到各民族人民的喜爱。全国少数民族运动会还将抽陀螺列为竞赛项目之一。

从力学的观点来看，陀螺就是一个绕其对称轴快速旋转的刚体。陀螺具有三个重要的力学特性。一是它的定轴性。如果作用在陀螺上的外力矩等于零，那么陀螺自转轴的方向将保持不变，这一特性称为定轴性。二是它的进动性。如果作用在陀螺上的外力矩不等于零，那么陀螺自转轴的方向将沿外力矩方向绕某一固定轴进动。三是当外界施加一倾覆力矩迫使陀螺自转轴的方向改变而产生进动时，陀螺也对外界产生一反作用力矩，称为陀螺力矩或恢复力矩。这一力学现象称为陀螺效应。利用陀螺的这些力学特性可以导航、指向、抗干扰等。

陀螺仪就是利用高速旋转的陀螺的力学特性指示方向的仪器。由质心与支承中心完全重合的转子构成的陀螺仪称为自由陀螺仪。将自由陀螺仪的自转轴对准宇宙中任何一颗恒星，在不受干扰情况下，根据陀螺的定轴性，自转轴将恒指向这颗恒星而形成一个惯性坐标轴。利用三个自由陀螺仪分别指向不共面的三颗恒星，就能建立起惯性坐标系，从而为太空中遨游的航天器导航系统提供基准。

对于沿地球表面运动的车辆、船舶和飞机而言，必须以地理坐标系作为导航的基准。让陀螺仪直接指向地垂线和子午线，就能直接建立起地理坐标系。不过，由于运动中的车辆、船舶和飞机相对地球的位置不断改变，地球本身也在惯性空间里不停转动，使得地垂线和子午线的方向也随之改变。如何向陀螺仪施加力矩使其转轴在空间中进动，以随时跟踪地垂线或子午线的指向就成为陀螺仪设计的关键问题。

实用上，常将自由陀螺仪的重心沿自转轴向下偏移，可以构成指示地垂线的仪器，称为陀螺摆。由于陀螺的重心位于支点的下方，绕垂直轴的转动就能在重力矩作用下维持稳定。陀螺摆的这种抗干扰能力使外力矩只能引起陀螺摆缓慢地进动,而不会扩大偏离地垂线的程度。

  相比于指示地垂线,指示方位的技术要困难得多。虽然指南针技术早在古代就已应用,但这种磁罗盘只能用于木制船舶。19世纪出现铁制船舶以后,由于铁船对地球磁场的干扰,已不可能再使用磁罗盘指示方位。1908年德国人安休茨设计制造了第一台自动指北的陀螺仪。1911年美国人斯佩里也造出了类似的陀螺仪。两种仪器的结构不同,但基于相同的力学原理。这种船用指北的陀螺仪通常称为陀螺罗经。简单地说,陀螺罗经是一个用内外框支承的陀螺仪。陀螺自转轴指示子午线。当地球自转使陀螺极轴偏离子午线时,安装在转子内环框架下方的配重产生的重力矩则使极轴进动,回到与子午线一致的方向。一个世纪以来,这种巧妙利用地球自转效应的导航仪器——陀螺罗经,为远洋航运事业作出了重大贡献。

  卫星运行中的稳定性研究无疑是人造卫星发射的重要课题。利用旋转刚体的陀螺效应可以保证卫星入轨后姿态稳定。这样的卫星称为自旋卫星。例如:1957年10月4日苏联发射的世界上第一颗人造地球卫星斯普特尼克一号,就是一颗带有四根天线的球对称自旋卫星。自旋卫星可以保证极轴的方位确定不变而保持卫星姿态稳定,但这种单自旋卫星并不能保证卫星上的探测元件始终对准地球。然而,人造卫星在运行过程中,卫星上的摄影机或其他量测元件却必须时刻对准地球。为了满足这一要求,人们设计了双自旋卫星。双自旋卫星由绕同一根极轴旋转的转子和平台两个部件组成。转子和平台两个部件具有不同的角速度。起稳定作用的转子以较高角速度旋转,而平台的转动则与卫星沿轨道绕地球的转动同步,以保证安装在平台上的探测仪器对准地球。1984年,我国发射的"东方红二号"卫星就是一颗双自旋卫星。它的发射成功,开始了我国利用自己的通信卫星进行通信的历史。

习 题 8

  1. 一质量可以忽略且不能伸缩的细绳,上端固定,下端悬一可看做质点的重物,这样构成的振动系统称为单摆或数学摆(如图)。绳的长度称为摆长,绳与铅垂线所成角度称为摆角,所悬重物称为摆锤。试证明:当摆角很小时,单摆的运动是一简谐振动,并求其振动周期。

  2. 一个可以绕水平轴自由摆动的刚体叫做复摆或物理摆(如图)。试证明,当摆角很小时,复摆的运动是一简谐振动,并求其振动周期。

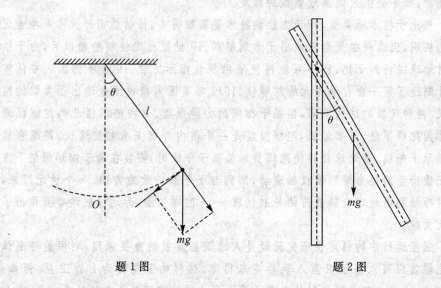

题1图　　　　　　　　题2图

3. 一根铅垂金属丝，上端固定，下端系一刚性圆盘或刚性杆，这样的系统称为扭摆（如图）。实验表明，在弹性限度内，金属丝给刚性圆盘或刚性杆施加的恢复力矩与扭转角成正比。试证明：这时，扭摆的运动是一简谐振动，并求其振动周期。

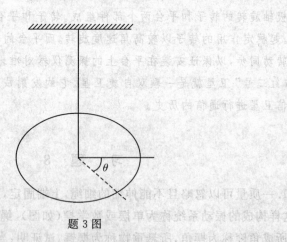

题3图

4. 若地球的引力增加1倍，问上述三种振动系统的固有频率是否发生变化，为什么？

5. 一匀质杆长为 l，质量为 m。问：取杆上哪点作悬挂点构成一复摆，其摆动周期最大？取哪点作悬挂点，其摆动周期最小？

6. 质量为 m 的质点围绕原点 O 沿 x 方向做简谐振动。若质点通过原点时速度为 u，试证明

$$v^2 + \omega^2 x^2 = u^2$$

式中：ω 是圆频率，x 是任一时刻质点坐标，v 是该时刻质点速度。

7. 边长为 l 的立方木块浮在静止水面上，平衡时没入水中的高度为 a。今将木块稍稍压下，使其没入水中的高度变为 $b(b > a)$。放开后，木块将在水面上下振动。试证明木块的振动是简谐振动，并求其振动周期与振幅（设水的密度为 ρ，木块的密度为 ρ'）。

8. 设单摆摆长为 l，摆锤质量为 m。若单摆悬挂点 O' 在固定点 O 附近做水平直线简谐运动，$OO' = a\sin\omega t$，求单摆相对于悬挂点 O' 的微振动规律及保证微振动的条件。（设 $t = 0$ 时，单摆处在铅垂平衡位置，速度为零）

9. 质量为 m，长为 l 的两个相同的数学摆，其悬挂点位于同一水平线上。在摆上离悬挂点为 $h(0 < h < l)$ 的地方，用弹簧将两个摆联结起来。当两个摆都在铅直位置时，弹簧处于自由状态。这样的装置叫做耦合摆。试求耦合摆在铅直平面内的微振动。

10. 一空心圆柱体内置一半径为 r 的均匀重球，试利用拉格朗日方程确定重球绕平衡位置做微振动的运动方程及其周期。假设圆柱体的内半径为 R，水平线为旋转对称轴。

11. 试推导式(8.6.48)。

12. 质量 $m = 200\text{kg}$ 的重物在吊索上以匀速度 $v = 5\text{m/s}$ 下降。下降中，吊索突然嵌入滑轮的夹子内，以致上端被卡住不动，求此后重物振动时吊索的最大张力。假设吊索上端被卡住以后，下垂段吊索的弹簧劲度系数 $k = 390\text{kN/m}$，吊索的质量不计。

13. 一弹性绳置于粗糙桌面上，一端固定，一端连一质量 30g 的物体。今将此绳拉长 1cm 而释放，求它回到原长时的速度。设绳的劲度系数为 24kg/m，桌面摩擦因数为 0.25。

14. 固有长度为 a 的一根铅直弹性轻绳，一端固定，一端悬挂一质点。平衡后，绳的长度变为 $a + b$。今将轻绳弯曲使质点位于绳的固定端，然后让质点从该处静止下落，求质点下落达到的最低点与绳的固定点间距离及所需时间。

15. 质量为 m 的物体由高度 $h = 1\text{m}$ 处从静止开始自由落下，击中一两端固

定的水平梁中部后与梁不再分开。若在此物体静力作用下，梁中部的静止挠度 $\delta = 5\text{mm}$，求物体在铅垂方向上的运动方程。

16. 质量 $M = 50\text{kg}$ 的电动机，安放在刚度系数 $k = 290\text{kN/m}$ 的水平梁上，转子上距转轴 $b = 1.2\text{cm}$ 处装有一个质量 $m = 0.2\text{kg}$ 的物体（如图）。求：(1) 当转子角速度 $\omega = 860\text{r/min}$ 时支撑物受迫振动的振幅；(2) 电动机的临界转速即引起共振的转速。(计算中可不考虑梁的质量)

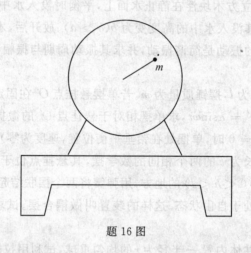

题 16 图

17. 弹簧的下端挂有质量为 m 的圆柱，在空气中自由振动周期为 T_1。现在把圆柱浸入某液体中使之振动，测得周期为 T_2。假设液体阻力与圆柱速度成正比，求液体的黏滞阻力系数。

18. 设载有货物的车厢对车架弹簧产生的静压缩 $\delta = 5\text{cm}$，每根铁轨长度 $l = 12\text{m}$。如果车轮每到接轨处都将受到冲击，求列车运行的临界速度。(临界速度是指车厢受到冲击产生激烈颠簸时的速度)

19. 长度为 a 的一轻绳，一端固定，一端悬挂一质量为 m 的匀质刚性杆，杆长为 $2a$。试求此系统在铅垂平面内做微振动的固有频率和相应的振幅比。

20. 如图所示系统是一个双重复摆。设组成复摆的两杆都是长度等于 l 的匀质刚性杆，试求复摆做微振动的固有频率和相应的振幅比。

21. 已知皮带轮同一半径上两点速度分别为 50cm/s 和 10cm/s，两点相距 20cm，其中一点在轮缘上，求皮带轮的角速度及半径。

22. 半径分别是 R 和 $r(r < R)$ 的大小齿轮互相啮合，套杆 OA 以角速度 ω 绕过大齿轮中心 O 的固定轴做逆时针方向转动；小齿轮活套在杆端的销 A 上，并以

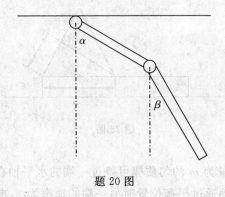

题 20 图

角速度 ω_2 顺时针方向转动,求大齿轮的角速度 ω_1。

23. 半径为 r 的车轮以匀速 v 无滑动地沿直线轨道上滚动,求:(1) 轮缘上任一点的速度和加速度;(2) 轮上距轨道最高点和最低点的速度;(3) 转动瞬心(即速度瞬心)的位置。

24. 长度为 a 的匀质刚性杆 AB 做平面运动,杆的一端 A 只能在半径为 $r(r \leqslant a/2)$ 的半圆周上滑动,而杆本身则始终通过圆周上 P 点(如图)。求杆上任意一点的轨迹和速度瞬心的轨迹。

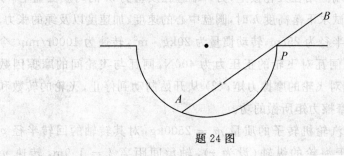

题 24 图

25. 锥齿轮的轴通过平面支座齿轮中心 O(如图)。锥齿轮在支座齿轮上滚动,每分钟绕铅垂轴转 5 周。已知 $R = 2r$,求锥齿轮绕本身对称轴 OC 转动的角速度 ω' 和绕瞬时轴转动的角速度 ω。

26. 一圆锥体高为 h,底面半径为 r,求圆锥体相对于其中心对称轴和底面任一直径的转动惯量。

27. 求边长为 a,密度为 ρ 的立方体绕其对角线转动时的转动惯量和回转半径。

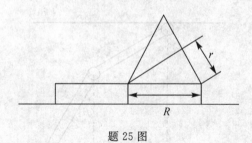

题 25 图

28. 长度为 l，质量为 m 的匀质棒可绕过一端的水平轴在铅垂面内做无摩擦摆动。已知棒自由摆动通过平衡位置时另一端的速率为 v，求：(1) 棒通过平衡位置时的转动动能；(2) 棒摆动的最大偏角；(3) 从平衡位置到最大偏角的过程中，棒在任一位置时的角加速度。

29. 梯子的一端靠在光滑墙上，一端搁在光滑地面上，梯子与地面的夹角为 θ。若梯子自此位置开始滑动，求梯子与墙刚要分离时梯子与地面夹角的大小。

30. 质量为 120kg 的圆盘状平台的边缘上站着一个质量为 60kg 的人，平台正以 10r/min 的转速绕过中心的铅垂轴旋转。当人从平台的边缘走到中心时，平台转速将变成多大？

31. 轻绳的一端固结在天花板上，另一端缠在质量为 m 的匀质圆盘上。今将圆盘由静止释放，试求下落高度 h 时，圆盘中心的速度、加速度以及绳的张力。

32. 已知飞轮半径为 25cm，转动惯量为 $20 \text{kg} \cdot \text{m}^2$，转速为 1000r/min。今用闸瓦将其制动，若闸瓦对飞轮的正压力为 400N，闸瓦与飞轮间的摩擦因数为 0.50，求：(1) 闸瓦对飞轮的摩擦力矩；(2) 从开始制动到停止，飞轮的转数和所经历的时间；(3) 摩擦力矩所做的功。

33. 轮船上的汽轮机转子的质量 $m = 2500 \text{kg}$，对其转轴的回转半径 $\rho = 0.9\text{m}$，转轴平行于海轮的纵轴（设为 z），轴承间距离 $l = 1.9\text{m}$，转速 $n = 1200\text{r/min}$（如图）。若船体绕横轴（设为 y）发生俯仰摇摆，船头的俯仰角 β 按规律 $\beta = \beta_0 \sin(2\pi t / \tau)$ 变化，其中最大俯仰角 $\beta_0 = 6°$，摇摆周期 $T = 6\text{s}$。求转子的最大陀螺力矩，以及它在两轴承上引起的最大动压力。

34. 火车车厢车轮轴的质量 $m = 1400 \text{kg}$，车轮半径 $r = 0.75\text{m}$，对车轴的回转半径 $\rho = (\sqrt{0.55})r$，车轮间距离 $l = 1.5\text{m}$。设火车以 72km/h 的速度匀速沿一半径 $R = 200\text{m}$ 的圆弧形铁轨行驶，求车轮的重力和陀螺力矩施加在铁轨上的压力。

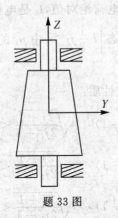

题 33 图

35. 证明陀螺角动量在固定坐标系的三个分量 $\hat{L}_x, \hat{L}_y, \hat{L}_z$ 满足

$$[\hat{L}_\lambda, \hat{L}_\mu] = i\hbar \hat{L}_\nu$$

式中: (λ,μ,ν) 是 (x,y,z) 的一个轮换。

36. 证明陀螺角动量在转动坐标系的三个分量 $\hat{L}_{x'}, \hat{L}_{y'}, \hat{L}_{z'}$ 满足

$$[\hat{L}_\lambda, \hat{L}_\mu] = -i\hbar \hat{L}_\nu$$

式中 (λ,μ,ν) 是 (x',y',z') 的一个轮换。

37. 证明

(1) $\sigma_\alpha \sigma_\beta = -\sigma_\beta \sigma_\alpha = i\sigma_\gamma$

(2) $\sigma_\alpha \sigma_\beta \sigma_\gamma = i$

式中: α, β, γ 是 x, y, z 的一个轮换, 即 $(\alpha\beta\gamma) = (xyz) = (yzx) = (zxy)$。

38. (1) 证明 $(\boldsymbol{\sigma}_1 \cdot \boldsymbol{\sigma}_2)^2 = 3 - 2(\boldsymbol{\sigma}_1 \cdot \boldsymbol{\sigma}_2)$;

(2) 利用 (1) 求 $\boldsymbol{\sigma}_1 \cdot \boldsymbol{\sigma}_2$ 的本征值;

(3) 已知, 对自旋为 $\frac{1}{2}$ 的粒子成立 $\hat{S}^2 = (\hat{s}_1 + \hat{s}_2)^2 = \frac{\hbar^2}{2}(3 + \boldsymbol{\sigma}_1 \cdot \boldsymbol{\sigma}_2)$, 利用 (2) 求 $\hat{S}^2$ 的本征值。

39. 计算自旋为 $\frac{1}{2}$ 的 s_z 表象中 $\sigma_\pm$ 和 $\sigma_\pm^2$ 的取值。式中 $\sigma_\pm = \sigma_x \pm i\sigma_y$, $\sigma_x, \sigma_y, \sigma_z$ 是泡利算符。

40. 已知电子总磁矩算符

$$\boldsymbol{\mu} = \boldsymbol{\mu}_l + \boldsymbol{\mu}_s = -\frac{e}{2mc}(\boldsymbol{L} + 2\boldsymbol{S})$$

式中:m 是电子质量,e 是电子电荷绝对值,L 是电子轨道角动量,S 是电子自旋 $\left(s=\frac{1}{2}\right)$,试计算在耦合表象态 $\left|l\frac{1}{2}jj\right>$ 中 μ_z 的平均值。

41. 证明式(8.7.57)。

42. 证明 C.G. 系数的下述性质:

$$<j_1m_1j_2m_2\mid jm> = (-1)^{j_2+m_2}\sqrt{\frac{2j+1}{2j_1+1}}<j-mj_2m_2\mid j_1-m_1>$$

$$= (-1)^{j_1-m_1}\sqrt{\frac{2j+1}{2j_2+1}}<jmj_1-m_1\mid j_2m_2>$$

$$= (-1)^{j_2+m_2}\sqrt{\frac{2j+1}{2j_1+1}}<j_2-m_2jm\mid j_1m_1>$$

第9章 碰撞与散射

碰撞是一种常见的物理现象。微观粒子的碰撞又叫散射。本章将介绍碰撞的经典理论与量子理论。

9.1 宏观物体的碰撞

9.1.1 碰撞现象及其基本特征

经典力学中的碰撞是指两个或两个以上做相对运动的物体当它们互相接触时会伴有其速度发生显著变化的现象。从观察中,人们发现碰撞现象具有如下基本特征:

(1) 碰撞现象是在极短时间($10^{-3} \sim 10^{-4}$ s)内发生的过程。

(2) 由于碰撞时间极短,而物体速度变化却十分显著,因此,相碰物体的加速度和相互间的作用力(碰撞力)都非常大。不过,碰撞力是一种作用时间很短的力(瞬时力),其值的测定困难;通常都是用碰撞力与碰撞时间的乘积(冲量)来度量碰撞的强弱。这种冲量称为碰撞冲量。

(3) 碰撞时,物体的机械能会转变成热能(或其他形式的能),因此机械能一般不守恒。

鉴于碰撞现象的上述基本特征,对它进行理论分析时,可以作两点基本假设:

(1) 由于碰撞力比平常力(如重力、阻力等)大很多,因此平常力在碰撞过程中产生的冲量可以忽略。

(2) 碰撞过程持续时间短,相碰物体的速度有限,两者的乘积很小,故物体在碰撞过程中发生的位移可以忽略。

按相碰两物体质心位置和速度方向,可以把碰撞分为对心碰撞和偏心碰撞、正碰撞和斜碰撞。两物体发生碰撞时,通过其接触点作一公法线,若两物体质心都位于公法线上，则称为对心碰撞，否则称为偏心碰撞。若两物体质心速度矢量与公法线共线，则称为正碰撞，否则称为斜碰撞。为简单计，以下仅讨论对心碰撞情形。

9.1.2 碰撞时的动力学定理

(1) 动量定理

设质点系中第 i 个质点的质量为 m_i，碰撞前后的速度分别为 v_i, v_i'，碰撞冲量为 I_i，则由动量定理有

$$m_i v_i' - m_i v_i = I_i \tag{9.1.1}$$

对质点系内所有质点相对加得

$$\sum_i m_i v_i' - \sum_i m_i v_i = \sum_i I_i \tag{9.1.2}$$

由于质点系内各质点相互碰撞产生的内力冲量总是成对出现，大小相等，方向相反，在求和中互相抵消，因此出现在式(9.1.2)右边求和号中的碰撞冲量是指外力冲量。外力冲量是碰撞时外界对质点系产生的碰撞力与碰撞持续时间的乘积。式(9.1.2)表明，质点系在碰撞过程中动量的改变等于所有作用在质点系上外力冲量的矢量和。这叫做碰撞时质点系的动量定理或者冲量定量。

(2) 动量矩定理

因为碰撞过程中，质点系各质点位移均可忽略，故质点碰撞前后的位置能用同一位矢表示。将式(9.1.1)两边左乘位矢 r_i，得

$$r_i \times m v_i' - r_i \times m_i v_i = r_i \times I_i = M_i \tag{9.1.3}$$

把式(9.1.3)对质点系内各质点相加，得

$$\sum_i r_i \times m v_i' - \sum_i r_i \times m_i v_i = \sum_i r_i \times I_i = \sum_i M_i \tag{9.1.4}$$

同样，等式右边的求和只包括外力产生的冲量矩。式(9.1.4)表明，碰撞过程中质点系对任一点(或任一轴)的动量矩的改变等于所有作用在质点系上外力产生的冲量矩之和。这称为质点系的动量矩定理或者冲量矩定理。

9.1.3 恢复因数

(1) 定义

两物体发生碰撞时，碰撞前，两者互相接近，碰撞后，两者互相远离；这中间必有某一时刻，两者的距离最近，这一时刻称为最大压缩瞬间。两球由开始接触到最大压缩瞬间这段时间处于变形阶段，这一阶段的碰撞冲量称为压缩冲量，记

以 I,方向一般沿公共法线方向。两球由最大压缩瞬间到脱离接触这段时间处于恢复阶段,这一阶段的碰撞冲量称为恢复冲量,记以 I',方向仍沿公法线方向。实验表明,I 与 I' 之间通常存在如下关系:

$$I' = eI \tag{9.1.5}$$

式中 e 叫做恢复因数或恢复系数。若 $e = 0$,则该碰撞称为完全非弹性碰撞或塑性碰撞。若 $e = 1$,则称为完全弹性碰撞。若 $0 < e < 1$,则称为非完全弹性碰撞或弹性碰撞或非弹性碰撞。表 9.1 列出了几种常见材料恢复因数的实验值。

表 9.1　　　　　　　　　　几种材料恢复因数的实验值

碰撞物体	铅对铅	木对木	钢对钢	铁对铁	象牙对象牙	玻璃对玻璃
恢复因数	0.20	0.50	0.56	0.66	0.89	0.94

(2) 两球相碰

先考虑两个均质球的正碰撞,设两球质量为 m_1, m_2,碰撞前速度为 v_1, v_2,碰撞后速度为 v'_1, v'_2,两球在最大压缩瞬间具有共同速度 v。根据定义

$$I = m_1(v - v_1) = -m_2(v - v_2)$$
$$I' = m_1(v'_1 - v) = -m_2(v'_2 - v) \tag{9.1.6}$$

由此得

$$\frac{I}{m_1} + v_1 = v = -\frac{I}{m_2} + v_2$$
$$-\frac{I'}{m_1} + v'_1 = v = \frac{I'}{m_2} + v'_2$$

即　　　　$v_1 - v_2 = -I\left(\dfrac{1}{m_1} + \dfrac{1}{m_2}\right) \qquad v'_2 - v'_1 = -I'\left(\dfrac{1}{m_1} + \dfrac{1}{m_2}\right) \tag{9.1.7}$

两式相除给出

$$e = \frac{v'_2 - v'_1}{v_1 - v_2} \tag{9.1.8}$$

再考虑两球斜碰撞的情形。这时可以把速度矢量分解成沿公法线法线方向和沿公法线切线方向的两个分量。记 $v_{1n}, v'_{1n}, v_{2n}, v'_{2n}$ 为法向分量,$v_{1t}, v'_{1t}, v_{2t}, v'_{2t}$ 为切向分量。对法向分量,式(9.1.6)仍然适用,类似的推导给出

$$e = \frac{v'_{2n} - v'_{1n}}{v_{1n} - v_{2n}} \tag{9.1.9}$$

对切向分量,若球是光滑的,则无摩擦力作用,因此

$$v_{1t} = v'_{1t} \qquad v_{2t} = v'_{2t} \qquad (9.1.10)$$

若球不光滑，则利用任一球切向动量的变化等于摩擦系数（或摩擦因数）μ 乘法向冲量，即法向动量的变化为

$$m_1 v'_{1t} - m_1 v_{1t} = \mu(m_1 v'_{1n} - m_1 v_{1n})$$
$$m_2 v'_{2t} - m_2 v_{2t} = \mu(m_2 v'_{2n} - m_2 v_{2n}) \qquad (9.1.11)$$

上式给出

$$v'_{1t} - v_{1t} = \mu(v'_{1n} - v_{1n}) \qquad v'_{2t} - v_{2t} = \mu(v'_{2n} - v_{2n}) \qquad (9.1.12)$$

由式(9.1.6)可解得

$$m_1 \boldsymbol{v}'_1 + m_2 \boldsymbol{v}'_2 = m_1 \boldsymbol{v}_1 + m_2 \boldsymbol{v}_2 \qquad (9.1.13)$$

这是两球碰撞前后动量守恒定律，联立式(9.1.8)、式(9.1.13)给出

$$\begin{cases} \boldsymbol{v}'_1 = \dfrac{m_1 - em_2}{m_1 + m_2}\boldsymbol{v}_1 + \dfrac{(1+e)m_2}{m_1 + m_2}\boldsymbol{v}_2 \\ \boldsymbol{v}'_2 = \dfrac{(1+e)m_1}{m_1 + m_2}\boldsymbol{v}_1 + \dfrac{m_2 - em_1}{m_1 + m_2}\boldsymbol{v}_2 \end{cases} \qquad (9.1.14)$$

上式确定了两球正碰撞后的速度。对两球斜碰撞，其碰撞后速度的法向分量仍由上式确定。速度的切向分量，当两球光滑时，由式(9.1.10)确定，当两球不光滑时由式(9.1.12)确定。

9.2 碰撞对运动刚体的作用

9.2.1 碰撞对定轴转动刚体的作用

定轴转动的刚体受碰撞时，其角速度会发生突然变化，从而在轴承处产生巨大压力。在工程实际中，这种力往往是有害的，应该设法消除。

设具有质量对称平面（取为 xy 平面）的刚体绕垂直于该对称面的固定轴（取为 z 轴）转动，刚体质量为 m，质心 C 到固定轴距离为 $|\overrightarrow{OC}| = r$，$\overrightarrow{OC}$ 方向取为 x 轴，O 是固定轴（z 轴）与 xy 平面交点，即坐标原点。刚体开始静止，突然受到位于对称面内碰撞冲量 I 的作用而绕定轴以角速度 ω 转动，这时轴承上将产生反作用碰撞冲量 I_O。根据冲量和冲量矩定理，有

$$I\cos\alpha + I_{Ox} = 0$$
$$I\sin\alpha + I_{Oy} = m(v_C - 0)$$
$$Ih\sin\alpha = J_O(\omega - 0) \qquad (9.2.1)$$

式中 α 是 $\boldsymbol{I}$ 与 x 轴的夹角，v_C 是质心速度，J_O 是刚体对固定轴的转动惯量，h 是 H

到固定轴的距离，H 是 I 的作用线与 OC 连线的交点。由此得到

$$I_{Ox} = -I\cos\alpha$$
$$I_{Oy} = mv_C - I\sin\alpha$$
$$\omega = \frac{Ih\sin\alpha}{J_O} \tag{9.2.2}$$

要使轴承不受撞击，则必须 $I_{Ox} = I_{Oy} = 0$，即

$$\cos\alpha = 0 \qquad mv_C = I\sin\alpha \tag{9.2.3}$$

因此

$$\alpha = \frac{\pi}{2} \qquad mv_C = I$$

而

$$v_C = \omega r = \frac{Ih}{J_O} r$$

所以

$$\alpha = \frac{\pi}{2} \qquad h = \frac{J_O}{mr} \tag{9.2.4}$$

式中：$h = OH$，满足这一条件的点 H 称为刚体对轴的撞击中心。由此可见，当外碰撞冲量作用于撞击中心，且垂直于轴承与质心连线时，轴承将不会受到反作用碰撞冲量。

9.2.2 碰撞对平面运动刚体的作用

设具有质量对称面(取为 xy 平面)的刚体作平行于此平面的平面运动。当刚体受外碰撞冲量 I 作用时，其质心速度和角速度均将发生改变。若碰撞前后刚体质心速度和角速度分别为 v_C、ω 和 v'_C、ω'，则根据冲量定理和冲量矩定理，有

$$m(v'_{Cx} - v_{Cx}) = I_x$$
$$m(v'_{Cy} - v_{Cy}) = I_y$$
$$J_C(\omega' - \omega) = M_C \tag{9.2.5}$$

式中：m 是刚体质量，J_C 是刚体对通过质心且与对称面垂直的轴的转动惯量。上式即是求解平面运动刚体碰撞问题的方程组。

今考虑铅直下落的均匀直尺与水平面相碰的情形。设直尺 AB 长为 l，质量为 m。取 y 轴沿铅直方向，向上为正；x 轴沿水平方向，向右为正。直尺 AB 与 y 轴成 θ 角，下端 A 碰到水平面时的位置即坐标原点。碰撞前，直尺作直线平动，速度大小为 v，方向铅直向下。碰撞发生在坐标原点，亦即碰撞瞬间下端 A 点位置，碰撞冲量为 I，方向铅直向上。碰撞后，AB 作平面运动，质心速度为 v_C，由于 I 沿铅直方向，因此 v_C 亦为铅直方向，角速度为 ω。根据冲量定理和冲量矩定理有①

---

① 由于质心速度和碰撞冲量均无 x 分量，故式(9.2.5)第一式无需写出。

$$mv_C - m(-v) = I$$

$$J_C(\omega - 0) = I \frac{l}{2}\sin\theta \tag{9.2.6}$$

由此得
$$J_C \omega = m(v_C + v)\frac{l}{2}\sin\theta \tag{9.2.7}$$

如果碰撞是完全弹性的,那么 $e=1$,按照恢复因数定义,即

$$e = \frac{0 - v_{Ay}}{-v - 0} = 1 \qquad v_{Ay} = v \tag{9.2.8}$$

v_{Ay} 是碰撞时 A 点速度的 y 分量。碰撞后 A 的速度 $\boldsymbol{v}_A$ 由两部分组成:随质心运动的速度 $\boldsymbol{v}_C$ 和绕质心转动的速度 $\boldsymbol{v}_{AC} = \boldsymbol{\omega} \times \overrightarrow{CA}$。后者的大小为 $\omega \frac{l}{2}$,方向与 AB 垂直。于是

$$\boldsymbol{v}_A = \boldsymbol{v}_C + \boldsymbol{v}_{AC}$$

它在 y 轴上的投影为

$$v_{Ay} = v_C + \omega \frac{l}{2}\sin\theta \tag{9.2.9}$$

将式(9.29)代入式(9.2.8)得

$$v_C = v - \frac{1}{2}\omega l \sin\theta \tag{9.2.10}$$

将式(9.2.9)代入式(9.2.7)得

$$J_C \omega = m\left(2v - \frac{1}{2}\omega l \sin\theta\right)\frac{l}{2}\sin\theta$$

即
$$\left(J_C + \frac{1}{4}ml^2\sin^2\theta\right)\omega = mlv\sin\theta \tag{9.2.11}$$

长为 l 的均匀直尺绕其质心的转动惯量可如下计算

$$J_C = \int_{-\frac{l}{2}}^{\frac{l}{2}} x^2 \frac{m}{l} dx = \frac{m}{l}\frac{x^3}{3}\bigg|_{-\frac{l}{2}}^{\frac{l}{2}} = \frac{1}{12}ml^2$$

代入式(9.2.11)给出

$$\omega = \frac{12v\sin\theta}{(1 + 3\sin^2\theta)l} \tag{9.2.12}$$

此即碰撞后直尺 AB 角速度大小,方向为顺时针。

9.3 微观粒子的散射

碰撞实验是研究微观粒子运动规律、相互作用及其内部结构的重要方法。比

如，α粒子的散射实验就确立了卢瑟福所提出的原子的有核模型。微观粒子的碰撞通常又称为散射。散射可分为弹性散射和非弹性散射。如果在散射过程中，粒子的内部运动状态不发生改变，这种散射称为弹性散射；否则称为非弹性散射。下面仅讨论弹性散射。

9.3.1 散射截面

散射过程通常是一个粒子自远方来到另一个粒子附近经过相互作用后又向远方离去的过程。由参与散射的两个粒子所组成的系统的运动可以分解成系统质心的运动和两粒子间的相对运动。而后者等价为一质量为约化质量 μ 的粒子被一相互作用势场 V 所散射的问题。

记速度为 v 的粒子入射方向为 z 轴，受势场散射后发生偏转，方向处在沿 (θ,φ) 的立体角 $\mathrm{d}\Omega$ 中。若单位时间通过单位面积的入射粒子数目（入射粒子流密度）为 N，单位时间偏转到 $\mathrm{d}\Omega$ 内的粒子数为 $\mathrm{d}N$，显然有

$$\mathrm{d}N \propto N\mathrm{d}\Omega$$

即
$$\mathrm{d}N = N\sigma(\theta,\varphi)\mathrm{d}\Omega \tag{9.3.1}$$

式中：比例系数 $\sigma(\theta,\varphi)$ 的量纲是面积，所以称为微分散射截面，或角分布。对各种可能的偏转方向积分后得到

$$\sigma_t = \int \sigma(\theta,\varphi)\mathrm{d}\Omega = \int_0^\pi \int_0^{2\pi} \sigma(\theta,\varphi)\sin\theta\mathrm{d}\theta\mathrm{d}\varphi \tag{9.3.2}$$

σ_t 称为总散射截面。角分布在散射实验中可以由测量得到。理论分析的任务就是给出计算 σ 的方法，以便与实验比较，从而研究粒子间相互作用等问题。

9.3.2 散射振幅

在散射过程的量子力学描述中①，沿 z 方向以速度 v 运动的入射粒子束可以近似地表示成平面波：

$$\psi_i = \mathrm{e}^{\mathrm{i}kz} \qquad \left(k = \frac{p}{\hbar} = \frac{\mu v}{\hbar}\right) \tag{9.3.3}$$

而入射粒子流密度

$$N = j_i = -\frac{\mathrm{i}\hbar}{2\mu}\left(\psi_i^* \frac{\partial}{\partial z}\psi_i - \psi_i \frac{\partial}{\partial z}\psi_i^*\right) = \frac{\hbar k}{\mu} = v \tag{9.3.4}$$

这里 $\psi_i^*\psi_i = 1$，即规定单位体积内只有 1 个入射粒子。若非如此，则在速度前需乘以入射粒子数密度。粒子受势场散射的过程可以用薛定谔方程描写：

---

① 这里的理论分析是在质心为静止的坐标系中进行的。这种坐标系称为质心坐标系。

$$\left[-\frac{\hbar^2}{2\mu}\nabla^2 + V\right]\psi = E\psi \tag{9.3.5}$$

对于中心势场,$V = V(r)$,$\sigma(\theta,\psi) = \sigma(\theta)$。在远离势场的地方,$V \sim 0$,式(9.3.5)化简为

$$\nabla^2\psi + k^2\psi = 0 \tag{9.3.6}$$

$\left(k^2 = \frac{2\mu E}{\hbar^2} = \frac{2\mu}{\hbar^2}\frac{p^2}{2\mu} = \frac{p^2}{\hbar^2}\right)$。显然 ψ_i(式(9.3.3))是上面方程的一个解。一般情况下,方程的解可以写成平面波和球面波的叠加,即①

$$\psi = e^{ikz} + f(\theta)\frac{e^{ikr}}{r} \tag{9.3.7}$$

式中:$f(\theta)$ 称为散射振幅;而右边第一项表示入射粒子流,第二项表示出射粒子流或散射粒子流。其流密度按定义为

$$\begin{aligned}
j_s &= -\frac{i\hbar}{2\mu}\left(\psi_s^* \frac{\partial}{\partial r}\psi_s - \psi_s \frac{\partial}{\partial r}\psi_s^*\right) \\
&= -\frac{i\hbar}{2\mu}\left[f^*(\theta)\frac{e^{-ikr}}{r}\frac{\partial}{\partial r}\left(f(\theta)\frac{e^{ikr}}{r}\right) - f(\theta)\frac{e^{ikr}}{r}\frac{\partial}{\partial r}\left(f^*(\theta)\frac{e^{-ikr}}{r}\right)\right] \\
&= -\frac{i\hbar}{2\mu}\left[f^*(\theta)\frac{e^{-ikr}}{r}f(\theta)\frac{ikre^{ikr} - e^{ikr}}{r^2} - f(\theta)\frac{e^{ikr}}{r}f^*(\theta)\frac{-ikre^{-ikr} - e^{-ikr}}{r^2}\right] \\
&= -\frac{i\hbar}{2\mu}f^*(\theta)f(\theta)\frac{i2kr}{r^3} = \frac{\hbar k}{\mu}\frac{|f(\theta)|^2}{r^2}
\end{aligned} \tag{9.3.8}$$

于是

$$dN = j_s r^2 d\Omega = \frac{\hbar k}{\mu}|f(\theta)|^2 d\Omega \tag{9.3.9}$$

将式(9.3.4)和式(9.3.9)代入式(9.3.1)得

$$\sigma(\theta) = \frac{\hbar k}{\mu v}|f(\theta)|^2 = |f(\theta)|^2 \tag{9.3.10}$$

可见确定了散射振幅即确定了微分散射截面。下面两节将介绍计算散射振幅的两种常用方法。

9.4 分波法与刚球散射

9.4.1 分波法

分波法是计算粒子在中心势场中散射振幅的一种常用方法。粒子在中心势

---

① 容易验证,当 $r \to \infty$ 时,如果略去 r^{-2} 以下的小量,则式(9.3.7)满足式(9.3.6).

场中运动,角动量守恒。波函数可以用 l, l_z 标记(称为好量子数),通常即球谐函数 Y_{lm}。描写入射粒子的平面波波函数 ψ_i 虽然不是这种形式,但它可以写成这种形式的叠加:

$$\psi_i = e^{ikz} = e^{ikr\cos\theta} = \sum_{l=0}^{\infty}(2l+1)i^l j_l(kr)P_l(\cos\theta)$$

$$= \sum_{l=0}^{\infty} A_l j_l(kr) Y_{l0}(\theta) \quad \left(Y_{l0} = \sqrt{\frac{2l+1}{4\pi}} P_l(\cos\theta)\right) \quad (9.4.1)$$

式中:j_l 是球贝塞耳函数,它在 $r \to \infty$ 处的渐近行为为

$$j_l(kr) \xrightarrow{r \to \infty} \frac{1}{kr}\sin\left(kr - \frac{l\pi}{2}\right) = \frac{1}{2ikr}\left[e^{i\left(kr-\frac{l\pi}{2}\right)} - e^{-i\left(kr-\frac{l\pi}{2}\right)}\right] \quad (9.4.2)$$

$$A_l = \sqrt{4\pi(2l+1)}\, e^{il\pi/2}$$

粒子受中心势场散射,它的波函数 ψ 满足薛定谔方程(见式(9.3.5))

$$\nabla^2\psi + \left[k^2 - \frac{2\mu}{\hbar^2}V(r)\right]\psi = 0 \quad (9.4.3)$$

其解的一般形式是①

$$\psi = \psi(r,\theta) = \sum_{l=0}^{\infty} R_l(r) Y_{l0}(\theta) \quad (9.4.4)$$

将式(9.4.4)代入式(9.4.3)得到 R_l 所满足的径向方程:

$$\frac{1}{r^2}\frac{d}{dr}\left(r^2\frac{dR_l}{dr}\right) + \left[k^2 - \frac{l(l+1)}{r^2} - \frac{2\mu}{\hbar^2}V(r)\right]R_l = 0 \quad (9.4.5)$$

在散射实验中,测量粒子的散射截面一般都在远离散射中心的位置,所以我们可以只考虑 $r \to \infty$ 时 ψ 的渐近行为。这时方程(9.4.5)化简成

$$\frac{1}{r^2}\frac{d}{dr}\left(r^2\frac{dR_l}{dr}\right) + k^2 R_l = 0 \quad (9.4.6)$$

令

$$R_l(r) = \frac{u_l(r)}{kr} \quad (9.4.7)$$

上式可写成

$$\frac{d^2}{dr^2}u_l(r) + k^2 u_l(r) = 0 \quad (9.4.8)$$

显然其解为

$$u_l(r) = A_l' \sin(kr + \delta_l') = A_l' \sin\left(kr - \frac{l\pi}{2} + \delta_l\right) \quad (9.4.9)$$

---

① 这里 $m = 0$ 是因为粒子在中心势场中的散射与角度 φ 无关。

式中:$\delta_l = \delta'_l + \dfrac{l\pi}{2}$ 称为第 l 个分波的相移;

$$R_l(r) \xrightarrow[r\to\infty]{} \dfrac{A'_l}{kr}\sin(kr+\delta'_l) = \dfrac{A'_l}{kr}\sin\left(kr - \dfrac{l\pi}{2} + \delta_l\right) \quad (9.4.10)$$

将式(9.4.10)代入式(9.4.4),得到方程(9.4.3)在 $r\to\infty$ 时的渐近解:

$$\psi(r,\theta)\xrightarrow[r\to\infty]{}\sum_{l=0}^{\infty}\dfrac{A'_l}{kr}\sin\left(kr - \dfrac{l\pi}{2} + \delta_l\right)Y_{l0}(\theta)$$

$$= \dfrac{1}{2ikr}\sum_l A'_l\left[e^{ikr}e^{i(\delta_l - l\pi/2)} - e^{-ikr}e^{i(l\pi/2 - \delta_l)}\right]Y_{l0}(\theta) \quad (9.4.11)$$

另一方面,根据式(9.4.2),入射波(式(9.4.1))的渐近形式为

$$\psi_i \xrightarrow[r\to\infty]{} \dfrac{1}{2ikr}\sum_l A_l\left[e^{ikr}e^{-il\pi/2} - e^{-ikr}e^{il\pi/2}\right]Y_{l0}(\theta) \quad (9.4.12)$$

而在 $r\to\infty$ 的地方,描写粒子运动的总波函数 ψ 应该是描写入射粒子的平面波 $\psi_i = e^{ikz}$ 和描写散射粒子的球面波 $\psi_s = f(\theta)\dfrac{e^{ikr}}{r}$ 之和,即

$$\psi - \psi_i = \psi_s = f(\theta)\dfrac{e^{ikr}}{r} \quad (9.4.13)$$

将式(9.4.11)和式(9.4.12)代入式(9.4.13)左边并与右边相比较知 e^{-ikr} 前的系数应该为零,因此

$$A'_l = A_l e^{i\delta_l}$$

$$f(\theta) = \dfrac{1}{2ik}\sum_l (A'_l e^{i\delta_l} - A_l)e^{-il\pi/2}Y_{l0}(\theta)$$

$$= \dfrac{1}{2ik}\sum_l A_l e^{i\delta_l}(e^{i\delta_l} - e^{-i\delta_l})e^{-il\pi/2}Y_{l0}(\theta)$$

$$= \dfrac{1}{k}\sum_l A_l e^{-il\pi/2}\sin\delta_l e^{i\delta_l}Y_{l0}(\theta) \quad (9.4.14)$$

将式(9.4.2)代入式(9.4.14),得散射振幅与各分波相移的关系式

$$f(\theta) = \dfrac{\sqrt{4\pi}}{k}\sum_l \sqrt{2l+1}\sin\delta_l e^{i\delta_l}Y_{l0}(\theta) = \sum_l f_l(\theta)$$

$$f_l(\theta) = \dfrac{2}{k}\sqrt{(2l+1)\pi}\,e^{i\delta_l}\sin\delta_l Y_{l0}(\theta)$$

$$= \dfrac{2l+1}{k}e^{i\delta_l}\sin\delta_l P_l(\cos\theta) \quad (9.4.15)$$

于是,微分散射截面

$$\sigma(\theta) = |f(\theta)|^2 = \sum_{ll'}f_l^*(\theta)f_{l'}(\theta) \quad (9.4.16)$$

再利用球谐函数的正交归一性,可得总散射截面

$$\sigma_t = \int \sigma(\theta) \, d\Omega = \frac{4\pi}{k^2} \sum_l (2l+1) \sin^2 \delta_l \tag{9.4.17}$$

记

$$\sigma_t = \frac{4\pi}{k^2} \sum_l (2l+1) \sin^2 \delta_l \tag{9.4.18}$$

称为第 l 个分波的散射截面。

9.4.2 刚球散射

刚球散射是一个典型的散射问题,粒子受如下中心势场散射:

$$V(r) = \begin{cases} \infty & r < a \\ 0 & r > a \end{cases} \tag{9.4.19}$$

称为刚球散射。这时径向方程在球内的解显然为

$$R(r) = 0 \quad (r < a) \tag{9.4.20}$$

在球外,径向方程仍为式(9.4.5)

$$\frac{1}{r^2}\frac{d}{dr}\left(r^2 \frac{dR(r)}{dr}\right) + \left[\frac{2\mu E}{\hbar^2} - \frac{l(l+1)}{r^2}\right]R(r) = 0 \quad (r > a)$$

或

$$\frac{d^2R(r)}{dr^2} + \frac{2}{r}\frac{dR(r)}{dr} + \left[k^2 - \frac{l(l+1)}{r^2}\right]R(r) = 0 \quad (r > a) \tag{9.4.21}$$

令 $x = kr$,上式变成

$$\frac{d^2R(x)}{dx^2} + \frac{2}{x}\frac{dR(x)}{dx} + \left[1 - \frac{l(l+1)}{x^2}\right]R(x) = 0 \tag{9.4.22}$$

此为一球贝塞耳方程,其解①

$$R(x) = \lambda_l j_l(x) + \mu_l n_l(x)$$

或

$$R(kr) = \lambda_l j_l(kr) + \mu_l n_l(kr) \tag{9.4.23}$$

$R(r)$ 还必须满足边界条件 $R(a) = 0$,故

$$\lambda_l j_l(ka) + \mu_l n_l(ka) = 0$$

$$\frac{\lambda_l}{\mu_l} = -\frac{n_l(ka)}{j_l(ka)} = -c \tag{9.4.24}$$

不失一般性,我们可以取

$$\lambda_l = A_l \cos\delta_l \quad \mu_l = -A_l \sin\delta_l$$

而

$$\tan\delta_l = -\frac{\mu_l}{\lambda_l} = \frac{j_l(ka)}{n_l(ka)} \tag{9.4.25}$$

---

① 这里 $r > a > 0$,因此方程有两个解。

所以
$$R(kr) = A_l\cos\delta_l j_l(kr) - A_l\sin\delta_l n_l(kr) \quad (r > a)$$
$$R(kr) = 0 \quad (r < a) \tag{9.4.26}$$

当入射粒子能量较低，以致 $ka \ll 1$ 时，利用
$$j_l(x) \xrightarrow{x \to 0} \frac{x^l}{(2l+1)!!}$$
$$n_l(x) \xrightarrow{x \to 0} -\frac{(2l-1)!!}{x^{l+1}} \tag{9.4.27}$$

可得
$$\tan\delta_l = \frac{j_l(ka)}{n_l(ka)} \sim -\frac{(ka)^{2l+1}}{(2l+1)!!(2l-1)!!} \tag{9.4.28}$$

显然，当 $x \sim 0$ 时，只有 $l=0$ 的 s 分波的相移 δ_0 作用重要，故求总散射截面时可以只考虑 s 分波。于是
$$\delta_0 \sim \tan\delta_0 = ka$$
$$\sigma_t \sim \frac{4\pi}{k^2}\sin^2\delta_0 = \frac{4\pi}{k^2}(ka)^2 = 4\pi a^2 \tag{9.4.29}$$

可见，低能散射的角分布是各向同性的。总散射截面是经典刚球截面积 πa^2 的 4 倍，即与刚球表面面积相等。

当入射粒子能量较高，以致 $ka \gg 1$ 时，利用渐近式
$$j_l(x) \xrightarrow{x \to \infty} \frac{1}{x}\sin(x - l\pi/2)$$
$$n_l(x) \xrightarrow{x \to \infty} -\frac{1}{x}\cos(x - l\pi/2) \tag{9.4.30}$$

可得
$$\tan\delta_l = \frac{j_l(ka)}{n_l(ka)} \sim -\frac{\sin(ka - l\pi/2)}{\cos(ka - l\pi/2)}$$
$$\sin^2\delta_l = \frac{1}{1+\cot^2\delta_l} = \frac{[j_l(ka)]^2}{[j_l(ka)]^2 + [n_l(ka)]^2} \sim \sin^2(ka - l\pi/2) \tag{9.4.31}$$

总散射截面
$$\sigma_t = \frac{4\pi}{k^2}\sum_l(2l+1)\sin^2\delta_l \sim \frac{4\pi}{k^2}\sum_l(2l+1)\sin^2(ka - l\pi/2) \tag{9.4.32}$$

注意到：l 为偶数 $\sin^2(ka - l\pi/2) = \sin^2 ka$
$\quad\quad\quad l$ 为奇数 $\sin^2(ka - l\pi/2) = \cos^2 ka$

最终求得①

---

① $[x]$ 表示值不超过 x 的最大正整数。推导中假设 $[ka]$ 为偶数。

$$\sigma_t \sim \frac{4\pi}{k^2}\left[\sum_{l=0,2,\cdots}^{[ka]}(2l+1)\sin^2 ka + \sum_{l=1,3,\cdots}^{[ka]}(2l+1)\cos^2 ka\right]$$

$$= \frac{4\pi}{k^2}\left[\frac{(1+2[2ka]+1)([ka]/2+1)}{2}\sin^2 ka + \frac{(3+2[ka]-1)([ka]/2}{2}\cos^2 ka\right]$$

$$= \frac{4\pi}{k^2}\left[\frac{([ka]+1)([ka]+2)}{2}\sin^2 ka + \frac{[ka]([ka]+1)}{2}\cos^2 ka\right]$$

$$\sim \frac{4\pi}{k^2}\frac{(ka)^2}{2}(\sin^2 ka + \cos^2 ka) = \frac{4\pi}{k^2}\frac{(ka)^2}{2} = 2\pi a^2 \tag{9.4.33}$$

可见,高能散射的角分布也近似是均匀分布的,但散射截面只有经典刚球截面的 2 倍。

9.4.3 低能散射

分波法虽然原则上可以解决各种散射问题,是一种普遍方法,但在实际应用中,如果需要计算多个分波的相移,则因相移的计算通常非常困难,这时分波法便显得十分不方便。为此,我们利用准经典方法讨论分波法的适用范围。

动量为 p 的入射粒子角动量 $L = bp$ (b 为瞄准距离)。若 a 是势场作用半径,近似地可以认为入射粒子角动量 L 大于 pa 的分波不会对势散射有贡献。因此,受势场散射的条件为

$$L \leqslant pa$$

利用 $L = l\hbar$, $p = k\hbar$,有

$$l \leqslant ka \tag{9.4.34}$$

由此可见,ka 越小,在处理散射问题时所需考虑的分波越少。也就是说,分波法在低能散射,即入射粒子能量 $E = \frac{p^2}{2\mu} = \frac{\hbar^2 k^2}{2\mu}$ 很小,或慢粒子散射,即入射粒子动量 $p = \hbar k$ 很小的情况下最为适用。

现在考虑势垒中低能散射问题。三维势垒的表示式为

$$V(r) = \begin{cases} V_0 & r < a \\ 0 & r > a \end{cases} \tag{9.4.35}$$

式中:V_0 是势垒高度;a 是势垒作用范围。

对于低能散射,只需考虑 s 分波,这时径向方程为

$$\frac{\mathrm{d}^2 u(r)}{\mathrm{d}r^2} + \left(k^2 - \frac{2\mu V_0}{\hbar^2}\right)u(r) = 0 \quad (r < a)$$

$$\frac{\mathrm{d}^2 u(r)}{\mathrm{d}r^2} + k^2 u(r) = 0 \quad (r > a) \tag{9.4.36}$$

式中：$u(r) = rR(r), k^2 = 2\mu E/\hbar$。令 $K^2 = 2\mu V_0/\hbar^2, k'^2 = K^2 - k^2$，对低能散射 $k' > 0$，上式变成

$$\frac{d^2 u}{dr^2} - k'^2 u = 0 \qquad (r < a)$$

$$\frac{d^2 u}{dr^2} + k^2 u = 0 \qquad (r > a) \tag{9.4.37}$$

考虑到 $r = 0, u(0) = 0$，上式的解为

$$u(r) = A\operatorname{sh}k'r \qquad r < a$$
$$u(r) = \sin(kr + \delta_0) \qquad r > a \tag{9.4.38}$$

考虑到 $r = a$ 处 $u(r)$ 和 $u'(r)$ 连续，有

$$A\operatorname{sh}k'a = \sin(ka + \delta_0)$$
$$Ak'\operatorname{ch}k'a = k\cos(ka + \delta_0) \tag{9.4.39}$$

两式相除得

$$\tan(ka + \delta_0) = \frac{k}{k'}\operatorname{th}k'a$$

即

$$\delta_0 = \arctan\left(\frac{k}{k'}\operatorname{th}k'a\right) - ka \tag{9.4.40}$$

在低能散射 $k \to 0$ 的极限情况下，$k' \sim K = \sqrt{2\mu V_0/\hbar}$，

$$\delta_0 \sim \frac{k}{K}\operatorname{th}Ka - ka = ka\left(\frac{\operatorname{th}Ka}{Ka} - 1\right)$$

由此求得散射截面

$$\sigma_0 = \frac{4\pi}{k^2}\sin^2\delta_0 \sim \frac{4\pi}{k^2}\delta_0^2 = 4\pi a^2\left(\frac{\operatorname{th}Ka}{Ka} - 1\right)^2 \tag{9.4.41}$$

一方面，给定粒子所处的势场，用分波法便可求出低能散射的相移和散射截面。另一方面，若势场的具体形式未知，则可以由实验测定的散射截面和相移，利用分波法所给出的势场和相移关系确定势场。这是一种研究微观粒子间相互作用的常用方法。

9.5 玻恩近似及其适用范围

9.5.1 玻恩近似

上面所得到的计算散射截面的一般公式原则上可用于任意中心势场。不过

当入射粒子的能量远大于势场作用时,分波法将不再是适宜的方法;这时可利用玻恩提出的近似方法,称为玻恩近似(法)。

在入射粒子能量较高、势场影响较小的情况下,可将势场看做微扰,而将波函数展开成(一级近似)

$$\psi = \psi^{(0)} + \psi^{(1)} \tag{9.5.1}$$

这里 $\psi^{(0)}$ 是零级近似波函数,可取为入射波,即

$$\psi^{(0)} = e^{ikz} \tag{9.5.2}$$

它满足

$$(\nabla^2 + k^2)\psi^{(0)} = 0 \tag{9.5.3}$$

而

$$\psi^{(1)} \xrightarrow[r \to \infty]{} f^{(1)}(\theta) \frac{e^{ik \cdot r}}{r} = 0 \tag{9.5.4}$$

ψ 则满足方程(9.3.5),将展开式(9.5.1)代入后有

$$(\nabla^2 + k^2)(\psi^{(0)} + \psi^{(1)}) = \frac{2\mu}{\hbar^2}V(r)(\psi^{(0)} + \psi^{(1)})$$

由此可知一级近似波函数满足

$$(\nabla^2 + k^2)\psi^{(1)} = \frac{2\mu}{\hbar^2}V\psi^{(0)} \tag{9.5.5}$$

上式形式上可以写成

$$\psi^{(1)}(r) = \frac{2\mu}{\hbar^2}(\nabla^2 + k^2)^{-1}V(r)\psi^{(0)}(r) \tag{9.5.6}$$

令

$$(\nabla^2 + k^2)G(r, r') = \delta(r, r') \tag{9.5.7}$$

函数 $G(r, r')$ 称为格林函数,则有

$$\int G(r, r') \frac{2\mu}{\hbar^2}V(r')\psi^{(0)}(r') dr' = (\nabla^2 + k^2)^{-1} \int \delta(r - r') \frac{2\mu}{\hbar^2}V(r')\psi^{(0)}(r') dr'$$

$$= (\nabla^2 + k^2)^{-1} \frac{2\mu}{\hbar^2}V(r)\psi^{(0)}(r) \tag{9.5.8}$$

式中:$\delta(r-r')$ 为三维 δ 函数,积分对粒子运动所及的整个空间进行,最后一个等式的成立利用了 δ 函数的性质。对比式(9.5.6)和(9.5.8)得①

$$\psi^{(1)}(r) = \frac{2\mu}{\hbar^2}\int G(r, r')V(r')\psi^{(0)}(r') dr' \tag{9.5.9}$$

---

① 矢量标记的积分变元 dr 为多重积分变元,如为二维矢量,则是二重积分;如为三维矢量,则是三重积分。

在散射问题中，δ 函数可取如下形式

$$\delta(\boldsymbol{r}-\boldsymbol{r}') = \frac{1}{(2\pi)^3}\int e^{i\boldsymbol{k}'\cdot(\boldsymbol{r}-\boldsymbol{r}')}d\boldsymbol{k}' \tag{9.5.10}$$

注意到

$$(\nabla^2+k^2)e^{i\boldsymbol{k}'\cdot\boldsymbol{r}} = (k^2-k'^2)e^{i\boldsymbol{k}'\cdot\boldsymbol{r}}$$

相应格林函数形式为

$$G(\boldsymbol{r},\boldsymbol{r}') = \frac{1}{(2\pi)^3}\int\frac{e^{i\boldsymbol{k}'\cdot(\boldsymbol{r}-\boldsymbol{r}')}}{k^2-k'^2}d\boldsymbol{k}' \tag{9.5.11}$$

为了计算这一 $\boldsymbol{k}'$ 空间的积分，可以 $\boldsymbol{r}-\boldsymbol{r}'$ 为极轴，选取球坐标 (k',θ,φ)：

$$d\boldsymbol{k}' = k'^2 dk'\sin\theta d\theta d\varphi$$

先对角度部分积分

$$\int e^{i\boldsymbol{k}'\cdot(\boldsymbol{r}-\boldsymbol{r}')}\sin\theta d\theta d\varphi = \int_0^\pi e^{ik'|\boldsymbol{r}-\boldsymbol{r}'|\cos\theta}\sin\theta d\theta\int_0^{2\pi}d\varphi = 2\pi\frac{1}{ik'|\boldsymbol{r}-\boldsymbol{r}'|}[e^{ik'|\boldsymbol{r}-\boldsymbol{r}'|}-e^{-ik'|\boldsymbol{r}-\boldsymbol{r}'|}]$$

再对径向部分积分得

$$\begin{aligned}G(\boldsymbol{r},\boldsymbol{r}') &= \frac{1}{i4\pi^2|\boldsymbol{r}-\boldsymbol{r}'|}\int_0^\infty\frac{k'dk'}{k^2-k'^2}[e^{ik'|\boldsymbol{r}-\boldsymbol{r}'|}-e^{-ik'|\boldsymbol{r}-\boldsymbol{r}'|}]\\ &= \frac{1}{i4\pi^2|\boldsymbol{r}-\boldsymbol{r}'|}\int_{-\infty}^\infty\frac{k'dk'}{k^2-k'^2}e^{ik'|\boldsymbol{r}-\boldsymbol{r}'|}\end{aligned} \tag{9.5.12}$$

式中：被积函数有两个一阶极点 $k'=\pm k$。适当选择积分回路，有

$$\int_{-\infty}^\infty dk' \to \int_c dk'$$

根据留数定理可以计算出

$$\int_c\frac{e^{ik'|\boldsymbol{r}-\boldsymbol{r}'|}}{k^2-k'^2}k'dk' = -\int_c\frac{e^{ik'|\boldsymbol{r}-\boldsymbol{r}'|}}{(k'-k)(k'+k)}k'dk' = -2\pi i\frac{e^{ik|\boldsymbol{r}-\boldsymbol{r}'|}}{2k}k = -i\pi e^{ik|\boldsymbol{r}-\boldsymbol{r}'|}$$

从而

$$G(\boldsymbol{r},\boldsymbol{r}') = \frac{1}{i4\pi^2|\boldsymbol{r}-\boldsymbol{r}'|}(-i\pi)e^{ik|\boldsymbol{r}-\boldsymbol{r}'|} = -\frac{1}{4\pi}\frac{e^{ik|\boldsymbol{r}-\boldsymbol{r}'|}}{|\boldsymbol{r}-\boldsymbol{r}'|} \tag{9.5.13}$$

代入式(9.5.9)得

$$\psi^{(1)}(\boldsymbol{r}) = -\frac{\mu}{2\pi\hbar^2}\int\frac{e^{ik|\boldsymbol{r}-\boldsymbol{r}'|}}{|\boldsymbol{r}-\boldsymbol{r}'|}V(\boldsymbol{r}')\psi^{(0)}(\boldsymbol{r}')d\boldsymbol{r}' \tag{9.5.14}$$

结合式(9.5.1)和式(9.5.2)，即有

$$\psi(\boldsymbol{r}) = e^{ikz} - \frac{\mu}{2\pi\hbar^2}\int\frac{e^{ik|\boldsymbol{r}-\boldsymbol{r}'|}}{|\boldsymbol{r}-\boldsymbol{r}'|}V(\boldsymbol{r}')e^{ikz'}d\boldsymbol{r}' \tag{9.5.15}$$

这就是波恩一级近似解。下面我们来求这一近似下的散射振幅和散射截面。

在 $r\to\infty$ 处，$|\boldsymbol{r}'/r|\ll 1$，因此

$$|r-r'| = \sqrt{(r-r')\cdot(r-r')} \approx \sqrt{r^2-2r\cdot r'}$$
$$= r\left(1-2\frac{r\cdot r'}{r^2}\right)^{\frac{1}{2}} \approx r\left(1-\frac{r\cdot r'}{r^2}\right)$$

于是

$$\psi(r) = e^{ikz} - \frac{\mu}{2\pi\hbar^2}\int \frac{e^{ikr(1-r\cdot r'/r^2)}}{r}V(r')e^{ikz'}dr'$$
$$= e^{ikz} - \frac{e^{ikr}}{r}\frac{\mu}{2\pi\hbar^2}\int e^{-ikr\cdot r'/r}V(r')e^{ikz'}dr' \quad (9.5.16)$$

对比式(9.5.4)知

$$f(\theta) = f^{(1)}(\theta) = -\frac{\mu}{2\pi\hbar^2}\int e^{ikz'-ikr\cdot r'/r}V(r')dr' \quad (9.5.17)$$

记 k_0 为入射波波矢,它沿 z 轴方向,k 为出射波波矢,它沿 r 方向。对弹性散射,$|k_0|=|k|=k$。从而

$$ikz' = ik_0\cdot r' \qquad ikr\cdot r'/r = ik\cdot r'$$

$$f(\theta) = -\frac{\mu}{2\pi\hbar^2}\int e^{i(k_0-k)\cdot r'}V(r')dr' = -\frac{\mu}{2\pi\hbar^2}\int e^{-iq\cdot r'}V(r')dr' \quad (9.5.18)$$

式中:$q=k-k_0$,$q=|q|=2k\sin\frac{\theta}{2}$,$\theta$ 是入射粒子(入射波)与散射粒子(出射波)之间的夹角。

对中心势场,$V=V(r)$,式(9.5.18)中的积分可先对角度部分积分,以 q 为极轴,r' 空间采用球坐标 (r',θ',φ'):

$$dr' = r'^2 dr' \sin\theta' d\theta' d\varphi'$$

$$\int e^{-iq\cdot r'}\sin\theta' d\theta' d\varphi' = 2\pi\int_0^\pi e^{-iqr'\cos\theta'}\sin\theta' d\theta' = \frac{4\pi}{qr'}\sin qr'$$

于是

$$f(\theta) = -\frac{2\mu}{\hbar^2 q}\int_0^\infty r'V(r')\sin qr' dr' \quad (9.5.19)$$

而微分散射截面

$$\sigma(\theta) = |f(\theta)|^2 = \frac{4\mu^2}{\hbar^4 q^2}\left|\int_0^\infty r'V(r')\sin qr' dr'\right|^2 \quad (9.5.20)$$

以上两式即波恩近似下的散射振幅与散射截面计算公式。

9.5.2 玻恩近似的适用范围

玻恩近似由于其方法简单、计算方便因而被广为采用。但玻恩近似方法的应用有一定的范围,下面利用微扰条件 $|\psi^{(1)}|\ll|\psi^{(0)}|$ 讨论玻恩近似的适用

范围。

由式(9.5.2)和式(9.5.14)知

$$\psi^{(0)}(\boldsymbol{r}) = \mathrm{e}^{\mathrm{i}kz}$$

$$\psi^{(1)}(\boldsymbol{r}) = -\frac{\mu}{2\pi\hbar^2}\int \frac{\mathrm{e}^{\mathrm{i}k|\boldsymbol{r}-\boldsymbol{r}'|}}{|\boldsymbol{r}-\boldsymbol{r}'|} V(\boldsymbol{r}') \psi^{(0)}(\boldsymbol{r}') \mathrm{d}\boldsymbol{r}' = -\frac{\mu}{2\pi\hbar^2}\int \frac{\mathrm{e}^{\mathrm{i}k|\boldsymbol{r}-\boldsymbol{r}'|}}{|\boldsymbol{r}-\boldsymbol{r}'|} V(\boldsymbol{r}') \mathrm{e}^{\mathrm{i}kz'} \mathrm{d}\boldsymbol{r}'$$

(9.5.21)

且应有

$$|\psi^{(1)}(\boldsymbol{r})| \ll |\psi^{(0)}(\boldsymbol{r})| = |\mathrm{e}^{\mathrm{i}kz}| = 1 \qquad (9.5.22)$$

作为估计，我们考虑 $\boldsymbol{r} = 0$ 的特殊情况。对中心势场 $V(\boldsymbol{r}) = V(r)$，有

$$\begin{aligned}
|\psi^{(1)}(0)| &= \frac{\mu}{2\pi\hbar^2}\left|\int\int \frac{V(r')\mathrm{e}^{\mathrm{i}kr'(1+\cos\theta)}}{r'} r'^2 \mathrm{d}r' \sin\theta \mathrm{d}\theta \mathrm{d}\varphi\right| \\
&= \frac{\mu}{2\pi\hbar^2}\left|\int_0^\infty r'V(r')\mathrm{d}r' \int_0^\pi 2\pi \mathrm{e}^{\mathrm{i}kr'(1+\cos\theta)} \sin\theta \mathrm{d}\theta\right| \\
&= \frac{\mu}{\hbar^2}\left|\int_0^\infty \frac{\mathrm{e}^{\mathrm{i}2kr'}-1}{\mathrm{i}kr'} r'V(r')\mathrm{d}r'\right| \\
&= \frac{\mu}{k\hbar^2}\left|\int_0^\infty (\mathrm{e}^{\mathrm{i}2kr'}-1)V(r')\mathrm{d}r'\right|
\end{aligned}$$

(9.5.23)

假设势场的形式为

$$V(r) = \begin{cases} V_0 & r < a \\ 0 & r > a \end{cases} \qquad (9.5.24)$$

即势场是一局限在半径 a 的球内均匀作用势，代入后得

$$\begin{aligned}
|\psi^{(1)}(0)| &= \frac{\mu}{k\hbar^2}V_0\left|\int_0^a (\mathrm{e}^{\mathrm{i}2kr'}-1)\mathrm{d}r'\right| = \frac{\mu V_0}{k\hbar^2}\left|\frac{\mathrm{e}^{\mathrm{i}2ka}-1}{\mathrm{i}2k} - a\right| \\
&= \frac{\mu V_0}{2k^2\hbar^2}|\mathrm{e}^{\mathrm{i}2ka} - \mathrm{i}2ka - 1| = \frac{\mu V_0}{2k^2\hbar^2}|\cos 2ka + \mathrm{i}\sin 2ka - \mathrm{i}2ka - 1| \\
&= \frac{\mu V_0}{2k^2\hbar^2}\sqrt{(\cos 2ka - 1)^2 + (\sin 2ka - 2ka)^2} \\
&= \frac{\mu V_0}{2k^2\hbar^2}\sqrt{4k^2a^2 - 4ka\sin 2ka - 2\cos 2ka + 2}
\end{aligned}$$

(9.5.25)

记 $\lambda = 2ka$，则玻恩近似应满足条件

$$\frac{\mu V_0}{2k^2\hbar^2}\sqrt{\lambda^2 - 2\lambda\sin\lambda - 2\cos\lambda + 2} \ll 1 \qquad (9.5.26)$$

对低能散射(入射粒子能量很低)，$\lambda \ll 1$。于是

$$\sin\lambda \approx \lambda - \frac{\lambda^3}{6} \qquad \cos\lambda \approx 1 - \frac{\lambda^2}{2} + \frac{\lambda^4}{24}$$

$$\lambda^2 - 2\lambda\sin\lambda - 2\cos\lambda + 2 = \lambda^2 - 2\lambda\left(\lambda - \frac{\lambda^3}{6}\right) - 2\left(1 - \frac{\lambda^2}{2} + \frac{\lambda^4}{24}\right) + 2 = \frac{11}{12}\lambda^4 \tag{9.5.27}$$

所以

$$\frac{\mu V_0}{2k^2\hbar^2}\sqrt{\frac{11}{12}}\lambda^2 \ll 1 \quad 即 \quad 2\sqrt{\frac{11}{12}}\frac{\mu V_0}{\hbar^2}a^2 \ll 1$$

或者简单地写成

$$\frac{\mu V_0}{\hbar^2}a^2 \ll 1 \tag{9.5.28}$$

对高能散射（λ 射粒子能量很高），$\lambda \gg 1$。于是

$$\lambda^2 - 2\lambda\sin\lambda - 2\cos\lambda + 2 \approx \lambda^2$$

所以

$$\frac{\mu V_0}{2k^2\hbar^2}\lambda \ll 1 \quad 即 \frac{\mu V_0}{k\hbar^2}a \ll 1 \tag{9.5.29}$$

注意到 $v = \frac{\hbar k}{\mu}$ 有

$$\frac{V_0 a}{\hbar v} \ll 1 \tag{9.5.30}$$

由此可见，对低能散射，势场必须很弱，作用范围必须很小，玻恩近似方能适用。而对高能散射，只要粒子速度（或动能）足够大，玻恩近似便可适用。

9.6　全同粒子的散射

全同粒子体系的一个显著特点是：它的波函数要么是对称的（粒子自旋为整数），要么是反对称的（粒子自旋为半整数）。全同粒子的散射，由于波函数的交换对称性，将会出现一些有趣的特征，它来源于粒子的量子效应。

今考虑由两个全同粒子组成的体系。交换两个粒子相当于将连接它们的矢量反向，在质心坐标系中，这意味着保持 r 不变而将 θ 变成 $\pi - \theta$。因此，描写散射问题的波函数对这两个粒子的交换也应该是对称的或者是反对称的。这就要求相应的波函数的渐近表示式必须修正为

$$\psi = e^{ikz} \pm e^{-ikz} + \frac{1}{r}e^{ikr}[f(\theta) \pm f(\pi - \theta)] \tag{9.6.1}$$

式中：正号相应对称，负号相应反对称。

事实上，由于粒子的全同性，在涉及两个全同粒子的散射中，实验无法判明究竟是哪个粒子，入射粒子还是靶粒子被散射。正确的做法是，存在两个等同的

沿相反方向传播的入射平面波（e^{ikz} 和 e^{-ikz}），而在出射球面波中同时计及这两个粒子的散射，即散射振幅为 $[f(\theta) \pm f(\pi-\theta)]$。由此可见，若波函数是对称的，散射振幅为 $f(\theta) + f(\pi-\theta)$，相应的微分散射截面为

$$\sigma(\theta) = |f(\theta) + f(\pi-\theta)|^2$$
$$= |f(\theta)|^2 + |f(\pi-\theta)|^2 + f^*(\theta)f(\pi-\theta) + f(\theta)f^*(\pi-\theta) \quad (9.6.2)$$

若波函数反对称，散射振幅为 $f(\theta) - f(\pi-\theta)$，相应的微分散射截面为

$$\sigma(\theta) = |f(\theta) - f(\pi-\theta)|^2$$
$$= |f(\theta)|^2 + |f(\pi-\theta)|^2 - [f^*(\theta)f(\pi-\theta) + f(\theta)f^*(\pi-\theta)] \quad (9.6.3)$$

式(9.6.2)和式(9.6.3)中最后两项为干涉项，它的出现反映了全同粒子间的交换作用。不同粒子的散射无干涉项，因此，在某一 θ 方向，测得两个粒子中任一个的微分散射截面是

$$\sigma(\theta) = |f(\theta)|^2 + |f(\pi-\theta)|^2 \quad (9.6.4)$$

下面，我们考察两个简单的例子。

(1) α-α 散射

α-α 散射是全同粒子散射。α 粒子（氦核）的自旋为零①，它的空间波函数是对称的，因此，α 粒子沿 θ 方向的散射振幅是 $f(\theta) + f(\pi-\theta)$，相应的微分散射截面为

$$\sigma(\theta) = |f(\theta) + f(\pi-\theta)|^2 = |f(\theta)|^2 + |f(\pi-\theta)|^2 + 2\mathrm{Re}[f^*(\theta)f(\pi-\theta)] \quad (9.6.5)$$

(2) e-e 散射

e-e 散射也是全同粒子散射。电子自旋 $\frac{1}{2}$，是费米子。对于两个电子的交换，波函数应反对称。两个电子自旋耦合成的总自旋可以等于1，这时自旋波函数是对称的（自旋三重态），因此空间波函数应该是反对称的，散射振幅为 $f(\theta) - f(\pi-\theta)$，微分散射截面为

$$\sigma_a = |f(\theta) - f(\pi-\theta)|^2 = |f(\theta)|^2 + |f(\pi-\theta)|^2 - 2\mathrm{Re}[f^*(\theta)f(\pi-\theta)]$$

两个电子自旋耦合成的总自旋也可以等于0，这时自旋波函数是反对称的（自旋单态），因此空间波函数应该是对称的，散射振幅为 $f(\theta) + f(\pi-\theta)$，微分散射截面为

$$\sigma_s(\theta) = |f(\theta) + f(\pi-\theta)|^2$$

---

① 自旋为零的粒子可以只考虑空间部分波函数。

$$= |f(\theta)|^2 + |f(\pi-\theta)|^2 + 2\mathrm{Re}[f^*(\theta)f(\pi-\theta)]$$

如果实验中电子自旋取向是无规的(未极化),那么平均说来,电子处在单态的几率为 $\frac{1}{4}$,处在三重态的几率为 $\frac{3}{4}$,所以总截面应为

$$\sigma(\theta) = \frac{1}{4}\sigma_s(\theta) + \frac{3}{4}\sigma_a(\theta)$$

$$= \frac{1}{4}|f(\theta) + f(\pi-\theta)|^2 + \frac{3}{4}|f(\theta) - f(\pi-\theta)|^2$$

$$= |f(\theta)|^2 + |f(\pi-\theta)|^2 - \frac{1}{2}[f^*(\theta)f(\pi-\theta) + f(\theta)f^*(\pi-\theta)]$$

(9.6.6)

9.7 质心坐标系与实验室坐标系

研究物体的碰撞(或散射),人们一般运用两种不同的坐标系,一种叫做实验室坐标系,通常实验测量就是在此坐标系中进行的。这时观测者是在静止坐标系中观察碰撞(散射)过程。另一种是随质心一起运动的坐标系,叫做质心坐标系,常为理论研究所采用。本节将讨论两者之间的换算关系(见图 9.1)。

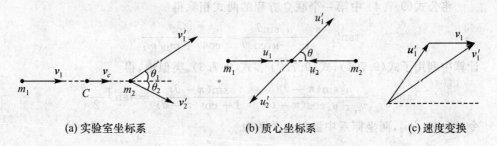

(a) 实验室坐标系　　(b) 质心坐标系　　(c) 速度变换

图 9.1　质心坐标系与实验室坐标系的关系

9.7.1 速度关系

设碰撞过程是质量为 m_1 的粒子以速度 v_1 沿 z 轴撞击质量为 m_2 处于静止的粒子,则两粒子的质心运动速度为

$$v_C = \frac{m_1 v_1}{m_1 + m_2} \tag{9.7.1}$$

显然,在质心坐标系中,两粒子的速度分别为

$$u_1 = v_1 - v_C = \frac{m_2 v_1}{m_1 + m_2}$$

$$u_2 = -v_C = -\frac{m_1 v_1}{m_1 + m_2} \tag{9.7.2}$$

碰撞后,从质心坐标系看来,两粒子应沿相反方向运动。设粒子 m_1 沿与 z 轴成 θ 角方向以速度 u_1' 运动,粒子 m_2 则沿 $(\pi-\theta)$ 角方向以速度 u_2' 运动。对于弹性碰撞,每个粒子运动速度大小则保持不变,即

$$u_1' = u_1 = \frac{m_2 v_1}{m_1 + m_2} \qquad u_2' = u_2 = \frac{m_1 v_1}{m_1 + m_2} \tag{9.7.3}$$

设从实验室坐标系看来,碰撞后粒子 m_1 以速度 v_1' 沿 θ_1 方向出射,粒子 m_2 以速度 v_2' 沿 θ_2 方向出射,利用速度合成法则,有

$$\begin{cases} v_1' \cos\theta_1 = v_c + u_1' \cos\theta \\ v_1' \sin\theta_1 = u_1' \sin\theta \end{cases}$$

$$\begin{cases} v_2' \cos\theta_2 = v_c + u_2' \cos(\pi-\theta) \\ v_2' \sin\theta_1 = u_1' \sin(\pi-\theta) \end{cases} \tag{9.7.4}$$

9.7.2 出射(散射)角关系

将公式(9.7.4)中第一个联立方程的两式相除得

$$\tan\theta_1 = \frac{u_1' \sin\theta}{v_c + u_1' \cos\theta} = \frac{\sin\theta}{\cos\theta + m_1/m_2}$$

计算中利用了式(9.7.1),式(9.7.2)和式(9.7.3)。类似地,得

$$\tan\theta_2 = \frac{u_2' \sin(\pi-\theta)}{v_c + u_2' \cos(\pi-\theta)} = \frac{\sin(\pi-\theta)}{1 + \cos(\pi-\theta)} = \tan\frac{\pi-\theta}{2}$$

令 $\gamma = m_1/m_2$,两坐标系中散射角关系为

$$\tan\theta_1 = \frac{\sin\theta}{\gamma + \cos\theta} \qquad \theta_2 = \frac{\pi-\theta}{2} \tag{9.7.5}$$

9.7.3 截面关系

根据微分散射截面定义(式(9.3.1)),考虑到 $\frac{dN}{N}$ 在两个坐标系中应该是相同的,故

$$\sigma(\theta_1, \varphi_1) d\Omega_1 = \sigma(\theta, \varphi) d\Omega$$

即

$$\sigma(\theta_1, \varphi_1) \sin\theta_1 d\theta_1 d\varphi_1 = \sigma(\theta, \varphi) \sin\theta d\theta d\varphi \tag{9.7.6}$$

由于 $\varphi_1 = \varphi, \mathrm{d}\varphi_1 = \mathrm{d}\varphi$，因此
$$\sigma(\theta_1,\varphi_1)\sin\theta_1\mathrm{d}\theta_1 = \sigma(\theta,\varphi)\sin\theta\mathrm{d}\theta \tag{9.7.7}$$

由式(9.7.5)知
$$\cos\theta_1 = \frac{1}{\sqrt{1+\tan^2\theta_1}} = \frac{\gamma+\cos\theta}{\sqrt{\gamma^2+2\gamma\cos\theta+1}}$$

两边微分，得
$$-\sin\theta_1\mathrm{d}\theta_1 = -\frac{1+\gamma\cos\theta}{(\gamma^2+2\gamma\cos\theta+1)^{3/2}}\sin\theta\mathrm{d}\theta \tag{9.7.8}$$

将式(9.7.8)代入式(9.7.7)，给出两个坐标系中微分散射截面关系：
$$\sigma(\theta_1,\varphi_1) = \frac{(\gamma^2+2\gamma\cos\theta+1)^{\frac{3}{2}}}{|1+\gamma\cos\theta|}\sigma(\theta,\varphi) \tag{9.7.9}$$

9.8 例　题

1. 质量为 M 的锤子，自 h 高处落至质量为 m 的铁钉上，将其打入木中深度为 l。设铁钉无弹性，求木头对钉的平均阻力。

解　设锤子将要击中铁钉时的速度为 v_0，由机械能守恒定律知：
$$v_0^2 = 2gh$$
若撞击后锤子与钉共同前进的速度为 v，则由动量守恒定律知：
$$Mv_0 = (M+m)v$$
如木头对钉的平均阻力为 F，则由动能定理知：
$$0 - \frac{1}{2}(M+m)v^2 = [(M+m)g - F]l$$
联立上面三个方程解得：
$$F = (M+m)g + \frac{(M+m)v^2}{2l} = (M+m)g + \frac{M^2v_0^2}{2l(M+m)}$$
$$= (M+m)g + \frac{M^2 2gh}{2l(M+m)} = (M+m)g + \frac{M^2}{M+m}\frac{h}{l}g$$

2. 质量为 m，半径为 r 的一匀质圆柱体在水平面上无滑动地匀速滚动，其质心速度为 v_C。滚动中突然与一高 h 的凸台相碰（如图9.2），求碰撞后圆柱体质心速度、角速度和碰撞冲量（假设碰撞是塑性的）。

解　碰撞过程中，圆柱体对 P 点的动量矩守恒：
$$L_P = L_P'$$

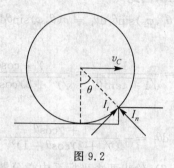

图 9.2

碰撞前
$$L_P = mv_C(r-h) + J_C\omega$$

式中:$J_C, \omega = \dfrac{v_C}{r}$ 分别是圆柱体对其质心的转动惯量与角速度。碰撞后

$$L'_P = J_P\omega'$$

式中:J_P 是圆柱体对过 P 点轴的转动惯量。根据转动惯量的平移轴定理

$$J_P = J_C + mr^2 = \frac{1}{2}mr^2 + mr^2 = \frac{3}{2}mr^2$$

联立以上各式给出

$$mv_C(r-h) + J_C\omega = J_P\omega' = (J_C + mr^2)\omega'$$

所以

$$\omega' = \frac{1+2\dfrac{r-h}{r}}{3r}v_C = \frac{1+2\cos\theta}{3r}v_C = \frac{1+2\cos\theta}{3}\frac{v_C}{r}$$

$$v'_C = \omega' r = \frac{1+2\cos\theta}{3}v_C$$

利用冲量定理在切向、轴向的投影有

$$mv'_C - mv_C\cos\theta = I_t$$
$$mv_C\sin\theta = I_n$$

由此得

$$I_t = \frac{1-\cos\theta}{3}mv_C \qquad I_n = mv_C\sin\theta$$

3. 一运动员 A 由高度 h 处无初速地跳下，落至水平跳板上一端，把直立于跳板另一端的运动员 B 弹了起来。试求下列两种情况下 B 被弹起后其质心上升的高度 h'：(1)A 的碰撞是完全塑性的；(2)A 的碰撞是完全弹性的。计算中假设两人的质量都是 m；水平跳板可看成匀质薄板，质量是 m_p，板长 $2l$，支承点在水平

跳板中点 D。

解 (1) 碰撞开始时 A 的速率 $v_A = \sqrt{2gh}$,而 B 的速率 $v_B = 0$。碰撞结束时,A、B 速率相等 $u_A = u_B$。对于由 A、B 和水平跳板组成的系统,碰撞中所受外力矩为零,故系统对点 D 的运量矩守恒,有

$$mv_A l = I_D \omega + 2m u_A l$$

而 $u_A = l\omega$,代入得碰撞结束时跳板的角速度

$$\omega = \frac{mv_A l}{\frac{m_p}{12}(2l)^2 + 2ml^2} = \frac{3m\sqrt{2gh}}{(6m+m_p)l}$$

式中:$I_D = m_p(2l)^2/12$ 是跳板绕其中心的转动惯量①。可见,B 将以速度 $u_B = l\omega$ 跳起,上升高度为

$$h' = \frac{u_B^2}{2g} = \frac{l^2 \omega^2}{2g} = \left(\frac{3m}{6m+m_p}\right)^2 h$$

对塑性碰撞 ($e=0$),只有碰撞第一阶段作用在 A 上的冲量

$$S_1 = m[-u_A - (-v_A)] = m\left(-\frac{3m}{6m+m_p}\right)\sqrt{2gh}$$

$$= m\left(\frac{3m+m_p}{6m+m_p}\right)\sqrt{2gh} \text{(方向向上)}$$

(2) 对完全弹性碰撞 ($e=1$),A 在碰撞的第一和第二阶段的都受到碰撞冲量作用,其量值相等,即 $S_I = S_{II}$。所以,B 和跳板组成的系统在碰撞的全过程中受到的反碰撞冲量作用为 $S_I + S_{II}$,应用冲量矩定理则有

$$(I_D \omega' + m u_B' l) - 0 = (S_I + S_{II})l = 2S_I l$$

即

$$\frac{m_p l^2}{3} \times \frac{u_B'}{l} + m u_B' l = 2m \times \frac{3m+m_p}{6m+m_p}\sqrt{2gh}\, l$$

于是,碰撞结束时 B 的速度

$$u_B' = \frac{6m\sqrt{2gh}}{6m+m_p}$$

把 $u_B' = \sqrt{2gh_B'}$ 与上式对比,得 B 上升的高度为

$$h_B' = \left(\frac{6m}{6m+m_p}\right)^2 h$$

---

① 参考 9.2 节式(9.2.11) 的推导。

4. 求粒子在势能 $V(r) = \dfrac{a}{r^2}$ 的场中散射时，s 分波的散射截面。

解 粒子在此势场中所满足的径向方程(参见式(9.4.5))为

$$\frac{1}{r^2}\frac{d}{dr}\left[r^2\frac{d}{dr}R(r)\right] + \left[\frac{2\mu E}{\hbar^2} - \frac{l(l+1)}{r^2} - \frac{2\mu a}{\hbar^2 r^2}\right]R(r) = 0$$

记

$$k^2 = \frac{2\mu E}{\hbar^2}, \lambda^2 = \left(l+\frac{1}{2}\right)^2 + \frac{2\mu a}{\hbar^2}, \text{上式化成}$$

$$\frac{1}{r^2}\frac{d}{dr}\left[r^2\frac{d}{dr}R(r)\right] + \left[k^2 - \frac{\lambda^2}{r^2} + \frac{1}{4r^2}\right]R(r) = 0$$

引入函数 $y(x)(x = kr)$，满足

$$R(r) = \sqrt{\frac{\pi}{2x}}y(x) = \sqrt{\frac{\pi}{2kr}}y(kr)$$

则有

$$\frac{dR}{dr} = \sqrt{\frac{\pi}{2k}}\left[\frac{-1}{2r^{3/2}}y(kr) + \frac{k}{r^{1/2}}\frac{dy}{dx}\right]$$

$$\frac{d}{dr}\left(r^2\frac{dR}{dr}\right) = \sqrt{\frac{\pi}{2k}}\frac{d}{dr}\left(kr^{3/2}\frac{dy}{dx} - \frac{1}{2}r^{1/2}y\right)$$

$$= \sqrt{\frac{\pi}{2k}}\left(k^2 r^{3/2}\frac{d^2 y}{dx^2} + k\frac{3}{2}r^{1/2}\frac{dy}{dx} - \frac{1}{2}r^{1/2}k\frac{dy}{dx} - \frac{1}{2}\frac{1}{2}r^{-1/2}y\right)$$

$$= \sqrt{\frac{\pi}{2k}}\left(k^2 r^{3/2}\frac{d^2 y}{dx^2} + kr^{1/2}\frac{dy}{dx} - \frac{1}{4}r^{1/2}y\right)$$

代入径向方程得

$$\sqrt{\frac{\pi}{2k}}\left(\frac{k^2}{\sqrt{r}}\frac{d^2 y}{dx^2} + \frac{k}{r\sqrt{r}}\frac{dy}{dx} - \frac{1}{4r^2\sqrt{r}}y\right) + \sqrt{\frac{\pi}{2k}}\left(\frac{k^2}{\sqrt{r}} - \frac{\lambda^2}{r^2\sqrt{r}} + \frac{1}{4r^2\sqrt{r}}\right)y = 0$$

整理后有

$$\frac{d^2 y}{dx^2} + \frac{1}{x}\frac{dy}{dx} + \left(1 - \frac{\lambda^2}{x^2}\right)y = 0$$

此为一贝塞尔方程，其解为

$$y(x) = J_\lambda(x)$$

从而 $R_l(r) = \sqrt{\dfrac{\pi}{2kr}}J_\lambda(kr) \xrightarrow{kr\to\infty} \sqrt{\dfrac{\pi}{2kr}}\sqrt{\dfrac{2}{\pi kr}}\cos\left[kr - \left(\lambda + \dfrac{1}{2}\right)\dfrac{\pi}{2}\right]$

$$= \frac{1}{kr}\sin\left(kr - \frac{\pi}{2}\lambda + \frac{\pi}{4}\right) = \frac{1}{kr}\sin\left[kr - \frac{\pi}{2}l + \left(\frac{\pi}{2}l - \frac{\pi}{2}\lambda + \frac{\pi}{4}\right)\right]$$

所以

$$\delta_l = -\frac{\pi}{2}\left(\lambda - l - \frac{1}{2}\right) = -\frac{\pi}{2}\left[\sqrt{\left(l+\frac{1}{2}\right)^2 + \frac{2\mu a}{\hbar^2}} - \left(l+\frac{1}{2}\right)\right]$$

特别地

$$\delta_0 = -\frac{\pi}{2}\left(\sqrt{\frac{\hbar^2 + 8\mu a}{4\hbar^2}} - \frac{1}{2}\right)$$

$$\sigma_0 = \frac{4\pi}{k^2}|\sin\delta_0|^2 = \frac{4\pi}{k^2}\sin^2\left[\frac{\pi}{2}\left(\sqrt{\frac{\hbar^2+8\mu a}{4\hbar^2}} - \frac{1}{2}\right)\right]$$

若 $\frac{8\mu a}{\hbar^2} \ll 1$,则有

$$\sqrt{\frac{\hbar^2+8\mu a}{4\hbar^2}} - \frac{1}{2} = \frac{1}{2}\left(1+\frac{8\mu a}{\hbar^2}\right)^{1/2} - \frac{1}{2} \sim \frac{2\mu a}{\hbar^2}$$

$$\sigma_0 = \frac{4\pi}{k^2}\sin^2\left(\frac{\pi}{2}\frac{2\mu a}{\hbar^2}\right) = \frac{4\pi}{k^2}\sin^2\left(\frac{\pi}{8}\frac{8\mu a}{\hbar^2}\right) \sim \frac{4\pi}{k^2}\left(\frac{\pi\mu a}{\hbar^2}\right)^2$$

5.利用玻恩近似计算粒子在势场 $V(r) = V_0 e^{-ar^2}$ $(a>0)$ 中的散射截面。

解
$$\begin{aligned}
f(\theta) &= -\frac{2\mu}{\hbar^2 q}\int_0^\infty rV(r)\sin qr\, dr \\
&= -\frac{2\mu}{\hbar^2 q}V_0\int_0^\infty re^{-ar^2}\sin qr\, dr \\
&= -\frac{2\mu V_0}{\hbar^2 q}\left(-\frac{1}{2a}e^{-ar^2}\sin qr\bigg|_0^\infty + \frac{q}{2a}\int_0^\infty e^{-ar^2}\cos qr\, dr\right) \\
&= -\frac{2\mu V_0}{\hbar^2 q}\frac{q}{2a}\int_0^\infty e^{-ar^2}\cos qr\, dr \\
&= -\frac{\mu V_0}{\hbar^2 a}\frac{1}{2}\sqrt{\frac{\pi}{a}}e^{-q^2/4a} = -\frac{\mu V_0}{2\hbar^2 a}\sqrt{\frac{\pi}{a}}e^{-q^2/4a} \qquad (a>0)
\end{aligned}$$

$$\sigma(\theta) = |f(\theta)|^2 = \frac{\pi\mu^2 V_0^2}{4\hbar^4 a^3}e^{-q^2/2a}$$

6.氦原子有两个电子。设两个电子的自旋算符分别为 $\hat{s}_1$ 和 $\hat{s}_2$,电子的自旋是 $\frac{1}{2}$,每个电子有两个本征态 α 和 β,相应 s_z 取值 $\frac{1}{2}$ 和 $-\frac{1}{2}$。令这两个电子组成的体系的总自旋算符

$$\hat{S} = \hat{s}_1 + \hat{s}_2$$

试写出算符 $\hat{S}^2, \hat{S}_z$ 的共同本征函数及相应的本征值。

解 第一个电子有两个本征态 $\alpha(1)$、$\beta(1)$,第二个电子也有两个本征态 $\alpha(2)$、$\beta(2)$,它们可以组成 4 个不同状态:$\alpha(1)\alpha(2), \beta(1)\beta(2), \alpha(1)\beta(2), \beta(1)\alpha(2)$。对每个电子成立:

$$\hat{s}_j^2 \alpha(j) = \frac{3}{4}\hbar^2 \alpha(j) \qquad \hat{s}_{jz}\alpha(j) = \frac{\hbar}{2}\alpha(j)$$

$$\hat{s}_{jx}\alpha(j) = \frac{\hbar}{2}\hat{\sigma}_x \alpha(j) = \frac{\hbar}{2}\beta(j) \qquad \hat{s}_{jy}\alpha(j) = \frac{\hbar}{2}\hat{\sigma}_y \alpha(j) = \frac{\hbar}{2}i\beta(j)$$

$$\hat{s}_j^2 \beta(j) = \frac{3}{4}\hbar^2 \beta(j) \qquad \hat{s}_{jz}\beta(j) = -\frac{\hbar}{2}\beta(j)$$

$$\hat{s}_{jx}\beta(j) = \frac{\hbar}{2}\hat{\sigma}_x \beta(j) = \frac{\hbar}{2}\alpha(j) \qquad \hat{s}_{jy}\beta(j) = \frac{\hbar}{2}\sigma_y \beta(j) = -\frac{\hbar}{2}i\alpha(j)$$

而 $\hat{S}^2 = (\hat{s}_1 + \hat{s}_2)^2 = \hat{s}_1^2 + \hat{s}_2^2 + 2\hat{s}_1 \cdot \hat{s}_2 = \hat{s}_1^2 + \hat{s}_2^2 + 2(\hat{s}_{1x}\hat{s}_{2x} + \hat{s}_{1y}\hat{s}_{2y} + \hat{s}_{1z}\hat{s}_{2z})$

$$\hat{S}_z = \hat{s}_{1z} + \hat{s}_{2z}$$

式中：$\hat{\sigma}_x, \hat{\sigma}_y, \hat{\sigma}_z$ 为泡利算符。由此可知

$$\hat{S}^2 \alpha(1)\alpha(1) = [\hat{s}_1^2 + \hat{s}_2^2 + 2(\hat{s}_{1x}\hat{s}_{2x} + \hat{s}_{1y}\hat{s}_{2y} + \hat{s}_{1z}\hat{s}_{2z})]\alpha(1)\alpha(2)$$

$$= \frac{3}{4}\hbar^2 \alpha(1)\alpha(2) + \frac{3}{4}\hbar^2 \alpha(1)\alpha(2) + 2\left[\frac{\hbar^2}{4}\beta(1)\beta(2) - \frac{\hbar^2}{4}\beta(1)\beta(2) + \frac{\hbar^2}{4}\alpha(1)\alpha(2)\right]$$

$$= 2\hbar^2 \alpha(1)\alpha(2) = 1(1+1)\hbar^2 \alpha(1)\alpha(2)$$

$$\hat{S}_z \alpha(1)\alpha(2) = (\hat{s}_{1z} + \hat{s}_{2z})\alpha(1)\alpha(2) = \hbar \alpha(1)\alpha(2)$$

$$\hat{S}^2 \beta(1)\beta(2) = [\hat{s}_1^2 + \hat{s}_2^2 + 2(\hat{s}_{1x}\hat{s}_{2x} + \hat{s}_{1y}\hat{s}_{2y} + \hat{s}_{2z}\hat{s}_{2z})]\beta(1)\beta(2)$$

$$= \frac{3}{4}\hbar^2 \beta(1)\beta(2) + \frac{3}{4}\hbar^2 \beta(1)\beta(2) + 2\left[\frac{\hbar^2}{4}\alpha(1)\alpha(2) - \frac{\hbar^2}{4}\alpha(1)\alpha(2) + \frac{\hbar^2}{4}\beta(1)\beta(2)\right]$$

$$= 2\hbar^2 \beta(1)\beta(2) = 1(1+1)\hbar^2 \beta(1)\beta(2)$$

$$\hat{S}_z \beta(1)\beta(2) = (\hat{s}_{1z} + \hat{s}_{2z})\beta(1)\beta(2) = -\hbar\beta(1)\beta(2)$$

这就是说

$$\chi_{11} = \alpha(1)\alpha(2) \qquad \chi_{1-1} = \beta(1)\beta(2)$$

是 $\hat{S}^2$ 和 $\hat{S}_z$ 的两个共同本征函数，相应的本征值分别是 $(1,1)$ 和 $(1,-1)$。为了求出另外两个本征函数，我们令

$$\chi_{10} = \frac{1}{\sqrt{2}}(\alpha(1)\beta(2) + \beta(1)\alpha(2))$$

$$\chi_{00} = \frac{1}{\sqrt{2}}(\alpha(1)\beta(2) - \beta(1)\alpha(2))$$

不难求得：

$$\hat{S}^2 \chi_{10} = \frac{1}{\sqrt{2}}\left\{\frac{3\hbar^2}{4}\alpha(1)\beta(2) + \frac{3\hbar^2}{4}\beta(1)\alpha(2) + \frac{3\hbar^2}{4}\alpha(1)\beta(2) + \frac{3\hbar^2}{4}\beta(1)\alpha(2)\right.$$

$$+ 2\left[\frac{\hbar}{2}\beta(1)\frac{\hbar}{2}\alpha(2)+\frac{\hbar}{2}\alpha(1)\frac{\hbar}{2}\beta(2)+\frac{\hbar}{2}i\beta(1)\frac{-\hbar}{2}i\alpha(2)-\frac{\hbar}{2}i\alpha(1)\frac{\hbar}{2}i\beta(2)\right.$$

$$\left.\left.+\frac{\hbar}{2}\alpha(1)\frac{-\hbar}{2}\beta(2)+\frac{-\hbar}{2}\beta(1)\frac{\hbar}{2}\alpha(2)\right]\right\}$$

$$= 2\hbar^2 \frac{1}{\sqrt{2}}(\alpha(1)\beta(2)+\beta(1)\alpha(2)) = 1(1+1)\hbar^2 \chi_{10}$$

$$\hat{S}_z \chi_{10} = (\hat{s}_{1z} + \hat{s}_{2z})\chi_{10} = 0$$

$$\hat{S}^2 \chi_{00} = \frac{1}{\sqrt{2}}\left\{\frac{3\hbar^2}{4}\alpha(1)\beta(2)-\frac{3\hbar^2}{4}\beta(1)\alpha(2)+\frac{3\hbar^2}{4}\alpha(1)\beta(2)-\frac{3\hbar^2}{4}\beta(1)\alpha(2)\right.$$

$$+ 2\left[\frac{\hbar}{2}\beta(1)\frac{\hbar}{2}\alpha(2)-\frac{\hbar}{2}\alpha(1)\frac{\hbar}{2}\beta(2)+\frac{\hbar}{2}i\beta(1)\frac{-\hbar}{2}i\alpha(2)+\frac{\hbar}{2}i\alpha(1)\frac{\hbar}{2}i\beta(2)\right.$$

$$\left.\left.+\frac{\hbar}{2}\alpha(1)\frac{-\hbar}{2}\beta(2)-\frac{-\hbar}{2}\beta(1)\frac{\hbar}{2}\alpha(2)\right]\right\} = 0$$

$$\hat{S}_z \chi_{00} = (\hat{s}_{1z} + \hat{s}_{2z})\chi_{00} = 0$$

这就是说,χ_{10} 和 χ_{00} 也是 $\hat{S}$ 和 $\hat{S}_z$ 的共同本征函数,本征值分别是 (1,0) 和 (0,0)。

总结上面结果①,我们将 $(\hat{S}^2, \hat{S}_z)$ 的共同本征函数 χ_{SM} 列表如下,表中 $S=1$,$M=1,0,-1$ 的态叫自旋三重态,它们对两个电子的交换是对称的。$S=0$,$M=0$ 态叫自旋单态,它们对两个电子的交换是反对称的。

	χ_{SM}	S	M
三重态	$\alpha(1)\alpha(2)$ $\frac{1}{\sqrt{2}}[\alpha(1)\beta(2)+\beta(1)\alpha(2)]$ $\beta(1)\beta(2)$	1	1 0 -1
单态	$\frac{1}{\sqrt{2}}[\alpha(1)\beta(2)-\beta(1)\alpha(2)]$	0	0

阅读材料:激光及其应用

激光是 20 世纪 60 年代出现的最伟大的科学技术成就之一,激光的英文名

---

① 这里的讨论对两个自旋 $\frac{1}{2}$ 的粒子均成立。

称是 laser，它是 ligh amplification by stimulated emission of radiation 的首字母缩写。它是人工制造光源历史上又一次革命性的变化。激光由于其高亮度和良好的方向性、单色性及相干性，自 20 世纪 60 年代问世以来便得到迅速发展和广泛应用。

我们知道，原子(或分子)能级是分立的。能级中能量最低的叫做基态，其余的叫做激发态。处在激发态的原子很不稳定，原子中的电子会自发地从高能级(E_2)跃迁到低能级(E_1)，同时辐射出频率为 $\nu = (E_2 - E_1)/h$ 的电磁波。这个过程称为光的自发辐射。而处在低能级上的电子在外场作用下会跃迁到高能级上，这个过程叫做受激吸收。此外，处在高能级(E_2)的原子在频率为 $\nu = (E_2 - E_1)/h$ 的外来光子的诱发下也会跃迁到低能级(E_1)，同时辐射出一个同频率的光子来，这个过程叫做受激辐射。

通常温度下原子几乎都处于基态。要使原子发光，必须由外界提供能量使原子激发，所以普通光源的发光包含了受激吸收和自发辐射两个过程。按照激发方式的不同，可以分为热辐射发光，如白炽灯；电致发光，如发光二极管；光致发光，如日光灯；化学发光等。依靠自发辐射发光时，由于原子从高能级跃迁到低能态的随机性和非关联性，这种光强度不大，频率不同，无相干性。

要想获得亮度高、方向性好、单色性强、相干性优的光，就必须利用原子(或分子)的受激辐射。原子通过受激辐射可以发出与诱发光子不仅频率相同，而且发射方向、偏振状态及相位也都完全一样的全同的光子。这就是说，通过一个光子的作用得到了两个特征完全相同的光子；如果这两个光子再引起其他原子产生受激辐射，就能得到更多的特征完全相同的光子，于是，原来的光信号就被放大了。这种在受激过程中产生并被放大的光就是激光。

受激辐射的概念最先是由爱因斯坦提出来的，但要想在实际中利用受激辐射获得光放大却有个先决条件，即发光原子处在高能级上的数目必须比它处在低能级上的数目多。然而我们知道，根据统计力学理论，在热平衡条件下，原子几乎都处于最低能级，处于高能级的原子数总是低于低能级上的原子数，而且能级越高，原子数越少，这就是正常情况下粒子数按能级的分布。产生激光要求粒子在能级上的分布同正常情况下的分布正好是相反的情况，称为粒子数反转。为了从技术上实现粒子数反转，一是要有激励源，即从外界不断地给发光物质提供能量；二是要有能被激活的工作物质，其能级结构中，存在亚稳态能级。

1958 年，美国科学家汤斯和肖洛发表著名论文《红外与光学激射器》，文章指出以受激辐射为主发光的可能性和实现粒子数反转的必要性。同年前苏联科学家巴索夫和普罗霍夫发表文章,题为《实现三能级粒子数反转和半导体激光器建议》。1959年,汤斯提出制造红宝石激光器的建议。1960年5月美国休斯飞机公司的科学家梅曼制成了世界上第一台红宝石激光器,获得了波长为694.3纳米的激光,这是历史上第一束激光。1961年中国也制成了自己的第一台红宝石激光器,1987年中国又研制成功大功率脉冲激光系统——神光装置。激光技术在中国已经获得迅速发展和广泛应用。

激光器一般由三部分组成:工作物质、泵浦源和谐振腔。

1. 工作物质

激光的产生必须选择合适的工作物质,它可以是气体、液体、固体和半导体。工作物质是激光得以产生的基础。工作物质应该光学性质均匀、光学透明性良好且性能稳定,同时具有亚稳态能级,这对实现粒子数反转是非常有利的。一般原子处在激发态时间很短,很难实现粒子数反转。而有些物质具有一些亚稳态能级,这些亚稳态的能量高于基态,但它的能级寿命远大于激发态的寿命,原子被激发到亚稳态后,可以停留较长时间,从而有可能在亚稳态上积累比基态上较多的原子实现粒子数反转,达到光放大的目的。我们把这种工作物质叫做激活介质。

2. 泵浦源

要想得到激光,必须向工作物质提供能量,使工作物质中处于高能级的原子、分子数增加,形成粒子数反转。这种向工作物质提供能量的激励源叫泵浦源。常用的激励方式有:电激励、光激励、热激励、化学激励等。

3. 谐振腔

选择了合适的工作物质和泵浦源后,虽然可以实现粒子数反转,但这样产生的受激辐射强度还太弱,不能实际应用。谐振腔就是一种光子可在其中来回振荡而获得放大的光学腔体。它由两块互相平行的平面反射镜组成,其中一块对光几乎全反射,另一块对激光有适量透过率,以便对外输出激光。被反射回到工作物质的光,继续诱发新的受激辐射,得到光放大。这样不断反射的现象称为光振荡。光在谐振腔中来回振荡,造成连锁反应,雪崩似的获得放大,产生强烈的激光从具有一定透过率的平面镜一端输出。

自从1960年世界第一台红宝石激光器诞生以来,数以百计的各种激光器相继问世。激光器根据工作物质的不同可分为:固体激光器、气体激光器、液体激光器和半导体激光器等。根据激光输出方式的不同可分为连续激光器和脉冲激光器,其中脉冲激光器的输出功率峰值非常大。另外还可根据激光的结构、性能、发光频率和功率的大小以及谐振腔的类型等来分类。

1. 固体激光器

固体激光器是采用晶体或玻璃为基质材料,并均匀掺入少量激活离子作为工作物质的激光器。如世界上第一台红宝石激光器就是固体激光器。固体激光器具有器件小、输出功率高、使用方便、坚固耐用等特点。

2. 气体激光器

气体激光器是以气体或金属蒸气作为工作物质的激光器。气体激光器具有结构简单、造价低、操作方便、气体的光学均匀性好、输出的光束质量好、输出波长范围较宽、能长时间较稳定地连续工作等特点。气体激光器是目前品种最多、应用最广泛的激光器,其市场占有率达60%左右。1961年制成的氦-氖(He-Ne)激光器是第一台气体激光器,也是目前应用最广泛的一种气体激光器。它的工作物质是氦和氖的混合气体,比例为5:1~10:1,压强为250~400帕。

3. 半导体激光器

这类激光器的工作介质是半导体材料,如砷化镓、掺铝砷化镓、硫化锌、硫化镉等,其激励方式有光泵浦、电激励等。这种激光器具有体积小、质量轻、结构简单、牢固耐用且寿命长等特点,特别适合在飞机、车辆、宇宙飞船上使用。到了20世纪90年代,半导体激光器已经成为激光家族中的佼佼者,是光纤通信、光盘技术、激光打印、印刷等信息产业的核心,如CD机、VCD机和DVD机中都有一个小型半导体激光器。

4. 液体激光器

最常见的液体激光器是以有机溶液为工作物质的染料激光器,利用不同染料可获得在可见光范围内不同波长下的光。液体激光器工作原理比其他类型的激光器都要复杂得多,它最突出的特点是其工作波长可以调谐,且覆盖面宽,主要应用于需要窄带可调谐或超快光脉冲场合。

与普通光源发射的光相比,激光具有如下很有价值的特性。

1. 方向性好

激光的光束可以说是在一条直线上传播,在几公里外,扩展范围也不过几厘米。这种良好的方向性,使得激光在测距、通信、雷达定位等方面发挥着巨大的作用。

2. 亮度高

由于激光的方向性好,能量在空间沿发射方向可高度集中,亮度比普通光源有极大的提高。采用特殊措施还可将能量在时间上也高度集中,进一步提高了激光的亮度。它的亮度甚至可达到地球表面所接收到的太阳光亮度的 10^{14} 倍。利用激光的这个特性可对材料进行打孔、切割和焊接等。

3. 单色性强

光的颜色取决于光的波长。只具有某一个波长的光波则是纯的单色。实际光波的波长总有一定的范围。这个范围一般用谱线宽度 $\Delta\lambda$ 衡量。$\Delta\lambda$ 越小，其单色性越好，颜色就越单纯。激光是目前世界上颜色最纯、色彩最艳的光。光的单色性在许多方面，如光子通信、光学精密仪器及光学测量中都起着重要的作用。

4. 相干性优

单色性、方向性越好的光，它的相干性必定越好。激光是目前相干性最好的光源。激光是由激光器输出的全同光子，充分满足相干条件。当激光束经过分束装置被分为两束时，此两束光就有很好的相干性，所产生的干涉条纹非常清晰。激光出色的相干性，使它在通信、显示、测量、光谱分析、信息存储等领域获得了广泛的应用。

正是由于激光具有上述一系列特性，因而在实际中获得广泛的应用。

1. 激光测距定位

利用激光的高亮度和极好的方向性，科学家制成了激光测距仪、激光雷达和激光制导仪。激光测距原理与声波测距原理相似，不同的是激光测距仪发出的信号是脉冲激光信号。激光测距仪体积小，质量轻，操作方便，速度快。与声波测距和无线电雷达测距相比，激光测距测量精度更高、可测距离更远。如测量 38.4 万千米之遥的月球与地球表面之间的距离，只需几秒钟，误差不到 10 厘米。激光雷达与激光测距仪原理和结构基本相似，只是激光测距仪测的是固定点的目标，而激光雷达可测量运动目标或相对运动的目标，既能探测位置又能探测速度，是现代化战争必不可少的工具。激光制导就是利用激光来控制导弹的飞行，以极高的精度将导弹引向目标。激光制导系统主要由激光目标指示器和目标寻码器两部分组成。前者用来照明和捕捉目标，后者可以感知弹体的轴线与目标指示器反射回来的激光光束的方向是否一致，如果偏离了，则会产生一个信号来控制弹体上的方向舵，使之回到激光光束的方向。激光制导武器命中率高、抗干扰能力强、机构简单、成本低。20 世纪 90 代初爆发的海湾战争、21 世纪初的阿富汗战争和伊拉克战争等就应用了激光制导武器。

2. 激光加工技术

利用激光的高能量进行材料加工也是激光应用的主要领域之一。利用激光可以打一般钻头不能打的异型孔和微米孔，进行微加工。利用激光可以对各种材料进行切割,且速度快、切面光洁、不发生形变。利用激光可以焊接一般方法不能焊接的难熔金属。利用激光还可以进行表面处理等加工过程。

此外,激光通信、激光唱盘、激光冷却原子等都是激光的最新应用。激光技术的迅速发展和广泛应用已经和仍将给现代社会带来重大影响。

习　题　9

1. 今将置于砧块上的物件用铆钉来连接。设锤子质量 $m=0.8\text{kg}$,锤击在铆钉上的速度 $v=6\text{m/s}$,砧块与物件质量 $M=5\text{kg}$,恢复因数 $e=0$。求以下两种情况下每锤击一次铆钉所吸收的能量:(1) 砧块由弹簧支承;(2) 砧块由地面支承。

2. 打桩锤头质量 $M=1000\text{kg}$,由高度 $h=1\text{m}$ 处自由落下,打在质量 $m=150\text{kg}$ 的桩上。设进入地面后桩柱所受的平均阻力 $F=200\text{kN}$,恢复因数 $e=0$。求打击一次使桩沉入的深度 s。

3. 质量是1kg的圆柱 A 由高度 $h=2\text{m}$ 处无初速地落下,撞击在由弹簧支承的质量是3kg的圆柱 B 上。若弹簧的刚度系数 $k=3\text{kN/m}$,碰撞的恢复因数 $e=0$,求弹簧中增加的最大变形量以及碰撞时的动能损失。

4. 悬线长 $l=1.2\text{m}$,质量 $m=0.5\text{kg}$ 的摆锤自水平位置处自由落下,下落到铅垂位置时击中在水平面上质量 $M=1.5\text{kg}$ 的静止物块(如图)。已知恢复因数 $e=0.58$,动摩擦因数 $f=0.17$,求撞击后物块在水平面上滑行的距离 s 以及摆锤碰撞后摆回的位置与铅垂线的夹角 θ。

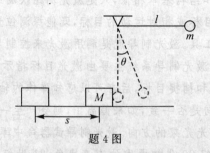

题 4 图

5. 体操运动员 A 由高度 h 处无初速地跳下,落到匀质水平跳板上一端后把直立在另一端的运动员 B 弹了起来。设两个运动员的质量均为 m,跳板质量为 M,长为 $2a$,支承点在其中点。求:(1) 碰撞是完全塑性的;(2) 碰撞恢复因数 $e=1$ 时,运动员 B 被弹起上升的高度。

6. 半径为 r 的乒乓球以与铅垂线成夹角 α 的速度 v 落到球台上,此时附带有绕水平轴旋转的角速度 ω(如图)。若恢复因数为 e,球与球台相撞的瞬间,由于摩擦力作用,接触点水平速度为零,求回弹角 β。

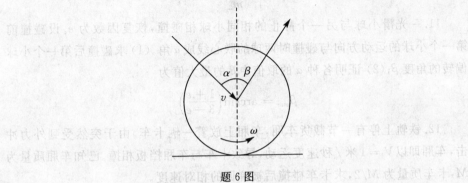

题 6 图

7. 边长分别为 a、b 的矩形匀质木箱由倾斜位置倒下(如图)。假定地板足够粗糙,能阻止木箱滑动,又在棱 B 的碰撞是完全塑性的,求使棱 A 不致跳起的最大比值 b/a。

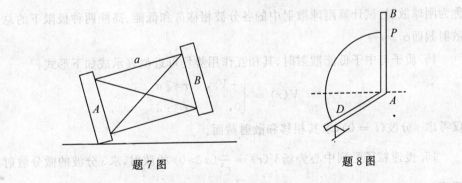

题 7 图　　　　　　　　　　题 8 图

8. 匀质细金属杆 AB 由铅垂位置无初速地绕下端的轴 A 倒下(如图)。杆上的一点 P 击中固定钉子 D,碰撞后杆被弹回到水平位置。(1) 求碰撞时的恢复因数 e;(2) 证明这个结果与钉子到轴承 A 的距离无关。

9. 长为 l 的匀质细杆自与桌面成 θ 角的位置在铅垂面内无初速地倒下。设倒下时,杆的下端无滑动,杆上的一点恰与桌面边缘相撞。若杆回弹的角速度为零,恢复因数 $e=0.5$,求杆上与桌面边缘相撞的那点离杆下端的距离 a。

10. 质量为 m_1,速度为 v_1 的小球与质量为 m_2 的静止小球作弹性碰撞,碰后两小球运动方向分别与 v_1 的方向成角度 θ_1 与 θ_2,证明它们之间的关系为

$$\tan\theta_1 = \frac{\sin 2\theta_2}{\dfrac{m_1}{m_2} - \cos 2\theta_2}$$

11. 一光滑小球与另一个静止的相同小球相碰撞,恢复因数为 e。设碰撞前第一个小球的运动方向与碰撞时两球的联心线成 α 角。(1)求碰撞后第一个小球偏转的角度 β;(2)证明各种 α 的取值中 β 的最大值为

$$\beta_{\max} = \arcsin\left(\frac{1+e}{3-e}\right)$$

12. 铁轨上停有一节截货车厢,车厢上放着一辆卡车。由于突然受到外力冲击,车厢即以 $V=1$ 米/秒速度运动,导致卡车与车厢挡板相撞。已知车厢质量为 M,卡车质量为 $M/2$,求卡车碰撞后被弹回的相对速度。

13. 一光滑小球与另一个静止的光滑小球相碰撞。证明:如果两球均为完全弹性体,且碰后两球运动方向互相垂直,那么两球质量必定相等。

14. 粒子受如下中心势场散射:

$$V(r) = \begin{cases} \infty, & r < a \\ 0, & r > a \end{cases}$$

称为刚球散射。试计算刚球散射中的各分波相移 δ_l 和低能、高能两种极限下的总散射截面 σ_t。

15. 质子与中子低能散射时,其相互作用势场可近似表示成如下形式:

$$V(r) = \begin{cases} -V_0, & r \leqslant a \\ 0, & r > a \end{cases}$$

仅考虑 s 分波$(l=0)$,求其相移和散射截面。

16. 慢速粒子受到中心势场 $V(r) = \dfrac{a}{r^4}(a>0)$ 的散射,求 s 分波的微分散射截面。

17. 在分波法计算中,只考虑 $l=0,1$ 两个分波,试写出此时的 $f(\theta)$ 及 $\sigma(\theta)$ 的公式。若 $\delta_0 = \dfrac{\pi}{9}, \delta_1 = \dfrac{\pi}{36}$,具体计算 $\theta = 0, \dfrac{\pi}{2}, \pi$ 三种方向 $\sigma(\theta)$ 的相对比率。

18. 利用玻恩近似计算粒子被 δ 函数势 $V(r) = B\delta(r)$ 散射时的散射截面,并说明常数 B 的意义。

19. 利用玻恩近似法计算粒子在形如指数势

$$V(r) = -V_0 e^{-r/a} (a > 0)$$

的场中散射时的微分散射截面,并讨论在什么条件下可以应用玻恩近似法。

20. 利用玻恩近似法计算粒子在形如汤川势

$$V(r) = \frac{A}{r} e^{-r/r_0}$$

的场中散射时的散射截面,并讨论在什么条件下可以应用玻恩近似法。

21. 利用玻恩近似,证明粒子被库仑势 $V(r) = a/r$ 散射时的散射截面为

$$\sigma(\theta) = \frac{a^2}{4\mu^2 v^4 \sin^4 \theta/2}$$

式中:μ 为入射粒子质量,v 为入射粒子速度,θ 为偏转角。此式称为卢瑟福散射公式。

22. 证明在氘核(由一个质子和一个中子组成)被质子散射时,在质心系和实验室系中的最大散射角分别是 $120°$ 和 $30°$,而在质子被氘核散射时,在两个坐标系中最大散射角都是 $180°$。

23. 求 $\alpha-\alpha$ 散射和 $e-e$ 散射中 $\theta = \dfrac{\pi}{2}$ 的截面 $\sigma\left(\dfrac{\pi}{2}\right)$ 并证明散射截面对 $\theta = \dfrac{\pi}{2}$ 是对称的。

24. (1) 已知电子间相互作用的库仑势 $V = \dfrac{e^2}{r}$,计算 $e-e$ 散射的截面 $\sigma(\theta)$。

(2) 将(1)的结果变换到散射前一个电子为静止的坐标系中。

第 10 章　经典与量子理想气体

本章内容包括统计理论在经典与量子理想气体中的应用①。统计物理学是从系统的微观性质出发来研究它的宏观性质，统计物理学有助于人们更深刻理解物质及其热性质。统计物理学的理论在解释气体的比热容、固体的比热容、黑体辐射、金属中的电子和玻色 — 爱因斯坦凝结等方面都获得了很大的成功。

10.1　气体的热容

气体可以分为单原子分子气体，它的分子仅由一个原子组成，比如惰性气体；双原子分子气体，它的分子由两个原子组成，比如氢气(H_2)、氧气(O_2)；多原子分子气体，它的分子由三个或三个以上的原子组成，比如二氧化碳(CO_2)、氨气(NH_3)。下面我们来讨论它们的热容。

1. 气体热容的经典理论

利用经典能量均分定理很容易得到理想气体的热容。为简单计，我们以 1 摩尔气体为例。

对单原子分子理想气体，分子只有平动能

$$\varepsilon = \frac{1}{2m}(p_x^2 + p_y^2 + p_z^2) \tag{10.1.1}$$

(m 为分子质量)。根据能量均分定理

$$\overline{\varepsilon} = \frac{3}{2}kT$$

1 摩尔气体总能量

$$\overline{E} = \frac{3}{2}N_0 kT = \frac{3}{2}RT \tag{10.1.2}$$

---

① 一般说来，服从经典统计理论的近独立粒子系统叫做经典理想气体，服从量子统计理论的近独立粒子系统称为量子理想气体。

(N_0 为阿伏伽德罗常数,R 为普适气体常数)。气体的摩尔定容比热①

$$C_V = \frac{d\overline{E}}{dT} = \frac{3}{2}R \tag{10.1.3}$$

相应地,摩尔定压比热

$$C_p = C_V + R = \frac{5}{2}R \qquad \gamma = \frac{C_P}{C_V} = \frac{5}{3} \tag{10.1.4}$$

表 10.1 给出了某些单原子分子气体实验测得的 γ 值,由此可见,理论结果与实验结果相符合。

表 10.1　　　　　某些单原子分子气体 γ 的实验值

气体	γ	气体	γ
氦(He)	1.66	氙(Xe)	1.67
氖(Ne)	1.64	钠(Na)	1.68
氩(Ar)	1.65	钾(K)	1.64
氪(Kr)	1.69	汞(Hg)	1.67

对双原子分子理想气体,分子除平动能 ε^t 外,还有转动能 ε^r 和振动能 ε^v,即

$$\begin{cases} \varepsilon = \varepsilon^t + \varepsilon^r + \varepsilon^v \\ \varepsilon^t = \dfrac{1}{2m}(p_x^2 + p_y^2 + p_z^2) \\ \varepsilon^r = \dfrac{1}{2I}\left(p_\theta^2 + \dfrac{1}{\sin^2\theta}p_\varphi^2\right) \\ \varepsilon^v = \dfrac{1}{2\mu}\left(p_r^2 + \dfrac{1}{2}Kr^2\right) \end{cases} \tag{10.1.5}$$

式中:$m = m_1 + m_2$ 是分子质量,m_1, m_2 是两个原子的质量,$\mu = \dfrac{m_1 m_2}{m_1 + m_2}$ 是分子约化质量,$I = \mu r^2$ 是分子转动惯量,K 为常数,根据能量均分定量,每个分子的平均平动能、平均转动能和平均振动能分别为

$$\overline{\varepsilon^t} = \frac{3}{2}kT \qquad \overline{\varepsilon^r} = kT \qquad \overline{\varepsilon^v} = kT \tag{10.1.6}$$

它们对摩尔定容比热的贡献相应为

---

① 1摩尔物质热容叫摩尔比热。

$$C_V^t = \frac{3}{2}R \quad C_V^r = R \quad C_V^v = R \tag{10.1.7}$$

因此,双原子分子摩尔定容比热

$$C_V = C_V^t + C_V^r + C_V^v = \frac{7}{2}R \tag{10.1.8}$$

摩尔定压比热

$$C_p = C_V + R = \frac{9}{2}R$$

$$\gamma = \frac{C_p}{C_V} = \frac{9}{7} \tag{10.1.9}$$

实验表明(见表 10.2),通常温度下双原子分子气体 $\gamma \approx 1.4$ 而非 $\frac{9}{7} \approx 1.29$。如果认为这时分子的振动能对热容无贡献,则有 $C_V = \frac{5}{2}R, C_p = \frac{7}{2}R, \gamma = \frac{7}{5} = 1.4$ 就与实验值符合。但室温下双原子分子的振动对热容为什么没有贡献却无法从经典理论中得到解释。

表 10.2　　　　　　　　　某些双原子分子气体 γ 的实验值

气体	γ	气体	γ
氢(H_2)	1.407	氧化氮(NO)	1.38
氮(N_2)	1.398	氯化氢(HCl)	1.40
氧(O_2)	1.398	溴化氢(HBr)	1.43
一氧化碳(CO)	1.396	碘化氢(HI)	1.40

对多原子分子气体,分子的能量仍可分成平动、转动、振动部分(如式(10.1.5)第一式),不过,应注意多原子分子有两种:直线型分子和非直线型分子。前者各原子平衡位置在一直线上,后者却不然。n 个原子组成的分子,共有 $3n$ 个自由度。对直线型分子,它们是 3 个平动自由度、2 个转动自由度、$3n-5$ 个振动自由度。根据能量均分定理,摩尔定容比热

$$C_V = \frac{3}{2}R + R + (3n-5)R = \left(3n - \frac{5}{2}\right)R \tag{10.1.10}$$

对非直线型分子,它们是 3 个平动自由度、3 个转动自由度、$3n-6$ 个振动自由度。摩尔定容比热为

$$C_V = \frac{3}{2}R + \frac{3}{2}R + (3n-6)R = (3n-3)R \qquad (10.1.11)$$

实验表明(见表 10.3),在通常温度下多原子分子的振动对热容的贡献同样也可以忽略。

表 10.3　　某些多原子分子气体 γ 的实验值

直线型分子		γ	非直线型分子		γ
二氧化碳	CO_2	1.29(293)	氨	NH_3	1.30(273)
一氧化二氮	N_2O	1.28(293)	甲烷	CH_4	1.30(298)
乙炔	C_2H_2	1.24(291)	乙烯	C_2H_4	1.24(291)

注：括号中数据为测量时温度(单位:K)。

2. 气体热容的量子理论

前面我们利用经典能量均分定理计算了理想气体的热容,其结果与实验值基本符合。然而也存在令人迷惑之处。主要表现为两点:一是电子对热容的贡献为什么始终没有考虑,二是通常温度下分子振动对热容的贡献为什么可以忽略。这样的问题只有在量子理论的框架内才能得到解释。下面讨论气体热容的量子理论。

从 6.4 节知,对一般气体,玻尔兹曼统计都能运用。但在应用量子理论研究气体的热容时,我们应该考虑能量量子化的问题。这时,一个气体分子能量 ε_l 一般包括平动能、转动能、振动能和电子运动的能量,即

$$\varepsilon_l = \varepsilon_l^t + \varepsilon_l^r + \varepsilon_l^v + \varepsilon_l^e \qquad (10.1.12)$$

相应的配分函数①

$$Z = \frac{e}{N}\sum g_l \mathrm{e}^{-\beta\varepsilon_l} \qquad (10.1.13)$$

(N 为气体中分子总数)。假设平动能级 ε_l^t 中有 g_l^t 个量子态,转动能级 ε_l^r 中有 g_l^r 个量子态,振动能级 ε_l^v 中有 g_l^v 个量子态,电子运动能级 ε_l^e 有 g_l^e 个量子态,那么

$$g_l = g_l^t g_l^r g_l^v g_l^e \qquad (10.1.14)$$

继而,Z 可以写成

$$Z = Z^t Z^r Z^v Z^e \qquad (10.1.15)$$

---

① 式中因子 e 的添加是为了与系综理论的结果一致。系综理论详见 10.8 节。

式中：

$$Z^t = \frac{e}{N} \sum g_l^t e^{-\beta \varepsilon_l^t}$$

$$Z^r = \sum g_l^r e^{-\beta \varepsilon_l^r}$$

$$Z^v = \sum g_l^v e^{-\beta \varepsilon_l^v}$$

$$Z^e = \sum g_l^e e^{-\beta \varepsilon_l^e} \tag{10.1.16}$$

分别为平动部分、转动部分、振动部分和电子运动部分的配分函数。

分子的平动能级总是可以看做连续的，因此能量均分定理依然适用，来自分子平动自由度的热容仍具有经典值，即

$$C_V^t = \frac{3}{2} N k \tag{10.1.17}$$

（N 为气体分子总数）。

气体内分子的振动可以看做谐振子。在量子力学中，它的能量为（见式(5.5.37)）

$$\varepsilon_l^v = \left(l + \frac{1}{2}\right) \hbar \omega \qquad (l = 0, 1, \cdots) \tag{10.1.18}$$

每个振动能级只有一个量子态，即 $g_l = 1$，而 $\omega = 2\pi\nu$，ν 为振子频率。代入式(10.1.16)中振动配分函数有

$$Z^v = \sum_l e^{-\beta \left(l + \frac{1}{2}\right) \hbar \omega} = \frac{e^{-\frac{1}{2} \beta \hbar \omega}}{1 - e^{-\beta \hbar \omega}} \tag{10.1.19}$$

分子的平均振动能

$$\overline{\varepsilon^v} = -\frac{\partial}{\partial \beta} \ln Z^v = \frac{1}{2} \hbar \omega + \frac{\hbar \omega}{e^{\beta \hbar \omega} - 1} \tag{10.1.20}$$

气体分子振动自由度对热容的贡献为

$$C_V^v = N \frac{\partial \overline{\varepsilon^v}}{\partial T} = N k \left(\frac{\hbar \omega}{kT}\right)^2 \frac{e^{\frac{\hbar \omega}{kT}}}{(e^{\hbar \omega / kT} - 1)^2} \tag{10.1.21}$$

令 $T_v = \frac{\hbar \omega}{k}$ 称为气体的振动特征温度。在 $T \ll T_v$ 和 $T \gg T_v$ 两种极限情况下，我们有如下渐近式：

$$C_V^v = N k \left(\frac{\hbar \omega}{kT}\right)^2 \frac{1}{e^{\frac{\hbar \omega}{kT}}} \to 0 \qquad (T \ll T_v)$$

$$C_V^v = N k \left(\frac{\hbar \omega}{kT}\right)^2 \frac{e^{\frac{\hbar \omega}{kT}}}{\left(\frac{\hbar \omega}{kT}\right)^2} \to N k \qquad (T \gg T_v) \tag{10.1.22}$$

一般气体的振动特征温度都非常高(见表 10.4)。因此,常温下振动自由度对气体热容贡献很小,以致可以忽略。随着温度升高振动热容也增大,直至经典值。

表 10.4　　　　　　　　某些气体的振动特征温度

气体	H_2	N_2	O_2	C_O	HCl	HBr	HI
振动特征温度(K)	6000	3340	2230	3070	4140	3700	3200

在上面的分析中,我们只考虑了一个振动频率,即认为气体分子只有一个振动自由度,这属于双原子分子情形。对多原子分子,振动自由度不止一个,它们的数目决定分子的所谓简正振动的数目①。每一种简正振动有它自己的频率 ν_i(或 ω_i)。但应注意,这些振动频率有可能彼此重合,这时,我们称这些频率是简并的。当振动很微小时,所有简正振动都是独立的。在这种情况下,分子振动能量就是各个简正振动的能量之和,而振动部分的配分函数则是各个简正振动的配分函数之积,即

$$Z^v = \prod_i \frac{e^{-\frac{1}{2}\beta\hbar\omega_i}}{1 - e^{-\beta\hbar\omega_i}} \tag{10.1.23}$$

所以,多原子分子的振动热容为

$$C_V^v = \sum_i Nk \left(\frac{\hbar\omega_i}{kT}\right)^2 \frac{e^{\hbar\omega_i/kT}}{(e^{\hbar\omega_i/kT}-1)^2} = Nk \sum_i \left[\frac{\frac{\hbar\omega_i}{2kT}}{\text{sh}\frac{\hbar\omega_i}{2kT}}\right]^2 \tag{10.1.24}$$

双原子分子的转动可以看做自由转子,在量子力学中,它的能量为(参见第 8 章例题 5)

$$\varepsilon_l^r = \frac{\hbar^2}{2I}l(l+1) \qquad (l = 0, 1, \cdots) \tag{10.1.25}$$

转动能级的简并度为 $2l+1$,因此,转动配分函数

$$Z^r = \sum_l (2l+1) e^{-\frac{\beta\hbar^2}{2I}l(l+1)} = \sum_l (2l+1) e^{-l(l+1)T_r/T} \tag{10.1.26}$$

式中: $T_r = \frac{\hbar^2}{2Ik}$ 为气体的转动特征温度。

一般气体的转动特征温度都很低(见表 10.5),通常成立 $T_r/T \ll 1$。这时我们可以用下列积分代替式(10.1.26)中的求和

---

① 见本节前面关于多原子分子的论述。

$$Z^r \cong \int_0^\infty (2x+1) e^{-x(x+1)T_r/T} dx = \frac{T}{T_r} \quad (10.1.27)$$

因此,分子的平均转动能

$$\overline{\varepsilon^r} = -\frac{\partial}{\partial \beta} \ln Z^r = kT \quad (10.1.28)$$

转动自由度对气体热容的贡献

$$C_V^r = N \frac{d \overline{\varepsilon^r}}{dT} = Nk \quad (10.1.29)$$

可见通常温度下转动热容量具有经典数值。

有一点值得注意:对于同核双原子分子,转动配分函数的计算式(6.1.26)一般须作适当修改。这是因为全同粒子不可分辨性对波函数对称性的限制使得转动能级或转动量子数(l)的选取也相应有一定的限制。比如氢分子(H_2),氢核为质子,自旋$\frac{1}{2}$,波函数应为反对称的。这时波函数由转动部分和自旋部分构成。转动部分的对称性取决于l,若l为奇数,转动波函数反对称,l为偶数,转动波函数对称。由量子力学知①,两个质子的总自旋只能取0(两质子自旋反平行)或1(两质子自旋平行)。自旋为0时,自旋波函数反对称,自旋为1时,自旋波函数对称。由于总的波函数应是反对称的,因此,两氢核自旋平行时,转动量子数l只能取奇数;两氢核自旋反平行时,转动量子数只能取偶数。前者称为正氢,后者称为仲氢。这时转动配分函数应包括这两部分的贡献。若记Z_o^r和Z_p^r分别为正氢和仲氢的转动配分函数,则

$$Z_o^r = \sum_{l=1,3,\cdots} (2l+1) e^{-l(l+1)T_r/T}$$

$$Z_p^r = \sum_{l=0,2,\cdots} (2l+1) e^{-l(l+1)T_r/T} \quad (10.1.30)$$

由此即可求得正氢和仲氢的转动热容$C_{V_o}^r$和$C_{V_p}^r$。通常氢气是$\frac{3}{4}$的正氢和$\frac{1}{4}$的仲氢的混合物,所以氢气的转动热容应为

$$C_V^r = \frac{3}{4} C_{V_o}^r + \frac{1}{4} C_{V_p}^r \quad (10.1.31)$$

利用式(10.1.30)、式(10.1.31)便可计算实际氢气的转动热容,所得结果与实验符合。

---

① 参见量子力学有关章节。

多原子分子的转动惯量值一般都相当大,相应地,转动部分的量子效应比较小,因此,多原子分子的转动总能用经典近似处理。这时,对非直线型分子,转动自由度可由 3 个欧拉角描写,而转动部分的热容则为

$$C_V^r = \frac{3}{2}Nk \tag{10.1.32}$$

对直线型分子,转动自由度与双原子分子一样只有两个,转动部分的热容仍具有式(10.1.29)所给值①。

表 10.5　　　　　　某些气体的转动特征温度

气体	H_2	D_2	HCl	HI	N_2	O_2
转动特征温度(k)	85.4	4.3	15.1	9.0	2.85	2.07

至于电子运动对气体热容的贡献,由于电子激发态与基态能量之差大概在几个电子伏特的数量级,相应的特征温度为 $10^4 \sim 10^5 K$。一般温度下,电子的自由度不可能被热运动所激发,从而电子被冻结在基态,对热容无贡献。

10.2　固体的热容

1. 固体热容的经典理论

固体的热容,更确切地说,晶体中晶格热容可以利用经典能量均分定理得到。固体中的原子能在其平衡位置附近做微小振动。一个含有 N 个原子的固体共有 $3N$ 个自由度,其中 6 个是整个固体的平动自由度和转动自由度,所以振动自由度为 $3N-6$。由于 N 很大,因此可以认为振动自由度即 $3N$。从经典力学知,选择适当的简正坐标,可以把 $3N$ 个振动分解成彼此独立的简正振动②。根据能

---

①　这里需要指出的是,在计算多原子分子的转动配分函数(式(10.1.16))时,由于一个气体分子中可能含有几个相同的原子,交换这些相同的原子的对称操作并不会产生物理上不同的状态,因此,若以 λ 表示这些可能的对称操作个数,那么实际的配分函数应该等于原定义(式(10.1.16)第 2 式)除以 λ。比如:H_2O 分子为等腰三角形,$\lambda=2$;NH_3 分子为正三角锥体,$\lambda=3$;CH_4 分子为正四面体,$\lambda=12$;C_6H_6 分子为正六角形,$\lambda=12$;CO_2(OCO) 分子为直线型对称,$\lambda=2$;N_2O(NNO) 为直线型但非对称,$\lambda=1$。

②　固体中原子间虽有很强的相互作用,但若存在这样的简正分解,则仍可把这 $3N$ 个振子看做一由近独立子系组成的系统,这样的固体叫理想固体。

量均分定理,每个振动自由度的平均能量为 kT,所以固体的内能

$$\overline{E} = E_0 + 3NkT \tag{10.2.1}$$

式中:E_0 是固体中全部原子处在平衡位置时的相互作用能,它只与体积有关。由此得固体的热容为

$$C_V = \left(\frac{\partial \overline{E}}{\partial T}\right)_V = 3Nk \tag{10.2.2}$$

这个结果与杜隆-珀替 1819 年从实验所发现的定律符合①。实验测量的虽然通常是固体的定压热容,并非式(10.2.2)给出的定容热容。但因固体体积变化不大。二者近似相等(见表 10.6)。不过,固体热容的经典理论给出的热容是一个与温度无关的恒定值。而低温下对固体热容的实验测量表明,固体的热容随温度的降低而减少并在 $T=0$ 时变为零②。固体热容的低温特性可用如下关系式表示。

$$C_V = \alpha T^3 + \gamma T \tag{10.2.3}$$

式中:α 和 γ 为常数。

这一关系是经典理论所不能解释的。下面,我们将在量子理论框架内说明第一项来自晶格热容,第二项来自电子热容。

表 10.6 在 1 个大气压和 298K 条件下某些固体的摩尔定压热容

元素	Al	Au	Cu	S	Si
C_p(J/mol·K)	24.4	25.4	24.5	22.7	19.9

2. 固体热容的量子理论

按照量子理论,简正振动的能量是不连续的。若振动频率为 ν,则简正振动的能量为 $\varepsilon_l = \left(l + \frac{1}{2}\right)h\nu$。固体中 $3N$ 个独立的简正振动所对应的近独立子系统服从玻尔兹曼统计。因此,相应频率为 ν 的简谐振动的配分函数为

$$Z = \sum_{l=0}^{\infty} e^{-\beta(l+\frac{1}{2})h\nu} = \frac{e^{-\beta h\nu/2}}{1 - e^{-\beta h\nu}} \tag{10.2.4}$$

谐振子的平均能量为

$$\overline{\varepsilon} = -\frac{\partial}{\partial \beta}\ln Z = \frac{h\nu}{e^{h\nu/kT} - 1} + \frac{1}{2}h\nu \tag{10.2.5}$$

---

① 杜隆-珀替定律是说,1 摩尔固体比热容等于 6 卡。

② $T=0$ 时系统热容为零也是热力学第三定律的要求。

要计算 $3N$ 个振子的总能量进而求得固体的热容就必须确定每个振子的振动频率。完全给出固体的整个振动谱是很困难的，理论上最常用的有两种模型，即爱因斯坦理论和德拜理论。

(1) 爱因斯坦理论

爱因斯坦认为，固体中所有简正振动的频率都相同，因而固体总能量

$$\overline{E} = 3N\overline{\varepsilon} = \frac{3Nh\nu}{e^{h\nu/kT}-1} + E_0 \tag{10.2.6}$$

式中：$E_0 = \frac{3}{2}Nh\nu$ 为一常数。固体的热容①

$$C_V = \left(\frac{\partial \overline{E}}{\partial T}\right)_V = 3Nk\left(\frac{\Theta_E}{T}\right)^2 \frac{e^{\Theta_E/T}}{(e^{\Theta_E/T}-1)^2} \tag{10.2.7}$$

这就是爱因斯坦的固体热容公式，式中 $\Theta_E = \frac{h\nu}{k}$ 为爱因斯坦特征温度。在 $\frac{\Theta_E}{T} \ll 1$ 和 $\frac{\Theta_E}{T} \gg 1$ 的情况下，式(10.2.7) 化成

$$\begin{aligned} C_V &= 3Nk & \left(\frac{\Theta_E}{T} \ll 1\right) \\ C_V &= 3Nk\left(\frac{\Theta_E}{T}\right)^2 e^{-\frac{\Theta_E}{T}} & \left(\frac{\Theta_E}{T} \gg 1\right) \end{aligned} \tag{10.2.8}$$

由此可见，在高温下，爱因斯坦理论给出与经典一致的结果。在低温下，爱因斯坦理论也表明，固体热容随温度下降至零而减少至零。但爱因斯坦理论与实验观测的规律式(10.2.3) 并不定量符合，这是因为爱因斯坦理论过于简单。

(2) 德拜理论

为了纠正爱因斯坦理论将固体中原子振动频率视为全都相同这一过分粗糙的假设，德拜认为，固体中简正振动的频率是从零到某一最大频率的连续频谱。德拜将固体看做一连续弹性介质，固体中的振动则对应在这种介质中传播的弹性波所形成的各种频率的驻波。利用波动方程便可以计算出频率在 $(\nu, \nu + d\nu)$ 间隔的驻波解的数目即简正振动数。

设 u 表弹性介质中质点位移，c 是弹性波传播速度，则波动方程为②

$$\frac{\partial^2 u}{\partial x^2} + \frac{\partial^2 u}{\partial y^2} + \frac{\partial^2 u}{\partial z^2} - \frac{1}{c^2}\frac{\partial^2 u}{\partial t^2} = 0 \tag{10.2.9}$$

---

① 由于固体定压和定容热容相差很小，我们将不加以区分而笼统地称为固体热容。

② 参见数学物理方法及弹性力学教科书。

令
$$u = f(t)X(x)Y(y)Z(z) \tag{10.2.10}$$
代入(10.2.9)式并用 u 除,得
$$\frac{1}{X}\frac{d^2 X}{dx^2} + \frac{1}{Y}\frac{d^2 Y}{dy^2} + \frac{1}{Z}\frac{d^2 Z}{dz^2} - \frac{1}{c^2 f}\frac{d^2 f}{dt^2} = 0 \tag{10.2.11}$$
上式可以分离成
$$\frac{1}{X}\frac{d^2 X}{dx^2} = -p^2 \qquad \frac{1}{Y}\frac{d^2 Y}{dy^2} = -q^2$$
$$\frac{1}{Z}\frac{d^2 Z}{dz^2} = -r^2 \qquad \frac{1}{f}\frac{d^2 f}{dt^2} = -\omega^2 \tag{10.2.12}$$
式中:p, q, r, ω 均为常数,且满足如下关系:
$$p^2 + q^2 + r^2 = \frac{\omega^2}{c^2} \tag{10.2.13}$$
方程组(10.2.12)解为
$$X = A\sin(px+\alpha) \qquad Y = B\sin(qy+\beta)$$
$$Z = C\sin(rz+\gamma) \qquad f = D\sin(\omega t+\theta) \tag{10.2.14}$$
设弹性体为一长方体,取顶点为原点,长、宽、高分别沿三个坐标轴正向,且长度为 l_1, l_2, l_3。对驻波解必有
$$\begin{aligned} X &= 0 \qquad \text{当 } x = 0, l_1 \\ Y &= 0 \qquad \text{当 } y = 0, l_2 \\ Z &= 0 \qquad \text{当 } z = 0, l_3 \end{aligned} \tag{10.2.15}$$
将边界条件式(10.2.15)代入式(10.2.14),得①
$$p = \frac{n_1 \pi}{l_1} \qquad q = \frac{n_2 \pi}{l_2} \qquad r = \frac{n_3 \pi}{l_3} \qquad (n_1, n_2, n_3, = 1, 2, \cdots)$$
$$\alpha = \beta = \gamma = 0 \tag{10.2.16}$$
将式(10.2.16)代入式(10.2.13),得
$$\frac{n_1^2 \pi^2}{l_1^2} + \frac{n_2^2 \pi^2}{l_2^2} + \frac{n_3^2 \pi^2}{l_3^2} = \frac{\omega^2}{c^2}$$
即
$$\frac{n_1^2}{l_1^2} + \frac{n_2^2}{l_2^2} + \frac{n_3^2}{l_3^2} = \frac{4\nu^2}{c^2} \tag{10.2.17}$$
这里 n_1, n_2, n_3 为正整数,$\omega = 2\pi\nu$,ν 为振动频率。满足上式的任一组正整数都代

---

① n_i 不能为零或负整数,因若 $n_i = 0$ 则 $u = 0$;若 n_i 为负整数,其解仍形如式(3.2.14),它至多使 u 改变符号而不会给出新解。

表一个频率为 ν 的简正振动。据此我们就可计算出位于频率间隔 $(\nu,\nu+\mathrm{d}\nu)$ 内的简正振动数。首先,我们来计算频率小于 ν 的简正振动数目。如果将三维空间等分成单位立方体网格,那么坐标为 (n_1,n_2,n_3) 的点都位于三维直角坐标系第一卦限的单位立方体顶角上。这意味着第一卦限内每单位体积有且仅有这样一个点。另一方面,n_1,n_2,n_3 这组正整数又应满足不等式

$$\frac{n_1^2}{l_1^2}+\frac{n_2^2}{l_2^2}+\frac{n_3^2}{l_3^2}\leqslant\frac{4\nu^2}{c^2} \tag{10.2.18}$$

它表明这样的点都包含在上式所描述的椭球体在第一卦限所包围的体积内。因此,坐标为 (n_1,n_2,n_3) 的点的数目,即频率小于 ν 的简正振动数目就等于此椭球体积的 $\frac{1}{8}$:

$$N(\nu)=\frac{1}{8}\times\frac{4}{3}\pi\times\frac{2l_1\nu}{c}\times\frac{2l_2\nu}{c}\times\frac{2l_3\nu}{c}=\frac{4}{3}\pi V\left(\frac{\nu}{c}\right)^3 \tag{10.2.19}$$

式中 $V=l_1l_2l_3$ 是弹性体即固体体积。于是,位于频率间隔 $(\nu,\nu+\mathrm{d}\nu)$ 内简正振动数目便等于两个椭球壳层间的体积

$$\mathrm{d}N(\nu)=\frac{4\pi V}{c^3}\nu^2\mathrm{d}\nu \tag{10.2.20}$$

另外还需注意的是,对每一个频率 ν,弹性体都能传播两种波:纵波和横波。因此,若记纵波波速为 c_l,它只一个偏振方向;横波波速为 c_t,它有两个偏振方向,那么频率在 $(\nu,\nu+\mathrm{d}\nu)$ 间隔内的简正振动数目应该包含这两方面的贡献。从而①

$$g(\nu)\mathrm{d}\nu=4\pi V\left(\frac{2}{c_t^3}+\frac{1}{c_l^3}\right)\nu^2\mathrm{d}\nu \tag{10.2.21}$$

简正振动的频率 ν_D 按函数 $g(\nu)$ 连续分布在 0 到某一最高频率 ν_D 内。ν_D 称为德拜频率,它满足关系

$$\int_0^{\nu_D}g(\nu)\mathrm{d}\nu=\int_0^{\nu_D}4\pi V\left(\frac{2}{c_t^3}+\frac{1}{c_l^3}\right)\nu^2\mathrm{d}\nu=3N \tag{10.2.22}$$

由此得

$$\nu_D^3=\frac{9N}{4\pi V\left(\frac{2}{c_t^3}+\frac{1}{c_l^3}\right)} \tag{10.2.23}$$

因为一个频率为 ν 的简正振动的平均能量(式(10.2.5))

$$\overline{\varepsilon}=\frac{h\nu}{\mathrm{e}^{h\nu/kT}-1}+\frac{1}{2}h\nu \tag{10.2.24}$$

---

① 这里我们用 $g(\nu)\mathrm{d}\nu$ 代替 $\mathrm{d}N(\nu)$ 以表示修正后的结果,而 $g(\nu)$ 则为频率分布。

所以固体的内能为

$$\overline{E} = \int_0^{\nu_D} \overline{\varepsilon}\, g(\nu)\, d\nu = \frac{9N}{\nu_D^3} \int_0^{\nu_D} \frac{h\nu^3}{e^{h\nu/kT}-1} d\nu + E_0 \tag{10.2.25}$$

式中：$E_0 = \frac{9}{8} Nh\nu_D$ 为常数。继而得到固体热容

$$C_V = \left(\frac{\partial \overline{E}}{\partial T}\right)_\nu = \frac{9Nk}{\nu_D^3} \int_0^{\nu_D} \left(\frac{h}{kT}\right)^2 \frac{e^{h\nu/kT}\nu^4}{(e^{h\nu/kT}-1)^2} d\nu \tag{10.2.26}$$

令

$$y = \frac{h\nu}{kT} \quad x = \frac{h\nu_D}{kT} = \frac{\Theta_D}{T} \quad \Theta_D = \frac{h\nu_D}{k} \tag{10.2.27}$$

并利用分部积分可将式(10.2.26)化成如下形式：

$$C_V = \frac{9Nk}{x^3} \int_0^x \frac{y^4 e^y}{(e^y-1)^2} dy = 3Nk\left[4D(x) - \frac{3x}{e^x-1}\right] \tag{10.2.28}$$

式中：

$$D(x) = \frac{3}{x^3} \int_0^x \frac{y^3 dy}{e^y-1} \tag{10.2.29}$$

式(10.2.29)就是德拜的固体热容公式，$D(x)$ 叫德拜函数，Θ_D 是德拜特征温度。注意到

$$D'(X) = \frac{d}{dx} D(x) = \frac{3}{e^x-1} - \frac{3}{x} D(x) \tag{10.2.30}$$

式(10.2.28)也可写成

$$C_V = 3Nk\left[D\left(\frac{\Theta_D}{T}\right) - \frac{\Theta_D}{T} D'\left(\frac{\Theta_D}{T}\right)\right] \tag{10.2.31}$$

在 $\frac{\Theta_D}{T} \ll 1$ 和 $\frac{\Theta_D}{T} \gg 1$ 的两种极限情况下，德拜函数(式(10.2.29))的渐近式为

$$D(x) = \frac{3}{x^3} \int_0^x \frac{y^3 dy}{e^y-1} \approx \frac{3}{x^3} \int_0^x y^2 dy = 1 \quad \left(\frac{\Theta_D}{T} \ll 1\right)$$

$$D(x) = \frac{3}{x^3} \int_0^x \frac{y^3 dy}{e^y-1} \approx \frac{3}{x^3} \int_0^\infty \frac{1}{e^y} \frac{y^3}{1-e^{-y}} dy$$

$$= \frac{3}{x^3} \int_0^\infty \frac{y^3}{e^y} \sum_{n=0}^\infty e^{-ny} dy = \sum_{n=1}^\infty \frac{3}{x^3} \int_0^\infty y^3 e^{-ny} dy$$

$$= \frac{3}{x^3} \sum_{n=1}^\infty \frac{6}{n^4} = \frac{18}{x^3} \frac{\pi^4}{90} = \frac{\pi^4}{5x^3} \quad \left(\frac{\Theta_D}{T} \gg 1\right) \tag{10.2.32}$$

相应固体的热容为

$$C_V = 3Nk \quad \left(\frac{\Theta_D}{T} \ll 1 \quad \frac{x}{e^x-1} \cong 1\right)$$

$$C_V = 3Nk\,\frac{4\pi^4}{5x^3} = \frac{12Nk\pi^4}{5}\frac{T^3}{\Theta_D^3} \quad \left(\frac{\Theta_D}{T} \gg 1 \quad \frac{x}{e^x - 1} \cong 0\right) \quad (10.2.33)$$

可见，在高温下，德拜理论也给出与经典理论相同的结果。而在低温下，德拜理论预言，固体的热容将依温度的三次方减小至零。这个规律称为德拜 T^3 定律。它正确说明了实验结果（式(10.2.3)）第一项的由来，至于第二项的意义我们将在 10.6 节予以阐明。总的说来，德拜关于固体热容的公式(10.2.28)在整个温度范围内都和实验结果符合得很好。但更为细致的分析表明，在用德拜公式拟合实验数据时，Θ_D 并非常数，而依温度略有不同（见表 10.7）。这说明德拜公式也不是完全精确的[①]。玻恩等人认为，在涉及高频时，固体不能再被当做弹性连续体看待，在此基础上，他们给出了更为严格的理论[②]。可惜，在实用上，这些结果并未见明显改善之处。所以我们可以认为德拜公式已是一个相当好的近似公式。

表 10.7　不同温度下金刚石的德拜特征温度 Θ_D(K)。

T(K)	Θ_D	T(K)	Θ_D	T(K)	Θ_D
70.2	1930	105.1	1900	211.8	1820
75.4	1890	125.3	1874	231.1	1817
81.6	1900	153.7	1845	252.4	1840
88.6	1930	173.3	1833	276.6	1855
96.7	1920	200.9	1818	288.0	1865

*10.3　顺磁性物质

物质在磁场中会呈现不同程度的磁性，这种现象称为磁化，这种物质称为磁介质。有些磁介质磁化后，其磁矩与磁场方向一致，这类物质称为顺磁性物质，或顺磁。顺磁性物质的原子（分子）中电子的轨道角动量和内禀角动量（自旋）耦合而成的总角动量不等于零，它们具有永久磁（偶极）矩[③]。原子（分子）的永久磁矩称为固有磁矩（μ），它与总角动量（J）的关系为

$$\boldsymbol{\mu} = g\frac{e}{2m}\boldsymbol{J} \tag{10.3.1}$$

[①] 否则在整个温度范围 Θ_D 应与 T 无关。
[②] M. Blackman, Handbuch der Dhysik, Springer, Berlin 1955.
[③] 原子（分子）中原子核的磁矩（核磁矩）非常小，可以忽略。

式中:e是电子电荷,m是电子质量,g是朗德因子,对一定的原子,g是一个常数。原子(分子)的磁矩在没有磁场的情况下作无规则取向,宏观上不表现任何磁性。在磁场中,这些磁矩倾向于沿磁场方向规则取向,物质表现出顺磁性①。原子(分子)磁化的宏观效应可以用磁化强度 M 来表示,它被定义为单位体积的磁矩。下面我们利用统计理论计算顺磁物质的磁化强度。

在外磁场($\boldsymbol{B}$)中,原子磁矩的势能为

$$\varepsilon = -\boldsymbol{\mu} \cdot \boldsymbol{B} = -g\frac{e}{2m}\boldsymbol{J} \cdot \boldsymbol{B} = -g\frac{e\hbar}{2m}m_J B \tag{10.3.2}$$

式中:m_J 是磁量子数,根据量子力学中的角动量理论,我们知道,它的取值只能是 $-J, -J+1, \cdots, J-1, J$ 共 $2J+1$ 个。如果顺磁物质中原子间的相互作用能够忽略,那么对顺磁物质可以应用玻尔兹曼分布

$$n_l = g_l e^{-\alpha - \beta \varepsilon_l} \tag{10.3.3}$$

由式(10.3.2)知,此时 $g_l = 1$。考虑单位体积的顺磁物质,将式(10.3.3)对各种可能的能级求和有

$$n = \sum n_l = \sum e^{-\alpha - \beta \varepsilon_l} \tag{10.3.4}$$

式中:n 为单位体积的原子总数。于是,n 个原子在磁场方向上的平均磁偶极矩,即磁化强度 M 应为

$$M = \sum_{m_J=-J}^{J} g\mu_B m_J e^{-\alpha - \beta g \mu_B m_J B} \tag{10.3.5}$$

这里,$\mu_B = \dfrac{e\hbar}{2m}$ 为玻尔磁子,$g\mu_B m_J$ 则为原子磁矩在外磁场方向的可能取值。由式(10.3.4)知

$$e^{-\alpha} = \frac{n}{\sum e^{-\beta \varepsilon_l}} = \frac{n}{\sum\limits_{m_J} e^{\beta g \mu_B m_J B}} \tag{10.3.6}$$

将式(10.3.6)代入式(10.3.5),得

$$M = \frac{n}{\sum\limits_{m_J} e^{\beta g \mu_B m_J B}} \sum_{m_J} g\mu_B m_J e^{\beta g \mu_B m_J B}$$

$$= \frac{n}{\sum\limits_{m_J} e^{\beta g \mu_B m_J B}} \frac{1}{\beta} \frac{\partial}{\partial B} \sum_{m_J} e^{\beta g \mu_B m_J B}$$

---

① 原子(分子)还会因在磁场中获得感应磁偶极矩而具有逆磁性,但这种逆磁性比其固有磁矩引起的顺磁性要小。

$$= nkT\frac{\partial}{\partial B}\ln\sum_{m_J}\mathrm{e}^{\beta g\mu_B m_J B} \qquad (10.3.7)$$

令
$$x = \frac{g\mu_B JB}{kT}$$

式(10.3.7)中的求和变成

$$\sum_{m_J=-J}^{J}\mathrm{e}^{m_J x/J} = \frac{\mathrm{e}^{-x}-\mathrm{e}^{x+\frac{x}{J}}}{1-\mathrm{e}^{\frac{x}{J}}} = \frac{\mathrm{sh}\frac{2J+1}{2J}x}{\mathrm{sh}\frac{x}{2J}} \qquad (10.3.8)$$

将上式代入式(10.3.7)得

$$M = ng\mu_B JB_J(x) \qquad (10.3.9)$$

式中：
$$B_J(x) = \frac{2J+1}{2J}\mathrm{cth}\frac{2J+1}{2J}x - \frac{1}{2J}\mathrm{cth}\frac{x}{2J} \qquad (10.3.10)$$

称为布里渊函数

在高温弱磁场情况下，$x = \frac{g\mu_B JB}{kT} \ll 1$，这时

$$B_J(x) = \frac{2J+1}{2J}\left(\frac{2J}{2J+1}\frac{1}{x}+\frac{1}{3}\frac{2J+1}{2J}x\right) - \frac{1}{2J}\left(\frac{2J}{x}+\frac{1}{3}\frac{x}{2J}\right)$$

$$= \frac{(2J+1)^2-1}{4J^2}\frac{x}{3} = \frac{J+1}{J}\frac{x}{3}$$

$$M = ng\mu_B J\frac{J+1}{J}\frac{1}{3}\frac{g\mu_B JB}{kT} = \frac{n\left[g\mu_B\sqrt{J(J+1)}\right]^2}{3kT}B \qquad (10.3.11)$$

它表明，顺磁物质的磁化强度与外磁场成正比，与温度成反比，这就是居里定律。

在低温强磁场情况下，$x = \frac{g\mu_B JB}{kT} \gg 1$。特别当 $x \to \infty$ 的极限时

$$\mathrm{cth}\,x = 1 \qquad B_J(x) = \frac{2J+1}{2J} - \frac{1}{2J} = 1 \qquad (10.3.12)$$

$$M = ng\mu_B J$$

它表明，此时所有原子磁矩都趋向外磁场方向，即达到饱和状态。

上述统计理论中把磁性原子（或离子）看作是自由的，即除去磁场外，不受其他影响。实用上，处在稀释状态下的顺磁盐离子，相互作用较弱，基本上与上述理论所讨论的情况吻合。表 10.8 列举了一些稀土族离子按式(10.3.1)（以玻尔磁子为单位）计算的有效磁子数 $P_{th} = g\sqrt{J(J+1)}$ 和实验所测值 P_{exp} 的比较。由表 10.8 可见，实验结果在大多数情况下都与理论相符。

表 10.8　　稀土族离子的有效磁子数

离子	外层 $4f$ 电子数	基态	P_{th}	P_{exp}
Ce^{3+}	1	$^2F_{5/2}$	2.54	2.4
Pr^{3+}	2	$^3H_4$	3.58	3.5
Nd^{3+}	3	$^4I_{9/2}$	3.62	3.5
Pm^{3+}	4	$^5I_4$	2.68	
Sm^{3+}	5	$^6H_{5/2}$	0.84	1.5
Eu^{3+}	6	$^7F_0$	0	3.4
Gd^{3+}	7	$^8S_{7/2}$	7.94	8.0
Tb^{3+}	8	$^7F_6$	9.72	9.5
Dy^{3+}	9	$^6H_{15/2}$	10.63	10.6
Ho^{3+}	10	$^5I_8$	10.60	10.4
Er^{3+}	11	$^4I_{15/2}$	9.59	9.5
Tm^{3+}	12	$^3H_6$	7.57	7.3
Yb^{3+}	13	$^2F_{7/2}$	4.54	4.5

10.4　热辐射与光子气体

所有物体都会由于它们自身的温度而辐射电磁波（热辐射）。辐射与空窖达到热平衡时，辐射具有完全确定的性质，这种辐射称为黑体辐射。利用经典电动力学和统计力学，瑞利和金斯导出了热平衡辐射能量分布公式（瑞利 — 金斯公式）

$$E_\nu d\nu = \frac{8\pi\nu}{c^3}kT\nu^2 d\nu \qquad (10.4.1)$$

这个公式只在低频部分与实验结果一致，而在高频部分则不符，特别是当 $\nu \to \infty$ 时，$E_\nu \to \infty$，这导致紫外发散困难。比这早些时候，维恩从分析实验数据中得到另一个公式（维恩公式）

$$E_\nu d\nu = c_1 \nu^3 e^{-\frac{c_2\nu}{T}} d\nu \qquad (10.4.2)$$

（c_1, c_2 为两个经验参数）。但这个公式虽在高频部分与实验符合，却在低频部分与实验结果有分歧。为了解决热辐射问题中理论与实验的矛盾，普朗克提出了量子假说,并由此建立了量子论①。由于微观粒子的波粒二象性,辐射场既可看做由各种频率的电磁波组成,也可看做光子的集合。普朗克推导黑体辐射公式采用的是第一种方法,这里将采用第二种方法②。

由于光子的静质量为零,在任何情况下,玻尔兹曼分布都不适用。光子间没有相互作用(电磁场叠加原理使然),所以光子集合形成的"气体"是一种量子理想气体。光子的自旋为1,光子是一种玻色子,遵守玻色—爱因斯坦分布

$$n_l = \frac{g_l}{e^{\alpha+\beta\varepsilon_l} - 1} \tag{10.4.3}$$

辐射场与物质达到热平衡的过程是物质不断吸收和发射光子的过程,光子数不守恒。因此,在用最可几方法推导它的分布函数时,没有 $\sum_l n_l = N$ 这一限制条件,不会出现不定乘子 α,即式(10.4.3)中 $\alpha = 0$。另外,光子有两个偏振方向 $g_l = 2$。所以,对光子气体,式((10.4.3)应为

$$n_l = \frac{2}{e^{\beta\varepsilon_l} - 1} \tag{10.4.4}$$

根据爱因斯坦质能关系

$$\varepsilon^2 = p^2 c^2 + m^2 c^4 \tag{10.4.5}$$

和光子静质量 $m = 0$ 知:光子的能量与动量满足

$$\varepsilon = pc \tag{10.4.6}$$

利用对应定律,式(10.4.4)成为

$$dn = \frac{2}{h^3} \frac{1}{e^{\beta\varepsilon} - 1} d\mathbf{r} d\mathbf{p} \tag{10.4.7}$$

完成对坐标和动量方位的积分,得到能量处在 $(\varepsilon, \varepsilon + d\varepsilon)$ 范围内的光子数

$$dn_\varepsilon = \frac{2}{h^3} \frac{p^2}{e^{\beta\varepsilon} - 1} dp \iiint dx dy dz \iint \sin\theta d\theta d\phi$$

$$= \frac{2}{h^3} \frac{V 4\pi p^2}{e^{\beta\varepsilon} - 1} dp = \frac{8\pi V}{h^3 c^3} \frac{\varepsilon^2 d\varepsilon}{e^{\beta\varepsilon} - 1} \tag{10.4.8}$$

利用德布罗意关系式(5.1.12)即可求出在频率间隔 $(\nu, \nu + d\nu)$ 内所包含的辐射能量为

$$E_\nu d\nu = h\nu dn_\varepsilon = \frac{8\pi V}{c^3} \frac{h\nu^3 d\nu}{e^{\frac{h\nu}{kT}} - 1} \tag{10.4.9}$$

---

① E. V. Condon, Physics Today No. 10(1962).
② 与此相似,也可认为晶格的微小振动形成各种频率的波或产生联属于波的量子(声子),因此晶格的热容也可以看做声子气体的热容,10.2节采用的是第一种方法。

这就是普朗克黑体辐射公式。

在低频高温的情况下，$\frac{h\nu}{kT} \ll 1$，$e^{\frac{h\nu}{kT}} - 1 \sim \frac{h\nu}{kT}$，这时普朗克公式化为

$$E_\nu d\nu = \frac{8\pi V}{c^3} kT\nu^2 d\nu \qquad (10.4.10)$$

此即瑞利—金斯公式(10.4.1)。在高频低温情况下，$\frac{h\nu}{kT} \gg 1$，$e^{\frac{h\nu}{kT}} - 1 \sim e^{\frac{h\nu}{kT}}$，这时普朗克公式化为

$$E_\nu d\nu = \frac{8\pi V h}{c^3} \nu^3 e^{-\frac{h\nu}{kT}} d\nu \qquad (10.4.11)$$

此即维恩公式(10.4.2)。图 10.1 标绘了用普朗克公式、瑞利—金斯公式和维恩公式计算所得的频谱分布(E_ν)曲线。

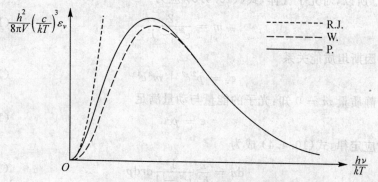

图 10.1　普朗克公式的频谱分布曲线
(P.表示普朗克公式，R.J.表示瑞利公式，W.表示维恩公式所得结果)

利用频率与波长的关系 $\nu = \frac{c}{\lambda}$，可将普朗克公式(10.4.9)改用波长 λ 表示

$$E_\lambda d\lambda = \frac{8\pi V hc}{\lambda^5} \frac{1}{e^{\frac{hc}{\lambda kT}} - 1} d\lambda \qquad (10.4.12)$$

由此求得

$$\frac{dE_\lambda}{d\lambda} = 8\pi V hc \frac{-5 e^{\frac{hc}{\lambda kT}}}{\lambda^6 (e^{\frac{hc}{\lambda kT}} - 1)^2} \left(1 - e^{-\frac{hc}{\lambda kT}} - \frac{1}{5\lambda} \frac{hc}{kT}\right) \qquad (10.4.13)$$

设 λ_m 为 E_λ 取极大值时相应的波长，则由

$$\frac{dE_\lambda}{d\lambda} = 0$$

有
$$1 - \frac{1}{5}\frac{hc}{\lambda_m kT} - e^{-\frac{hc}{\lambda_m KT}} = 0 \tag{10.4.14}$$

此超越方程的解 $y_m = \dfrac{hc}{\lambda_m kT}$ 可以从下面两曲线的交点得到

$$\begin{cases} f(y) = \dfrac{y}{5} \\ f(y) = 1 - e^{-y} \end{cases} \tag{10.4.15}$$

作图法(图 10.2)给出

$$y_m = 4.695$$

即
$$\lambda_m T = 2.898 \times 10^{-3}\,\mathrm{m\cdot K} \tag{10.4.16}$$

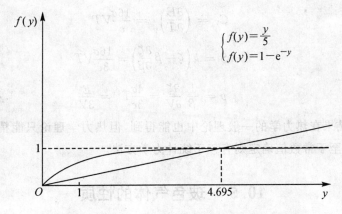

图 10.2　方程(10.4.15)的图解法

它表明,当温度升高时,辐射能最大的波长以与温度成反比的方式向短波方向移动。这一规律称为维恩位移定律。

最后,我们来计算光子气体的热力学函数。利用式(6.3.26),并注意到对光子气体,$g_l = 2, \alpha = 0$ 以及如通常那样将求和转换为积分,我们便得到

$$\zeta = -\sum_l 2\ln(1-e^{-\beta\varepsilon_l}) = -\int \frac{2d\boldsymbol{p}d\boldsymbol{r}}{h^3}\ln(1-e^{-\beta\varepsilon})$$

$$= -\frac{8\pi V}{h^3 c^3}\int \varepsilon^2 \ln(1-e^{-\beta\varepsilon})d\varepsilon \tag{10.4.17}$$

令 $x = \beta\varepsilon$,利用分部积分有

$$\int_0^\infty \varepsilon^2 \ln(1-e^{-\beta\varepsilon})d\varepsilon = \frac{1}{\beta^3}\int_o^\infty x^2 \ln(1-e^{-x})dx$$

$$= -\frac{1}{3\beta^3}\int_0^\infty \frac{x^3 dx}{e^x - 1} = -\frac{1}{3\beta^3}\frac{\pi^4}{15}$$

代入式(10.4.17)得①

$$\zeta = \frac{8\pi^5 V}{45h^3 c^3 \beta^3} = \frac{4\sigma}{3ck}VT^3 \tag{10.4.18}$$

式中：

$$\sigma = \frac{2}{15}\frac{\pi^5 k^4}{c^2 h^3} = 5.67\times 10^{-8}(\mathrm{J/m^2\cdot s\cdot K^4})$$

为斯忒藩常数。将式(10.4.18)代入式(6.3.27)即可求出各热力学函数所示如下：

$$E = -\frac{\partial \zeta}{\partial \beta} = \frac{4\sigma}{c}VT^4$$

$$C_V = \left(\frac{\partial E}{\partial T}\right)_V = \frac{16\sigma}{c}VT^3$$

$$S = k\left(\zeta - \beta\frac{\partial \zeta}{\partial \beta}\right) = \frac{16\sigma}{3c}VT^3$$

$$p = \frac{1}{\beta}\frac{\partial \zeta}{\partial V} = \frac{4\sigma}{3c}T^4 = \frac{E}{3V} \tag{10.4.19}$$

这些结果在热力学的一般理论中也能得到，但热力学理论只能精确到一个待定常数，至于常数值确定则有赖于统计力学方法。

10.5 玻色气体的性质

上节我们讨论了一种特殊的玻色气体——光子气体。对这种特殊气体，$m=0, \alpha=0$。本节我们将讨论没有这两个限定条件的一般玻色气体。根据玻色-爱因斯坦分布，处在能级 ε_l 上的玻色子数为

$$n_l = \frac{g_l}{e^{\alpha+\beta\varepsilon_l}-1} = \frac{g_l}{e^{\frac{\varepsilon_l-\mu}{kT}}-1} \tag{10.5.1}$$

由于粒子数不能为负值，因此

$$e^{\frac{\varepsilon_l-\mu}{kT}} > 1 \quad \varepsilon_l > \mu \tag{10.5.2}$$

若选取单粒子基态能量为能量标度的零点，则有

$$\mu < 0 \quad \text{或} \quad \alpha > 0 \tag{10.5.3}$$

---

① $\int_0^\infty \frac{x^3 dx}{e^x-1} = \frac{\pi^4}{15}$，见附录。

对一般玻色气体，函数 ζ 的表示式为

$$\zeta = -\sum_l g_l \ln(1 - e^{-\alpha - \beta \varepsilon_l}) \tag{10.5.4}$$

在实际问题中，通常只需考虑粒子的平动能

$$\varepsilon = \frac{p^2}{2m} = \frac{1}{2m}(p_x^2 + p_y^2 + p_z^2) \tag{10.5.5}$$

而内在运动相当于对 ζ 贡献一个常数因子 g。将式(10.5.5)代入式(10.5.4)并将求和变换成积分得

$$\zeta = -\int \frac{4\pi V g}{h^3} p^2 \mathrm{d}p \ln(1 - e^{-\alpha - \beta \varepsilon})$$

$$= -\frac{2\pi g V}{h^3}(2m)^{3/2} \int_0^\infty \sqrt{\varepsilon} \ln(1 - e^{-\alpha - \beta \varepsilon}) \mathrm{d}\varepsilon$$

$$= \frac{4\pi g V}{3h^3 kT}(2m)^{3/2} \int_0^\infty \frac{\varepsilon^{3/2}}{e^{\alpha + \beta \varepsilon} - 1} \mathrm{d}\varepsilon \tag{10.5.6}$$

将上式代入式(6.3.27)即得玻色气体的热力学函数

$$N = -\frac{\partial \zeta}{\partial \alpha} = \frac{2\pi g V}{h^3}(2m)^{3/2} \int_0^\infty \frac{\sqrt{\varepsilon}}{e^{\alpha + \beta \varepsilon} - 1} \mathrm{d}\varepsilon$$

$$E = -\frac{\partial \zeta}{\partial \beta} = \frac{2\pi g V}{h^3}(2m)^{3/2} \int_0^\infty \frac{\varepsilon^{3/2}}{e^{\alpha + \beta \varepsilon} - 1} \mathrm{d}\varepsilon = \frac{3}{2} kT \zeta$$

$$p = \frac{1}{\beta} \frac{\partial \zeta}{\partial V} = \frac{4\pi g}{3h^3}(2m)^{3/2} \int_0^\infty \frac{\varepsilon^{3/2}}{e^{\alpha + \beta \varepsilon} - 1} \mathrm{d}\varepsilon = \frac{kT\zeta}{V} = \frac{2}{3} \frac{E}{V}$$

$$S = k\left(\zeta - \alpha \frac{\partial \zeta}{\partial \alpha} - \beta \frac{\partial \zeta}{\partial \beta}\right) = k\left(\frac{5}{2}\zeta + N\alpha\right) \tag{10.5.7}$$

上面的推导中有一点值得我们注意：在将求和(式(10.5.4))变成积分(式(10.5.6))时，被积函数中 $\sqrt{\varepsilon}$ 的出现使我们完全忽略了粒子处在基态($\varepsilon_0 = 0$)时的贡献。这样做所引起的误差一般是很小的，但当温度趋近于绝对零度时，粒子处在基态所作的贡献就不但不能忽略，相反地，这一贡献往往是相当重要的。这是因为玻色系统不受泡利不相容原理的限制，当温度趋近于零时，所有气体分子将迅速聚集到零能量基态，这一现象叫玻色—爱因斯坦凝结。有鉴于此，正确的做法是，应将式(10.5.4)修正为

$$\zeta = -g\ln(1 - e^{-\alpha}) - \sum_{l \neq 0} g_l \ln(1 - e^{-\alpha - \beta \varepsilon_l})$$

$$= -g\ln(1 - e^{-\alpha}) - \frac{2\pi g V}{h^3}(2m)^{3/2} \int_0^\infty \sqrt{\varepsilon} \ln(1 - e^{-\alpha - \beta \varepsilon}) \mathrm{d}\varepsilon \tag{10.5.8}$$

式中：第一项描写粒子处在基态($\varepsilon = \varepsilon_0 = 0$)的贡献，第二项描写粒子处在激发

态($\varepsilon \neq 0$) 的贡献。相应地

$$N = -\frac{\partial \zeta}{\partial \alpha} = \frac{g}{e^{\alpha}-1} + \frac{2\pi gV}{h^3}(2m)^{3/2}\int \frac{\sqrt{\varepsilon}}{e^{\alpha+\beta\varepsilon}-1}d\varepsilon \qquad (10.5.9)$$

记

$$N_0 = \frac{g}{e^{\alpha}-1}$$

$$N_e = \frac{2\pi gV}{h^3}(2m)^{3/2}\int \frac{\sqrt{\varepsilon}}{e^{\alpha+\beta\varepsilon}-1}d\varepsilon \qquad (10.5.10)$$

则

$$N = N_0 + N_e \qquad (10.5.11)$$

式中：N 表示玻色气体总粒子数，N_0 表示处在基态的粒子数，N_e 表示处在激发态的粒子数。在通常温度下，$N_0 \ll N$，式(10.5.6)和式(10.5.7)适用。但当温度很低时，N_0 的值迅速增大而达到与 N 同数量级，这时公式(10.5.6)、式(10.5.7)已失效，特别是当 $T \to 0$ 时，

$$N_0 = \frac{g}{e^{\alpha}-1} \sim N$$

即

$$\alpha \sim \ln\left(1+\frac{g}{N}\right) \sim \frac{g}{N} \qquad (10.5.12)$$

由于 $N \gg 1$，$\alpha \ll 1$，比如，对 1cm^3 气体，$N \sim 10^{18}$。$\alpha \sim 10^{-18}$，这是一个非常小的正数，因此在绝对零度附近，可以认为

$$e^{\alpha} \sim 1 \qquad (10.5.13)$$

将上式代入式(10.5.10)，得到此时处在激发态的粒子数

$$\begin{aligned}N_e &= \frac{2\pi gV}{h^3}(2m)^{3/2}\int_0^{\infty}\frac{\sqrt{\varepsilon}}{e^{\beta\varepsilon}-1}d\varepsilon \\ &= \frac{2\pi gV}{h^3}\left(\frac{2m}{\beta}\right)^{3/2}\int_0^{\infty}\frac{\sqrt{\beta\varepsilon}}{e^{\beta\varepsilon}-1}d(\beta\varepsilon) \\ &= 2.612gV\left(\frac{2\pi mkT}{h^2}\right)^{3/2} \qquad (10.5.14)\end{aligned}$$

计算中利用了积分公式

$$\int_0^{\infty}\frac{x^{z-1}dx}{e^x-1} = \Gamma(z)\zeta(z)$$

$$\zeta(z) = \sum_{n=1}^{\infty}\frac{1}{n^z}$$

$$\zeta\left(\frac{3}{2}\right) = 2.612, \zeta\left(\frac{5}{2}\right) = 1.341, \zeta(3) = 1.202, \zeta(5) = 1.037$$

$$\Gamma\left(\frac{3}{2}\right) = \frac{\sqrt{\pi}}{2}, \Gamma\left(\frac{5}{2}\right) = \frac{3\sqrt{\pi}}{4} \qquad \Gamma(n+1) = n! \qquad (10.5.15)$$

式中：$\Gamma(z)$ 为伽马函数，$\zeta(z)$ 为黎曼 ζ 函数。

令 T_c 表示在温度趋近绝对零度的过程中玻色——爱因斯坦凝结将发生，而全部粒子仍处在激发态时的温度，称为凝结温度。在式(10.5.14)中用 N 代替 N_e，我们即得

$$T_c = \frac{h^2}{2\pi mk}\left(\frac{N}{2.612gV}\right)^{2/3} \tag{10.5.16}$$

从而
$$N = N_0 + N\left(\frac{T}{T_c}\right)^{3/2}$$

或
$$\frac{N_0}{N} = 1 - \left(\frac{T}{T_c}\right)^{3/2} \tag{10.5.17}$$

这一变化曲线已标绘在图 10.3。它形象地表明，当温度趋近于零时所发生的玻色——爱因斯坦凝结现象。

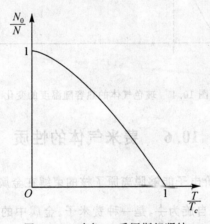

图 10.3 玻色——爱因斯坦凝结

注意到 $T < T_c$ 时，条件(10.5.13)成立，将它代入(10.5.7)式便得到此时玻色气体的热力学量

$$N = 2.612gV\left(\frac{2\pi mkT_c}{h^2}\right)^{3/2}$$

$$E = 2.012gV\left(\frac{2\pi m}{h^2}\right)^{3/2}(kT)^{5/2} = 0.770NkT\left(\frac{T}{T_c}\right)^{3/2}$$

$$p = \frac{2}{3}\frac{E}{V} = 1.341g\left(\frac{2\pi m}{h^2}\right)^{3/2}(kT)^{5/2} = 0.513\frac{NkT}{V}\left(\frac{T}{T_c}\right)^{3/2}$$

$$S = \frac{5}{3}\frac{E}{V} = 3.353gVk\left(\frac{2\pi mkT}{h^2}\right)^{3/2} = 1.284Nk\left(\frac{T}{T_c}\right)^{3/2} \tag{10.5.18}$$

由此推出玻色气体的热容

$$C_V = \left(\frac{\partial E}{\partial T}\right)_V = \frac{5E}{2T} = \frac{3}{2}S = 1.925Nk\left(\frac{T}{T_c}\right)^{3/2} \quad (T < T_c) \quad (10.5.19)$$

而在高温下热容趋近经典值 $\frac{3}{2}Nk$。计算表明，玻色气体的热容在 $T = T_c$ 处连续，但相应曲线出现了转折（见图10.4）。

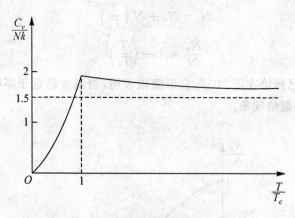

图10.4 玻色气体的热容随温度的变化

10.6 费米气体的性质

金属原子外层的价电子能够脱离原子核的束缚在金属内各处运动形成所谓自由电子气体。电子的自旋为 $\frac{1}{2}$，是一种费米子。金属中的自由电子气体是一种典型的费米气体。下面我们讨论这种费米气体的性质。

费米气体遵守费米分布

$$n_l = \frac{g_l}{e^{\alpha+\beta\varepsilon_l}+1} = \frac{g_l}{e^{(\varepsilon-\mu)/KT}+1} \quad (10.6.1)$$

利用对应定律，我们得到位于动量间隔 $(p, p+dp)$ 内的粒子数

$$dn = \frac{g}{e^{(\varepsilon-\mu)/kT}+1}4\pi p^2 dp \int dr/h^3 = \frac{4\pi gV}{h^3}\frac{p^2 dp}{e^{(\varepsilon-\mu)/kT}+1} \quad (10.6.2)$$

这里①，电子自旋为 $\frac{1}{2}$，相应有自旋向上、向下两个态，因此电子简并度 $g = 2$。进

---

① 与玻色子类似，我们也只考虑粒子平动能，而内在运动的贡献相当于添加一因子 g。

而 ①

$$\begin{cases} N = \int \mathrm{d}n = \dfrac{4\pi gV}{h^3}\int \dfrac{p^2\,\mathrm{d}p}{e^{(\varepsilon-\mu)/kT}+1} \\ E = \int \varepsilon\mathrm{d}n = \dfrac{4\pi gV}{h^3}\int \dfrac{\varepsilon p^2\,\mathrm{d}p}{e^{(\varepsilon-\mu)/kT}+1} \end{cases} \quad (10.6.3)$$

式中:N 和 E 分别是费米气体的总粒子数和总能量。

当 $T=0$ 时,费米气体的分布函数(即一个量子态上的平均粒子数②)

$$f = \frac{1}{e^{(\varepsilon-\mu_0)/kT}+1} \xrightarrow{T\to 0} \begin{cases} 1 & \varepsilon < \mu_0 \\ 0 & \varepsilon > \mu_0 \end{cases} \quad (10.6.4)$$

这里,μ_0 是绝对零度时费米气体的化学势,又称费米能量,$\varepsilon_f = \mu_0$,它表示在 $T = 0\mathrm{K}$ 时被占据的最高能级的能量。由式(10.6.4)可知,小于这个能级的单粒子态都被填满,而高于这个能级的单粒子态都是空着的(如图10.5)。

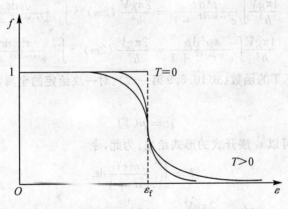

图 10.5　费米分布曲线

将式(10.6.4)代入式(10.6.3)第一式有:

$$N = \frac{4\pi gV}{h^3}\int_0^{p_f} p^2\,\mathrm{d}p = \frac{4\pi gV}{3}\frac{p_f^3}{h^3} \quad (10.6.5)$$

式中:p_f 是相应 ε_f 的电子界限动量(即费米动量)。由上式右边得

$$p_f = \left(\frac{3}{4\pi g}\right)^{1/3}\left(\frac{N}{V}\right)^{1/3}h \quad (10.6.6)$$

---

① 为了使所得公式也适用其他情形,我们没有把 $g = 2$ 代入公式中。
② 参考式(6.3.19),但应注意那里表示费米系统第 l 个能级上的(平均)粒子数。

对非相对论性电子，$\varepsilon = p^2/2m$，由此得费米能量及费米温度(T_f)

$$\varepsilon_f = \frac{p_f^2}{2m} = \frac{h^2}{2m}\left(\frac{3N}{4\pi gV}\right)^{2/3}$$

$$T_f = \frac{\varepsilon_f}{k} = \frac{h^2}{2mk}\left(\frac{3N}{4\pi gV}\right)^{2/3} \tag{10.6.7}$$

表 10.8 列出了某些金属中自由电子的费米能、费米温度和费米速度($v_f = p_f/m$)。将式(10.6.4)代入式(10.6.3)第二式并注意到 $\varepsilon = p^2/2m$，得非相对论性费米气体的总能量

$$E = \int \varepsilon \mathrm{d}n = \frac{4\pi gV}{h^3}\int_0^{p_f}\frac{p^4}{2m}\mathrm{d}p = \frac{2\pi gV}{h^3 m}\frac{1}{5}(2m\varepsilon_f)^{5/2}$$

$$= \frac{4\pi gV}{5}\left(\frac{2m}{h^2}\right)^{3/2}\varepsilon_f^{5/2} = \frac{3}{5}N\varepsilon_f \tag{10.6.8}$$

在 $T \neq 0$ 的一般情况下，非相对论性费米气体的 N, E 表示式为

$$\begin{cases} N = \int \mathrm{d}n = \frac{4\pi gV}{h^3}\int \frac{p^2\mathrm{d}p}{\mathrm{e}^{(\varepsilon-\mu)/kT}+1} = \frac{2\pi gV}{h^3}(2m)^{3/2}\int_0^\infty \frac{\sqrt{\varepsilon}\mathrm{d}\varepsilon}{\mathrm{e}^{(\varepsilon-\mu)/kT}+1} \\ E = \int \varepsilon \mathrm{d}n = \frac{4\pi gV}{h^3}\int \frac{\varepsilon p^2 \mathrm{d}p}{\mathrm{e}^{(\varepsilon-\mu)/kT}+1} = \frac{2\pi gV}{h^3}(2m)^{3/2}\int_0^\infty \frac{\varepsilon^{3/2}\mathrm{d}\varepsilon}{\mathrm{e}^{(\varepsilon-\mu)/kT}+1} \end{cases} \tag{10.6.9}$$

可见，μ 是 N, V, T 的函数(式10.6.9第一式)。对一块给定的金属，N 和 V 保持不变，因此

$$\mu = \mu(T) \tag{10.6.10}$$

这一依赖关系可以 ε_f 展开式的形式给出。为此，令

$$I = \int_0^\infty \frac{\eta(\varepsilon)}{\mathrm{e}^{\frac{\varepsilon-\mu}{kT}}+1}\mathrm{d}\varepsilon \tag{10.6.11}$$

当 $\eta(\varepsilon) = c\varepsilon^{\frac{1}{2}}$ 和 $c\varepsilon^{3/2}$ $\left(c = \frac{2\pi gV}{h^3}(2m)^{3/2}\right)$ 时，我们便得到式(10.6.9)的两个式子。作变量代换 $\varepsilon - \mu = kTz$，上式化为

$$I = \int_{-\mu/kT}^\infty \frac{\eta(\mu+kTz)}{\mathrm{e}^z+1}kT\mathrm{d}z$$

$$= kT\int_{-\mu/kT}^0 \frac{\eta(\mu+kTz)}{\mathrm{e}^z+1}\mathrm{d}z + kT\int_0^\infty \frac{\eta(\mu+kTz)}{\mathrm{e}^z+1}\mathrm{d}z$$

$$= -kT\int_{\mu/kT}^0 \frac{\eta(\mu-kTz)}{\mathrm{e}^{-z}+1}\mathrm{d}z + kT\int_0^\infty \frac{\eta(\mu+kTz)}{\mathrm{e}^z+1}\mathrm{d}z$$

$$= kT\int_0^{\mu/kT}\eta(\mu-kTz)\left(1-\frac{1}{\mathrm{e}^z+1}\right)\mathrm{d}z + kT\int_0^\infty \frac{\eta(\mu+kTz)}{\mathrm{e}^z+1}\mathrm{d}z$$

$$= \int_0^\mu \eta(\varepsilon)\mathrm{d}\varepsilon - kT\int_0^{\mu/kT}\frac{\eta(\mu-kTz)}{\mathrm{e}^z+1}\mathrm{d}z + kT\int_0^\infty \frac{\eta(\mu+kTz)}{\mathrm{e}^z+1}\mathrm{d}z \tag{10.6.12}$$

金属的费米温度 T_f 一般高达 $10^4 \sim 10^5 \mathrm{K}$(见表 10.8),在通常情况下,$T \ll T_\mathrm{f}$,从而 $\dfrac{M}{kT} \sim \dfrac{T_\mathrm{f}}{T} \gg 1$。作为一种近似,可以把第二个积分的上限换成无穷大,于是

$$I = \int_0^\mu \eta(\varepsilon)\mathrm{d}\varepsilon + kT \int_0^\infty \frac{\eta(\mu+kTz) - \eta(\mu-kTz)}{\mathrm{e}^z + 1} \mathrm{d}z$$

$$= \int_0^\mu \eta(\varepsilon)\mathrm{d}\varepsilon + 2(kT)^2 \eta'(\mu) \int_0^\infty \frac{z\mathrm{d}z}{\mathrm{e}^z + 1} + \frac{1}{3}(kT)^4 \eta'''(\mu) \int_0^\infty \frac{z\mathrm{d}z}{\mathrm{e}^z + 1} + \cdots$$

$$= \int_0^\mu \eta(\varepsilon)\mathrm{d}\varepsilon + \frac{\pi^2}{6}(kT)^2 \eta'(\mu) + \frac{7\pi^4}{360}(kT)^4 \eta'''(\mu) + \cdots \quad (10.6.13)$$

令 $\eta(\varepsilon) = \dfrac{2\pi g V}{h^3}(2m)^{3/2} \varepsilon^{\frac{1}{2}}$,由上式得①

$$N = 2\pi g V \left(\frac{2m}{h^2}\right)^{3/2} \left[\frac{2}{3}\mu^{3/2} + \frac{\pi^2}{12} \frac{(kT)^2}{\mu^{\frac{1}{2}}}\right]$$

$$= \frac{4\pi g V}{3}\left(\frac{2m}{h^2}\right)^{3/2} \mu^{3/2} \left[1 + \frac{\pi^2}{8}\left(\frac{kT}{\mu}\right)^2\right] \quad (10.6.14)$$

令 $\eta(\varepsilon) = \dfrac{2\pi g V}{h^3}(2m)^{3/2}\varepsilon^{3/2}$,得

$$E = 2\pi g V \left(\frac{2m}{h^2}\right)^{3/2}\left[\frac{2}{5}\mu^{5/2} + \frac{\pi^2}{4}(kT)^2 \mu^{\frac{1}{2}}\right]$$

$$= \frac{4\pi g V}{5}\left(\frac{2m}{h^2}\right)^{3/2}\mu^{5/2}\left[1 + \frac{5\pi^2}{8}\left(\frac{kT}{\mu}\right)^2\right] \quad (10.6.15)$$

考虑到式(10.6.7),由式(10.6.14)解出

$$\mu = \varepsilon_\mathrm{f}\left[1 + \frac{\pi^2}{8}\left(\frac{kT}{\mu}\right)^2\right]^{-\frac{2}{3}} \sim \varepsilon_\mathrm{f}\left[1 - \frac{\pi^2}{12}\left(\frac{kT}{\varepsilon_\mathrm{f}}\right)^2\right] \quad (10.6.16)$$

将上式代入式(10.6.15),有

$$E = \frac{3}{5}N\varepsilon_\mathrm{f}^{-3/2}\varepsilon_\mathrm{f}^{5/2}\left[1 - \frac{\pi^2}{12}\left(\frac{kT}{\varepsilon_\mathrm{f}}\right)^2\right]^{\frac{5}{2}}\left[1 + \frac{5\pi^2}{8}\left(\frac{kT}{\varepsilon_\mathrm{f}}\right)^2\right] \sim \frac{3}{5}N\varepsilon_\mathrm{f}\left[1 + \frac{5\pi^2}{12}\left(\frac{kT}{\varepsilon_\mathrm{f}}\right)^2\right] \quad (10.6.17)$$

由此求得电子气体的热容

$$C_V = \left(\frac{\partial E}{\partial T}\right)_V = \frac{\pi^2}{2}Nk\frac{kT}{\varepsilon_\mathrm{f}} = \frac{\pi^2}{2}Nk\frac{T}{T_\mathrm{f}} \quad (10.6.18)$$

它表明,电子对热容的贡献与 T 成正比,这正好是式(10.2.3)第 2 项。在通常温度下,电子气体的热容很小,和晶格振动的热容相比可以忽略。但由于电子气体热容随温度的一次方下降,而晶格振动的热容随温度的三次方下降,因此在很低

---

① 取到第 2 项。

的温度下,电子气体的热容将不再能忽略,相反可能成为主要的因素。

表 10.8　金属自由电子模型中的费米能、费米温度和费米速度

电子气密度(10^{28} cm^{-3})	$\varepsilon_f(10^{-19}$ J)	$T_f(10^4$ K)	$v_f(10^6$ m/s)
Li　4.6	7.52	5.5	1.3
K　1.34	3.36	2.4	0.85
Cn　8.50	11.20	8.2	1.56
Au　5.90	8.8	6.4	1.39

10.7　分子场近似与布喇格-威伦姆斯近似

至此,这章所讨论的系统,粒子间相互作用都很弱,以致其可以看作由近独立子系组成。不过,实际上我们常遇到一些系统,粒子间相互作用不但不小,反而相当强,比如在研究物质的铁磁性、相变等性质时,情况就是如此。研究这种强相互作用系统无疑要比近独立子系系统困难和复杂得多,一般不能严格处理,大多要采取各种近似。这节将以物质的铁磁性为例介绍两种常见的近似方法。

10.7.1　分子场近似

这一方法认为,有相互作用系统中的粒子受到其他粒子的作用力可以近似用一个平均力场来表示。这个平均场就叫分子场。在这一近似下,系统哈密顿量中的相互作用项约化为每个粒子在平均场中所附加的能量项,于是,原本是相互作用的问题便转换成了无相互作用的问题。可以说,在处理相互作用系统时分子场近似是一个十分有用而又简单的方法①。下面我们以物质的铁磁性为例来说明此方法。

与顺磁物质不同,铁磁体内原子磁矩之间存在很强的相互作用。这种强相互作用来自原子自旋间的耦合②,它可以写成如下形式

---

① 在量子力学中这样的近似方法叫哈特利-福克近似或单粒子近似,它将一个量子多体问题化成了便于处理的单体问题。

② 在量子理论中,起源泡利不相容原理的交换能导致了磁矩之间的相互作用,而交换能则与自旋耦合有关。这种粒子自旋起主要作用的系统称自旋系统。

$$-\sum_{i\neq j}J_{ij}\boldsymbol{S}_i\cdot\boldsymbol{S}_j \tag{10.7.1}$$

式中：$\boldsymbol{S}_i$、$\boldsymbol{S}_j$ 是第 i、j 个原子的自旋，J_{ij} 是交换参量①。

在上述相互作用哈密顿量中，原子 i 与其近邻相互作用可以写成

$$-2J_e\boldsymbol{S}_i\cdot\sum_{j=1}^{Z}\boldsymbol{S}_j \tag{10.7.2}$$

这里，我们只考虑了与原子 i 最近邻的原子②，Z 是最近邻原子数，它们之间的交换参量 J_{ij} 假设都相等，记为 J_e。上述和式对应一个有效磁场

$$2J_e\sum_{j=1}^{Z}\boldsymbol{S}_j = g\mu_B\boldsymbol{B}_e \tag{10.7.3}$$

这是一个涨落场，它可以近似地用一个平均场来代替

$$\boldsymbol{B}_e = \frac{2J_e}{g\mu_B}\sum_{j=1}^{Z}\langle\boldsymbol{S}_j\rangle = \frac{2ZJ_e}{g\mu_B}\langle\boldsymbol{S}_j\rangle \tag{10.7.4}$$

注意到 $g\mu_B\langle\boldsymbol{S}_j\rangle$ 是原子的磁矩，上式可表为③

$$\boldsymbol{B}_e = \gamma\boldsymbol{M} \qquad \gamma = \frac{2ZJ_e}{ng^2\mu_B^2} \tag{10.7.5}$$

式中：$M = ng\mu_B\langle\boldsymbol{S}_j\rangle$ 为物体的磁化强度；n 为单位体积原子数；γ 为分子场常数或外斯常数。这个平均场叫分子场，又叫外斯场，它最先是由外斯引进的。由于内部有一个分子场，处在外场 B 中的铁磁体实际感受的总场应是

$$\boldsymbol{B}_T = \boldsymbol{B} + \boldsymbol{B}_e \tag{10.7.6}$$

进而代替式(10.3.2)，原子磁矩在磁场中的势能为

$$\varepsilon_m = -g\mu_B m(B + \gamma M) \tag{10.7.7}$$

式中：m 是自旋 z 分量，它的取值只能是 $-S, -S+1, \cdots, S-1, S$ 共 $2S+1$ 个。类似 10.3 节的推导得铁磁体的磁化强度

$$M = ng\mu_B S B_S(x) \tag{10.7.8}$$

式中：

$$x = \frac{g\mu_B S}{kT}(B + \gamma M) = \frac{g\mu_B S}{kT}B + \frac{2ZJ_e S}{ng\mu_B kT}M \tag{10.7.9}$$

现在讨论无外场 $(B=0)$ 时，铁磁体存在的永久磁化（即自发磁化）现象。$B=0$，

---

① 这里，自旋算符本征值中的 $\hbar$ 已归并到交换参量，也可以理解成下面处理问题时是在一个 $\hbar = 1$ 的单位制中。

② 这种近似叫最近邻近似。

③ 这里 $\langle\rangle$ 表平均，为简单计，式中 B_e 未加注平均记号。

$$x = \frac{2ZJ_eS}{ng\mu_B kT}M = \frac{2ZJ_eS^2}{kT}\frac{M}{M_0} \qquad (10.7.10)$$

式中 $M_0 = ng\mu_B S$。这时由式(10.7.8)和式(10.7.10)得

$$\frac{M}{M_0} = B_S(x)$$
$$\frac{M}{M_0} = \frac{kT}{2ZJ_eS^2}x \qquad (10.7.11)$$

上式所给出的 M/M_0 与 x 的函数关系中，第一个方程给出布里渊函数曲线，第二个方程给出一条直线。两线交点即确定了两方程的解。结果显示于图 10.6。由图中可见，直线与曲线总有一个平庸交点，即原点，这时，$x = 0, M = 0$。但当直线斜率较小时，相应温度 T 较低，直线与曲线存在另一个非平庸交点，这时，$x \neq 0$，$M \neq 0$，这意味着即使不存在外磁场，铁磁体的磁化强度也不为零，即有自发磁化现象发生。而当直线斜率较大，相应 T 较高时，直线与曲线不存在另外交点，这时无自发磁化现象发生。由图中还可发现，自发磁化现象出现的临界温度，即居里温度 T_C 满足直线和曲线相切于原点这一条件

$$\left.\frac{dB_S(x)}{dx}\right|_{x=0} = \frac{kT}{2ZJ_eS^2} \qquad (10.7.12)$$

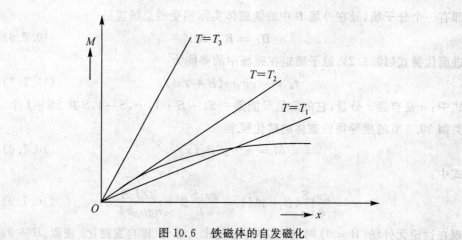

图 10.6　铁磁体的自发磁化

注意到 $x \ll 1$ 时

$$B_S(x) = \frac{S+1}{S}\frac{x}{3} \qquad (10.7.13)$$

由此得

$$\left.\frac{dB_S(x)}{dx}\right|_{x=0} = \frac{S+1}{3S} \tag{10.7.14}$$

所以
$$T_c = \frac{2ZJ_eS(S+1)}{3k} \tag{10.7.15}$$

10.7.2 布喇格 - 威伦姆斯近似

上面介绍了如何通过分子场近似将相互作用项约化成粒子在平均场中所附加的能量项来求解相互作用问题。下面介绍也可以在某种近似下直接求解相互作用问题。形如式(10.7.1)的相互作用哈密顿量①的自旋耦合显然与自旋取向有关。即使在粒子数给定的情况下，由于粒子自旋取向的各种可能性，系统的相互作用能取值仍然是相当不确定的。作为统计上的考虑，可以近似给出这些可能性的几率，从而最终解决有相互作用的问题。这便是布喇格 - 威伦姆斯近似②。

为简单起见，今以 $S = 1/2$ 为例。这时，$S_z = \pm 1/2$，只有两个不同的取值。若令 $S = \sigma/2$，σ_z 有两个取值③：或者为 $+1$，叫自旋向上，或者为 -1，叫自旋向下。相应地，式(10.7.1) 变为

$$-\frac{1}{4}\sum_{i\neq j}J_{ij}\boldsymbol{\sigma}_i\cdot\boldsymbol{\sigma}_j = -\frac{1}{2}\sum_{i<j}J_{ij}\boldsymbol{\sigma}_i\cdot\boldsymbol{\sigma}_j \tag{10.7.16}$$

我们仍采用最近邻近似，且令所有 J_{ij} 都等于 J_e，上式可写成

$$-\frac{J_e}{2}\sum_{<ij>}\boldsymbol{\sigma}_i\cdot\boldsymbol{\sigma}_j \tag{10.7.17}$$

式中：$\sum_{<ij>}$ 表示对系统中所有最近邻的各对自旋求和。设系统含有 N 个自旋，那么

$$N_+ + N_- = N \tag{10.7.18}$$

这里，N_+ 表示自旋向上的数目，N_- 表示自旋向下的数目。显然，满足这一条件的系统状态数目是

$$W = \frac{N!}{N_+!N_-!} \tag{10.7.19}$$

此即系统热力学几率。根据玻尔兹曼关系，系统此时的熵

$$S = k\ln W = k[\ln N! - \ln N_+! - \ln N_-!] \tag{10.7.20}$$

---

① 通常称为海森堡哈密顿算符，它被广泛用来研究磁有序（或自旋）系统。
② Bragg and Williams. Proc. Roy. Soc. A145(1934)699.
③ σ 为泡利（自旋）算符。

令

$$\frac{N_+}{N} = \frac{1+X}{2} \qquad \frac{N_-}{N} = \frac{1-X}{2} \qquad (10.7.21)$$

代入式(10.7.19)并利用斯特令公式,得

$$S = k\left[N\ln N - \frac{N(1+X)}{2}\ln\frac{N(1+X)}{2} - \frac{N(1-X)}{2}\ln\frac{N(1-X)}{2}\right] =$$

$$= -kN\left[\frac{1+X}{2}\ln\frac{1+X}{2} + \frac{1-X}{2}\ln\frac{1-X}{2}\right] \qquad (10.7.22)$$

系统的能量决定于式(10.7.17)。设每个自旋的最近邻数为 Z,那么这个求和式(10.7.17)中一共有 $ZN/2$ 项。它们可以分为三类:一类两个自旋同时向上,设其项数是 N_{++},一类两个自旋同时向下,设其项数是 N_{--},一类两个自旋一上一下,设其项数是 N_{+-}。于是

$$N_{++} + N_{--} + N_{+-} = \frac{1}{2}ZN \qquad (10.7.23)$$

显然,前两类对能量贡献为正,最后一类对能量贡献为负,所以相互作用能为

$$E = -\frac{J_e}{2}(N_{++} + N_{--} - N_{+-}) \qquad (10.7.24)$$

然而满足条件(10.7.23)的系统能量 E(式10.7.24)却非唯一确定,它们的取值与各项数目多少有关。在布喇格-威伦姆斯近似中,假设各类能量项数与求和总项数之比(即所占几率)是

$$\frac{N_{++}}{\frac{1}{2}ZN} \approx \left(\frac{N_+}{N}\right)^2 \qquad \frac{N_{--}}{\frac{1}{2}ZN} \approx \left(\frac{N_-}{N}\right)^2 \qquad \frac{N_{+-}}{\frac{1}{2}ZN} \approx 2\frac{N_+}{N}\frac{N_-}{N} \qquad (10.7.25)$$

将此假设代入式(10.7.24)并利用式(10.7.21),得

$$E = -\frac{1}{4}ZNJ_e\left[\frac{(1+X)^2}{4} + \frac{(1-X)^2}{4} - 2\frac{(1+X)(1-X)}{4}\right] = -\frac{1}{4}ZNJ_eX^2 \qquad (10.7.26)$$

从而系统的自由能

$$F = E - TS = -\frac{1}{4}ZNJ_eX^2 + NkT\left[\frac{1+X}{2}\ln\frac{1+X}{2} + \frac{1-X}{2}\ln\frac{1-X}{2}\right] \qquad (10.7.27)$$

在平衡态时应有

$$\frac{\partial F}{\partial X} = 0$$

即

$$-\frac{1}{2}ZNJ_eX + \frac{1}{2}NkT\ln\frac{1+X}{1-X} = 0$$

或
$$\frac{ZJ_e}{kT}X = \ln\frac{1+X}{1-X} \qquad (10.7.28)$$

注意到
$$\text{arcth}X = \frac{1}{2}\ln\frac{1+X}{1-X}$$

我们可以将上式改写成
$$X = \text{th}\frac{ZJ_e}{2kT}X \qquad (10.7.29)$$

令 $x = ZJ_e X/2kT$，那么
$$X = \frac{2kT}{ZJ_e}x \qquad (10.7.30)$$

而由式(10.7.29)和 x 的定义又有
$$X = \text{th}x \qquad (10.7.31)$$

与式 (10.7.11) 类似，式 (10.7.30) 所表示的直线与式(10.7.31)所表示的曲线总有一个平庸交点，即 $x = 0$。但当直线斜率较小时，相应温度 T 较低，直线与曲线存在另一个非平庸交点，$x \neq 0$。而当直线斜率较大，相应 T 较高时，直线与曲线不存在另外交点。其临界温度 T_c 满足直线和曲线相切于原点这一条件。利用 $\text{th}x \xrightarrow[x \to 0]{} x$ 有

$$X = x = \frac{ZJ_e}{2kT_c}X \qquad (10.7.32)$$

所以
$$T_c = \frac{ZJ_e}{2k} \qquad (10.7.33)$$

在 $S = 1/2$ 的情况下，
$$B_{\frac{1}{2}}(x) = 2\text{cth}2x - \text{cth}x = \text{th}x$$

式(10.7.11) 两式与式(10.7.30)、式(10.7.31) 类似；而式(10.7.15) 化成
$$T_c = \frac{2ZJ_e}{3k}\frac{1}{2}\left(\frac{1}{2}+1\right) = \frac{ZJ_e}{2k} \qquad (10.7.34)$$

与式 (10.7.33) 相同。我们看到这两种近似方法在处理同一问题（物质的铁磁性）上的一致性；当然，它们的物理思想还是各不相同的。

*10.8 系 综 理 论

第 6 章介绍的近独立粒子体系的统计方法虽然比较直观明了，但不够严格，且存在局限性。它一般只适用于含一种组元且没有相互作用的系统。然而客观存在的系统，它们所含粒子间的相互作用往往并不能忽略，这就要求建立一种更普遍适用的统计理论，这便是统计系综理论。本节将对此予以简单介绍。

10.8.1 统计系综

我们知道,统计物理学的一个基本任务就是确定任何依赖于热力学系统微观状态的物理量取不同值的几率(或统计权重)。在计算物理量的统计平均值时,为了方便起见,常引入一大群系统,它们有着相同的宏观条件,但处在不同的微观状态。所有这样的系统所组成的集合称为统计系综或系综。可见,系综是系统的集合,系综中每一个系统都是相同的。比如,如果我们研究的系统是某一化学纯的气体,那么系综中的每个系统就都是这同一种化学纯的气体;如果我们研究的系统是某两种气体的混合物,那么系综中每个系统就都是这同样两种气体的混合物。不同的只是,系综中各个系统的微观状态不同。由此可见,微观量对系统一切可能的微观状态的平均值(式(6.1.5))也可以理解为微观量对系综的平均值。所以,微观量的统计平均值就是它的系综平均值,而系统按微观状态的分布函数(即几率 ρ)就是系综的分布函数。

10.8.2 刘维定理

按照统计物理学的基本原理,一个宏观上可观测的物理量应是相应微观量的统计平均值[①]。若记此物理量为 u,它在第 i 个微观态上取值 u_i,此微观态出现的几率为 ρ_i,则宏观上的观测值

$$\bar{u} = \sum_i \rho_i u_i \tag{10.8.1}$$

式中: ρ_i 根据几率定义满足:

$$\sum_i \rho_i = 1 \tag{10.8.2}$$

下面我们证明 ρ_i 一般只与能量有关,即

$$\rho_i = \rho(E_i) \tag{10.8.3}$$

为了便于读者理解,我们将问题的讨论局限在经典理论框架内。

在经典力学中,粒子(系统)的运动状态可以用相空间的代表点来描写。时间变化时,粒子(系统)的运动状态也发生变化,代表点相应地在相空间移动形成一条轨道(相轨道),它由哈密顿正则运动方程(6.2.1)确定。对于保守系,它的总能量在运动中保持不变,即哈密顿量是一个运动积分。利用对应定律,我们可以将式(10.8.1)、式(10.8.2)表示成积分形式[②]

[①] 参考 6.1 节。

[②] 由对应定律: $\sum_i \leftrightarrow \int \dfrac{d\Omega}{h^r}$,这里已将因子 $1/h^r$ 归入 ρ 中。

$$\int \rho \mathrm{d}\Omega = 1 \qquad \bar{u} = \int u\rho \mathrm{d}\Omega \qquad \left(\mathrm{d}\Omega = \prod_{i=1}^{s}\mathrm{d}q_i \mathrm{d}p_i\right) \qquad (10.8.4)$$

可见，ρ 即系统微观运动状态的几率密度，通常叫做统计分布函数或分布。根据前面所述，微观量对系统一切可能的运动状态的平均值就是微观量对系综的平均值，而系统按微观状态的分布函数 ρ 就是系综分布函数。系综中每个系统都在相空间中有一个相应的代表点，整个系综则可用一群代表点表示。一般说来，代表点在相空间的分布是不均匀的，有的地方疏，有的地方密。代表点在相空间的分布可以用代表点密度表示，它代表相空间单位体积所含微观状态的多少。根据系综分布的定义，代表点密度大的地方，几率密度也大；代表点密度小的地方，几率密度也小。更确切地说，代表点密度应与几率密度即分布函数成正比。为了简单起见，下面的讨论中我们无意对两者去仔细区分。分布函数 ρ 通常是广义坐标、广义动量和时间的函数，既 $\rho = \rho(q_i, p_i, t)$。今考虑 Γ 宇中任意相体积元 $\mathrm{d}\Omega$，它的界面是 q_i、$q_i + \mathrm{d}q_i$，p_i、$p_i + \mathrm{d}p_i$，$(i = 1, 2, \cdots, s)$，于是

$$\mathrm{d}\Omega = \prod_i \mathrm{d}q_i \mathrm{d}p_i \qquad (10.8.5)$$

与 q_i 轴垂直的相面积元

$$\mathrm{d}A_i = \mathrm{d}\Omega/\mathrm{d}q_i \qquad (\mathrm{d}\Omega/\mathrm{d}q_i = \mathrm{d}q_1\cdots\mathrm{d}q_{i-1}\mathrm{d}q_{i+1}\cdots\mathrm{d}q_s\mathrm{d}p_1\cdots\mathrm{d}p_s) \qquad (10.8.6)$$

在时间 $\mathrm{d}t$ 内，通过 $\mathrm{d}A_i$ 进入 $\mathrm{d}\Omega$ 的代表点都位于以 $\mathrm{d}A_i$ 为底，以 $\dot{q}_i \mathrm{d}t$ 为高的柱体内；其相体积为 $\dot{q}_i \mathrm{d}t \mathrm{d}A_i$，此柱体内代表点数为 $\rho \dot{q}_i \mathrm{d}A_i \mathrm{d}t$。在同一时间内，通过垂直于 q_i 轴的另一个界面 $\mathrm{d}A_i$，离开 $\mathrm{d}\Omega$ 的代表点数为 $(\rho\dot{q}_i)_{q+\mathrm{d}q}\mathrm{d}A_i\mathrm{d}t$。从而在时间 $\mathrm{d}t$ 内，通过这一对界面进入 $\mathrm{d}\Omega$ 的代表点数应为

$$(\rho\dot{q}_i)_{q_i}\mathrm{d}A_i\mathrm{d}t - (\rho\dot{q}_i)_{q_i+\mathrm{d}q_i}\mathrm{d}A_i\mathrm{d}t = -\frac{\partial}{\partial q_i}(\rho\dot{q}_i)\mathrm{d}\Omega\mathrm{d}t \qquad (10.8.7)$$

对所有界面求和便得到在时间 $\mathrm{d}t$ 内、相体积元 $\mathrm{d}\Omega$ 中代表点的增加数

$$-\sum_i\left[\frac{\partial(\rho\dot{q}_i)}{\partial q_i} + \frac{\partial(\rho\dot{p}_i)}{\partial p_i}\right]\mathrm{d}\Omega\mathrm{d}t \qquad (10.8.8)$$

这个数目应等于时刻 $t + \mathrm{d}t$、$\mathrm{d}\Omega$ 中代表点数与时刻 t、$\mathrm{d}\Omega$ 中代表点数之差

$$\rho(q_i, p_i, t + \mathrm{d}t)\mathrm{d}\Omega - \rho(q_i, p_i, t)\mathrm{d}\Omega = \frac{\partial\rho}{\partial t}\mathrm{d}\Omega\mathrm{d}t \qquad (10.8.9)$$

即

$$\frac{\partial\rho}{\partial t} = -\sum_i\left[\frac{\partial(\rho\dot{q}_i)}{\partial q_i} + \frac{\partial(\rho\dot{p}_i)}{\partial p_i}\right] \qquad (10.8.10)$$

如果将代表点的运动看作 $2s$ 维空间中的"流体"运动，上式就是通常连续性方程的推广。利用哈密顿正则运动方程，式(10.8.10)可化简成

$$\frac{\partial \rho}{\partial t} = -\sum_i \left[\frac{\partial \rho}{\partial q_i} \dot{q}_i + \rho \frac{\partial \dot{q}_i}{\partial q_i} + \frac{\partial \rho}{\partial p_i} \dot{p}_i + \rho \frac{\partial \dot{p}_i}{\partial p_i} \right] = -\sum_i \left[\frac{\partial \rho}{\partial q_i} \dot{q}_i + \frac{\partial \rho}{\partial p_i} \dot{p}_i \right]$$

从而
$$\frac{\partial \rho}{\partial t} + \sum_i \left[\frac{\partial \rho}{\partial q_i} \dot{q}_i + \frac{\partial \rho}{\partial p_i} \dot{p}_i \right] = 0 \tag{10.8.11}$$

另一方面,根据全微分定义和哈密顿正则运动方程

$$\frac{d\rho}{dt} = \frac{\partial \rho}{\partial t} + \sum_i \left[\frac{\partial \rho}{\partial q_i} \dot{q}_i + \frac{\partial \rho}{\partial p_i} \dot{p}_i \right] = \frac{\partial \rho}{\partial t} + [\rho, H] \tag{10.8.12}$$

式中:
$$[\rho, H] = \sum_i \left(\frac{\partial \rho}{\partial q_i} \frac{\partial H}{\partial p_i} - \frac{\partial \rho}{\partial p_i} \frac{\partial H}{\partial q_i} \right) \tag{10.8.13}$$

为经典泊松括号。结合式(10.8.11)和式(10.8.12)有

$$\frac{d\rho}{dt} = \frac{\partial \rho}{\partial t} + [\rho, H] = 0 \tag{10.8.14}$$

由此知
$$\rho = \rho(q_i, p_i, t) = C \quad (C \text{ 为常数}) \tag{10.8.15}$$

这是一个运动积分。它表明,相空间中代表点密度(系综分布函数)在运动中不变。这一结论叫做刘维定理。对稳定分布,即满足条件①

$$\frac{\partial \rho}{\partial t} = 0 \tag{10.8.16}$$

的分布,应有

$$\frac{d\rho}{dt} = [\rho, H] = \sum_i \left[\frac{\partial \rho}{\partial q_i} \dot{q}_i + \frac{\partial \rho}{\partial p_i} \dot{p}_i \right] = 0 \tag{10.8.17}$$

于是,分布函数 ρ 为一不显含时间的运动积分,即力学不变量。而一个系统可能有的守恒力学量是它的能量、动量和角动量。由于系统的动量和角动量与其整体运动有关,因此 ρ 一般只与系统能量有关,即

$$\rho = \rho(E) \tag{10.8.18}$$

10.8.3 稳定系综及其分布

稳定系综有三种:微正则系综、正则系综和巨正则系综。下面分别对这三种系综及其分布予以介绍。

(1) 微正则系综及其分布

微正则系综是用来描写孤立系统平衡性质的系综。孤立系统达到平衡时②,具有确定的能量 E、体积 V 和粒子数 N。根据刘维定理,微正则系综的分布函数

---

① 系统达到平衡后,物理性质不再随时间变化,这时,条件(10.8.15)成立。
② 实际系统由于能量的涨落,其代表点会分布在 $E \sim E + \Delta E$ 一个能量薄层内。根据等几率原理,它出现在此薄层内的几率都相等,而在薄层外各处几率则显零。

$$\rho_i = C \quad (C\text{ 为常数}) \tag{10.8.19}$$

式中：ρ_i 表示系统处在第 i 个量子态的几率。若系统有 W 个量子态，即热力学几率为 W，则由等几率原理

$$C = \frac{1}{W} \tag{10.8.20}$$

从而

$$\sum_i \rho_i = 1 \tag{10.8.21}$$

这里求和遍及 W 个量子态。

（2）正则系综及其分布

正则系综描写一个系统与大热源达到平衡时的宏观性质。系统和热源之间有能量交换，但由于热源很大，它的温度可视为不变。达到平衡时，系统和热源具有共同的温度，即热源的温度 T。如果把系统和热源看作一个复合系统，那么复合系统则是一个孤立系统。记复合系统能量为 E_0、相应热力学几率为 $W(E_0)$，系统能量为 E、热力学几率为 $W(E)$，热源能量为 E_r、热力学几率为 $W(E_r)$。当系统和热源达到平衡时，成立

$$E_0 = E + E_r \tag{10.8.22}$$

及

$$W(E_0) = \sum_E W_1(E) W_2(E_0 - E) \tag{10.8.23}$$

式中求和遍及满足条件(10.8.22)时系统可能的能量值。利用式(10.8.20)可以推得

$$1 = CW = \sum_E \rho(E) W_1(E) \tag{10.8.24}$$

这里：

$$\rho(E) = C W_2(E_0 - E) \tag{10.8.25}$$

表示系统处在能量为 E 的量子态时的几率，即正则系综的分布函数。由玻尔兹曼关系式知①

$$\ln\rho(E) = \ln C + \frac{1}{k} S_2(E_0 - E) \tag{10.8.26}$$

由于系统能量比热源能量小得多，即 $E \ll E_0$，可以将 $S_2(E_0 - E)$ 在 E_0 附近展成泰勒级数到 E 的线性项

$$S_2(E_0 - E) = S_2(E_0) - \left(\frac{\partial S_2}{\partial E_r}\right)_{E_r = E_0} E \tag{10.8.27}$$

（式中偏微商是在体积和粒子数不变条件下进行的）。注意到 $\left(\frac{\partial S_2}{\partial E_r}\right)_V = \frac{1}{T}$（式中

---

① 由于热源很大，这似认为热源的熵与孤立系统熵的定义同，但能量为 $E_0 - E$。

T 为热源温度,系统与热源达到平衡时即系统温度),最终有

$$\ln\rho(E) = \ln C + \frac{1}{k}S_2(E_0) - \frac{1}{kT}E \tag{10.8.28}$$

若记
$$-\psi = \ln C + \frac{1}{k}S_2(E_0) \qquad \beta = \frac{1}{kT}$$

则
$$\rho = \rho(E) = e^{-\psi - \beta E} \tag{10.8.29}$$

上式便是正则系综分布函数,又叫(吉布斯)正则分布。将上式代入式(10.8.24)得

$$\sum_E e^{-\psi-\beta E}W_1(E) = \sum_i e^{-\psi-\beta E_i} = 1 \tag{10.8.30}$$

这里,第一个求和号表示对系统各种可能的能量值进行,第二个求和号表示对系统各种可能的量子态进行,而系统能量取值为 E 时共有 $W_1(E)$ 个量子态。于是

$$Z = e^{\psi} = \sum_i e^{-\beta E_i} \tag{10.8.31}$$

Z 称为配分函数。

一个物理量 u 在正则系综中的统计平均值

$$\bar{u} = \sum_i u_i e^{-\psi-\beta E_i} \tag{10.8.32}$$

它的涨落为

$$\overline{(\Delta u)^2} = \overline{u^2} - \bar{u}^2 \tag{10.8.33}$$

据此便可以计算系统的各个热力学函数及其涨落。如系统的内能

$$U = \bar{E} = \sum_i E_i e^{-\psi-\beta E_i} = \frac{-1}{\sum e^{-\beta E_i}}\frac{\partial}{\partial\beta}\sum e^{-\beta E_i} = -\frac{1}{Z}\frac{\partial Z}{\partial\beta} = -\frac{\partial}{\partial\beta}\ln Z$$

$$\tag{10.8.34}$$

而由

$$\overline{E^2} = \sum_i E_i^2 e^{-\psi-\beta E_i} = \frac{1}{Z}\frac{\partial^2 Z}{\partial\beta^2} \quad \text{及} \quad \bar{E}^2 = \left(\frac{1}{Z}\frac{\partial Z}{\partial\beta}\right)^2$$

可得能量的涨落

$$\overline{(\Delta E)^2} = \frac{1}{Z}\frac{\partial^2 Z}{\partial\beta^2} - \frac{1}{Z^2}\left(\frac{\partial Z}{\partial\beta}\right)^2 = \frac{\partial^2}{\partial\beta^2}\ln Z = -\frac{\partial\bar{E}}{\partial\beta} = kT^2 C_V$$

$$\tag{10.8.35}$$

(C_V 为系统定容热容量)。其相对涨落为

$$\left(\frac{\overline{(\Delta E)^2}}{\bar{E}^2}\right)^{1/2} = \frac{(kT^2 C_V)^{1/2}}{\bar{E}} \tag{10.8.36}$$

由于 C_V 和 E 都是广延量,与系统粒子数 N 成正比,而 kT^2 与 N 无关,因此

$$\frac{\Delta E}{\bar{E}} \propto \frac{1}{\sqrt{N}} \tag{10.8.37}$$

对 1 摩尔物质，$\frac{\Delta E}{\bar{E}} \cong 10^{-11}$ 是一个非常小的量，故通常系统能量相对涨落是很难观测出来的。这说明分布函数 $\rho(E)$ 在 $\bar{E}$ 处有一个很陡的峰。于是，我们可以将式 (10.8.24) 写成

$$\rho(\bar{E})W(\bar{E}) = 1 \tag{10.8.38}$$

从而① $\qquad S = k\ln W(\bar{E}) = -k\ln\rho(\bar{E}) \tag{10.8.39}$

而由式 (10.8.43) 知

$$\ln\rho(\bar{E}) = -\psi - \beta\bar{E} = -\overline{(\psi + \beta E)} = \overline{\ln\rho(E)} \tag{10.8.40}$$

所以 $\qquad S = -k\,\overline{\ln\rho(E)} \tag{10.8.41}$

上式为熵的一般表达式。又根据自由能定义 $F = U - TS = \bar{E} - TS$，并利用式 (10.8.40) 和式 (10.8.41) 得

$$F = \bar{E} - Tk(\psi + \beta\bar{E}) = -kT\psi = -kT\ln Z \tag{10.8.42}$$

据此可将正则分布写成

$$\rho(E) = \mathrm{e}^{\frac{F-E}{kT}} \tag{10.8.43}$$

若系统受到外力场 X_j 作用，其微观运动能量还应是与此力场相关的热力学坐标 x_j 的函数②。当此坐标改变时，外力对系统做功，导致系统能量增加，从而

$$X_j \Delta x_j = \Delta E \qquad X_j = \frac{\partial E}{\partial x_j} \tag{10.8.44}$$

宏观所观测到的力场是上述微观表达式的统计平均值

$$\bar{X}_j = \sum_i \frac{\partial E_i}{\partial x_j}\mathrm{e}^{-\psi-\beta E_i} = -\frac{1}{\beta}\frac{1}{Z}\frac{\partial Z}{\partial x_j} = -\frac{1}{\beta}\frac{\partial}{\partial x_j}\ln Z \tag{10.8.45}$$

特别地，若 x_j 为系统体积，则系统对外界压强③

$$p = \frac{1}{\beta}\frac{\partial}{\partial V}\ln Z \tag{10.8.46}$$

利用式 (10.8.42) 还可以将上式写成如下形式

$$p = -\left(\frac{\partial F}{\partial V}\right)_T \tag{10.8.47}$$

这便是热力学中熟知的结果。

---

① 这时我们可以把系统看作能量为 $\bar{E}$ 的孤立系统，从而式 (6.3.3) 适用。
② x 是宏观变量，一般是连续的。
③ (10.8.47) 为外界对系统作用力，(10.8.48) 为系统对外界压强，故两者差一符号。

(3) 巨正则系综及其分布

上面两种系综描写的系统,其粒子数都是不变的。然而,在许多实际过程中,比如相变、化学反应等,系统的粒子数均会发生改变。描写这种系统达到平衡时性质的系综即巨正则系综。在这种情况下,外界可以当成一个大热源和粒子源。如果把系统和此大热源兼粒子源看作复合系统,那么复合系统为一孤立系统。推导巨正则系综分布可以仿照正则系综的情形进行。这里,我们采用与那里相同的记号,但应注意相应物理量不仅与能量有关,而且与粒子数有关。另外,为了简单起见,我们考虑由相同粒子组成的系统。对此系统和大热源兼粒子源组成的复合系统,成立

$$E_0 = E + E_r \qquad N_0 = N + N_r \qquad (10.8.48)$$

及

$$W(E_0, N_0) = \sum_{E,N} W_1(E,N) W_2(E_0 - E, N_0 - N) \qquad (10.8.49)$$

系统处在能量为 E、粒子数为 N 的量子态几率(巨正则系综分布)

$$\rho(E,N) = CW_2(E_0 - E, N_0 - N) \qquad (10.8.50)$$

从而

$$\ln\rho(E,N) = \ln C + \frac{1}{k}S_2(E_0 - E, N_0 - N) \qquad (10.8.51)$$

将 $S_2(E_0 - E, N_0 - N)$ 在 (E_0, N_0) 附近进行泰勒展开到变量的线性项得①

$$S_2(E_0 - E, N_0 - N) = S_2(E_0, N_0) - \left(\frac{\partial S_2}{\partial E_r}\right)_{E_r = E_0} E - \left(\frac{\partial S_2}{\partial N_r}\right)_{N_r = N_0} N$$
$$(10.8.52)$$

由热力学理论知

$$\left(\frac{\partial S_2}{\partial E_r}\right)_{V,N} = \frac{1}{T} \qquad \left(\frac{\partial S_2}{\partial N_r}\right)_{V,E} = -\frac{\mu}{T} \qquad (10.8.53)$$

这里 T、μ 为大热源兼粒子源的温度和化学势。当系统与此热源兼粒子源达到平衡时亦即系统的温度和化学势。将式(10.8.52)和式(10.8.53)代入式(10.8.51)得

$$\ln\rho(E,N) = \ln C + \frac{1}{k}S_2(E_0, N_0) - \frac{1}{kT}E + \frac{\mu}{kT}N \qquad (10.8.54)$$

若记

$$-\varsigma = \ln C + \frac{1}{k}S_2(E_0, N_0) \quad \alpha = -\frac{\mu}{kT} \quad \beta = \frac{1}{kT}$$

则

$$\rho = \rho(E,N) = e^{-\varsigma - \alpha N - \beta E} \qquad (10.8.55)$$

上式便是巨正则系综分布函数,或巨正则分布。由归一化条件

---

① 式中偏微商是在体积和另一个变量不变的条件下进行的。

$$\sum_{N,E} e^{-\zeta-\alpha N-\beta E} W_1(E,N) = \sum_{Ni} e^{-\zeta-\alpha N-\beta E_i} = 1 \quad (10.8.56)$$

有①
$$\Xi = e^{\zeta} = \sum_{Ni} e^{-\alpha N-\beta E_i} \quad (10.8.57)$$

Ξ 称为巨配分函数。利用巨正则分布就可以确定粒子数可变系统的各个热力学函数。如系统的内能

$$U = \overline{E} = \sum_{Ni} E_i e^{-\zeta-\alpha N-\beta E_i} = \frac{-1}{e^{\zeta}} \frac{\partial}{\partial \beta} \sum_{Ni} e^{-\alpha N-\beta E_i}$$

$$= \frac{-1}{\Xi} \frac{\partial \Xi}{\partial \beta} = -\frac{\partial}{\partial \beta} \ln \Xi = -\frac{\partial \zeta}{\partial \beta} \quad (10.8.58)$$

由 $\quad \overline{E^2} = \sum_{Ni} E_i^2 e^{-\zeta-\alpha N-\beta E_i} = \frac{1}{\Xi} \frac{\partial^2 \Xi}{\partial \beta^2} \quad$ 及 $\quad \overline{E}^2 = \left(\frac{1}{\Xi} \frac{\partial \Xi}{\partial \beta}\right)^2$

得能量的涨落②

$$\overline{(\Delta E)^2} = -\frac{\partial \overline{E}}{\partial \beta} \quad (10.8.59)$$

利用类似的技巧可得广义力的平均值

$$\overline{X_j} = \sum_{Ni} \frac{\partial E}{\partial x_j} e^{-\zeta-\alpha N-\beta E_i} = -\frac{1}{\beta} \frac{\partial}{\partial x_j} \ln \Xi = -\frac{1}{\beta} \frac{\partial \zeta}{\partial x_j} \quad (10.8.60)$$

粒子数的平均值及其涨落

$$\overline{N} = \sum_{Ni} N e^{-\zeta-\alpha N-\beta E_i} = -\frac{\partial}{\partial \alpha} \ln \Xi = -\frac{\partial \zeta}{\partial \alpha} \quad (10.8.61)$$

$$\overline{N^2} = \sum_{Ni} N^2 e^{-\zeta-\alpha N-\beta E_i} = \frac{1}{\Xi} \frac{\partial^2 \Xi}{\partial \alpha^2}$$

$$\overline{(\Delta N)^2} = \overline{N^2} - \overline{N}^2 = \frac{1}{\Xi} \frac{\partial^2 \Xi}{\partial \alpha^2} - \left(\frac{1}{\Xi} \frac{\partial \Xi}{\partial \alpha}\right)^2 = \frac{\partial}{\partial \alpha}\left(\frac{1}{\Xi} \frac{\partial \Xi}{\partial \alpha}\right) = -\frac{\partial \overline{N}}{\partial \alpha}$$

而粒子数的相对涨落则为

$$\frac{\sqrt{\overline{(\Delta N)^2}}}{\overline{N}} = \left|\frac{\partial \overline{N}}{\partial \alpha}\right|^{1/2} \sqrt{\overline{N}} \propto \frac{1}{\sqrt{\overline{N}}} \quad (10.8.62)$$

可见,对于实际的宏观物体,粒子数的相对涨落也是一个非常小的量。因此,与正

---

① N_i 表示系统粒子数为 N 时的第 i 个量子态。

② 注意此处与式(10.8.37)的区别,此处 $\frac{\partial \overline{E}}{\partial \beta} = \left(\frac{\partial \overline{E}}{\partial \beta}\right)_{\alpha,V}$,而式(10.8.37)中 $\frac{\partial \overline{E}}{\partial \beta} = \left(\frac{\partial \overline{E}}{\partial \beta}\right)_{N,V}$。

则系综情形类似有

$$\rho(\overline{E},\overline{N})W(\overline{E},\overline{N}) = 1$$

$$S = -k\ln\rho(\overline{E},\overline{N})$$
$$\ln\rho(E,N) = -\varsigma - \alpha N - \beta E \tag{10.8.63}$$

继而系统的熵仍可表示成

$$S = -k\,\overline{\ln\rho(E,N)} \tag{10.8.64}$$

由式(5.1.37)和式(5.1.46),得

$$S = -k\left(-\varsigma + \frac{\mu}{kT}\overline{N} - \frac{1}{kT}\overline{E}\right) = \frac{1}{T}(kT\varsigma - \mu\overline{N} + \overline{E}) \tag{10.8.65}$$

$$-kT\varsigma = \overline{E} - TS - \mu\overline{N} \tag{10.8.66}$$

通常定义

$$\Omega = -kT\varsigma = -kT\ln\Xi = \overline{E} - TS - \mu\overline{N} \tag{10.8.67}$$

由热力学理论有关吉布斯函数 G 的定义,我们知道①:

$$G = \sum_i \mu_i \overline{N}_i = \overline{E} - TS + pV \tag{10.8.68}$$

利用式(10.8.60)、式(10.8.67)和式(10.8.68),便得

$$\Omega = -kT\varsigma = -pV \tag{10.8.69}$$

函数 Ω 称为巨势或热力学势。它在巨正则系综中起着与自由能在正则系综中相似的作用。相应地,巨正则分布可以写成

$$\rho(E,N) = e^{\frac{\Omega + \mu N - E}{kT}} \tag{10.8.70}$$

当系统包含不止一种粒子时,式(10.8.57)和式(10.8.72)则应修正为

$$\rho_n = e^{-\varsigma - \sum_i \alpha_i N_i - \beta E_n}$$
$$\rho_n = e^{[\Omega + \sum_i \mu_i N_i - E_n]/KT} \tag{10.8.71}$$

式中下标 i 表示第 i 种粒子的物理量,求和对各种粒子进行。它的归一化条件为:

$$\sum_{N_1=0}^{\infty} \cdots \sum_{N_k=0}^{\infty} \sum_n e^{-\varsigma - \sum_i \alpha_i N_i - \beta E_n} = 1 \tag{10.8.72}$$

(k 为粒子种数,$\sum_n$ 表示对所有量子态求和)

10.8.4 三种系综的关系

上面我们讨论了三种统计系综:微正则系综、正则系综和巨正则系综。在基

---

① 当系统只含一种粒子时,式(10.8.70)中的下标和求和号 Σ 就都不会出现。

本原理上,我们是以微正则系综为出发点,据此推导正则系综和巨正则系综。虽然这三种系综所描述的系统,其宏观条件有所不同(孤立系统具有确定的能量 E、体积 V、粒子数 N,与热源达到平衡的系统具有确定的温度 T、体积 V、粒子数 N,与热源、粒子源达到平衡的系统具有确定的温度 T、体积 V、化学势 μ),但在处理实际问题时,这种差别并不会表现出来,即无论利用哪一种系综来研究它的宏观性质,其结论都是相同的。或者说,三种系综在处理实际问题上具有等效性。这种等效性来源于实际系统都含有大量的粒子,由系综平均值求出的宏观量相对涨落非常小,因此系综分布函数存在一个很大的峰,这个峰值处几乎包括了全部几率。宏观量的平均值与峰值(最可几值)差别不大。

比如:对正则系综,其配分函数为

$$Z = e^{\psi} = \sum_i e^{-\beta E_i} = \sum_E W(E) e^{-\beta E} \tag{10.8.73}$$

这里,第一个求和号表示对系统各种可能的量子态进行,第二个求和号表示对系统各种可能的能量值进行,而系统能量取值为 E 时共有 $W(E)$ 个量子态。根据刚才所述,上式右边求和式中存在一个极大项,它几乎集中了对 Z 的全部贡献,即

$$Z = W(E^*) e^{-\beta E^*} \tag{10.8.74}$$

式中:E^* 表示此极大项对应的能量值,即最可几能量值,它满足极值条件

$$\frac{\partial}{\partial E}[W(E) e^{-\beta E}]\big|_{E=E^*} = 0 \tag{10.8.75}$$

或

$$\frac{\partial}{\partial E}\ln[W(E) e^{-\beta E}]\big|_{E=E^*} = 0 \tag{10.8.76}$$

由此得

$$\beta = \frac{\partial \ln W(E)}{\partial E}\bigg|_{E=E^*} \tag{10.8.77}$$

将式(10.8.74)两边取对数并对 β 求偏导,得

$$-\frac{\partial}{\partial \beta}\ln Z = -\frac{\partial}{\partial \beta}\ln W(E^*) + E^* + \beta\frac{\partial E^*}{\partial \beta}$$

$$= -\frac{\partial \ln W(E^*)}{\partial E^*}\frac{\partial E^*}{\partial \beta} + E^* + \beta\frac{\partial E^*}{\partial \beta} \tag{10.8.78}$$

根据式(10.8.34),等式左端 $\quad -\dfrac{\partial}{\partial \beta}\ln Z = \bar{E}$

根据式(10.8.77),等式右端 $\quad -\dfrac{\partial \ln W(E^*)}{\partial E^*}\dfrac{\partial E^*}{\partial \beta} + E^* + \beta\dfrac{\partial E^*}{\partial \beta} = E^*$

所以

$$\bar{E} = E^* \tag{10.8.79}$$

由此可见,正则系综的能量平均值 $\bar{E}$ 等于极大项所对应的能量值 E^*,从而

正则系综的平均与有固定 E 值的微正则系综平均是相当的、等效的。类似地,可以讨论巨正则系综与正则系综、微正则系综间的关系,说明它们的等效性。

总之,无论把宏观系统看成孤立的(E,V,N 一定),或者看成与一个大热源相接触(T,V,N 一定),或者看成与一个大热源兼粒子源相接触(T,V,μ 一定)的系统,用不同系综来研究它的平衡热力学性质,其结果都相同。从实用角度来看,采用哪一种系综处理问题取决于其方便与否。

10.9 例 题

1. 若组成一个双原子分子的两个原子质量分别为 m_1, m_2,位矢为 r_1, r_2,它们间的相互吸引势为 $U(r)$ ($r = |r_1 - r_2|$)。

(1) 写出此双原子分子的哈密顿函数(能量)表示式。

(2) 引入质心坐标 $\boldsymbol{R} = \dfrac{m_1 \boldsymbol{r}_1 + m_2 \boldsymbol{r}_2}{m_1 + m_2}$ 和相对坐标 $\boldsymbol{r} = \boldsymbol{r}_2 - \boldsymbol{r}_1$ 及分子质量 $M = m_1 + m_2$ 和约化质量 $\mu = \dfrac{m_1 m_2}{m_1 + m_2}$,将(1)化成两部分,说明质心部分运动相当于分子平动。

(3) 将相对坐标写成球坐标形式,并考虑到原子间在平衡位置 r_0 附近的振动一般很小,因而可用 μr_0^2 代替可变的转动惯量,说明相对运动的角度部分运动即相当于分子转动。

(4) 将 $U(r)$ 在平衡位置作泰勒展开至平方项,说明相对运动的径向部分运动即相当于分子的谐振动(包含一常数项)。

解 (1) 双原子分子的哈密顿函数为

$$H = \frac{\boldsymbol{p}_1^2}{2m_1} + \frac{\boldsymbol{p}_2^2}{2m_2} + U(r) = \frac{m_1}{2} \dot{\boldsymbol{r}}_1^2 + \frac{m_2}{2} \dot{\boldsymbol{r}}_2^2 + U(r)$$

(2) 引入质心坐标 $\quad \boldsymbol{R} = \dfrac{m_1 \boldsymbol{r}_1 + m_2 \boldsymbol{r}_2}{m_1 + m_2}$

相对坐标 $\quad \boldsymbol{r} = \boldsymbol{r}_2 - \boldsymbol{r}_1$

有: $\boldsymbol{r}_1 = \boldsymbol{R} - \dfrac{m_2}{m_1 + m_2} \boldsymbol{r} \quad \boldsymbol{r}_2 = \boldsymbol{R} + \dfrac{m_1}{m_1 + m_2} \boldsymbol{r}$

于是 $\quad \dfrac{m_1}{2} \dot{\boldsymbol{r}}_1^2 + \dfrac{m_2}{2} \dot{\boldsymbol{r}}_2^2$

$$= \frac{m_1}{2}\left(\dot{R} - \frac{m_2}{m_1+m_2}\dot{r}\right)^2 + \frac{m_2}{2}\left(\dot{R} + \frac{m_1}{m_1+m_2}\dot{r}\right)^2$$

$$= \frac{m_1+m_2}{2}\dot{R}^2 + \frac{m_1 m_2}{2(m_1+m_2)}\dot{r} = \frac{M}{2}\dot{R}^2 + \frac{\mu}{2}\dot{r}^2$$

上式最右边第一项便相当于分子的平动。

(3) 将相对坐标写成球坐标形式,有

$$x = r\sin\theta\cos\varphi$$
$$y = r\sin\theta\sin\varphi$$
$$z = r\cos\theta$$
$$\dot{x} = \dot{r}\sin\theta\cos\varphi + r\cos\theta\cos\varphi\dot{\theta} - r\sin\theta\sin\varphi\dot{\varphi}$$
$$\dot{y} = \dot{r}\sin\theta\sin\varphi + r\cos\theta\sin\varphi\dot{\theta} + r\sin\theta\cos\varphi\dot{\varphi}$$
$$\dot{z} = \dot{r}\cos\theta - r\sin\theta\dot{\theta}$$

于是

$$\dot{r}^2 = \dot{x}^2 + \dot{y}^2 + \dot{z}^2 = \dot{r}^2 + r^2\dot{\theta}^2 + r^2\sin^2\theta\dot{\varphi}^2$$

$$\frac{\mu}{2}\dot{r}^2 = \frac{\mu}{2}\dot{r}^2 + \frac{1}{2}\mu r^2(\dot{\theta}^2 + \sin^2\theta\dot{\varphi}^2) = \frac{\mu}{2}\dot{r}^2 + \frac{I}{2}(\dot{\theta}^2 + \sin^2\theta\dot{\varphi}^2)$$

上式右边最后两项便相当于分子转动,式中 $I = \frac{1}{2}\mu \dot{r}^2 = \frac{1}{2}\mu \dot{r}_0^2$

(4) 考虑到原子间在平衡位置 r_0 处振动很小,可将 $U(r)$ 在 r_0 处展开到平方项:

$$U(r) = U(r_0) + \frac{1}{2}U'(r_0)(r-r_0)^2$$

于是

$$\frac{\mu}{2}\dot{r}^2 + \frac{1}{2}U'(r_0)(r-r_0)^2$$

便相当于分子的谐振动。

由此可见,经过如上数学处理,双原子分子的哈密顿量变换成①

$$H = \frac{M}{2}\dot{R}^2 + \frac{I}{2}(\dot{\theta}^2 + \sin^2\theta\dot{\varphi}^2) + \left[\frac{\mu}{2}\dot{r}^2 + \frac{1}{2}U'(r_0)(r-r_0)^2\right] + U(r_0)$$

$$= \frac{P^2}{2m} + \frac{1}{2I}\left(p_\theta^2 + \frac{p_\varphi^2}{\sin^2\theta}\right) + \left[\frac{p_r^2}{2\mu} + \frac{1}{2}U'(r_0)(r-r_0)^2\right] + U(r_0)$$

---

① 常数项 $U(r_0)$ 不影响对分子运动作统计力学的处理。对多原子分子原则上可以像双原子分子这样分解,只是对振动部分,由于多个简正模的存在需要进行较为复杂的简正分解。

式中:$P=M\dot{R},p_\theta=I\dot{\theta},p_\varphi=I\sin^2\theta\dot{\varphi},p_r=\mu\dot{r}$

上式右边第一项描写分子的平动,第二、三项描写分子的转动,第四、五项描写分子的振动。

2.理想晶体结构被定义为它所有的原子(或离子)都严格地处在规则的格点上。实际的晶体中总是存在各种各样的缺陷。原子由于热起伏产生的缺陷通常有两种:一是原子在热涨落下由格点跳进间隙位置,结果在格点位置产生一个空位,而在间隙位置产生一个间隙原子。这样的空位和间隙原子对称为夫仑克尔(Frenkel)缺陷。二是晶体中只有一种空位或只有一种间隙原子,这种类型的缺陷称为肖脱基(Schottky)缺陷。

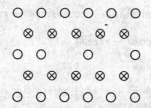

晶体中格点、间隙位置、空位示意图
(○表格点,⊗表间隙位置,格点处的空白表空位)

(1)若晶体中存在 n 个空位和间隙原子对,证明其熵为

$$S=k\ln\frac{N!}{n!(N-n)!}\frac{N'!}{n!(N'-n)!}$$

(2)若 w 表示原子从格点位置移到间隙位置所需的能量,试利用自由能判据证明

$$n\approx\sqrt{NN'}e^{-\frac{w}{2kT}}$$

(N 和 N′ 分别为晶体中格点和间隙位置数目,且 $\ln N!\approx N(\ln N-1),\ln N'!\approx N'(\ln N'-1)$)

证明 (1)N 个格点位置中出现 n 个空位的各种可能方式有 $\frac{N!}{n!(N-n)!}$ 种,N' 个间隙位置中填充 n 个原子的各种可能方式有 $\frac{N'!}{n!(N'-n)!}$ 种,所以总的可能方式数目,即热力学几率

$$W=\frac{N!}{n!(N-n)!}\frac{N'!}{n!(N'-n)!}$$

从而
$$S = k\ln W = k\ln\left[\frac{N!}{n!(N-n)!}\frac{N'!}{n!(N'-n)!}\right]$$

(2) 根据自由能定义
$$F = U - TS = nw - kT\ln\left[\frac{N!}{n!(N-n)!}\frac{N'!}{n!(N'-n)!}\right]$$
$$= nw - kT[\ln N! - \ln n! - \ln(N-n)! + \ln N'! - \ln n! - \ln(N'-n)!]$$

利用斯特令公式,上式化成
$$F = nw - kT[N\ln N - n\ln n - (N-n)\ln(N-n)$$
$$+ N'\ln N' - n\ln n - (N'-n)\ln(N'-n)]$$

于是
$$\delta F = w\delta n - kT[-\ln n\delta n + \ln(N-n)\delta n - \ln n\delta n + \ln(N'-n)\delta n]$$
$$= \left[w - kT\ln\left(\frac{N-n}{n}\frac{N'-n}{n}\right)\right]\delta n$$

达到平衡时,$\delta F = 0$,即
$$w - kT\ln\left(\frac{N-n}{n}\frac{N'-n}{n}\right) = 0$$

所以
$$n^2 = (N-n)(N'-n)e^{-\frac{w}{kT}}$$
$$n = \sqrt{(N-n)(N'-n)}\,e^{-w/2kT} \sim \sqrt{NN'}\,e^{-w/2kT}$$

3. 证明当温度远低于简并温度 T_0 时,费米气体满足多方物态方程:
$$pV^b = B$$
式中:B 为常数,n 为多方指数($n = 1/(b-1)$)。对非相对论性费米子,有
$$n = \frac{3}{2},\ B = \frac{1}{5}\left(\frac{6\pi^2}{g}\right)^{\frac{2}{3}}\frac{\hbar^2}{m}N^{\frac{5}{3}}$$

对超相对论性费米子,有
$$n = 1,\ B = \frac{1}{4}\left(\frac{6\pi^2}{g}\right)^{\frac{1}{3}}\hbar c N^{\frac{4}{3}}$$

g 为费米子简并度。

证明 费米气体物态方程①为:对非相对论性费米气体,$p = \frac{2}{3}\frac{E}{V}$;对超相对论性费米气体,$p = \frac{1}{3}\frac{E}{V}$。

当 $T \ll T_0$ 时,非相对论费米气体总能量(参见式(10.5.8))为

---

① 参见习题 19。

$$E = \frac{4\pi gV}{5}\left(\frac{2m}{\hbar^2}\right)^{3/2}\varepsilon_f^{5/2} = \frac{3}{10}\frac{\hbar^2}{m}\left(\frac{6\pi^2}{g}\right)^{2/3}\left(\frac{N}{V}\right)^{5/3}V$$

$$p = \frac{2}{3}\frac{E}{V} = \frac{1}{5}\left(\frac{6\pi^2}{g}\right)^{2/3}\frac{\hbar^2}{m}N^{5/3}V^{-\frac{5}{3}}$$

即 $pV^{5/3} = B$, $B = \frac{1}{5}\left(\frac{6\pi^2}{g}\right)^{2/3}\frac{\hbar^2}{m}N^{5/3}$, $b = \frac{5}{3}$, $n = \frac{1}{b-1} = \frac{3}{2}$

当 $T \ll T_0$ 时，相对论费米气体总能量①

$$E = \frac{3}{4}\left(\frac{6\pi^2}{g}\right)^{1/3}\hbar c\left(\frac{N}{V}\right)^{4/3}V$$

$$p = \frac{1}{3}\frac{E}{V} = \frac{1}{4}\left(\frac{6\pi^2}{g}\right)^{1/3}\hbar c\left(\frac{N}{V}\right)^{4/3}$$

即 $pV^{4/3} = B$, $B = \frac{1}{4}\left(\frac{6\pi^2}{g}\right)^{1/3}\hbar cN^{4/3}$, $b = \frac{4}{3}$, $n = 3$

4. 统计物理学中所指的涨落现象有两种：一种是围绕平均值的涨落，一种是布朗运动。对于前者，根据其定义，我们已经在 10.8 节利用系综理论计算过一些物理量涨落的大小。但若要计算那些没有直接对应微观量的热力学量，如熵与温度的涨落，或者是强度量，如压强等，这时便显得无所适从。为了计算这类热力学量的涨落，斯莫陆焯夫斯基和爱因斯坦发展了一种方法，它直接给出热力学量离开其平均值所导致的偏差取各种值的几率分布，然后利用这一分布确定所讨论的热力学量和相关各物理量的涨落。这样的处理方法称为准热力学方法。

将系统与外界媒质（大热源）看作一个复合系统，这个复合系统是一个孤立系统。由第一章知，对孤立系统，某宏观态出现的几率与其热力学几率 W 成正比。这里，

$$W = e^{S_0/k}$$

S_0 为孤立系统的熵。达到平衡时，W 取极大值 W_0，这时

$$W_0 = e^{\bar{S}_0/k}$$

$\bar{S}_0$ 为平衡态下孤立系统的熵。两式相除得

$$W = W_0 e^{\Delta S_0/k}$$

式中：$\Delta S_0 = S_0 - \bar{S}_0$ 是孤立系统的熵的偏差。假设系统的能量、体积、熵分别为 E, V, S，热源的能量、体积、熵分别为 E_r, V_r, S_r，它们所组成的复合系统的能量、体积、熵为 E_0, V_0, S_0，那么有

---

① 参见习题 18。

$$E_0 = E + E_r \quad V_0 = V + V_r \quad S_0 = S + S_r$$

考虑到复合系统是一个孤立系统，而孤立系统具有确定的能量和体积，从上式即得

$$0 = \Delta E + \Delta E_r \quad 0 = \Delta V + \Delta V_r \quad \Delta S_0 = \Delta S + \Delta S_r$$

由于热源很大，描写热源的物理量变化很小，因此，可以将 ΔE_r、ΔV_r、ΔS_r 看作微分，应用热力学基本方程得

$$\Delta S_r = \frac{\Delta E_r + p \Delta V_r}{T} = -\frac{\Delta E + p \Delta V}{T}$$

式中：T、p 为热源的温度和压强，系统与热源达到平衡时亦即系统的温度和压强。于是

$$W = W_0 e^{\frac{\Delta S_0}{k}} = W_0 e^{\frac{\Delta S + \Delta S_r}{k}} = W_0 e^{-\frac{\Delta E - T\Delta S + p\Delta V}{kT}}$$

把 E 当成 S 和 V 的函数，在其平均值附近展开成泰勒级数：

$$E = \bar{E} + \frac{\partial E}{\partial S} \Delta S + \frac{\partial E}{\partial V} \Delta V + \frac{1}{2}\left[\frac{\partial^2 E}{\partial S^2}\Delta S^2 + 2\frac{\partial^2 E}{\partial S \partial V}\Delta S \Delta V + \frac{\partial^2 E}{\partial V^2}\Delta V^2\right]$$

（式中所有偏导数中变量的取值都理解为系统处于平衡态时的数值）注意到

$$\frac{\partial E}{\partial S} = T \quad \frac{\partial E}{\partial V} = -p \quad \Delta E = E - \bar{E}$$

上式成为

$$\Delta E - T\Delta S + p\Delta V = \frac{1}{2}\Delta S\left[\frac{\partial^2 E}{\partial S^2}\Delta S + \frac{\partial^2 E}{\partial V \partial S}\Delta V\right] + \frac{1}{2}\left[\frac{\partial^2 E}{\partial S \partial V}\Delta S + \frac{\partial^2 E}{\partial V^2}\Delta V\right]\Delta V$$

$$= \frac{1}{2}(\Delta S \Delta T - \Delta p \Delta V)$$

故

$$W = W_0 e^{-\frac{\Delta S \Delta T - \Delta p \Delta V}{2kT}}$$

或

$$w \propto e^{\frac{\Delta p \Delta V - \Delta S \Delta T}{2kT}}$$

式中：w 表示式中热力学量离开各自平均值的偏差的几率。利用这个基本公式就可以求出各种热力学量的涨落。

试利用准热力学方法计算 T 和 V 的涨落。

解 如果以 T 和 V 为自变量，那么

$$\Delta S = \left(\frac{\partial S}{\partial T}\right)_V \Delta T + \left(\frac{\partial S}{\partial V}\right)_T \Delta V = \frac{C_v}{T}\Delta T + \left(\frac{\partial p}{\partial T}\right)_V \Delta V$$

$$\Delta p = \left(\frac{\partial p}{\partial T}\right)_V \Delta T + \left(\frac{\partial p}{\partial V}\right)_T \Delta V$$

于是

$$w \propto e^{-\frac{C_v}{2kT^2}(\Delta T)^2 + \frac{1}{2kT}\left(\frac{\partial p}{\partial V}\right)_T (\Delta V)^2}$$

由此求得

$$\overline{(\Delta T)^2} = \frac{\int (\Delta T)^2 e^{-\frac{C_v}{2kT^2}(\Delta T)^2 + \frac{1}{2kT}\left(\frac{\partial p}{\partial V}\right)_T (\Delta V)^2} d(\Delta T) d(\Delta V)}{\int e^{-\frac{C_v}{2kT^2}(\Delta T)^2 + \frac{1}{2kT}\left(\frac{\partial p}{\partial V}\right)_T (\Delta V)^2} d(\Delta T) d(\Delta V)} = \frac{kT^2}{C_V}$$

类似地

$$\overline{(\Delta V)^2} = -kT\left(\frac{\partial V}{\partial p}\right)_T \qquad \overline{\Delta T \Delta V} = 0$$

5.1827年,植物学家布朗在显微镜下观察到浮于水中的花粉在不停地做无规则运动。这种运动叫布朗运动。作布朗运动的颗粒叫布朗粒子。布朗运动本质上是物体受到热扰动而产生的一种运动。由于分子热运动的无规性,布朗运动是一种典型的无规运动。这种运动的特征是,位移平方的平均值与时间一次方成正比。

一个布朗粒子通常所受的力有两种:一种是向下的重力,另一种是周围分子的作用力。后者又包含三部分:一部分是向上的浮力,一部分是粘滞阻力$-\alpha v$,一部分则是随机作用力$\boldsymbol{F} = (f_x, f_y, f_z)$。如果只考虑颗粒运动在水平面$x$方向的投影,根据牛顿第二定律,那么布朗粒子的运动方程为

$$m\frac{d^2 x}{dt^2} = -\alpha\frac{dx}{dt} + f_x$$

式中:m为布朗粒子质量,α为粘滞系数。上式称为朗之万方程。试利用朗之万方程证明,布朗粒子位移平方的平均值与时间间隔t成正比。

证明 将朗之万方程两边同乘x,并注意到

$$x\ddot{x} = \frac{d}{dt}(x\dot{x}) - \dot{x}^2 = \frac{1}{2}\frac{d^2}{dt^2}x^2 - \dot{x}^2$$

有

$$\frac{1}{2}\frac{d^2}{dt^2}(mx^2) - m\dot{x}^2 = -\frac{\alpha}{2}\frac{d}{dt}x^2 + xf_x$$

将上式两边取平均得

$$\frac{1}{2}\frac{d^2}{dt^2}(m\overline{x^2}) - \overline{m\dot{x}^2} = -\frac{\alpha}{2}\frac{d}{dt}\overline{x^2} + \overline{xf_x}$$

根据随机作用力的性质

$$\overline{xf_x} = \overline{x}\,\overline{f_x} = 0$$

根据能量均分定理

$$\overline{m\dot{x}^2} = 2\,\overline{\frac{1}{2}m\dot{x}^2} = kT$$

因此,式(7.3.3)可化成
$$\frac{\mathrm{d}^2}{\mathrm{d}t^2}\overline{x^2} + \frac{\alpha}{m}\frac{\mathrm{d}}{\mathrm{d}t}\overline{x^2} - \frac{2kT}{m} = 0$$

这是一个关于 $\overline{x^2}$ 的二阶常系数非齐次线性微分方程,其通解为

$$\overline{x^2} = \frac{2kT}{\alpha}t + c_1 \mathrm{e}^{-\frac{\alpha}{m}t} + c_2$$

式中:c_1, c_2 为积分常数。一般 $\frac{\alpha}{m} \sim 10^7\,\mathrm{s}^{-1}$,因此在相当短的时间(如 $10^{-6}\,\mathrm{s}$)以后,上式右边第二项便小到可忽略。若假设 $t=0$ 时所有布朗粒子都处在 $x=0$ 处,即 x 表示它们的位移,那么 $c_2 = 0$。于是

$$\overline{x^2} = \frac{2kT}{\alpha}t$$

它表明,布朗粒子位移平方的平均值与时间间隔 t 成正比,这正是随机运动的典型结果。

阅读材料:激光冷却中性原子与玻色 - 爱因斯坦凝聚

微观粒子可以分成两大类:一类是费米子,另一类是玻色子。这是两类性质全然不同的粒子。二者一个显著的差异就是是否遵守泡利不相容原理。不相容原理是泡利于1925年提出来的,因而叫做泡利不相容原理。这个原理指的是:不可能有两个(或更多个)粒子同时处在同一个量子态。费米子遵守泡利不相容原理,而玻色子则不遵守泡利不相容原理。区分这两类粒子的重要特征是自旋:自旋为半整数的粒子是费米子,自旋为整数的粒子是玻色子。费米子遵守费米-狄拉克统计;玻色子遵守玻色-爱因斯坦统计。

通常温度下,粒子按照统计规律分布在不同的运动状态(量子态)。温度下降到低于某一温度(称为凝结温度)时,由于玻色子不遵守泡利不相容原理,因此玻色气体中的粒子将会迅速聚集到能量最低的量子态(基态)上,这种现象便叫做玻色-爱因斯坦凝聚(BEC)。它是在1924年由印度科学家玻色提出,并由爱因斯坦最终在理论上完成的。1925年,爱因斯坦在他的两篇题为《关于单原子理想气体的量子理论》的论文中便预言了这类原子气体的这种凝聚。

实际上实现玻色-爱因斯坦凝聚,一是系统应是理想玻色气体;二是温度应低于凝结温度,温度低意味原子的能量或动量小,也就是它们的德布罗意波长长。

当原子的德布罗意波长与它们间的距离可以相比时,量子效应就会明显,起源于玻色子量子属性的有效吸引也增强,导致玻色-爱因斯坦凝聚发生。玻色-爱因斯坦凝聚是粒子在动量空间上的凝聚,本质上是一种量子效应。当温度为绝对零度时,热运动现象就消失了,原子处于理想的玻色-爱因斯坦凝聚态。

一般说来,通常原子气体温度下降时会凝结成液体或固体。为了避免气态向液态或固态的转变优于玻色-爱因斯坦凝聚,实验发现选择稀薄金属原子气体是合适的。这样,问题的关键便是如何获得极低的温度。显然,这是常规冷却方法所无法办到的,必须另辟蹊径。

众所周知,光具有压强,称为光压。由于激光技术的发展,人们可以利用激光所产生的可观的压力来减小原子的热运动,降低原子气体的温度。1976年汉斯(T. Hansch)与肖洛(A. Schawlow)及瓦恩兰(D. Wineland)与德默尔特(H. Dehmelt)各自独立地提出了利用对射激光束来冷却中性原子的建议。其物理思想是通过光与原子相互作用过程中动量交换形成光的辐射压力,从而控制原子的外部运动和降低原子运动的速度。而利用三对交汇于一点且相互垂直的激光束照射气体原子,原子不仅可以被冷却,而且还会被囚禁于光束交汇中心。这就是激光制冷捕陷气中性原子技术。利用这一方法,科学家先后将铯原子冷却到 2.8×10^{-9} K 的低温,钠原子冷却到 2.4×10^{-11} K 的低温。而在激光冷却和捕陷气体原子研究中做出突出贡献的美国斯坦福大学的朱棣文(Steven Chu)、美国国家与技术研究所的菲利普斯(William D. Phillips)和法国巴黎高等师范学院的科昂·唐努日(Clade N. Cohen Tannoudji),他们于1997年获得该年度的诺贝尔物理学奖。

1995年7月,美国科罗拉多州国家标准和工业技术研究所的科学家维曼(Carl E. Wieman)和康奈尔(Eric A. Cornell)首先利用激光冷却中性原子技术与蒸发冷却技术相结合的方法来实现玻色-爱因斯坦凝聚。他们先利用激光冷却中性原子技术将铷原子进行激光冷却,然后再让其束缚在磁势阱中通过强力蒸发进一步冷却,即蒸发冷却。当温度降到170nK时,约2000个铷原子开始被挤压到一个很小的空间里,温度继续下降时便观察到玻色-爱因斯坦凝聚体。同年10月,麻省理工学院(MIT)工作的科学家克特勒(Wolfgang. Ketterle)实现了钠原子气体的玻色-爱因斯坦凝聚。这个玻色-爱因斯坦凝聚体包含 $\sim 5\times 10^5$ 个钠原子,温度为 $2\mu K$,并观测到两团凝聚体间作为物质波的干涉现象。70年前爱因斯坦的预言终于得以实现。为此,2001年度的诺贝尔物理学奖同时授予美国科学家维曼、康奈尔和德国科学家克特勒,以表彰他们在实现玻色-爱因斯坦凝聚工作中做出的突出贡献。

玻色-爱因斯坦凝聚的实现具有重大的科学意义和潜在的应用价值。首先它证实了一个新物态的存在，这是一个用相干波函数描述的物态，它为实验物理学家提供了独一无二的新介质，大大推动了原子光学的发展。1997年1月，麻省理工学院的克特勒小组在玻色-爱因斯坦凝聚的基础上成功实现了原子激光器。所谓原子激光器即相干原子束，是极近似于激光的相干原子波束。之后原子激光器研究发展也十分迅速，美国标准局菲力普(Phillips)小组和德国马克斯-普朗克研究所哈恩希(Haensch)小组已研制出准连续和连续的原子激光器，获得了准直定向运动的相干原子束。玻色-爱因斯坦凝聚对原子光学是一个极大的推动，对研究原子光学的一阶、二阶效应提供了手段。类比于非线性光学，开展了非线性原子光学的研究。原子波包的干涉、原子波包的四波混频和参量放大以及孤立子等现象也先后被观察到。

其次，玻色-爱因斯坦凝聚的研究加深了人们对凝聚态物理中的超流和超导问题的认识。美国康奈尔小组和巴黎高师的研究小组均通过转动BEC实现了BEC的涡旋态，验证了BEC的超流性质。MIT小组还实现了涡旋阵列，验证了量子流体的行为规则。而德国Haensch小组在光晶格中改变势垒深度观察原子波包的干涉花样，证实BEC从超流到摩特(Mott)绝缘态的量子相变。

BEC还为进行其他量子物理现象的研究提供了一个平台。费希巴赫(Feshbach)共振效应可以改变原子间相互作用的符号和大小，利用Feshbach共振还可以导致类似于超新星的BEC爆炸。利用这个效应科学家研究了原子到分子转变过程。正是通过这项研究，科学家在研究原子气体的费米简并基础上，实现了费米子原子向费米子分子的转变，接着实现了费米子分子的凝聚体，最近在此基础上还实现了强相互作用下费米子分子的涡旋和超流。

总之，玻色-爱因斯坦凝聚的实现为科学研究和高技术应用打开了一扇崭新的大门，众多的新事物等待人们去发掘。

习 题 10

1. SO_2是非直线型分子，相对分子质量为64.06，3个主转动惯量的乘积$ABC = 9.819 \times 10^{-123}$千克^3·米^6，3个振动频率分别为$\nu_1 = 1575 \times 10^{10}$赫，$\nu_2 = 3456 \times 10^{10}$赫，$\nu_3 = 4083 \times 10^{10}$赫。试计算1摩尔$SO_2$气体在1个大气压及25℃时的熵。

2. CO_2 分子是直线型分子,有 4 个振动模式,振动频率分别为 $\nu_1 = \nu_2 = 2010 \times 10^{10}$ 赫,$\nu_3 = 3900 \times 10^{10}$ 赫,$\nu_4 = 7050 \times 10^{10}$ 赫,试计算它的定压热容 C_p,并与下列测得实验数据比较:

温度	293	308	331	493	832	969	1054
实验值 C_p/kN	4.44	4.52	4.70	5.81	6.16	6.33	6.50

3. 计算 1 摩尔 CO_2 气体在 1 个大气压及 25℃ 时的熵,CO_2 的相对分子质量 $M = 44$,转动惯量 $I = 71 \times 10^{-47}$ kg·m²,振动频率见上题。

4. 计算 1 摩尔氦气在标准状况下的熵(氦原子质量为 6.65×10^{-27} 千克)。

5. 若将晶体中的弹性振动量子化便形成声子,晶格在振动中不断产生和吸收声子,晶体中声子数是不固定的。与光子相似,声子的能量、动量关系仍为 $\varepsilon = cp$(c 为声子速度),同样声子也是玻色子。若将晶体中声子的集合看作声子气体,试利用玻色-爱因斯坦分布推导德拜的固体比热容公式。

6.(1)晶体中的原子均束缚在其平衡位置(格点)附近做微小振动,随着温度升高,振动加剧,到某一温度(熔点)晶体将被熔化。如果认为熔点 T_m 是原子在其格点附近做简谐振动时振幅小于原子间距 a 的 10% 的临界温度,利用能量均分定理证明这一简谐振动的频率 $\nu \propto \dfrac{1}{a}\sqrt{\dfrac{T_m}{M}}$($M$ 为原子质量)。利用上式求铝和铅的频率比 ν_{Al}/ν_{Pb}。

(2)若铝和铅的爱因斯坦温度分别是 240K 和 67K,由爱因斯坦温度的定义计算相应的 $\dfrac{\nu_{Al}}{\nu_{Pb}}$。

7. 对晶体中存在肖脱基缺陷的情形①,证明
$$n \approx N e^{-\frac{w}{kT}}$$
式中:n 为晶体中空位数,N 为原子数,w 为形成一个空位所需的能量。

8.(1)求二维波动方程
$$\nabla^2 u(r) + k^2 u(r) = 0$$
在一个矩形边界为驻波的解,并由此证明在波矢值位于 $(k, k+dk)$ 区间内这种

---

① 参考本章例题 4。

表面波模式的个数是 $f(k)dk = \dfrac{Ak}{2\pi}dk$。式中：$A = L^2$ 是表面面积。

(2) 若二维系统为液体表面，表面波为表面张力所形成的表面张力波，其频率 ν 与波长 $\lambda = \dfrac{2\pi}{k}$ 的关系是

$$\nu^2 = \gamma\dfrac{2\pi\sigma}{\rho\lambda^3} = \gamma\dfrac{\sigma k^3}{4\pi^2\rho}$$

式中：物理量单位取在厘米·克·秒制内，$\gamma = 1\text{cm}^2$ 是带量纲单位，σ 为表面张力系数，ρ 为线密度。试利用与德拜比热容理论类似的方法，推导液体在低温时表面能对温度的依赖关系为

$$E(T) = E_0 + \dfrac{4\pi}{3}\left(\dfrac{\rho}{2\pi\sigma}\right)^{\frac{2}{3}}Ah\left(\dfrac{k_B T}{h}\right)^{\frac{7}{3}}I$$

式中：$I = \displaystyle\int_0^{x_0}\dfrac{x^{\frac{4}{3}}dx}{e^x}$，而 $x = \dfrac{\theta_0}{T}$，$\theta_0 = \dfrac{h\nu_0}{k_B}$ 为截止温度，E_0 为零点能。

(3) 若液氦表面每个原子只有一个自由度，每单位面积原子数 $n = 7.8\times 10^{14}$，且 $\sigma = 3.52\times 10^{-4}\text{Nm}^{-1}$，$\rho = 1.45\times 10^{-2}\text{kg}\cdot\text{m}^{-1}$，试计算液氦的截止温度。(此题中 k 为波数，k_B 为玻尔兹曼常数)

9. 自旋为 $\dfrac{1}{2}$ 的磁性原子在外磁场 B 中将具有附加能量 $\pm\mu_B B$（μ_B 为玻尔磁子）。

(1) 一个由这种原子组成的顺磁物质达到平衡时若要有 60% 以上的原子磁矩具有与磁场相同取向，相应温度应低于多少度？设 $B = 3\text{T}$。

(2) 在什么条件下，这种物质将不显磁性，即它的原子磁矩取向是完全无规则的？

(3) 若此物质共有 N 个磁性原子，试计算系统的熵，并讨论在高温弱磁场及低温强磁场极限下熵的渐近值。

10. 设太阳发射的辐射具有黑体辐射性质，实验发现太阳光频谱分布曲线的峰值在 4800Å 处，求太阳表面的温度。

11. 设太阳反射的辐射具有黑体辐射性质，利用热力学统计物理有关黑体辐射的知识，计算太阳表面每秒辐射的总能量和到达地球大气层的辐射功率，设太阳表面温度 5800K，太阳半径 $7.00\times 10^8\text{m}$，地球到太阳距离 $1.5\times 10^{11}\text{m}$。

12. 计算温度为 T 时，体积为 V 的光子气体中所含的平均光子数。

13. 普朗克最先研究推导黑体辐射定律时曾用过一种基于内插的方法。这种方法的要点是：处在平衡状态的黑体辐射频谱分布，在低频高温情况下遵守瑞

利－金斯定律

$$u(\omega,T)\mathrm{d}\omega = \frac{\omega^2 \mathrm{d}\omega}{\pi^2 c^3}U \qquad U=kT \qquad (\hbar\omega \ll kT)$$

而在高频低温情况下遵守维恩定律

$$u(\omega,T)\mathrm{d}\omega = \frac{\omega^2 \mathrm{d}\omega}{\pi^2 c^3}U \qquad U=\hbar\omega \mathrm{e}^{-\beta\hbar\omega} \qquad (\hbar\omega \ll kT)$$

可见,辐射场中每个波动模式的能量 U 在低频高温时具有能量均分定理给出的经典值,而在高频低温时则显示出量子性。内插法认为,平均来说,任意情况下的 U 满足下列内插公式

$$\left(\frac{\mathrm{d}\beta}{\mathrm{d}U}\right)^{-1} = \left(\frac{\mathrm{d}\beta}{\mathrm{d}U}\right)^{-1}_{RJ} + \left(\frac{\mathrm{d}\beta}{\mathrm{d}U}\right)^{-1}_{W}$$

上式右边第一项表示低频高温时的取值,第二项表示高频低温时的取值。试利用上面的内插公式导出普朗克定律。

14. 低温铁磁体中的自旋波热性质可用准粒子模型描写。设这种准粒子的能谱为 $\varepsilon = Ap^2$（p 为准粒子动量,A 为常数）。若准粒子遵守玻色—爱因斯坦统计,试计算体积为 V 的铁磁体内自旋波能量并证明其对热容的贡献正比于 $T^{3/2}$。

15. 试求由 $^4_2$He 原子组成的 1 摩尔理想玻色气体的玻色—爱因斯坦凝结温度(简称玻色温度或凝结温度)及当 $T=10^{-4}$ K 时这种气体的化学势。已知 $^4_2$He 原子质量为 6.65×10^{-27} kg,自旋为零。

16. 证明二维理想玻色气体不会发生玻色—爱因斯坦凝结现象。

17. 证明理想玻色气体的物态方程为

$$\frac{PV}{NkT} = 1 - \frac{1}{2^{5/2}}y - \left(\frac{2}{3^{5/2}} - \frac{1}{8}\right)y^2 - \cdots$$

式中:$y = \dfrac{nh^3}{g(2\pi mkT)^{3/2}}$ （$n=\dfrac{N}{V}$ 为粒子数密度）

18. 计算超相对论性电子(超相对论性粒子的能量与动量关系为:$\varepsilon = cp$)费米动量 p_f、费米能量 ε_f、平均能量 $\bar{\varepsilon}$,并证明此电子气总能量

$$E = \frac{3}{8}Nch\left(\frac{3N}{\pi V}\right)^{1/3} = \frac{3}{4}Nc\hbar\left(\frac{3\pi^2 N}{V}\right)^{1/3}$$

式中:N 是电子气中电子总数,V 是电子气所占体积。

19. 利用 ς 函数定义及相关热力学量计算式证明,理想费米气体的压强 $P = \dfrac{2}{3}\dfrac{E}{V}$,而超相对论性费米气体(粒子能量 ε 与动量 p 的关系为 $\varepsilon = cp$)的压强

$P = \dfrac{1}{3}\dfrac{E}{V}$。将此结果与一般玻色气体与光子气体进行比较(题中 P 表示压强, p 表示动量)。

20. 1立方米银含 6×10^{28} 个自由电子,求它的费米能及 $T=0\text{K}$ 时的压强。

21. 证明,当 $T=0\text{K}$ 时

(1) 电子气体中电子的平均速率 $\bar{v} = \dfrac{3}{4}\dfrac{p_\text{f}}{m}$ (p_f 为电子的费米动量,m 为它的质量),

(2) 电子的碰壁数 Γ(单位时间同单位面积器壁发生碰撞的电子数)为 $\Gamma = \dfrac{1}{4}n\bar{v}$ ($n=N/V$ 是粒子数密度)。

22. 试求低温下超相对论性简并电子气体的熵和比热。

23. 相对论性电子的能量满足 $\varepsilon^2 = c^2 p^2 + m_0{}^2 c^4$,其中 m_0 是电子静止质量,c 是光速。试求完全简并性电子气体的能量和物态方程。

24. 将一金属样品置于稳定均匀的外磁场 B 中,假设金属中传导电子(价电子)可以看做自由电子。

(1) 电子由于自旋而具有磁矩 μ_B,写出金属中传导电子在外场中总能量表示式。

(2) 确定具有不同取向磁矩的传导电子数目。

(3) 计算 $T=0$ 时此金属样品在外场中由传导电子磁矩引起的磁化强度。设金属样品体积为 V,样品中传导电子数目为 N。

25. 利用经典统计理论证明,正则系综中的 β 等于 $\dfrac{\text{d}}{\text{d}E}\ln\Omega'(E)$ 的平均值,这里 $\Omega'(E) = \dfrac{\text{d}\Omega}{\text{d}E}$。

26. 利用经典统计理论证明,正则系综中 $\dfrac{\Omega(E)}{\Omega'(E)}$ 的平均值等于 $\dfrac{1}{\beta}$。

27. 利用正则系综的能量涨落公式证明 $C_v > 0$。

28. 证明在正则系综中

(1) $\overline{(E-\bar{E})^3} = k^2\left\{T^4\left(\dfrac{\partial C_V}{\partial T}\right)_V + 2T^3 C_V\right\}$;

(2) 对 N 个单原子分子组成的理想气体成立: $\dfrac{\overline{(E-\bar{E})^2}}{\bar{E}^2} = \dfrac{2}{3N}$, $\dfrac{\overline{(E-\bar{E})^3}}{\bar{E}^3} = \dfrac{8}{9N^2}$。

29. 利用正则分布证明能量均分定理:当系统处于热平衡态时,它的能量表示式中每一个平方项的平均值等于 $kT/2$。

30. 证明,若 $p_i \to \pm\infty$ 及 $q_i \to \pm\infty$ 时, $E \to \infty$,则有如下的广义能量均分定理

$$\overline{p_i \frac{\partial E}{\partial p_i}} = kT \qquad \overline{q_i \frac{\partial E}{\partial q_i}} = kT$$

31. 利用广义能量均分定理证明,对相对论性粒子(其能量 $\varepsilon = \sqrt{p^2 c^2 + m^2 c^4}$)成立:

$$\overline{\frac{c^2 p_i^2}{\varepsilon}} = kT \qquad (i = x, y, z)$$

32. 一个非谐振子的能量为

$$\varepsilon = \frac{1}{2m} p_x^2 + \frac{1}{2} m\omega^2 x^4$$

(1) 利用经典配分函数(或物理量平均值的直接定义)计算 $\bar{\varepsilon}$。
(2) 利用广义能量均分定理计算 $\bar{\varepsilon}$。

33. 证明,如果以 p 和 S 为自变量,那么

$$w \propto e^{\frac{1}{2kT}\left(\frac{\partial V}{\partial p}\right)_S (\Delta p)^2 - \frac{1}{2kC_p}(\Delta S)^2}$$

由此求得

$$\overline{\Delta S \Delta p} = 0 \qquad \overline{(\Delta S)^2} = kC_p \qquad \overline{(\Delta p)^2} = -kT\left(\frac{\partial p}{\partial V}\right)_S$$

34. 当存在大量布朗粒子时,可观察到布朗粒子的扩散。已知一维情况下,粒子的扩散方程为

$$\frac{\partial n}{\partial t} = D \frac{\partial^2 n}{\partial x^2}$$

D 为扩散系数。设 $t = 0$ 时,所有 N 个布朗粒子都处在 $x = 0$ 处,即

$$n(x, 0) = n\delta(x)$$

求扩散方程的解及布朗粒子位移平方的平均值。并证明爱因斯坦关系

$$D = \chi kT$$

式中: $\chi = \dfrac{1}{\alpha}$ 为迁移率。

35. 在温度为 18℃ 时,观测半径 0.4×10^{-6} m 的粒子在粘滞系数 2.8×10^{-3} Pa·s 的液体中作布朗运动,测得粒子在时间间隔 10s 的位移平方平均值是 3.3×10^{-12} m²,试求玻尔兹曼常数值。

36. 若存在均匀恒定外电场 ξ,则布朗粒子在流体中的运动方程为

$$m\frac{\mathrm{d}v}{\mathrm{d}t}=-\alpha v+q\xi+F(t)$$

式中 q、m 为布朗粒子的电量和质量，α 是粘滞阻力系数，$F(t)$ 是随机力。证明，经充分长时间后布朗粒子的平均速度

$$\bar{v}=\frac{q\xi}{\alpha}$$

记 $\mu=\bar{v}/\xi$，那么 μ 与 D（扩散系数）满足如下爱因斯坦关系

$$D=\frac{\mu}{q}kT$$

37. 容器中装有电离气体，离子电量为 q，处在沿 x 方向的匀强电场 ξ 中。

(1) 求达到平衡时处在 x 到 $x+\mathrm{d}x$ 的离子数 $\mathrm{d}n=n(x)\mathrm{d}x$，假设离子遵守玻尔兹曼分布，平衡时温度为 T。

(2) 由于离子浓度随 x 改变，离子将发生扩散，根据斐克定律 $J_D=-D\dfrac{\mathrm{d}n}{\mathrm{d}x}$，计算离子的扩散通量 J_D。

(3) 在外电场 ξ 下，离子所获得的 x 方向的漂移速度 $\bar{v}=\mu\xi$（μ 为漂移率），试利用公式 $J_\mu=n\bar{v}$ 计算离子的漂移通量 J_μ。

(4) 平衡时，$J_D+J_\mu=0$，由此证明爱因斯坦关系 $D=\dfrac{\mu}{q}kT$。

第 11 章 原子与原子核

原子(分子)或比原子更小的粒子统称微观粒子,本章介绍它们的性质及规律,内容包括原子的一般特性、玻尔的原子理论、原子光谱及磁矩、原子的壳层结构与元素周期表,原子核的基本性质、核结构模型、核力与核反应、基本粒子。

11.1 原子的一般特性

11.1.1 原子的质量和大小

物体是由元素构成的,而原子则是元素的最小单元。比如氧气就是由氧元素构成的,氧原子就是氧元素的最小单元。不同元素原子的结构和性质有差异,由它们构成的物体彼此也不相同。

原子的质量非常小,人们常采用原子质量单位(u)来度量。国际上规定碳在自然界含量最丰富的一种同位素 ^{12}C 的质量为 12u。这时称 ^{12}C 的原子量(即相对原子质量)为 12。其他原子的质量以此为标准来测定,称为该元素的相对原子质量[①]。类似地可以定义相对分子质量,它等于构成分子的所有原子的相对原子质量之和。

知道了相对原子质量,便可以确定原子在国际单位制的质量数值。取质量以克为单位,数值等于相对原子质量(A)的物质,称为 1 摩尔物质。根据阿伏伽德罗定律,不论哪种元素,1 摩尔物质所含原子的个数均等于阿伏伽德罗数

$$N_0 = 6.0221367 \text{mol}^{-1}$$

因此,一个原子的质量

$$m_A = \frac{A}{N_0} \text{g} \qquad (11.1.1)$$

---

① 具有相同化学性质但相对原子质量不同的元素叫做同位素,详见 11.5 节。

而 1 个原子质量单位

$$1\mathrm{u} = \frac{1}{N_0}\mathrm{g} = 1.66054 \times 10^{-24}\mathrm{g} = 1.66054 \times 10^{-27}\mathrm{kg} \quad (11.1.2)$$

原子的直径大约是 1 埃(Å)。$1\text{Å} = 10^{-10}\text{m} = 0.1\text{nm}$ 是原子物理学常用的长度单位。原子的大小可以如下估计：从晶体的密度和一个原子的质量，就能求出单位体积中的原子数。它的倒数给出每个原子所占的体积，其立方根的数值即表示原子线性大小的数量级。比如锂的相对原子质量 $A = 6.941$，固体状态下锂的密度 $\rho = 0.534\text{g} \cdot \text{cm}^{-3}$，由此得单位体积中锂原子数

$$\frac{\rho}{A/N_0} = \frac{\rho N_0}{A} = 4.633 \times 10^{22}$$

每个锂原子所占的体积为

$$\frac{1}{4.633 \times 10^{22}} = 2.16 \times 10^{-23} \text{cm}^3$$

其立方根为 2.7Å。因此锂原子大小数量级 ~2Å。实际测量给出的锂原子有效半径是 0.706Å，直径是 1.412Å(< 2.7Å)。可见锂原子在聚集成晶体时，原子间还留有空隙。表 11.1 列出了一些常见金属原子所占体积的立方根。

表 11.1　　一些常见金属中原子所占立方体的边长

元素	铝(Al)	钛(Ti)	铁(Fe)	铜(Cu)	银(Ag)	钨(W)	铂(Pt)	铅(Pb)
原子量	26.9815	47.90	55.847	63.546	107.868	183.85	195.09	207.19
密度 (g/cm³)	2.7	4.54	7.87	8.96	10.50	19.3	21.45	11.35
立方体边长 (Å)	2.5	2.5	2.2	2.2	2.5	2.5	2.4	3.1

表中数据表明，尽管各种元素的原子量不同，但每个原子所占体积的立方根相差不大，处在 $2.0 \sim 3.1$Å。不过，这些值都比原子的有效直径大，说明原子在金属中并非紧密排列，而是彼此间留有空隙。

11.1.2　原子模型和 α 粒子散射实验

1897 年汤姆孙(J. J. Thomson)从阴极射线实验中发现了电子，从而证实了

原子中电子的存在。电子是带负电的粒子。电子电量的绝对值(e常用做微观带电粒子电量的单位)

$$e = 1.60217733 \times 10^{-19} \text{C}$$

电子电量与其质量之比(荷质比)

$$\frac{e}{m_e} = 1.75881962 \times 10^{11} \text{C/kg}^1$$

两者给出电子质量 $\quad m_e = 9.1093897 \times 10^{-31} \text{kg}$

可见电子的质量还不足氢原子质量的十分之一。原子是电中性的。这就意味着,原子中还有带正电的部分,它占了原子质量中的绝大部分。那么带正电的部分与带负电的电子在原子中是如何分布的呢?

汤姆孙认为:原子中带正电部分均匀分布在原子球体的内部,而电子则嵌在球内或球上。这些电子能在它们的平衡位置上做简谐运动,实验上测得的原子光谱频率与这些振动频率相当。为了解释元素周期表,汤姆孙还假设,电子分布在一个个环上,每个环上电子的数目有一定的限制。汤姆孙的原子模型虽然与当时的实验结果比较一致,但却遭到以后的实验质疑而最终被否定。从1903年起,林纳特(Lenard)所做的多次电子在金属薄膜上的散射实验都显示了汤姆孙模型的困难。从实验中,他发现快速电子很容易穿透原子,表明"原子是十分空虚的",而不像是一个直径$\sim 1\text{Å}$的实体球。而1909年,卢瑟福(E. Rutherford)的学生盖革(H. Geiger)和马斯顿(E. Marsden)所做的α粒子透过金属膜发生散射的实验则最终否定了汤姆孙模型,因为他们在实验中发现大约有八千分之一的几率α粒子可以被反射回来,但按照汤姆孙模型α粒子被反射回来的几率就如同"一枚15英寸的炮弹打在一张纸上又被反射回来"一样绝对不可理解。

在这一实验的基础上,卢瑟福提出了原子的有核模型:原子的全部正电荷和绝大部分质量都集中在原子中心一个极小范围(原子核)内,而电子则分布在这个中心区域以外。

11.1.3 卢瑟福散射公式和原子的核式结构

以下我们从理论上来分析α粒子的散射实验。为了简单起见,这里利用经典力学方法。α粒子实际上就是氦核①,它由两个质子和两个中子组成。中子不带电,质子带正电,其电量数值上与电子电量相等,因此α粒子的电量为$Ze = 2e$(Z是原

---

① α粒子是放射性物质中发射出来的快速粒子,α粒子组成的射线束称为α射线。

子核中质子的数目或原子中电子的数目,叫做原子序数)。

为了计算 α 粒子散射的角分布,我们先证明一个重要公式。设速度大小为 v,电荷为 $Z_1 e$ 的入射粒子与电荷为 $Z_2 e$ 的靶核发生碰撞,记 b 是入射速度与靶核的垂直距离(b 称为瞄准距离或碰撞参数),θ 是粒子被靶核散射后的出射角,那么

$$b = \frac{a}{2}\cot\frac{\theta}{2} \tag{11.1.3}$$

式中:
$$a = \frac{Z_1 Z_2 e^2}{4\pi\varepsilon_0 E} \tag{11.1.4}$$

称为库仑散射因子,$E = \frac{1}{2}mv^2$ 为粒子入射能量。式(11.1.3)叫做库仑公式。

图 11.1 表示出带电离子在库仑场中的散射。

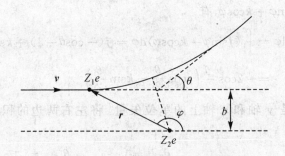

图 11.1 带电粒子在库仑场中的散射

事实上,根据牛顿第二定律

$$\frac{Z_1 Z_2 e^2}{4\pi\varepsilon_0 r^2}\boldsymbol{r}_0 = m\boldsymbol{a} = m\frac{\mathrm{d}\boldsymbol{v}}{\mathrm{d}t} \tag{11.1.5}$$

上式左边是入射粒子受到的库仑作用力,$\boldsymbol{r}_0$ 是 $\boldsymbol{r}$ 方向上的单位矢量①。库仑力是中心力,因此,入射粒子角动量(L)守恒②

$$L = -mr^2\frac{\mathrm{d}\varphi}{\mathrm{d}t} = 常数 \tag{11.1.6}$$

于是

$$\frac{Z_1 Z_2 e^2}{4\pi\varepsilon_0 r^2}\boldsymbol{r}_0 = m\frac{\mathrm{d}\boldsymbol{v}}{\mathrm{d}\varphi}\frac{\mathrm{d}\varphi}{\mathrm{d}t} = -\frac{L}{r^2}\frac{\mathrm{d}\boldsymbol{v}}{\mathrm{d}\varphi}$$

---

① 假设靶核的质量比入射粒子质量大得多,因而它可以看做处于静止状态。

② 在图中所示坐标下,φ 随时间增大而减小,因此等式右边出现负号,以使乘积为正数。

即
$$d\boldsymbol{v} = -\frac{Z_1 Z_2 e^2}{4\pi\varepsilon_0 L} \boldsymbol{r}_0 d\varphi \tag{11.1.7}$$

两边同时积分

$$左边 = \int_{v_i}^{v_f} d\boldsymbol{v} = \boldsymbol{v}_f - \boldsymbol{v}_i = \Delta\boldsymbol{v}$$

对于弹性散射，$|\boldsymbol{v}_f| = |\boldsymbol{v}_i| = v$，$|\Delta\boldsymbol{v}| = |\boldsymbol{v}_f - \boldsymbol{v}_i| = 2v\sin\frac{\theta}{2}$，$\Delta\boldsymbol{v}$ 方向与 z 轴的夹角为 $\frac{\theta}{2} + \frac{\pi}{2}$。

$$右边 = -\frac{Z_1 Z_2 e^2}{4\pi\varepsilon_0 L} \int \boldsymbol{r}_0 d\varphi$$

注意到 $\boldsymbol{r}_0 = \boldsymbol{j}\sin\varphi + \boldsymbol{k}\cos\varphi$，有

$$\int \boldsymbol{r}_0 d\varphi = \int_\pi^\theta (\boldsymbol{j}\sin\varphi + \boldsymbol{k}\cos\varphi) d\varphi = \boldsymbol{j}(-\cos\theta - 1) + \boldsymbol{k}\sin\theta$$

$$= -2\cos\frac{\theta}{2}\left(\boldsymbol{j}\cos\frac{\theta}{2} - \boldsymbol{k}\sin\frac{\theta}{2}\right)$$

式中 $\boldsymbol{j}, \boldsymbol{k}$ 分别是 y 轴和 z 轴上的单位矢量。将左右两边的积分结果代入式 (11.1.7)，得

$$|\boldsymbol{v}_f - \boldsymbol{v}_i| \left[\boldsymbol{j}\sin\left(\frac{\theta}{2} + \frac{\pi}{2}\right) + \boldsymbol{k}\cos\left(\frac{\theta}{2} + \frac{\pi}{2}\right)\right]$$

$$= \frac{Z_1 Z_2 e^2}{4\pi\varepsilon_0 L} 2\cos\frac{\theta}{2}\left(\boldsymbol{j}\cos\frac{\theta}{2} - \boldsymbol{k}\sin\frac{\theta}{2}\right)$$

即

$$2v\sin\frac{\theta}{2}\left(\boldsymbol{j}\cos\frac{\theta}{2} - \boldsymbol{k}\sin\frac{\theta}{2}\right) = 2\cos\frac{\theta}{2}\frac{Z_1 Z_2 e^2}{4\pi\varepsilon_0 L}\left(\boldsymbol{j}\cos\frac{\theta}{2} - \boldsymbol{k}\sin\frac{\theta}{2}\right) \tag{11.1.8}$$

$$v\sin\frac{\theta}{2} = \frac{Z_1 Z_2 e^2}{4\pi\varepsilon_0 L}\cos\frac{\theta}{2} = \frac{Z_1 Z_2 e^2}{4\pi\varepsilon_0 mvb}\cos\frac{\theta}{2}$$

所以

$$b = \frac{Z_1 Z_2 e^2}{4\pi\varepsilon_0 mv^2}\cot\frac{\theta}{2} = \frac{1}{2}\frac{Z_1 Z_2 e^2}{4\pi\varepsilon_0 E}\cot\frac{\theta}{2} \tag{11.1.9}$$

这就证明了库仑公式。

库仑公式给出了瞄准距离、入射能量与散射角之间的关系。表 11.2 列举了能量为 7.68MeV 的 α 粒子被金箔散射时的瞄准距离 b 与散射角 θ 的对应值。由表中可见，要想得到大角度散射 ($\theta > 100°$)，α 粒子运动方向与靶核中心的垂直距

离估计值 $<1.24\times10^{-14}$ m；而原子的大小 $\sim 10^{-10}$ m，原子核的大小 $\sim 10^{-14}$ m（见后面说明）。这就是汤姆孙模型不可能出现大角度散射，但卢瑟福模型却能出现大角度散射的原因。

表 11.2　　$E = 7.68$ MeV 的 α 粒子与 ^{79}Au 碰撞时 b 和 θ 的对应值

$b(10^{-14}$ m)	1	1.24	5	10	50	100
θ	112	100°	33°	16.9°	3.4°	1.7°

虽然库仑公式在理论上很重要，但由于式中瞄准距离无法控制，因此在实验中难以测量。为了能与实验结果进行比较，下面我们介绍另一个很重要又适用的公式 —— 卢瑟福公式。

当 α 粒子轰击原子时，由于电子质量还不到 α 粒子的七千分之一，因此电子在 α 粒子库仑力作用下将离开原位逃逸而去，α 粒子受电子库仑力作用所引起的速度大小和方向的改变则可以忽略。这样在分析 α 粒子散射实验时，可以只考虑原子正电部分对 α 粒子的散射，按照卢瑟福模型，即带正电的原子核对 α 粒子的散射。卢瑟福当年进行的 α 粒子散射实验用的是 α 粒子轰击金属铂膜。于是，我们可以假设原子核质量比 α 粒子质量大得多，原子核在实验过程中处于静止状态，因而库仑公式(11.1.9)适用。利用库仑公式便能计算出微分散射截面。

α 粒子被原子核散射是中心力场（库仑势）中的散射，散射截面只与散射角 θ 有关。单位时间通过单位横截面的入射粒子数为

$$N = nv$$

式中：n 是粒子数密度，v 是入射粒子速度。

单位时间位于偏转角为 θ 的立体角元 $\mathrm{d}\Omega$ 内散射粒子数为

$$\mathrm{d}N = -nvb\mathrm{d}\varphi \mathrm{d}b$$

按定义，微分散射截面①

$$\sigma(\theta)\mathrm{d}\Omega = \sigma(\theta)\sin\theta\mathrm{d}\theta\mathrm{d}\varphi = \frac{\mathrm{d}N}{N} = -b\mathrm{d}\varphi\mathrm{d}b$$

即

$$\sigma(\theta) = \frac{-b\mathrm{d}b}{\sin\theta\mathrm{d}\theta} = \frac{1}{\sin\theta\mathrm{d}\theta}\left(\frac{a}{2}\cot\frac{\theta}{2}\right)\left(\frac{a}{2}\csc^2\frac{\theta}{2}\right)\frac{\mathrm{d}\theta}{2}$$

---

① 式中出现负号是因为 θ 增加 b 减小（参见图 11.1）。

$$= \frac{1}{4\sin\frac{\theta}{2}\cos\frac{\theta}{2}} \frac{a^2}{4} \frac{\cos\frac{\theta}{2}}{\sin\frac{\theta}{2}} \frac{1}{\sin^2\frac{\theta}{2}}$$

$$= \frac{a^2}{16\sin^4\frac{\theta}{2}} = \left(\frac{1}{4\pi\varepsilon_0}\right)^2 \left(\frac{Z_1 Z_2 e^2}{4E}\right)^2 \frac{1}{\sin^4\frac{\theta}{2}} \tag{11.1.10}$$

上式就是著名的卢瑟福散射公式①。$\sigma(\theta)$ 的单位是米²/球面角（m²/sr）。记 $1b = 10^{-28} m^2$，则 $1 m^2/sr = 10^{28} b/sr$，b 称为靶恩，简称靶。

卢瑟福散射公式是建立在卢瑟福原子模型上的理论公式。将式(11.1.10)代入 dN 表达式后得出

$$dN = N\left(\frac{1}{4\pi\varepsilon_0}\right)^2 \left(\frac{Z_1 Z_2 e^2}{4E}\right)^2 \frac{1}{\sin^4\frac{\theta}{2}} d\Omega \tag{11.1.11}$$

对 α 粒子，$Z_1 = 2$。由此可见：(1) 在同一 α 粒子源和同一散射体的情况下，在同样大小的立体角内观察到的粒子数 dN 与 $\sin^4\frac{\theta}{2}$ 成反比，即 $\sin^4\frac{\theta}{2}dN = $ 常数；(2) dN 与入射能量平方 E^2（或入射速度四次方 v^4）成反比，即 $E^2 dN = $ 常数；(3) 在同一 α 粒子源和同样材料的散射体情况下，dN 与材料厚度 t 成正比；(4) 在同一 α 粒子源和相同 $d\Omega$ 与 t 的情况下，dN 与 Z_2 的平方成正比。这几项结论在盖革和马斯登以后进行的 α 粒子散射实验中均得到了证实。表 11.3 给出了 α 粒子被金箔散射时不同偏转角上的观察结果。数据显示，尽管 dN 区别大，但 $\sin^4\frac{\theta}{2}dN$ 之值却相差很小。这也证实了卢瑟福原子模型的合理性。

表 11.3　　　　　　　不同偏转角上 α 粒子散射实验结果

θ(度)	150	135	120	105	75	60	45	30	15
$1/\sin^4\frac{\theta}{2}$	1.15	1.37	1.78	2.52	7.28	16	46.6	223	3445
dN	33.1	43.0	51.9	69.5	211	477	1435	7800	13200
$\sin^4\frac{\theta}{2}dN$	28.8	31.3	29.1	27.5	29.0	29.8	30.8	35.0	38.3

---

① 对照第 9 章习题 21。

在推导卢瑟福散射公式时，α 粒子和原子核都被看做是质点，但实际上原子核是有大小的。我们可以合理地认为 α 粒子能达到原子核的最小距离 r_m 就是原子核半径的上限，这也是卢瑟福公式的适用范围。设 α 粒子质量为 m，离原子核很远时速度为 v，到达 r_m 处速度为 v_m，根据能量守恒定律

$$\frac{1}{2}mv^2 = \frac{1}{2}mv_m^2 + \frac{Z_1 Z_2 e^2}{4\pi\varepsilon_0 r_m} \tag{11.1.12}$$

又库仑场是中心力场，粒子角动量守恒

$$mvb = mv_m r_m \tag{11.1.13}$$

由上两式消去 v_m 得

$$\frac{1}{2}mv^2 = \frac{1}{2}m\frac{v^2 b^2}{r_m^2} + \frac{Z_1 Z_2 e^2}{4\pi\varepsilon_0 r_m}$$

即

$$\frac{1}{2}mv^2 r_m^2 - \frac{Z_1 Z_2 e^2}{4\pi\varepsilon_0}r_m - \frac{1}{2}mv^2 b^2 = 0 \tag{11.1.14}$$

注意到式(11.1.3)，解得

$$r_m = \frac{a}{2}\left(1 + \frac{1}{\sin\theta/2}\right) \tag{11.1.15}$$

由此估算的原子核大小的数量级大约是 10^{-14} m。

总之，α 粒子的散射实验证实：原子中心存在一个范围很小的核，称为原子核。原子的全部正电荷和绝大部分质量都集中在原子核，而带负电的电子则在原子核外绕核运动。原子大小的数量级 $\sim 10^{-10}$ m，原子核大小的数量级 $\sim 10^{-14}$ m。这就是原子的核式结构[①]。

11.1.4 原子的光谱

α 粒子散射实验只是证实了原子的有核结构，并未给出原子核外电子状态的信息。光谱分析为原子中电子运动状态提供了不少资料。光谱是光的频率成分和强度分布的记录。光谱由光谱仪测量，它一般包括三部分：光源、分光器（棱镜或光栅）和记录仪（摄像）。从形状上来看，光谱通常可分为三类：线状光谱、带状光谱和连续光谱。线状光谱是指所观察到或所摄像得到的光谱线是分明、清楚的细线。这类光谱一般由原子产生。带状光谱是指谱线是分段密集的，整个光谱犹如多片连续的带组成。这类光谱一般由分子产生。连续光谱是指谱线相互密接成

[①] 若把原子比作一足球场，那么原子核就是球场中心放置的一粒花生，而电子则是散在球场上的几粒、几十粒尘埃。

连续分布,如自然光、白炽灯发出的光的光谱就是连续的。

不同的光源具有不同的光谱。原子光谱是原子内部电子运动状态发生变化而产生的。氢原子是最简单的原子,从氢气放电管作光源观察到的便是氢原子光谱。到 1885 年,人们观察到的氢光谱线已达到 14 条。这年,巴耳末(J. J. Balmer)从分析这些谱线中得到一个经验公式:

$$\lambda = B\frac{n^2}{n^2-4} \quad n=3,4,5,\cdots \qquad (11.1.16)$$

式中:$B = 3645.6\text{Å}$。上式称为巴耳末公式,由此公式所表达的一组谱线称为巴耳末谱线[①]。

1889 年,里德伯(J. R. Rydberg)提出了一个更普遍的方程(里德伯方程):

$$\tilde{\nu} = \frac{1}{\lambda} = R_H\left(\frac{1}{m^2}-\frac{1}{n^2}\right) = T(m) - T(n) \qquad (11.1.17)$$

式中:$\tilde{\nu} = 1/\lambda$ 称为波数;$R_H = 4/B = 1.0967758 \times 10^7 \text{m}^{-1}$ 为里德伯常数;T 为光谱项,对氢原子 $T(m) = R_H/m^2$;$m = 1,2,\cdots$,对每一个 $m, n = m+1, m+2, \cdots$ 构成一个谱线系。如氢原子光谱系有:

赖曼系:$m=1, n=2,3,\cdots$ 在紫外区,1914 年由赖曼(T. Laman)发现;

巴耳末系:$m=2, n=3,4,\cdots$ 在可见区,1885 年由巴耳末发现;

帕邢系:$m=3, n=4,5,\cdots$ 在红外区,1908 年由帕邢(F. Paschen)发现;

布喇开系:$m=4, n=5,6,\cdots$ 在红外区,1922 年由布喇开(F. Brackett)发现;

普丰特系:$m=5, n=6,7,\cdots$ 在红外区,1924 年由普丰特(H. A. Pfund)发现。

由式(11.1.17)知,氢原子光谱的任意一条谱线都可以表达为两个光谱项之差。对这一经验公式的理解则是玻尔给出的。

11.2 玻尔的原子理论

11.2.1 经典理论的困难

原子的核式结构被证实后,人们了解到半径 $\sim 10^{-10}\text{m}$ 的原子中有一个带正

[①] 其中最著名的红色 H_α 线($n=3, \lambda = 6562\text{Å}$)是由埃格斯特朗(A. J. Ångström)在 1853 年最先观察到的。波长单位埃(Å)即以他的名字命名。

电的核,它的半径只有 10^{-14} m 数量级,但它却集中了原子的绝大部分质量。组成原子另一部分质量非常轻的带负电的电子要想不被库仑力吸引到原子核上,电子就必须绕核不停地运转。假设电子的绕核运动是简单的圆周运动,下面我们利用经典理论来估算电子圆运动的半径和频率①。

电子做圆周运动时,向心力等于库仑作用力

$$\frac{mv^2}{r} = \frac{1}{4\pi\varepsilon_0}\frac{Ze^2}{r^2} \tag{11.2.1}$$

式中:r 是电子离原子核的距离;m 和 v 是电子的质量和速度;Z 是原子序数,对氢原子,$Z=1$。

电子的能量等于它的动能和在原子核的电场中所具有的电势能

$$E = \frac{1}{2}mv^2 - \frac{1}{4\pi\varepsilon_0}\frac{Ze^2}{r} \tag{11.2.2}$$

这里取 $r=\infty$ 时的势能为零。式(11.2.1)和式(11.2.2)给出

$$E = \frac{1}{2}\frac{1}{4\pi\varepsilon_0}\frac{Ze^2}{r} - \frac{1}{4\pi\varepsilon_0}\frac{Ze^2}{r} = -\frac{1}{4\pi\varepsilon_0}\frac{Ze^2}{2r} \tag{11.2.3}$$

而电子做圆周运动的频率

$$f = \frac{v}{2\pi r} = \frac{1}{2\pi r}\sqrt{\frac{Ze^2}{4\pi\varepsilon_0 mr}} = \frac{e}{2\pi}\sqrt{\frac{Z}{4\pi\varepsilon_0 mr^3}} \tag{11.2.4}$$

由此可见,电子圆运动的半径没有限制,电子运动能量和运动频率都由 r 决定,且随 r 连续变化。r 越大,E 越大(绝对值越小)。不过圆运动是一种加速运动,根据经典电动力学,带电粒子做加速运动时会辐射电磁波,辐射出的电磁波频率等于带电粒子的运动频率。这样,带电的电子在圆运动中就会向外发射电磁波而不断丧失自身的能量,以致轨道半径越来越小,最终掉到核内,正负电荷中和而引起原子坍缩。另外,由于电子轨道半径是连续变小的,轨道运动的频率应连续增大,因此辐射出的电磁波频率是连续变化的,即原子光谱是连续光谱。

经典理论的这两个推论显然是不符合客观事实的。事实上,原子是非常稳定的,而原子光谱属线状光谱。为了克服经典理论所面临的困难,玻尔于 1913 年提出了氢原子的量子理论。

11.2.2 玻尔的原子理论

玻尔(N. Bohr)理论认为,电子绕核运动的轨道,或者说它所具有的能量不

---

① 由于原子核质量大约是电子的 2000 倍,所以计算中仍近似认为原子核处于静止状态。

能任意取值,而受条件限制。电子只有在允许的轨道上,或以允许的能量运动时才不会产生电磁辐射而处于稳定状态。这种稳定状态称为定态,相应的条件称为定态条件。如图 11.2 所示。电子从一个定态变到另一个定态时,会以电磁波的形式放出(或吸收)能量

$$h\nu = E_n - E_m \tag{11.2.5}$$

式中:h 是普朗克常数,ν 是辐射的电磁波(或相应光子)的频率,E_m 和 E_n($E_n > E_m$ 表示辐射电磁波,$E_n < E_m$ 表示吸收电磁波)分别是电子处在定态 m 和定态 n 时的能量值。式(11.2.5) 称为频率条件(或辐射条件)。

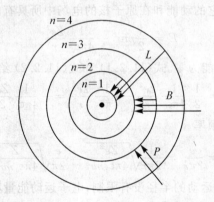

图 11.2 玻尔理论中氢原子的电子轨道及其跃迁
(L:赖曼系,B:巴耳末系,P:帕邢系)

将式(11.1.17) 两边同乘 hc 得

$$hc\tilde{\nu} = h\nu = hcR\left(\frac{1}{m^2} - \frac{1}{n^2}\right) = -\frac{hcR}{n^2} + \frac{hcR}{m^2} \quad \left(\nu = \frac{c}{\lambda} = c\tilde{\nu}\right)$$

对更一般的 $Z \neq 1$ 的类氢原子情形,上式应写成①

$$h\nu = Z^2 hcR\left(\frac{1}{m^2} - \frac{1}{n^2}\right) = -\frac{Z^2 Rhc}{n^2} + \frac{Z^2 Rhc}{m^2} \tag{11.2.6}$$

对比式(11.2.5) 和式(11.2.6) 知

$$E_n = -\frac{Z^2 Rhc}{n^2} \tag{11.2.7}$$

由此可见,原子的能量只能取某些分隔(或分立)的数值,这种能量形式称为能

---

① 式(11.1.17) 中 R_H 表氢原子里德伯常数的实验值,式(11.2.6) 中 R 表示理论值。

级。由式(11.2.7)和式(11.2.3)即得

$$r_n = \frac{1}{4\pi\varepsilon_0}\frac{e^2 n^2}{2ZRhc} \qquad (11.2.8)$$

上式表明，电子的轨道也是分立的，不能连续变化。式(11.2.7)和式(11.2.8)就是玻尔理论给出的能量和轨道的允许取值。这种取值分立、不能连续变化的物理量，我们称它为量子化的。

式(11.2.6)也可以改写成

$$\nu = Z^2 Rc\left(\frac{1}{m^2}-\frac{1}{n^2}\right) = Z^2 Rc\,\frac{n^2-m^2}{m^2 n^2} = Z^2 Rc\,\frac{(n+m)(n-m)}{m^2 n^2} \qquad (11.2.9)$$

在大量子数情况下，考虑两个相邻能级间的跃迁，即 $n \gg 1, m \gg 1, n-m=1$，

$$\nu \sim Z^2 Rc\,\frac{2n}{n^4} = \frac{2Z^2 Rc}{n^3} \qquad (11.2.10)$$

根据对应原理①，上式应与经典理论中圆运动的频率一致（见式(11.2.4)）：

$$\frac{2Z^2 Rc}{n^3} = \frac{e}{2\pi}\sqrt{\frac{Z}{4\pi\varepsilon_0 m r^3}} \qquad (11.2.11)$$

即

$$r = \sqrt[3]{\frac{1}{4\pi\varepsilon_0}\frac{e^2}{16\pi^2 R^2 c^2 m}}\,\frac{n^2}{Z} \qquad (11.2.12)$$

上式对比式(11.2.8)，有

$$\frac{1}{4\pi\varepsilon_0}\frac{e^2}{2Rhc} = \sqrt[3]{\frac{1}{4\pi\varepsilon_0}\frac{e^2}{16\pi^2 R^2 c^2 m}} \qquad (11.2.13)$$

由此给出里德伯常数的理论值

$$R = \frac{2\pi^2 e^4 m}{(4\pi\varepsilon_0)^2 h^3 c} \qquad (11.2.14)$$

将上式分别代入式(11.2.8)和式(11.2.7)，得到量子化的轨道半径和能量：

$$r = a_1\,\frac{n^2}{Z} \qquad E = -\frac{1}{2}m\,(\alpha c)^2\,\frac{Z^2}{n^2} \qquad (11.2.15)$$

式中：

$$a_1 = \frac{4\pi\varepsilon_0 \hbar^2}{me^2} \qquad \alpha = \frac{e^2}{4\pi\varepsilon_0 \hbar c}$$

a_1 是氢原子第一玻尔半径，通常用 a_0 表示，习惯就称为玻尔半径，α 为精细结构常数。利用

---

① 玻尔认为，在大量子数极限下，量子理论与经典理论应该互相一致。这就是对应原理。

$$\varepsilon_0 = 8.8542 \times 10^{-12} \text{F/m}^1 \qquad c = 2.997925 \times 10^8 \text{m/s}^1$$
$$h = 6.62620 \times 10^{-34} \text{J} \cdot \text{s} \qquad m = 9.10956 \times 10^{-31} \text{kg}$$
$$e = 1.60219 \times 10^{-19} \text{C}$$

可计算出：

$$a_0 = 0.529166 \times 10^{-10} \text{m} \qquad \alpha \sim \frac{1}{137} \qquad (11.2.16)$$

$$R = 1.0973731 \times 10^7 \text{m}^{-1}$$

此外，根据经典理论，电子的角动量

$$L = mvr = m\sqrt{\frac{Ze^2}{4\pi\varepsilon_0 mr}}r = \sqrt{\frac{Zme^2 r}{4\pi\varepsilon_0}} = \sqrt{\frac{Zme^2}{4\pi\varepsilon_0}\frac{a_1 n^2}{Z}} = n\frac{h}{2\pi} = n\hbar \quad (11.2.17)$$

式中：第 2 个等号的成立利用了式(11.2.1)，第 4,5 个等号的成立利用了式(11.2.15)。式(11.2.17)表明，电子的角动量也是量子化的。

玻尔的氢原子理论包含了 3 条基本假设：定态条件、频率条件和角动量量子化①。定态条件给出了原子的稳定性。频率条件解开了氢光谱经验公式之谜。这两条假设加上角动量量子化假设确定了描写电子运动的轨道半径和相应能量，它们都是量子化的，还能够从理论上计算出里德伯常数值。

11.2.3　玻尔理论的实验验证

1. 氢原子光谱

频率条件解释了光谱的经验公式。理论上计算出的里德伯常数值(式(11.2.16))与氢原子的里德伯常数实验值

$$R_H = 1.0967758 \times 10^7 \text{m}^{-1}$$

相当一致，它说明玻尔理论成功揭示了原子内部。稍后，玻尔又对 R 与 R_H 的些微差异进行了理论说明。式(11.2.14)的成立是以原子核处于静止状态为前提条件的。但实际上，与电子质量相比，原子核的质量虽然很大，但并不能当做无限大。因此，不是电子简单地绕原子核运动，而是电子和原子核两者绕其质心运动。于是，在式(11.2.14)中，我们应该以约化质量(或折合质量) $\mu = \frac{Mm}{M+m}$(M 是原子 A 的核质量)来代替电子质量 m。这样，原式变成

---

① 实际上，角动量量子化条件是玻尔利用对应原理推导的。有些书籍把它(即式(11.2.17))作为第 3 条基本假设。如果这样做，那么式(11.2.15)和式(11.2.14)便可由它直接导出。

$$R_A = \frac{2\pi^2 e^4 \mu}{(4\pi\varepsilon_0)^2 h^3 c} = \frac{2\pi^2 e^4}{(4\pi\varepsilon_0)^2 h^3 c} m \frac{1}{1+m/M} = R \frac{1}{1+m/M} \qquad (11.2.18)$$

对氢原子，$A = H, m/M = \frac{1}{1836}$，

$$R_H = 1.0973731 \times 10^7 \frac{1}{1+1/1836} \mathrm{m}^{-1} = 1.0967758 \times 10^7 \mathrm{m}^{-1}$$

经过修正后两者就一致了。这说明，里德伯常数会随原子核有所变化。各种原子（记以 A）有各自相应的 R_A。而式(11.2.14)给出的 R 的理论值，相当于原子核质量无限大的 R 值，即 $R = R_\infty$。表 11.4 是按式(11.2.18)计算的某些原子(离子)的 R_A。

表 11.4　　　　　　　　　里德伯常数 $R_A (10^7 \mathrm{m}^{-1})$

A	H	D	T	He$^+$	Li^{++}	Be^{+++}
R_A	1.0967758	1.0970742	1.0971735	1.0972227	1.0972880	1.0973070

$R_\infty = 1.0973731$

2. 类氢离子的光谱

类氢离子是指原子核外只有一个电子的离子，但原子核带有大于一个单元（电子电量的绝对值）的正电荷，即 $Z > 1$。它们是具有与氢原子结构类似的离子，如：一次电离的氦离子 He$^+$，二次电离的锂离子 Li^{++} 等。根据玻尔理论，类氢离子的光谱公式可以表示成[①]

$$\tilde{\nu} = Z^2 R_A \left(\frac{1}{m^2} - \frac{1}{n^2} \right) \quad (m = 1, 2, \cdots; n = m+1, m+2, \cdots) \qquad (11.2.19)$$

1897 年天文学家毕克林(E. C. Pickering)在船舻座星的光谱中发现了一个与巴耳末系(J. J. Balmex)相像的谱线系，称为毕克林系。里德伯(J. R. Rydberg)指出，毕克林系可用如下公式描述：

$$\tilde{\nu} = R \left(\frac{1}{2^2} - \frac{1}{n^2} \right) \qquad (11.2.20)$$

这完全就是巴耳末系的公式，只不过这里 n 可取正的整数和半整数。起初有人认

---

① 玻尔理论认为，类氢离子光谱的公式可以通过在氢光谱的公式中出现 e^2 的地方改换成 Ze^2 得到。由于 R_A 中含 e^4，因此式(11.2.8)中出现 Z^2。

为毕克林系就是氢原子的光谱线,只是星球上面的氢与地球上的稍有差别。但玻尔基于他的理论认为,毕克林系并非氢的光谱线,而是氦离子 He^+ 的光谱线。随后,英国物理学家埃万斯(E. J. Evans)的实验观测证实了玻尔的观点。事实上,对 He^+,$Z = 2$,对毕克林系,$m = 4$,式(11.2.19)变成

$$\tilde{\nu} = 4R_{He}\left(\frac{1}{4^2} - \frac{1}{n^2}\right) = R_{He}\left[\frac{1}{2^2} - \frac{1}{(n/2)^2}\right] \tag{11.2.21}$$

式中:n 取正整数,$\frac{n}{2}$ 可取正整数和半整数。这与经验公式(11.2.20)完全一致。值得注意的是,氦离子的谱线比氢原子的要多,因为与半整数相应的谱线在氢光谱中是没有的。此外,由于 R_{He} 与 R_H 不同,因此即使对应同一整数的谱线在 He^+ 光谱和 H 光谱中的位置也是有差别的。

玻尔理论对类氢离子光谱线的成功解释,再次验证了这一理论的可靠性。

3. 氘的存在

自然界中具有相等电荷,但不等质量的原子核叫做同位素。实际上,同位素是具有相同质子数但不同中子数的原子核。1932 年,尤雷(H. C. Urey)在实验中发现,在氢的谱线 H_α 的旁边还有一条谱线,两者相差 $1.79Å$,他认为,这条谱线属于氢的同位素,即氘①。尤雷利用玻尔理论中公式(11.2.1)计算了相应里德伯常数 R_H 和 R_D,进而得到各自谱线的波长。结果是计算值与实验值十分相符。肯定氘的存在同时也就肯定了玻尔理论的正确。

4. 夫兰克(J. Franck)— 赫兹(G. Hertz) 实验

玻尔理论一方面已在原子光谱研究中得到证实,另一方面也为夫兰克 — 赫兹实验所证实。

玻尔理论发表的第二年,即 1914 年,夫兰克和赫兹利用电子轰击原子方法证实了原子内部的能量是量子化的。图 11.3 是夫兰克 — 赫兹实验的示意图。真空玻璃容器中充有少量汞蒸气。电子由热阴极 K 出发,经 K 与栅极 G 间电场加速,透过栅极到达板极 A,形成电流。KG 间电压可调,GA 间有 $-0.5V$ 反向电压使其减速。实验时,逐渐增加 KG 间电压,观测电流计中电流变化。实验结果表明,当 KG 间电压由零逐渐增加时,电流计中电流不断上升、下降,出现一系列峰和谷,相邻两峰(或谷)间距离大致相等,为 $4.9V$ 左右。同时用分光仪测得有波长约为 $2530Å$ 的紫外线发射。

---

① 氘是氢的质量数为 2 的同位素,即 $m_D/m_H = 2$,又叫重氢,记为 D。

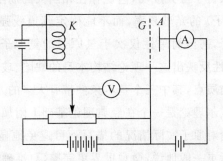

图 11.3　夫兰克 — 赫兹实验示意图

上述结果显示,当电子在 KG 间加速而获得的能量小于 4.9eV 时,它对汞蒸气原子的轰击不足以改变原子的内部运动状态,碰撞为弹性碰撞,电子几乎不损失能量到达板极,加速电子的电压越高,电子能量越大,电流越大。当 KG 间电压增加到电子获得的能量达到 4.9eV 时,电子对汞蒸气原子的轰击足以改变其内部运动状态,碰撞为非弹性碰撞,电子损失能量,原子由能量较低态(基态)跃迁到较高态(第一激发态)。电子能量减小不足以到达板极,电流下降。KG 继续增加,电子重新加速,到达板极的电子增多,电流重新上升,如此周而复始。这说明原子内部的能量是量子化的,基态与第一激发态的能量差即为 4.9eV,当原子由能级高的定态向能级低的定态跃迁时便辐射出能量 4.9eV 的光子,相应波长即 2530Å。

夫兰克 — 赫兹实验有力地证明了原子内部能量是量子化的,原子中存在量子态(即玻尔理论的定态)。

11.2.4　玻尔理论的局限性

玻尔关于原子中存在量子态的设想已被实验直接证实。玻尔理论中的能级、定态跃迁等概念得到科学界的普遍认同。玻尔理论不仅解开了氢原子光谱之谜,而且还从理论上计算出里德伯常数,也成功解释了类氢原子光谱。玻尔理论由于它的简单性至今在原子物理研究中仍然可以找到它的应用。而玻尔本人创造性的工作对现代量子力学的建立无可否认地产生了深远的影响[1]。

---

[1]　普朗克的黑体辐射理论、爱因斯坦的光电效应理论以及玻尔的原子理论,俗称旧量子论,它们共同构筑起一座由经典力学向量子力学跨越的桥梁。

玻尔理论虽然取得了巨大成功,但也存在相当大的局限性。玻尔理论只能计算氢原子(或类氢离子)的光谱频率,而不能确定其谱线强度和精细结构。对于稍微复杂一些的原子,甚至简单性仅次于氢原子的氦原子,玻尔理论都无能为力。玻尔理论的局限性反映出这一理论结构本身的缺陷。玻尔理论仍然把微观粒子看做经典力学中的质点,其中三个基本条件带有太多的人为色彩,缺少必要的理论说明。可以说,玻尔理论是一个在经典理论基础上附加一些量子条件的混合结构,因此,这个理论对原子实际情况的描写不可避免地显得过于简单,很不完善。对原子世界,或者更一般地说,微观世界更完整、更准确的描写就是以后建立的量子力学(参见第 5 章)。尽管如此,玻尔理论在原子物理和量子力学发展过程中所建立的功绩仍然是不可磨灭的。

11.3　原子的谱项和磁矩

11.3.1　原子的能级

除氢原子外,原子都含有 2 个以上的电子,而与电子相比,原子核的运动状态可看做不发生变化,因此,原子是一个多电子体系。在非相对论近似下,原子的定态就由运动于核库仑场内彼此间具有电作用的这个多电子体系的薛定谔方程确定。因为方程中不出现电子的自旋,所以电子的总自旋,或原子的自旋 S 是守恒量。又若外场是球对称场,则电子的总轨道角动量,或原子的角动量 L 也是守恒量。于是,原子的定态(或能级)可以用 L 和 S 来标记。根据角动量理论,轨道角动量和自旋(角动量)都是量子化的,它们在普通空间和自旋空间某一方向的投影的可能取值分别为 $L, L-1, \cdots, -L+1, -L$ 和 $S, S-1, \cdots, -S+1, -S$,共 $(2L+1)(2S+1)$ 个。因此,一个具有确定 L 和 S 的能级是简并的,其简并度为 $(2L+1)(2S+1)$。

原子的能级,称为该原子的谱项,通常用 $^{2S+1}L_J$ 来表示。字母 L 表示原子轨道角动量,按惯例,常用如下拉丁字母标记不同的 L 值:

$$L = 0, 1, 2, 3, 4, 5, 6, 7, 8, 9, 10, \cdots$$
$$S, P, D, F, G, H, I, K, L, M, N, \cdots \qquad (11.3.1)$$

这些字母的左上角标记 $2S+1$,称为该谱项的多重度,右下角给出总角动量 $J(\boldsymbol{J} = \boldsymbol{L} + \boldsymbol{S})$。例如,$^1S_0$ 表示 $L=0, S=0, J=0$;$^1D_2$ 表示 $L=2, S=0, J=2$。

11.3.2 LS 耦合和 jj 耦合

两个电子有各自的轨道角动量 l_1, l_2 和各自的自旋 s_1, s_2。这四种运动形态可以有 $C_4^2 = 6$ 种耦合形式，它们是：$G_1(s_1s_2), G_2(l_1l_2), G_3(l_1s_1), G_4(l_2s_2), G_5(l_1s_2), G_6(l_2s_1)$。最后两种耦合表示不同电子和不同运动形态间的相互作用，它们一般是比较弱的，可以忽略。余下的四种耦合，常见的有两种极端情形。一种是，G_1、G_2 比 G_3、G_4 强，也就是说，两个电子轨道运动之间的作用很强，两个电子自旋之间的作用也很强。这时，两个电子的轨道角动量合成为一个总的轨道角动量 $L = l_1 + l_2$，两个电子的自旋合成为一个总的自旋 $S = s_1 + s_2$。电子的状态可以表示成①

$$|L, m, S, \sigma\rangle \qquad (11.3.2)$$

这种耦合形式称为 LS 耦合。于是，原子的谱项可以用它们的总轨道角动量和总自旋表示，而总轨道角动量和总自旋则可合成为原子的总角动量 J，这就是前面所说过的。

另一种是：G_3、G_4 比 G_1、G_2 强，也就是同一个电子自旋与轨道运动之间的相互作用要比两个电子自旋（轨道运动）之间的相互作用强。这时，电子的自旋和轨道角动量先合成为各自的总角动量 $j = l + s$，然后两个电子的角动量 j 再合成为总的角动量 $J = j_1 + j_2$。电子的状态可以表示成

$$|J, J_z, j_1, j_2\rangle \qquad (11.3.3)$$

这种耦合形式称为 jj 耦合。值得注意的是：jj 耦合形成的原子谱项习惯上没有特别的标记符号。

11.3.3 电子组态与原子态

描写一个多电子原子的定态薛定谔方程中包含有每个电子的动能、原子核对每个电子的库仑吸引产生的电势能和各个电子间相互排斥产生的电势能。要严格求解这样一个复杂系统的薛定谔方程，原则上是不可能的。不过，如果我们关注的是每个电子的运动状态（单电子态），那么我们就可以把这种态

---

① $|\rangle$ 称为狄拉克符号，它是狄拉克引进的。在以坐标为自变量时，它就是通常的波函数 $\psi_{Lm S\sigma}$。更形象地说，$|\rangle$ 就相当于一个矢量（a），而 $\psi_{Lm S\sigma}$ 则相当于矢量在坐标系中的分量表示（a_x, a_y, a_z）。狄拉克符号在理论分析中被经常采用。

看做是一个电子在原子核和其他电子所产生的某种等效辏力场中运动的定态。这样，一个多体问题便转变成了单体问题，只是这里的等效力场都依赖于所有其他电子的运动状态。因此，这种等效场称为自洽场，这种方法称为自洽场方法。

由于自洽场是球对称的，与氢原子类似，我们仍然可以用主量子数 n 和角量子数 l 来标记这些单电子态。不过，必须注意的是，一是电子的能量一般与 n 和 l 都相关，能级的排序与氢原子的也不尽然相同，比如：在复杂原子中，$n=5,l=0$ 的能级就低于 $n=4,l=2$ 能级。二是给定了 n 和 l 后，电子还可以有不同的轨道角动量投影值 (m) 和不同的自旋投影值 (σ)。对确定的 l，m 可取 $(2l+1)$ 个值，但由于电子的自旋为 $1/2$，因此 σ 只有 2 个不同取值 $\pm 1/2$。这就是说，一个 n 和 l 确定的能量对应的单电子态是简并的，其简并度为 $2(2l+1)$。通常，我们用一个数字表示这些单电子态的 n，而用一个字母表示它们的 l①。例如用 $4d$ 表示一个 $n=4,l=2$ 的这些单电子态。如果有几个电子处在 n 和 l 值相同的能态时，我们就用一个幂指数来指明这些电子的数目。例如 $3p^2$ 表示有 2 个电子处在 $n=3,l=1$ 的能态。具有同一 n 和 l 值的这 $2(2l+1)$ 个简并态称为等效态。处在等效态上的电子叫做等效电子，或同科电子。而原子中电子在 n 和 l 值不同的各态上的分布则叫做电子组态。

由一种电子组态可以构成相应的几种不同的原子谱项（原子态）。为了简单起见，我们以两个 p 电子 LS 耦合为例。对非同科电子，两个 p 电子主量子数不同，而 $l_i = 1, m_i = 0, \pm 1, s_i = \dfrac{1}{2}, \sigma_i = \pm \dfrac{1}{2}$ ($i=1,2$)。按照角动量的耦合规律，有

$$L = l_1 + l_2 \qquad m = m_1 + m_2$$
$$S = s_1 + s_2 \qquad \sigma = \sigma_1 + \sigma_2 \tag{11.3.4}$$

$m_1, m_2, \sigma_1, \sigma_2$ 的可能取值共有 $3 \times 3 \times 2 \times 2 = 36$ 种。相应地，原子状态（量子态）也有 36 种（见表 11.5），它们是 $L=2$ 时 5 种 m 的可能取值，$L=1$ 时 3 种 m 的可能取值，$L=0$ 时 1 种 m 的可能取值共 $5+3+1=9$ 种，而每一种角动量取值下，自旋还有 $S=1$ 时 3 种 σ 的可能取值，$S=0$ 时 1 种 σ 的取值共 4 种，总共是 $9 \times 4 = 36$ 种。这时原子谱项可标记成：$^3D, ^1D, ^3P, ^1P, ^3S, ^1S$。

---

① 字母与 l 的对应关系见式 (11.3.1)，只是这里改用小写。

表11.5　　两个非同科 p 电子自旋和轨道角动量的可能取值

σ_1	σ_2	m_1	m_2	σ	m
$\frac{1}{2}$	$\frac{1}{2}$	1	1	1	2
$\frac{1}{2}$	$\frac{1}{2}$	1	0	1	1
$\frac{1}{2}$	$\frac{1}{2}$	1	-1	1	0
$\frac{1}{2}$	$\frac{1}{2}$	0	1	1	1
$\frac{1}{2}$	$\frac{1}{2}$	0	0	1	0
$\frac{1}{2}$	$\frac{1}{2}$	0	-1	1	-1
$\frac{1}{2}$	$\frac{1}{2}$	-1	1	1	0
$\frac{1}{2}$	$\frac{1}{2}$	-1	0	1	-1
$\frac{1}{2}$	$\frac{1}{2}$	-1	-1	1	-2
$\frac{1}{2}$	$-\frac{1}{2}$	1	1	0	2
$\frac{1}{2}$	$-\frac{1}{2}$	1	0	0	1
$\frac{1}{2}$	$-\frac{1}{2}$	1	-1	0	0
$\frac{1}{2}$	$-\frac{1}{2}$	0	1	0	1
$\frac{1}{2}$	$-\frac{1}{2}$	0	0	0	0
$\frac{1}{2}$	$-\frac{1}{2}$	0	-1	0	-1
$\frac{1}{2}$	$-\frac{1}{2}$	-1	1	0	0
$\frac{1}{2}$	$-\frac{1}{2}$	-1	0	0	-1
$\frac{1}{2}$	$-\frac{1}{2}$	-1	-1	0	-2
$-\frac{1}{2}$	$\frac{1}{2}$	1	1	0	2
$-\frac{1}{2}$	$\frac{1}{2}$	1	0	0	1
$-\frac{1}{2}$	$\frac{1}{2}$	1	-1	0	0

续表

σ_1	σ_2	m_1	m_2	σ	m
$-\frac{1}{2}$	$\frac{1}{2}$	0	1	0	1
$-\frac{1}{2}$	$\frac{1}{2}$	0	0	0	0
$-\frac{1}{2}$	$\frac{1}{2}$	0	-1	0	-1
$-\frac{1}{2}$	$\frac{1}{2}$	-1	1	0	0
$-\frac{1}{2}$	$\frac{1}{2}$	-1	0	0	-1
$-\frac{1}{2}$	$\frac{1}{2}$	-1	-1	0	-2
$-\frac{1}{2}$	$-\frac{1}{2}$	1	1	-1	2
$-\frac{1}{2}$	$-\frac{1}{2}$	1	0	-1	1
$-\frac{1}{2}$	$-\frac{1}{2}$	1	-1	-1	0
$-\frac{1}{2}$	$-\frac{1}{2}$	0	1	-1	1
$-\frac{1}{2}$	$-\frac{1}{2}$	0	0	-1	0
$-\frac{1}{2}$	$-\frac{1}{2}$	0	-1	-1	-1
$-\frac{1}{2}$	$-\frac{1}{2}$	-1	1	-1	0
$-\frac{1}{2}$	$-\frac{1}{2}$	-1	0	-1	-1
$-\frac{1}{2}$	$-\frac{1}{2}$	-1	1	-1	0

对同科电子，两个 p 电子主量子数相同。根据全同粒子的性质和泡利不相容原理，自旋和轨道角动量的取值只能有 $3+3\times4=15$ 种(见表 11.6①)。或者，等价地说，电子是费米子，遵守费米 — 狄拉克统计，波函数是反对称的，因此原子谱项只能是 $^1D, ^3P, ^1S$，同样共 $5+3\times3+1=15$ 种。

---

① 对于全同粒子，像表 11.6 中第一行这样的情况，我们只能说，两个 p 电子的磁量子数均为 1，有一个电子自旋向上，另一个电子自旋向下。因此，排序 $-\frac{1}{2},\frac{1}{2},1,1$ 与 $\frac{1}{2},-\frac{1}{2},1,1$ 实质上无区别。这时表中添加下标，纯粹只是为了计数方便。

表 11.6　　两个同科 p 电子自旋和轨道动量的可能取值

σ_1	σ_2	m_1	m_2	σ	m
$\frac{1}{2}$	$-\frac{1}{2}$	1	1	0	2
$\frac{1}{2}$	$-\frac{1}{2}$	1	0	0	1
$\frac{1}{2}$	$-\frac{1}{2}$	1	-1	0	0
$\frac{1}{2}$	$-\frac{1}{2}$	0	1	0	1
$\frac{1}{2}$	$-\frac{1}{2}$	0	0	0	0
$\frac{1}{2}$	$-\frac{1}{2}$	0	-1	0	-1
$\frac{1}{2}$	$-\frac{1}{2}$	-1	1	0	0
$\frac{1}{2}$	$-\frac{1}{2}$	-1	0	0	-1
$\frac{1}{2}$	$-\frac{1}{2}$	-1	-1	0	-2
$\frac{1}{2}$	$\frac{1}{2}$	1	0	1	1
$\frac{1}{2}$	$\frac{1}{2}$	1	-1	1	0
$\frac{1}{2}$	$\frac{1}{2}$	0	-1	1	-1
$-\frac{1}{2}$	$-\frac{1}{2}$	1	0	-1	1
$-\frac{1}{2}$	$-\frac{1}{2}$	1	-1	-1	0
$-\frac{1}{2}$	$-\frac{1}{2}$	0	-1	-1	-1

至于由更多个电子组成的电子组态来确定原子谱项,其方法原则上与上相同,只是相对繁杂而已①。由电子组态形成的原子谱项中,有一个能量最低(原子基态)。确定原子基态常利用洪特(F. Hund)提出的一个一般定则(洪特定则)。这个定则指出,由同一电子组态形成的谱项中,S 值最大的能级位置最低;在 S 值相同的能级中,L 值最大的位置最低。另外当同科电子有相同 L 不同 J 时,同科电子数小于或等于闭壳层填充数一半时,J 值最小的能级位置最低(正常次序),或者 J 值最大的位置最低(反常次序)。

---

①　更通行的方法需利用置换群理论,这里从略。

11.3.4 原子的磁矩

原子中的电子绕核不停地运动,类似一个闭合电流,因而具有磁矩。这种由轨道运动产生的磁矩与轨道角动量的关系是:

$$\boldsymbol{\mu}_l = -\frac{e}{2m}\boldsymbol{l} \tag{11.3.5}$$

同样,电子由于自旋也会具有磁矩,两者关系是:

$$\boldsymbol{\mu}_s = -\frac{e}{m}\boldsymbol{s} \tag{11.3.6}$$

式中:e是电子电量绝对值,m是电子质量。此外,原子还有原子核的磁矩,不过原子核的磁矩比电子的磁矩要小三个数量级,一般不予考虑。因此,原子的磁矩通常就是指原子中所有电子的磁矩(见图11.4)。

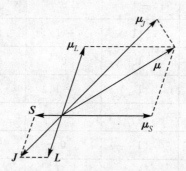

图 11.4 电子磁矩与角动量关系

对单电子原子,原子的磁矩就是电子的轨道磁矩 $\boldsymbol{\mu}_l$ 与自旋磁矩 $\boldsymbol{\mu}_s$ 之和:

$$\boldsymbol{\mu}_J = \boldsymbol{\mu}_l + \boldsymbol{\mu}_s \tag{11.3.7}$$

它们在原子总角动量 $\boldsymbol{j} = \boldsymbol{l} + \boldsymbol{s}$ 方向上的投影为

$$\boldsymbol{\mu}_J \cdot \boldsymbol{j}/|\boldsymbol{j}| = -\frac{e}{2m}\frac{1}{|j|}(\boldsymbol{l}\cdot\boldsymbol{j} + 2\boldsymbol{s}\cdot\boldsymbol{j}) \tag{11.3.8}$$

利用 $\boldsymbol{s} = \boldsymbol{j} - \boldsymbol{l} \quad \boldsymbol{l} = \boldsymbol{j} - \boldsymbol{s}$

有① $s^2 = (\boldsymbol{j}-\boldsymbol{l})^2 = j^2 + l^2 - 2\boldsymbol{l}\cdot\boldsymbol{j}$

$l^2 = (\boldsymbol{j}-\boldsymbol{s})^2 = j^2 + s^2 - 2\boldsymbol{s}\cdot\boldsymbol{j}$

---

① 式中利用了量子力学关于角动量平方算符取值的结论,因此会带 $\hbar$ 因子。

$$l \cdot j = \frac{j^2 + l^2 - s^2}{2} = \frac{j(j+1) + l(l+1) - s(s+1)}{2}\hbar^2$$

$$s \cdot j = \frac{j^2 + s^2 - l^2}{2} = \frac{j(j+1) + s(s+1) - l(l+1)}{2}\hbar^2 \qquad (11.3.9)$$

将上式代入式(11.2.6),得

$$\mu_J \cdot j / |j| = -\frac{e}{2m} \frac{l \cdot j + 2s \cdot j}{j^2} |j|$$

$$= -\frac{e\hbar}{2m}\left[1 + \frac{j(j+1) - l(l+1) + s(s+1)}{2j(j+1)}\right]|j| \qquad (11.3.10)$$

根据角动量的矢量模型,μ_j 将绕 j 不断进动,因此,μ_j 在 j 垂直方向的投影,大小不变但方向连续改变,其平均值为零。这就是说,实际上 μ_j 只有沿 j 方向的投影。即①

$$\mu = -g\mu_B j \qquad (11.3.11)$$

$$g = 1 + \frac{j(j+1) - l(l+1) + s(s+1)}{2j(j+1)} \qquad \mu_B = \frac{e\hbar}{2m} \qquad (11.3.12)$$

式中:g 称为朗德因子;μ_B 是玻尔磁子。

对含有两个或两个以上电子的原子,如果电子角动量是 LS 耦合,那么式(11.3.11)和式(11.3.12)仍然存立,只是式中 j,l,s 应用原子总角动量 J、总轨道角动量 L 和总自旋 S 代替。

11.4 原子的光谱

电子组态形成的原子态联系相应的能量。电子在不同能级间的跃迁会发射(或吸收)电磁波,用仪器记录下它们的波长和强度便得到原子的光谱。原子光谱属线状光谱,从光谱仪上获得的相片中可以见到许多明显的细线,这些细线称光谱线(或谱线)。各种元素的原子有它们特有的光谱,它们为研究原子及其结构提供了重要的资料。例如,早为人们知晓的氢原子光谱的四条谱线都属于巴耳末系。如表 11.7 所示。

表 11.7   氢原子的四条光谱线

谱线	H_α	H_β	H_γ	H_δ
颜色	红	深绿	青	紫
波长(Å)	6562.10	4860.74	4340.10	4101.20

---

① 式中 j 的本征值 $\hbar$ 已移至 μ_B 中。

碱金属元素包括锂(Li)、钠(Na)、钾(K)、铷(Rb)、铯(Cs)、钫(Fr)。它们在周期表中属于同一族,具有类似的化学性质。碱金属元素的原子光谱也具有类似的结构。一般可以观察到四个线系:主线系、第一辅线系(漫线性)、第二辅线系(锐线性)和柏格曼线系(基线系)。主线系的波长范围最广。锂原子主线系的第一条线是红色的,波长为 6707Å。钠原子主线系的第一条线就是熟悉的黄色光,波长为 5893Å。碱金属原子都是一价的,即它们只有一个价电子;其余的电子填充在满壳层或满次壳层①,这些电子与原子核形成一个稳定结构,称为原子实。于是,碱金属原子可以看做一个价电子绕原子实运动的体系,这个体系与氢原子结构相似。不过,与氢原子不同,一是由于一些较低的能级已先行被原子核中电子所占据,因此价电子填充的只能是稍后的较高能级单电子态。比如,锂原子原子核中有 2 个电子,它们占据了 $n=1$ 的能级,所以价电子只能填充到 $n \geqslant 2$ 的能级上。钠原子原子核中有 10 个电子,它们占据了 $n=1,2$ 的能级②,所以价电子就只能填充到 $n \geqslant 3$ 的能级上。类似地,对钾原子中价电子量态有 $n \geqslant 4$,对铷 $n \geqslant 5$,铯 $n \geqslant 6$,钫 $n \geqslant 7$。二是由于电子间相互作用,单电子态能量不仅与主量子数 n 有关,而且与角量子数 l 有关,即与 nl 有关③。对锂光谱的研究发现,锂的四个光谱线系中(图 11.5),主线系是 $np \rightarrow 2s(n \geqslant 2)$ 结果,第二辅线系是 $ns \rightarrow 2p(n \geqslant 3)$,第一辅线系是 $nd \rightarrow 2p(n \geqslant 3)$,柏格曼线系 $nf \rightarrow 2d(n \geqslant 4)$。对钠原子光谱,主线系为 $np \rightarrow 3s(n \geqslant 3)$,第二辅线系为 $ns \rightarrow 3p(n \geqslant 4)$,第一辅线性为 $nd \rightarrow 3p(n \geqslant 4)$,柏格曼线系为 $nf \rightarrow 4d(n \geqslant 5)$,等等。

用分辨本领足够高的仪器观察碱金属原子的光谱时,会发现每一条光谱线并非简单的一条线,而是由二条或三条线组成的。人们把它叫做光谱线的精细结构。碱金属原子光谱中的主线系和第二辅线系的每一条谱线由两条线构成,第一辅线系和柏格曼线系由三条线构成。众所周知的钠原子黄色光是它的主线系的第一条线,由波长 5890Å 和 5896Å 的双线构成。碱金属原子光谱的精细结构与原子磁矩有关。价电子绕原子实的转动产生轨道磁矩,而价电子的自旋产生自旋磁矩,这两者的合成便是价电子磁矩,它由价电子总角动量 $j=l+s$ 决定。这个

---

① 参见 11.5 节。

② $n=1$ 能级是非简并的,$n=2$ 能级是简并的,简并度为 $2^2=4$,而电子的自旋为 1/2,有向上和向下两个自旋态,所以 $n=1,2$ 的能级共 $2(1+4)=10$ 个量子态。

③ 一般地,n 越大,能级越高,对同一 n,l 越大,能级越高。不过,当 l 较大时,有可能较小 n,较大 l 的单电子态能量较高。

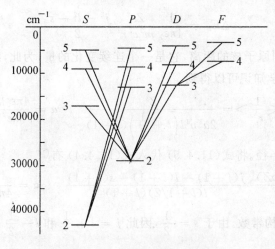

图 11.5 锂原子能级与跃迁

磁矩在原子实所诱导的磁场中具有附加能量,这一能量值同样由 j 决定。对一给定的 $l, s = \frac{1}{2}, j = l + \frac{1}{2}, \left| l - \frac{1}{2} \right|$。这就是说,原来 nl 单电子态能量会附加上两个不同的能量值,原能级分裂成两条,它们分别对应 $l + \frac{1}{2}$ 和 $l - \frac{1}{2}$。碱金属原子能级分裂成的两条能级间距可以如下计算:

电子由于自旋具有自旋磁矩

$$\boldsymbol{\mu}_s = -\frac{e}{m}\boldsymbol{s} \tag{11.4.1}$$

电子的轨道运动等价于原子实绕电子的运动,形成一闭合电流。这个闭合电流产生的磁场为

$$\boldsymbol{B} = \frac{1}{4\pi\varepsilon_0 c^2}\frac{\boldsymbol{r} \times Ze\boldsymbol{v}}{r^3} = \frac{Ze}{4\pi\varepsilon_0 mc^2}\frac{\boldsymbol{r} \times m\boldsymbol{v}}{r^3} = \frac{Ze}{4\pi\varepsilon_0 mc^2 r^3}\boldsymbol{l} \tag{11.4.2}$$

式中:Z 是原子实的有效电荷数;m 是电子质量;v 是电子速度。磁矩在磁场中具有附加能量

$$\Delta E_{ls} = -\boldsymbol{\mu}_s \cdot \boldsymbol{B} = \frac{e}{m}\frac{Ze}{4\pi\varepsilon_0 mc^2 r^3}\boldsymbol{s} \cdot \boldsymbol{l} \tag{11.4.3}$$

利用 $\boldsymbol{j} = \boldsymbol{l} + \boldsymbol{s}, j^2 = l^2 + s^2 + 2\boldsymbol{s} \cdot \boldsymbol{l}$,有

$$\boldsymbol{s} \cdot \boldsymbol{l} = \frac{j^2 - l^2 - s^2}{2}$$

从而

$$\Delta E_{ls} = \frac{1}{4\pi\varepsilon_0} \frac{Ze^2}{m^2 c^2 r^3} \frac{\boldsymbol{j}^2 - \boldsymbol{l}^2 - \boldsymbol{s}^2}{2} \qquad (11.4.4)$$

式中：r 是电子到原子核的距离，它是一个连续变化的量，为此，我们取它的平均值。根据量子力学知识可以得到

$$\left\langle \frac{1}{r^3} \right\rangle = \frac{Z^3}{2a^3 n^3 l\left(l+\frac{1}{2}\right)(l+1)} \qquad a = \frac{4\pi\varepsilon_0 \hbar^2}{me^2} \qquad (11.4.5)$$

式中：a 是玻尔半径。将式(11.4.5)代入式(11.4.4)有[①]

$$\Delta E_{ls} = \frac{mc^2 (\alpha Z)^4}{4n^3} \frac{j(j+1) - l(l+1) - s(s+1)}{l(l+1/2)(l+1)} \qquad \alpha = \frac{e^2}{4\pi\varepsilon_0 \hbar c} \qquad (11.4.6)$$

式中 α 是精细结构常数。由于 $s = \frac{1}{2}$，因此 $j = l + \frac{1}{2}$ 和 $l - \frac{1}{2}$。

对 $j = l + \frac{1}{2}$，有

$$\Delta_1 E_{ls} = \frac{mc^2 (\alpha Z)^4}{4n^3} \frac{\left(l+\frac{1}{2}\right)\left(l+\frac{3}{2}\right) - l(l+1) - \frac{1}{2}\cdot\frac{3}{2}}{l\left(l+\frac{1}{2}\right)(l+1)}$$

$$= \frac{mc^2 (\alpha Z)^4}{4n^3 \left(l+\frac{1}{2}\right)(l+1)}$$

对 $j = l - \frac{1}{2}$，有

$$\Delta_2 E_{ls} = \frac{mc^2 (\alpha Z)^4}{4n^3} \frac{\left(l-\frac{1}{2}\right)\left(l+\frac{1}{2}\right) - l(l+1) - \frac{1}{2}\cdot\frac{3}{2}}{l\left(l+\frac{1}{2}\right)(l+1)} = -\frac{mc^2 (\alpha Z)^4}{4n^3 l\left(l+\frac{1}{2}\right)}$$

上面两式给出两层能级间的波数差：

$$\Delta \tilde{\nu} = \left|\frac{1}{\lambda_1} - \frac{1}{\lambda_2}\right| = \frac{1}{hc}|\Delta_1 E_{ls} - \Delta_2 E_{ls}|$$

$$= |\Delta_1 T_{ls} - \Delta_2 T_{ls}| = \frac{mc^2 (\alpha Z)^4}{2hcn^3 l(l+1)} \qquad (11.4.7)$$

---

① 式中 j^2, l^2, s^2 应理解成算符，即 $\hat{j}^2, \hat{l}^2, \hat{s}^2$。这里为了书写简单，略去了算符标记 $\wedge$，这种做法在相关科研文章和著作中俯拾皆是。相应地，ΔE_{ls} 是该量在定态 $|l,s,j,j_z\rangle$ 中的平均值，这时 $\hat{j}^2, \hat{l}^2, \hat{s}^2$ 本征值为 $j(j+1)\hbar^2, l(l+1)\hbar^2, s(s+1)\hbar^2$。

式中：ΔT_{ls} 是相应光谱项的改变。

值得指出的是，电子从高能级向低能级跃迁（发射光谱）或从低能级向高能级跃迁（吸收光谱）时，遵守如下选择定则①：

(1) 跃迁只能发生在不同宇称的量子态间；

(2) 对 LS 耦合，$\Delta S = 0, \Delta L = 0, \pm 1, \Delta J = 0, \pm 1 (0 \to 0$ 除外)； (11.4.8)

(3) 对 jj 耦合，$\Delta J' = 0, \Delta j = 0, \pm 1, \Delta J = 0, \pm 1 (0 \to 0$ 除外)。 (11.4.9)

不满足上述条件的跃迁称禁戒跃迁。碱金属原子，只有一个价电子，选择定则可简化为：

$$\Delta l = \pm 1, \quad \Delta J = 0, \pm 1 \tag{11.4.10}$$

由于主线系是 $np \to n's (n \geq n', n' = 2, 3, \cdots)$，而 $n's$ 能级不分裂，np 能级一分为二，因此出现双线结构。同样，第二辅线是 $n's \to np (n' \geq n, n = 2, 3, \cdots)$ 也出现双线结构。对第一辅线系，跃迁发生在 $nd \to n'p (n > n', n' = 2, 3, \cdots)$。这时能级 nd 分裂成两条，分别相应 $j = 2 + \frac{1}{2} = \frac{5}{2}$ 和 $j = 2 - \frac{1}{2} = \frac{3}{2}$，能级 $n'p$ 也分裂成两条，分别相应 $j = \frac{3}{2}$ 和 $\frac{1}{2}$。由于 $\Delta j = \frac{5}{2} - \frac{1}{2} = 2$ 是禁戒跃迁，因此 $nd \to n'p$ 的跃迁方式只能有 3 种，第一辅线系呈三线结构。类似的理由可以解释柏格曼线系的三线结构。

氦原子光谱（图 11.6），也如同碱金属原子光谱一样，形成谱线系。但氦原子光谱的谱线系有两套，即它有两个主线系，两个第一辅线系，两个第二辅线系等。一套是单线结构，另一套却有复杂结构。氦原子光谱的这一特点与它的能级结构密切有关。氦原子核外有两个电子，在基态时两个电子都处在 $1s$ 态，其原子态符号为 $^1S_0$。氦原子处在较低激发态时，均有一个电子留在 $1s$ 态，而另一个电子被激发到 $2s, 2p, 3s, 3p, 3d$ 等态。比如氦原子的第一激发态就由 $1s2s$ 电子组态形成。这是两个非同科 s 电子，它们形成的原子态应有：$l = l_1 + l_2 = 0$，$s = s_1 + s_2 = \frac{1}{2} + \frac{1}{2}, |\frac{1}{2} - \frac{1}{2}| = 1, 0$，相应的符号为 $^3S_1, ^1S_0$。前者称为自旋三重态，后者称为自旋单重态。由于三重态比单重态具有较大的 s 值，因此它的能量较低，$^3S_1$ 为第一激发态，$^1S_0$ 为第二激发态。其他电子组态形成的原子态见表 11.8。

---

① 式(11.4.9)中前两式可对换，J' 表示除角动量为 j 的电子外所有其余电子的角动量之和。

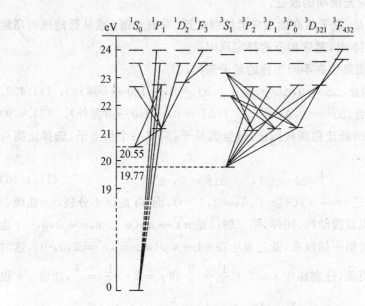

图 11.6 氦原子能级与跃迁

表 11.8　　　　　　　　　氦原子一些较低激发态

电子组态	1s2s	1s2p	1s3s	1s3p	1s3d
原子态	$^3S_1\ ^1S_0$	$^3P_{2,1,0}\ ^1P_1$	$^3S_1\ ^1S_0$	$^3P_{2,1,0}\ ^1P_1$	$^3P_{3,2,1}\ ^1D_2$

  自旋单重态的能级只有一层,但由于自旋三重态联系三个不同的角动量,因此它的能级是三层的。氦原子光谱的两套线系,一套由单层能级间的跃迁产生,具有单线结构;另一套由三层能级间的跃迁产生,具有复杂结构①。氦原子第一激发态 $^3S_1$ 与基态 $^1S_0$ 的能量差是 19.77eV。根据选择定则,三重态与单重态之间的跃迁是禁戒跃迁。因此,若氦原子被激发到第一激发态,会停留比较长的时间,这样的态称为亚稳态。氦原子第二激发态 $^1S_0$ 与基态的能量差是 20.55eV,由于间距较大,它也是一个亚稳态。氦原子光谱的单线主线系是各 ^1P 态跃迁至基态的结果,处在远紫外区。三线结构主线系是各 ^3P 态跃迁至第一激发态的结果,处

---

① $^3S_1$ 态的能级也是单层的。有些三重态的三层能级间隔很小,在光谱的精细结构中无反映,比如 ^3D。

在红外、可见、紫外区。1868年导致氦元素被发现的太阳日珥光谱中所观察到的著名黄色 D_3 线便是3线结构光谱线的一个示例。它是 $^3D \to {}^3P$ 的氦原子光谱第一辅线系的第一条线的精细结构。由于 ^3D 能级间隔很小,可视为一个能级。^3P 联系3个不同的角动量,属反正常次序,即 $^3P_0$ 能级高于 $^3P_1$,而后者又高于 $^3P_2$。单一能级 ^3D 向三重能级 ^3P 跃迁的结构产生了谱线的三线结构。这可被高分辨率的仪器观察到。表11.9列出它的波长、强度及其能级跃迁关系。

表11.9　　　　　氦原子光谱中三线结构的第一辅线系第一条线

波长(Å)	5875.963	5875.643	5875.601
强度	1	3	5
能级间跃迁	$^3D_1 \to {}^3P_0$	$^3D_{1,2} \to {}^3P_1$	$^3D_{1,2,3} \to {}^3P_2$

周期表中第二族元素铍、镁、钙、锶、钡、镭以及锌、镉、汞的化学价都等于2。它们的价电子只有2个,其余的电子和原子核形成比较稳定的原子实,具有与氦原子类似的结构,因而它们的能级和光谱也有与氦原子类似的结构。这些元素原子的能级同样有两套:一套是单层的(自旋单重态),一套是三层的(自旋三重态)。单重态之间的跃迁形成单线的光谱系;三重态之间的跃迁形成复杂结构的光谱系。当然,它们与氦也有不同之处。比如,镁的电离势是7.62eV,而氦是24.47eV。镁的第一激发态是 ^3P,激发电势是2.7eV;而氦的第一激发态是 ^3S,激发电势是19.77eV。可见,氦的基态是一个非常稳定的结构,氦属惰性气体,而第二族元素是碱土金属,化学性质比较活泼。三个或三个以上价电子的原子能级和光谱无疑更为复杂,在此不再讨论。

下面扼要介绍原子光谱在磁场中所发生的塞曼效应。1896年,塞曼(P. Zeeman)发现,将光源置于磁场中,其光谱谱线会发生分裂,这一现象称为塞曼效应。事实上,原子在磁场中具有附加能量

$$\Delta E = -\boldsymbol{\mu} \cdot \boldsymbol{B} \tag{11.4.11}$$

这里,$\boldsymbol{\mu}$ 是原子磁矩,$\boldsymbol{B}$ 是磁感应强度。而①

$$\boldsymbol{\mu} = -\frac{g}{\hbar}\mu_B \boldsymbol{j} \tag{11.4.12}$$

---

① 磁矩表达式中负号的出现是因为电子带负电。

式中：$\mu_B = \dfrac{e\hbar}{2m}$, $g = 1 + \dfrac{J(J+1) - L(L+1) + S(S+1)}{2J(J+1)}$

分别为玻尔磁子和朗德因子。将式(11.4.12)代入式(11.4.11)，得

$$\Delta E = \frac{g}{\hbar}\mu_B \boldsymbol{j} \cdot \boldsymbol{B} = g\mu_B MB = Mg\mu_B B \tag{11.4.13}$$

式中：M 是原子总角动量在磁场方向的投影。于是，原子在磁场中的能级为

$$E + \Delta E = E + Mg\mu_B B \tag{11.4.14}$$

考虑一个原子的能级 E_2 和 E_1($E_2 > E_1$)之间的光谱跃迁。无磁场时原子从能级 $E_2 \to E_1$ 的跃迁产生 1 条相应 $h\nu = E_2 - E_1$ 的光谱线，那么在磁场存在时，由于原子在磁场中具有附加能量，两能级差则为

$$\begin{aligned} h\nu' &= (E_2 + M_2 g_2 \mu_B B) - (E_1 + M_1 g_1 \mu_B B) \\ &= E_2 - E_1 + (M_2 g_2 - M_1 g_1)\mu_B B \end{aligned} \tag{11.4.15}$$

即

$$h(\nu' - \nu) = (M_2 g_2 - M_1 g_1)\mu_B B \tag{11.4.16}$$

$$\nu' - \nu = (M_2 g_2 - M_1 g_1)\mu_B B / h = (M_2 g_2 - M_1 g_1)\frac{Be}{4\pi m} \tag{11.4.17}$$

上式表示塞曼效应中由上下能级分裂引起的新谱线与原谱线频率之差。它也可以写成波数的形式

$$\frac{1}{\lambda'} - \frac{1}{\lambda} = \frac{\nu' - \nu}{c} = (M_2 g_2 - M_1 g_1)\frac{Be}{4\pi mc} \tag{11.4.18}$$

式中：$L = Be/4\pi mc$ 称为洛伦兹单位。

作为一个例子，我们来讨论钠黄色双线在磁场中的塞曼效应(图 11.7)。钠黄色双线是钠原子从 $^2P_{1/2} \to {}^2S_{1/2}$ 跃迁的结果，两条谱线波长分别为 5896Å 和 5890Å。其中波长为 5896Å 谱线相应 $^2P_{1/2} \to {}^2S_{1/2}$ 的跃迁。钠原子只有一个价电子，处在 $^2P_{1/2}$ 态时，

$$l = 1, s = \frac{1}{2}, j = \frac{1}{2},$$

$$\begin{aligned} g &= 1 + \frac{j(j+1) - l(l+1) + s(s+1)}{2j(j+1)} \\ &= 1 + \frac{\frac{1}{2}\cdot\frac{3}{2} - 2 + \frac{1}{2}\cdot\frac{3}{2}}{2\cdot\frac{1}{2}\cdot\frac{3}{2}} = \frac{2}{3} \end{aligned} \tag{11.4.19}$$

由于 $M = \pm\dfrac{1}{2}$，在磁场中一分为二，附加能为 $\pm\dfrac{1}{3}\mu_B B$。处在 $^2S_{1/2}$ 态时，

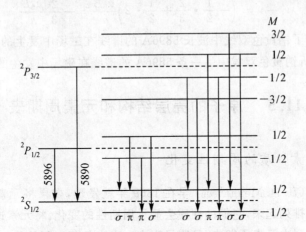

图 11.7 钠黄色双线在磁场中的塞曼效应

$$l=0, s=\frac{1}{2}, j=\frac{1}{2}, g=1+\frac{\frac{1}{2} \cdot \frac{3}{2}+\frac{1}{2} \cdot \frac{3}{2}}{2 \cdot \frac{1}{2} \cdot \frac{3}{2}}=2 \quad (11.4.20)$$

同样地，$M=\pm\frac{1}{2}$，在磁场中一分为二，附加能为 $\pm\mu_B B$。根据选择定则，在磁场中由 $^2P_{1/2}$ 分裂的两条上能级跃迁到 $^2S_{1/2}$ 分裂的两条下能级时有四种方式。它们分别是：

$M_2=\frac{1}{2}\to M_1=\frac{1}{2}$ 产生 π 线，频率变化

$$\nu'-\nu=(M_2 g-M_1 g_1)\mu_B B/h=\left(\frac{1}{2}\cdot\frac{2}{3}-\frac{1}{2}\cdot 2\right)\frac{\mu_B B}{h}=-\frac{2}{3}\frac{\mu_B B}{h}$$

$M_2=-\frac{1}{2}\to M_1=-\frac{1}{2}$ 产生 σ 线，频率变化

$$\nu'-\nu=\left(\frac{1}{2}\cdot\frac{2}{3}+\frac{1}{2}\cdot 2\right)\frac{\mu_B B}{h}=-\frac{4}{3}\frac{\mu_B B}{h}$$

$M_2=-\frac{1}{2}\to M_1=\frac{1}{2}$ 产生 σ 线，频率变化

$$\nu'-\nu=\left(-\frac{1}{2}\cdot\frac{2}{3}-\frac{1}{2}\cdot 2\right)\frac{\mu_B B}{h}=-\frac{4}{3}\frac{\mu_B B}{h}$$

$M_2=-\frac{1}{2}\to M_1=-\frac{1}{2}$ 产生 π 线，频率变化

$$\nu' - \nu = \left(-\frac{1}{2}\cdot\frac{2}{3} + \frac{1}{2}\cdot 2\right)\frac{\mu_B B}{h} = -\frac{2}{3}\frac{\mu_B B}{h}$$

这就解释了钠黄色双线中波长 5896Å 的谱线在磁场中发生的塞曼分裂。类似地，可以分析钠黄色双线中另一条 5896Å 的谱线在磁场中发生的塞曼分裂。

11.5 原子的壳层结构和元素周期表

11.5.1 元素性质的周期性变化

门捷列夫（Д. И. Менделеев）早在 1869 年就发现，如果将元素按其相对原子质量的次序排列起来，它们的性质会显示周期性的变化。将元素这样排列成的表格叫做门捷列夫元素周期表（见附录列表）。表中的每一行称为一个周期，共 7 个周期，各周期依次可含有 2、8、8、18、18、32、32（未满）种元素。排在同一竖列的元素具有相似的化学性质。例如，排在第一列的元素（碱金属）都是一价的，原子很容易失去一个电子而成为带一个单位电荷的正离子。排在倒数第 2 列的元素（卤族元素）原子很容易得到一个电子而成为带一个单位电荷的负离子。排在最后一列的元素都是稀有气体，化学性质不活泼，称为惰性气体。元素的光谱性质同样显示周期性变化，比如，碱金属元素具有相似的光谱结构。元素的一些物理性质，如原子体积、膨胀系数、压缩系数和熔点等也会表现周期性变化。

11.5.2 原子的壳层结构

元素性质的周期性变化反映出原子内部结构的一定规律。由于元素的化学性质主要取决于原子中的电子，这意味着，原子中电子所处的状态呈现某种周期性。

由量子力学知，电子的运动状态可以用主量子数 n、角量子数 l、磁量子数 m 和自旋量子数 σ 描写。具有相同量子数 n 的电子构成一个壳层；具有相同量子数 n 和 l 的电子构成一个次壳层（或支壳层）。对给定的 l，$m = 0, \cdots, \pm 1, \pm l$，$\sigma = \pm 2$，因此，一个次壳层所容纳的电子数最多是

$$N_l = 2(2l+1) \tag{11.5.1}$$

对给定 n，$l = 0, 1, \cdots, n-1$，$m = 0, \pm 1, \cdots, \pm l$，$\sigma = \pm 2$，因此，一个壳层所容纳的电子数最多是

$$N_n = \sum_{l=0}^{n-1} 2(2l+1) = 2[1 + 3 + 5 + \cdots + (n-1)] = 2n^2 \tag{11.5.2}$$

原子中的电子按照 nl 的顺序依次填充到原子的能级上,称为原子的电子壳层结构。电子的各个壳层习惯上用相应的字母标注:

n　1　2　3　4　5　6　7

　　K　L　M　N　O　P　Q　　　(11.5.3)

各周期的元素数目与各壳层可以容纳的最多电子数有关,但又不尽然相同,下面予以讨论。

对第一壳层(K 壳层),$n=1,l=0,m=0,\sigma=\pm\frac{1}{2}$,它只能容纳两个电子,逐一填充,只能有两种原子。填充一个电子时,电子组态为 $1s$,原子谱项为 $^2S_{1/2}$,这就是氢原子。填充两个电子时①,电子组态为 $1s^2$,原子谱项为 $^1S_0$,这就是氦原子。氢和氦是第一周期中的两种元素。至此,第一壳层已经填满,这样的壳层称为满壳层(所填充的电子数目等于其所容纳的最多电子数的壳层或次壳层叫做满壳层或满次壳层。这时原子谱项必是 $^1S_0$。相应此状态的轨道角动量、自旋角动量和总角动量均为零。由此可见,在推断原子状态时,满壳层和满次壳层的角动量都可以不考虑)。

对第二壳层(L 壳层),$n=2,l=0,1$,它所容纳的电子数最多是 8,逐一填充,可以产生 8 种元素的原子。这就是第二周期中的 8 种元素:锂、铍、硼、碳、氮、氧、氟、氖。具体来说,锂原子有 3 个电子,2 个填充在第一壳层,第 3 个填充在第二壳层的第一次壳层。其电子组态为 $1s^22s$,基态为 $^2S_{1/2}$。铍原子有 4 个电子,2 个填入第一壳层,2 个填入第二壳层的第一次壳层。其电子组态为 $1s^22s^2$,基态为 $^1S_0$。至此,第一次壳层也已填满。从硼起,随后几种原子的电子将填充到第二次壳层($l=1$),它们分别有 1,2,3,4,5,6 个 $2p$ 电子。最后一个元素氖的原子有 10 个电子,它的电子组态是 $1s^22s^22p^6$,基态是 $^1S_0$。这时,第二壳层全部填满,它们形成第二周期。

对第三壳层(M壳层),$n=3,l=0,1,2$,它所容纳的电子数最多可达 18 个。不过,第三周期只有 8 种元素,从钠起到氩止,可见还有 10 个空缺,这就是第三次壳层($3d$ 电子)。与前相似,钠原子有 11 个电子,其中 10 个电子填入了第一、二壳层,第 11 个电子则填充到第三壳层的第一次壳层。其电子组态为 $1s^22s^22p^63s$,基态为 $^2S_{1/2}$。以后 7 种元素的原子,除去 10 个电子填入第一、二壳层外,其余电子则依次填充到第三壳层的第一、二次壳层。到元素氩,第三壳层的第一、二次壳层

---

① 记号 nl^λ 中 n 表示主量子数,l 表示角量子数,λ 表示处在 nl 态的电子数。

被完全填满,其电子组态为 $1s^22s^22p^63p^6$,基态为 $^1S_0$。

排在氩后的钾元素原子有 19 个电子,其中 18 个电子的填充与氩相同,余下的一个电子似乎应该填入第三壳层第三($3d$ 电子)次壳层;但光谱和其他实验观测都表明,这个电子并没有填入第三壳层的第三次壳层,而是填入到第四壳层的第一($4s$ 电子)次壳层。这是因为 $4s$ 电子比 $3d$ 电子能量低。因此钾元素原子的电子组态是 $1s^22s^23s^23p^64s$,基态为 $^2S_{1/2}$。钙原子有 20 个电子,其中 18 个电子的填充与氩相同,余下的 2 个电子填入第四壳层第一次壳层。从钪开始,$3d$ 态的能量又变较低,因此钪到镍是陆续填补 $3d$ 电子次壳层的过程。下一个元素铜,$3d$ 电子次壳层被填满后,还留下一个电子填充到 $4s$ 电子次壳层,成为 1 价元素。到元素锌,$4s$ 电子次壳层便被填满。以后从镓开始顺次填入 $4p$ 电子次壳层,到氪为止,$4p$ 电子次壳层也被填满。自钾至氪就是第四周期全部元素。

第五、六、七周期元素原子电子填充次序可类似得到。

原子能级的填充次序如表 11.10 所示。

表 11.10　　　　　　　　原子能级的填充次序

电子组态	$1s$	$2s\ 2p$	$3s\ 3p$	$4s\ 3d\ 4p$	$5s\ 4d\ 5p$	$6s\ 4f\ 5d\ 6p$	$7s\ 5f\ 6d\ 7p$
支壳层中电子数	2	2　6	2　6	2　10　6	2　10　6	2　14　10　6	2　14　10　6
壳层中电子数	2	8	8	18	18	32	32

11.5.3　门捷列夫元素周期表

门捷列夫编制周期表时,元素是按其相对原子质量大小排序的。当时知道的元素仅 63 种。门捷列夫发现,表格有几处缺位,因而预言了几种元素的存在。后来才清楚,元素更合理的排序应该按照元素原子中所含电子的多少(称为该元素的原子序数)来进行。现在已经知道的元素共百余种,其中原子序数 $Z=1\sim 92$ 的元素是天然存在的,而 $Z=93$ 以后的则是人工制备的。$Z=21$(钪)~ 28(镍)填补 $3d$ 电子次壳层,$Z=39$(钇)~ 46(钯)填补 $4d$ 电子次壳层,它们具有相仿的性质,被放在周期表中同一方格,称为稀土元素。$Z=89$(锕)~ 103(铹)也具有相仿性质,在周期表中占同一格,称为锕系元素。

元素周期表反映了元素性质的周期性变化,在了解原子的电子结构中起了重要作用,在物理和化学中都有广泛应用。

11.6 原子核的基本性质

11.6.1 原子核的电荷和质量

原子核带正电,数值等于最小电量单位(电子电荷的绝对值)的整数倍。这个倍数即元素周期表中的原子序数,因此原子是中性的。

显然,原子的总质量(或原子质量)等于原子核的质量加核外电子的质量,再减去相当电子全部结合能的质量。可见,由原子质量便可推算出原子核的质量。不过,由于电子质量非常小,在分析和计算中,原子核的质量采用的就是原子质量。原子质量用原子质量单位表示(1原子质量单位 $= 1.66055 \times 10^{-27}$ kg)。元素的同位素又称核素,各元素的核素质量都接近一个相应的整数。这个相应的整数称为各核素的质量数,记为 A。

11.6.2 原子核的成分和大小

原子核由质子和中子组成,统称核子。质子是带一个单位正电荷的核子(常记为 p),中子是不带电的核子(常记为 n)。由于核内质子的数目等于原子序数,所以核内中子的数目等于 $A - Z$。

原子核的大小可以用它的半径 r 表示,实验表明,原子核的半径与它的质量数有如下关系:

$$r = r_0 A^{1/3} \tag{11.6.1}$$

式中: $r_0 = 1.20 \times 10^{-15}$ m。由原子核的质量和大小便能计算出它的密度。若以 M 表示原子核质量, V 表示它的体积,那么密度

$$\rho = \frac{M}{V} = \frac{M}{\frac{4}{3}\pi r^3} = \frac{3M}{4\pi r_0^3 A} = \frac{3}{4\pi r_0^3 N} \tag{11.6.2}$$

式中: $N = \dfrac{A}{M}$ 是阿伏伽德罗常数。将 N 和 r_0 的值代入上式得

$$\rho \sim 10^{17} \text{ kg/m}^3 \tag{11.6.3}$$

由于 N 和 r_0 都是常数,不同元素原子核密度相同,它们是水的密度的 10^{14} 倍(水的密度为 10^3 kg/m³),可见,原子核的密度是非常巨大的。

11.6.3 原子核的角动量、磁矩和电四极矩

一个原子核的总角动量等于这个原子核内所有质子和中子的轨道角动量和自旋角动量的矢量和。原子核的总角动量习惯上称为原子核的自旋(核自旋),记为 I。原子核的自旋取值可以是整数也可以是半整数。质量数为偶数的原子核,自旋为整数,质量数为奇数的原子核,自旋为半整数。

质子是带正电的粒子,它的运动会产生磁场,因而具有磁矩,中子由于自旋也会具有磁矩。质子和中子的磁矩构成原子核的磁矩。与核外电子相似,原子核的磁矩(核磁矩)也可以表示成

$$\mu_I = gI(I+1)\mu_N \tag{11.6.4}$$

式中:常数因子 g 由实验测定,$\mu_N = \dfrac{e\hbar}{2m_p}$ 叫做核磁子,m_p 是质子质量。

从电动力学知,任意一个带电体都可以进行电多极展开。理论和实验均表明,原子核的电偶极矩恒等于零。而原子核的电四极矩定义为

$$Q = \frac{1}{e}\int \rho(3Z^2 - r^2)\,d\tau \tag{11.6.5}$$

电四极矩的常用单位是靶(b),$1b = 10^{-28}\,m^2$。如果原子核是一个均匀带电荷的**旋转椭球**,那么可以证明原子核的电四极矩

$$Q = \frac{2}{5}Z(a^2 - b^2) \tag{11.6.6}$$

式中:a、b 分别是旋转椭球在过对称轴的椭圆截面上的长、短半轴。可见依据 $a > b$,$= b$ 或 $< b$ 而有 $Q > 0$,$= 0$ 或 < 0 (见图 11.8)。表 11.11 给出了一些元素原子核的自旋、磁矩和电四极矩。

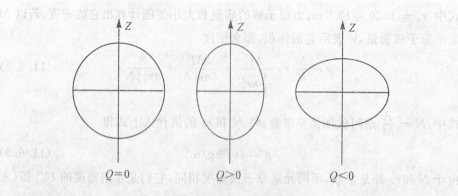

图 11.8　原子核的形状与电四极矩

表 11.11　　　几种原子核的自旋、磁矩和电四极矩

原子核	n	^{1}H	^{2}H	^{3}H	^{4}He	^{7}Li	^{14}N	^{235}U	^{238}U
自旋	$\frac{1}{2}$	$\frac{1}{2}$	1	$\frac{1}{2}$	0	$\frac{3}{2}$	1	$\frac{7}{2}$	0
磁矩	-1.9131	2.7927	0.8574	2.9789	0	3.2563	0.4036	-0.35	0
电四极矩	0	0	0.00282	0	0	-0.045	0.02	4.1	0

11.6.4　原子核的结合能

原子核中所有质子的质量和中子质量之和减去原子核的质量就是原子核的结合能。比如 $^9_4$Be 的原子质量是 9.0121858，其原子核含 4 个质子、5 个中子。质子和中子的质量和为

$$1.0078252 \times 4 + 1.0086654 \times 5 = 9.0746278$$

它们与原子质量差为

$$9.0746278 - 9.0121858 = 0.062442 \qquad (11.6.7)$$

这就是质子和中子结合成 $^9_4$Be 原子核时质量的减少①。根据相对论理论，质量与能量的关系式是

$$\Delta E = \Delta m \cdot c^2 \qquad (11.6.8)$$

质子和中子结合成原子核，质量的减少说明此时有能量放出，因此称为结合能。微观粒子的能量通常用电子伏(eV)来表示②。而 $1\text{MeV} = 10^6 \text{eV}$，1 个原子质量单位相当于 931.5 兆电子伏(MeV)。所以式(11.6.7)相当于 58MeV，这就是 $^9_4$Be 的结合能。平均来说，每个核子的结合能等于 $\frac{58}{9}$MeV $= 6.4$MeV。

实验表明，核子的平均结合能与其原子核质量数有关。一般来说，$A \sim 40 - 120$ 的原子核中的核子平均结合能较大 ~ 8.5MeV，且随 A 变化不大，显示了核力的饱和性。质量数在此范围以外的原子核中的核子平均结合能较小，比如 ^{238}U 的核子平均结合能是 7.6MeV，这是原子能利用的基础。另外，$A < 30$ 原子核中的核子平均结合能随 A 有周期性变化，最大值落在 $A = 4$(2 个质子和 2 个中子)上，显示这样的核比较稳定。

---

①　计算中，质子质量用的是氢原子质量，包含 4 个电子质量，而原子质量同样包含核外 4 个电子质量，因此互相抵消。计算结果只与原子核有关。

②　1 个电子在 1 伏特电压下所具有能量的绝对值叫做 1 电子伏。

11.6.5 放射性

一些原子序数很大的重元素,如铀、钍、镭等,它们的核不稳定,会自发地放出射线而衰变成另一种元素的原子核。这一现象称为放射性(或放射衰变)。具有这种性质的元素称为放射性元素。放射性元素放出的射线通常有3种:α射线、β射线和γ射线。α射线由α粒子(即氦核$^4_2$H)组成;β射线由电子组成;γ射线由光子组成。

放射性元素放出射线的结果,自身数量会逐渐减少。实验表明,放射衰变遵守如下定律:

$$N = N_0 e^{-\lambda t} \tag{11.6.9}$$

式中:N_0是计数开始($t=0$)时,某放射性元素原子核数目,N是经过t时间后还存留的该元素原子核数目,λ是衰变常数。事实上,若在时间dt内有dN个核发生衰变,那么dN应与dt和t时刻的原子核数目N成正比,即①

$$dN = -\lambda N dt \qquad \frac{dN}{N} = -\lambda dt \tag{11.6.10}$$

两边同时积分

$$\int_{N_0}^{N} \frac{dN}{N} = -\int_0^t \lambda dt$$

即得

$$\ln \frac{N}{N_0} = -\lambda t \qquad N = N_0 e^{-\lambda t} \tag{11.6.11}$$

这就证明了式(11.6.9)。

元素放射性研究中,除了衰变常数λ,经常提到的物理量还有半衰期T和平均寿命τ。放射性元素的原子核数目减少到原来一半时所需时间称为半衰期。按定义

$$\frac{N}{N_0} = \frac{1}{2} = e^{-\lambda T} \qquad T = \frac{\ln 2}{\lambda} = \frac{0.693}{\lambda} \tag{11.6.12}$$

显然,放射性物质的平均寿命

$$\tau = \frac{1}{N_0} \int t(-dN) = \frac{1}{N_0} \int_0^\infty t e^{-\lambda t} dt = \frac{1}{\lambda} \tag{11.6.13}$$

式(11.6.12)和式(11.6.13)给出了T,τ和λ的关系。可见,这三个常数中只要知

---

① 负号的出现是因为dN为负增量。

道一个便可算出另外两个。衰变常数、半衰期和平均寿命都可以作为放射性核素的特征量。根据测量它们的结果即可以判断其属于何种核素。

物质的放射性强弱是用它单位时间内发生衰变的原子核数目来衡量的，叫做放射性活度

$$A = -\frac{dN}{dt} = \lambda N \tag{11.6.14}$$

历史上放射性活度的单位是居里，1居里定义为一个放射源每秒钟有 3.7×10^{10} 次核衰变，即

$$1 \text{居里(Ci)} = 3.7 \times 10^{10} \text{s}^{-1}$$

较小的单位有毫居里($1\text{mCi} = 10^{-3}\text{Ci}$)和微居里($1\mu\text{Ci} = 10^{-6}\text{Ci}$)。另外一个单位叫卢瑟福($1\text{Rd} = 10^{6}\text{s}^{-1}$)。1975年国际计量大会规定了新的放射性活度单位叫贝可勒尔(Bq)：$1\text{Bq} = 1\text{s}^{-1}$。而 $1\text{Ci} = 3.7 \times 10^{10}\text{Bq}$。

11.7 核力与核反应

11.7.1 核力

原子核密度高达 10^{17}kg/m^3，这说明原子核结合非常牢固，可见核子间存在很强的吸引力，这就是核力。核力的作用距离很短（$\sim 10^{-15}\text{m}$），是一种短程力。核力具有饱和性，即一个核子只同附近的几个核子有相互作用。对比分子的共价键，组成分子的近邻原子间通过电子作交换媒介(共有电子)而产生相互作用，可以设想核力也是一种交换力，人们认为核子间作用力的交换媒介是 π 介子。实验表明，质子与质子之间、中子与中子之间、中子与质子之间的作用力相同，与其是否带电无关。这种性质称为核力的电荷无关性。另外，核力是非中心力。

1935年，汤川秀树(H. Yukawa)类比带电粒子通过交换光子而产生电磁相互作用提出了核力的介子理论。汤川秀树认为，与光子不同，核子间交换的场量子的静止质量 $m \neq 0$。描写它的是哈密顿函数

$$H = (p^2c^2 + m^2c^4)^{1/2} \qquad H^2 = p^2c^2 + m^2c^4 \tag{11.7.1}$$

在量子力学中，哈密顿函数对应哈密顿算符。利用 $\hat{H} = i\hbar\frac{\partial}{\partial t}, \hat{p} = \frac{\hbar}{i}\nabla$ 得：

$$-\hbar^2\frac{\partial^2}{\partial t^2} = -\hbar^2 c^2 \nabla^2 + m^2 c^4 \tag{11.7.2}$$

将此算符作用到任意势函数 Φ 上有①

$$\left(\nabla^2 - \frac{1}{c^2}\frac{\partial^2}{\partial t^2}\right)\Phi = \frac{m^2 c^2}{\hbar^2}\Phi \tag{11.7.3}$$

若 $m=0$,上式变成描写电磁场的方程。对置于原点上点电荷 e 产生的静电场,方程化为

$$\nabla^2 \Phi = -e\delta(r) \tag{11.7.4}$$

其解为

$$\Phi = \frac{1}{4\pi\varepsilon_0}\frac{e}{r} \tag{11.7.5}$$

注意到静核力场 $m \neq 0$,类比式(11.7.4)可以写出置于原点上一核子产生的核力场

$$\nabla^2 \Phi = \frac{m^2 c^2}{\hbar^2}\Phi - g\delta(r) \tag{11.7.6}$$

式中:g 是相当于电荷 e 的表示核力强度的量。对球对称势 $\Phi = \Phi(r)$,有

$$\frac{1}{r^2}\frac{d}{dr}\left(r^2 \frac{d\Phi}{dr}\right) = \frac{m^2 c^2}{\hbar^2}\Phi \quad (r \neq 0) \tag{11.7.7}$$

其解为

$$\Phi = g\frac{e^{-r/r_0}}{r} \quad \left(r_0 = \frac{\hbar}{mc}\right) \tag{11.7.8}$$

可见,势函数随 r 的增加而迅速趋于零,代表了短程力,而 r_0 代表了作用力范围,显然 r_0 应与原子核大小的数量级相仿。利用 $r_0 = \frac{\hbar}{mc}$ 可得

$$\frac{m}{m_e} = \frac{\hbar}{m_e c r_0} = \frac{\lambda_c}{2\pi r_0} \tag{11.7.9}$$

式中:$\lambda_c = \frac{h}{m_e c} = 2.426 \times 10^{-12}$ m 是康普顿波长。取 $r_0 = 1.4 \times 10^{-15}$ m,有

$$\frac{m}{m_e} = \frac{2.426 \times 10^{-12}}{2\pi \times 1.4 \times 10^{-15}} = 275 \tag{11.7.10}$$

可见场量子质量大约是电子质量的 275 倍。1947 年宇宙射线中发现了 $\pi^{\pm}$ 介子,其质量是 $273 m_e$;1950 年发现的 π^0 介子质量是 $264 m_e$。可以合理地认为 π 介子就是核力场的量子。这样,如果一个带正电的 π 介子由一个质子发出而被一个中子吸收,那么质子变为中子,中子变为质子,两核子位置交换,核力表现为交换力。如果交换的是 π^0 介子,两核子不变,核力表现为寻常力。另外,实验表明,核力常

---

① 式(11.7.3) 称为克莱因(Klein)- 戈登(Gordon)方程,适用于自旋为零的自由粒子。

数 $g^2/\hbar c \sim 1-15$,而电磁力常数 $e^2/(4\pi\varepsilon_0\hbar c)=1/137$。可见,核力是不同于电磁作用的强相互作用。

核力的介子论虽说比较成功,但仍然有一定的困难。有关核力本质的问题还在继续研究之中。

11.7.2 核反应

1. 原子核反应及守恒定律

放射性元素的原子核可以自发地产生放射衰变。不过,元素的原子核也能够在受到外界激发的情况下产生变化,这就是核反应。能够激发原子核反应的通常有中子、质子、氘核、α粒子和γ光子等。

1919 年卢瑟福利用 α 粒子撞击氮核产生质子,第一次实现了人工核反应,其反应式是

$$\alpha + {}^{14}_{7}\text{N} \to {}^{17}_{8}\text{O} + p \tag{11.7.11}$$

1932 年考克拉夫(J. D. Cockroft)和瓦尔顿(E. T. S. Walton)第一次在加速器上实现了如下核反应

$$p + {}^{7}_{3}\text{Li} \to \alpha + \alpha \tag{11.7.12}$$

1930 年博思(W. Bothe)和贝克尔(H. Becker)实现的核反应

$$\alpha + {}^{9}\text{Be} \to n + {}^{12}\text{C} \tag{11.7.13}$$

最终导致了查德威克发现中子。1934 年约里奥居里夫妇用下列反应产生了第一个人工放射性核素

$$\alpha + {}^{27}\text{Al} \to n + {}^{30}\text{P} \tag{11.7.14}$$

以上是历史上几个著名的核反应。实验表明,原子核反应遵从如下守恒定律:① 电荷,② 核子数,③ 总质量和总能量,④ 线动量,⑤ 角动量,⑥ 宇称等。

2. 反应能及阈能

设原子核 X 被 p 粒子撞击变成 Y 和 q,其反应式为①

$$\begin{aligned}&\text{X} + p \to \text{Y} + q \\ &M_1 \quad M_2 \quad M_3 \quad M_4 \\ &E_1 \quad E_2 \quad E_3 \quad E_4 \end{aligned} \tag{11.7.15}$$

若参与反应的物质的静止能量都比它们的动能大得多,则②

---

① 反应式下第一行表示反应物和生成物的静止质量,第二项表示它们的动能。
② 带撇号字母表示反应物和生成物的总质量或总能量。

$$M'_i = M_i + \frac{E_i}{c^2} \qquad E'_i = M'_i c^2 = M_i c^2 + E_i \quad (i=1,2,3,4) \qquad (11.7.16)$$

根据核反应时总质量和总能量守恒定律,应有

$$M'_1 + M'_2 = M'_3 + M'_4 \qquad E'_1 + E'_2 = E'_3 + E'_4 \qquad (11.7.17)$$

将式(11.7.16)代入式(11.7.17),得

$$M_1 + \frac{E_1}{c^2} + M_2 + \frac{E_2}{c^2} = M_3 + \frac{E_3}{c^2} + M_4 + \frac{E_4}{c^2} \qquad (11.7.18)$$

所以

$$(E_3 + E_4) - (E_1 + E_2) = [(M_1 + M_2) - (M_3 + M_4)]c^2 \qquad (11.7.19)$$

可见,生成物的动能减去反应物的动能等于反应物的静止能量减去生成物的静止能量,这个能量差值叫做反应能,记为 Q。若 $Q>0$,核反应是放能的;若 $Q<0$,核反应是吸能的。例如,在如下核反应中

$$^{14}_{7}\text{N} + ^{4}_{2}\text{He} \rightarrow ^{17}_{8}\text{O} + ^{1}_{1}\text{H}$$

已知反应物和生成物静止质量分别为 $^{14}_{7}\text{N}:M_1 = 14.003074$, $^{4}_{2}\text{He}, M_2 = 4.002603$, $^{17}_{8}\text{O}:M_3 = 16.999133$, $^{1}_{1}\text{H}:M_4 = 1.007825$。于是

$$\Delta M = (M_1 + M_2) - (M_3 + M_4) = -0.001281 \text{ 原子质量单位}$$

$$Q = \Delta M c^2 = -1.18 \text{MeV} \qquad (11.7.20)$$

这一核反应是吸能的。

反应能 Q 也可利用参与反应物质的动能来确定。一般被撞击的原子核 X 是静止的。$E_1 = 0, \boldsymbol{p}_1 = 0$。而实验测定的动能是进行轰击粒子 p 的动能 E_2 和反应后飞出的粒子 q 的动能 E_4。因此

$$Q = (E_3 + E_4) - (E_1 + E_2) = E_3 + E_4 - E_2 \qquad (11.7.21)$$

为了消去未测定的 E_3,可以利用动量守恒定律

$$\boldsymbol{p}_2 = \boldsymbol{p}_3 + \boldsymbol{p}_4 \qquad (11.7.22)$$

写成标量形式为

$$p_3^2 = p_2^2 + p_4^2 - 2p_2 p_4 \cos\theta$$

由式(11.7.16)知

$$p_i^2 c^2 + M_i^2 c^4 = (M_i c^2 + E_i)^2 = M_i^2 c^4 + 2M_i c^2 E_i + E_i^2$$

在静止能量比动能大得多的情况下,上式给出

$$p_i^2 = 2M_i E_i \qquad (11.7.23)$$

代入式(11.7.22)有

$$M_3 E_3 = M_2 E_2 + M_4 E_4 - 2\sqrt{M_2 M_4 E_2 E_4} \cos\theta \qquad (11.7.24)$$

式中:θ 是 $\boldsymbol{p}_2$ 与 $\boldsymbol{p}_4$ 间的夹角。将式(11.7.24)代入式(11.7.21),得

$$Q = E_4\left(1+\frac{M_4}{M_3}\right) - E_2\left(1-\frac{M_2}{M_3}\right) - \frac{2\sqrt{M_2 M_4 E_2 E_4}}{M_3}\cos\theta \quad (11.7.25)$$

由于将质量比替换成质量数之比不会影响计算精度，因此式(11.7.25)可以改写成

$$Q = E_4\left(1+\frac{A_4}{A_3}\right) - E_2\left(1-\frac{A_2}{A_3}\right) - \frac{2\sqrt{A_2 A_4 E_2 E_4}}{A_3}\cos\theta \quad (11.7.26)$$

实验测定 E_2, E_4 和 θ，便可算出 Q。

能使原子核在入射粒子撞击下发生核反应所需的最小能量叫做阈能(E_m)。原则上放能核反应的阈能为零。吸能核反应的阈能应等于反应中所吸收的反应能 $-Q$ 与反应后粒子由于动量守恒而保留的动能之和。在质心坐标中，反应前后线动量均等于零。所以在质心坐标系中，阈能就等于 $-Q$。把它换算到实验室坐标系，得

$$E_m = -Q\frac{M_1 + M_2}{M_1} \quad (11.7.27)$$

可见，相应式(11.7.18)的阈能是 $1.18 \times \frac{14+4}{4} = 1.52(\text{MeV})$。

3. 核反应的类型

原子核反应通常是一个原子核(靶核)受到一个粒子(入射粒子)撞击而放出一个(或几个)粒子的过程。这时，我们可以用一个圆括弧来表示此反应。括弧内的字母表示入射和放出的粒子，括号外的字母表示参与反应的原子核。比如式(11.7.11)所给出的核反应即可表示 $^{14}_{7}\text{N}(\alpha,p)^{17}_{8}\text{O}$。核反应按入射粒子的不同①，通常有如下类型：

(1) 中子核反应

$$(n,\gamma) \quad (n,p) \quad (n,\alpha) \quad (n,2n)$$

例如：$^{10}_{5}\text{B}(n,\alpha)^{7}_{3}\text{Li}$ 就是中子核反应，它可以用来探测中子。在探测器中充以 BF_3 气体，中子入射产生此反应，放出 α 粒子，显示中子存在。

(2) 质子核反应

$$(p,\gamma) \quad (p,n) \quad (n,\alpha)$$

(3) 氘核核反应

$$(d,p) \quad (d,n) \quad (d,\alpha) \quad (d,^3\text{H}) \quad (d,2n)$$

---

① 习惯上，不同粒子有相应的标记符号。如质子 p，中子 n，光子 γ，氘核 d，氚核 t，氦核(α 粒子)α。

(4) α粒子核反应

$$(\alpha,p) \quad (\alpha,n)$$

1932年发现中子就是利用α粒子核反应：${}_4^9\text{Be}(\alpha,n){}_6^{12}\text{C}$。

(5) 光致核反应

$$(\gamma,n)$$

利用原子核反应可以制造92种天然元素以外的人造元素，称为超铀元素。它们都具有放射性，一般还有几种同位素。现在已知的人造元素为$Z=93\sim 103$。

按照入射粒子能量大小，原子核反应又可以分成低能（<8MeV）、中能和高能（>150MeV）核反应。

4. 原子核的裂变和原子能

1938年哈恩（O. Hahn）和斯特拉斯曼（F. Strassmann）进行中子撞击铀核实验时，发现有钡（$Z=56$）产生。梅特纳（L. Meitner）和弗里希（O. R. Frisch）认为，这是铀核发生了裂变。随后对铀核裂变的研究表明，^{238}U和^{235}U都能产生裂变。但前者需用快中子（能量在1.1MeV以上）撞击，后者只要慢中子或热中子（能量~ 0.03eV）即可，且效率比快中子还高。

通常重核分裂成两个碎片，叫做二分裂变。比如：

$$_{92}^{235}\text{U} + {}_0^1\text{n} \rightarrow {}_{92}^{236}\text{U} \rightarrow X + Y \tag{11.7.28}$$

中间产物^{236}U为复合核①，X和Y是裂变后产生的两碎块。裂变碎片也可能是三块或四块，分别叫三分裂或四分裂，不过，这种过程的几率比较小。

裂变现象的发现立刻引起了人们极大的关注。这不仅因为裂变时会放出相当大的能量②，而且更重要的是裂变放出的中子又有可能产生新的裂变，使裂变持续进行下去③。这样的反应称为链式反应。铀核裂变的链式反应中所释放出来的能量就是平时我们说的原子能。原子能的利用目前有原子反应堆和原子弹两种。

(1) 原子反应堆

为了使裂变能为人类所利用，链式反应需要在人工控制下安全进行。这种能

---

① 复合核是指靶核吸收入射粒子后形成的原子核，通常处于激发态。复合核逗留的时间很短，一般会再分裂，也有的会以激发态回到基态。

② 中等核中核子的平均结合能较大（8.5MeV），而重核中核子的平均结合能较小（7.6MeV）。因此，重核分裂成中等核会放出巨大的能量。

③ 例如：^{235}U裂变时每次放出2～3个中子。这些中子被附近铀核吸收，又发生裂变，产生第二代中子；第二代中子又被吸收发生裂变，产生第三代中子……

够为人所控制的核反应叫做受控核反应,这种人工控制的装置叫做核反应堆或原子反应堆(图 11.9)。反应堆的设计应该注意：

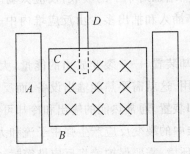

图 11.9　原子反应堆示意图
A:保护墙;B:反射层;C:减速剂;D:控制棒;×:燃料

① 中子的减速

使 ^{235}U 发生裂变效率高的是热中子(～0.03eV),而裂变产生的中子平均能量～2MeV,因此这样的中子需减速为热中子。使中子减速成热中子的材料叫减速剂,常用的有石墨和重水等。在反应堆中,裂变材料被制成棒状置于减速剂中。

② 增殖因子

显然,为了维持链式反应,必须满足：任何一代中子的总数应等于或大于前一代中子的总数,两者的比值称为增殖因子,即

$$增殖因子\ K = \frac{这一代中子总数}{前一代中子总数} \geqslant 1 \tag{11.7.29}$$

③ 中肯大小

为了保证 $K \geqslant 1$,就要防止中子的逃逸,即中子离开反应区。发生裂变反应的区域位于反应堆的中心部分(中心区)。中子的产生量与中心区体积成正比,逃逸量与中心区表面积成正比。可见,中心区太小,中子逃逸量与产生量之比大,不利于链式反应进行;中心区大,中子逃逸量与产生量之比小,有利于链式反应进行。当然,中心区过大又会给建造、维护、安全等带来问题。因此,反应堆的中心区须有适当大小,称为中肯大小。

④ 在建原子反应堆时,除了反应堆的中心区外,还有若干必要的辅助装置,如：

反射层 —— 为了阻止中子逃逸,反应堆中心周围装有反射层,一般用石墨作材料。

控制棒——为了使反应强度维持在适当水平,反应堆中安装有控制链式反应的控制棒,通常用镉和硼钢制成,能灵活地插入和抽出反应堆中心区。反应太强时,控制棒多插入一些,增加对中子的吸收;反应太弱时,控制棒抽出一些,减少对中子的吸收。控制棒插入和抽出多少由反应堆内中子强度检测器和自动操纵仪器完成。

热能输出设备和冷却装置——裂变放出的能量,大部分变成热能,用适当流体输出后便可加以利用。这就需要热能输出设备。而反应堆必须维持在一定温度范围内,这就需要冷却装置。通常热能的输出和冷却可共用一套设备。

保护墙——反应堆中的裂变反应产生强中子流和大量放射物及 γ 射线。为了保护工作人员和周围环境,需要保护墙将反应堆密封。它通常由金属套、水层、砂层和厚钢筋混凝土墙构成。

(2) 原子弹

将纯 ^{235}U 制成球形,外加中子反射层,这个球体的直径若达 $\sim 4.8 cm$,那么相应体积便达到中肯体积。中肯体积中材料的质量称中肯质量。^{235}U 制成球形时的中肯质量 $\sim 1 kg$,结构简单的原子弹由两个半球组成。如果材料是纯铀,每个半球质量不超过 $1 kg$,但不小于 $0.5 kg$。不用时,两半球相隔一定距离,未达到中肯体积,不会爆炸。使用时,两半球合成一个球,体积超过中肯体积,裂变反应迅速增强引起爆炸。

5. 原子核的聚变

能源问题是与人类密切相关的问题之一。目前广泛应用的能源,如煤和石油的贮存量都有限且正在迅速减少。裂变产生的原子能,据估计,其原料铀和钍也只能用几百年。因此,寻找新能源仍是必要的。实际上,除了重核裂变成中等核可以释放原子能外,轻核聚变成较重的核也可以释放原子能。比如:

$$^2H + {}^2H \to {}^3He + {}^1n + 3.25 MeV \quad {}^2H + {}^2H \to {}^3H + {}^1H + 4.00 MeV$$
$$^3H + {}^2H \to {}^4He + {}^1n + 17.6 MeV$$
$$^3H + {}^2H \to {}^4He + {}^1H + 18.3 MeV$$

(11.7.30)

这些氘核引起的聚变都是放能核反应。由这些反应可以估算出平均每单位质量氘核可放出的能量为 $3.6 MeV$。它是平均每单位质量 ^{235}U 裂变放出能量 $0.85 MeV$ 的 4 倍。现在已经探明,海水中蕴藏有大量氘。按照目前世界能量消耗水平估计,足以使用上百亿年。这样的聚变反应必须在极高温度($\sim 10^9 K$)下才能发生,这时原子核在高速无规则的热运动中不断互相碰撞,发生大量聚变,所以它又称为热核反应。不过,要想能实际应用上氘核反应产生的聚变能,首先必须解决受控热核反应问题。否则，聚变带来的热核反应将迅速发生，产生的巨大能量只会引起猛烈的爆炸。这便是氢弹。如何能够发生有适当强度的受控制的热核反应，以便可以安全利用这种能量的问题便成了当前能源研究中的重大课题之一。

实验和理论分析均表明，实现聚变反应最适宜的方法是高温等离子体法。在氘核聚变实验中，采用的是氘气的等离子体①。高温等离子体不可能与容器接触，因为任何材料做成的容器与之接触后都会熔化和蒸发，所以要把等离子体约束在一定空间必须另辟蹊径。目前约束等离子的方法一般有磁场约束和惯性约束。此外，被约束的等离子体还应该有适当的密度和一定的约束持续时间。磁约束式的反应器试验时间较长，分开路式和闭路式两种。闭路式环形管聚变反应器都有一个圆环管装置，用以放电产生等离子体。其中最有希望的是托克马克反应器(图11.10)。这种反应器的圆环形放电管装置在一个铁磁材料组成的磁路框架中。管中充入氘氚各半的混合气体。由磁场感应生成的脉冲电流使管内气体电离成为等离子体并使它的温度升高以及对等离子体起约束作用，使之脱离管壁和再升温。环形管外有一个再生层，用来吸收反应中逃逸出来的中子和再生聚变反应物。再生层外又是一个绕环形管的线圈层，用来产生稳定电流及其磁场借以稳定等离子体。在产生脉冲电流和稳定电流的线圈间有低温恒温设备(外恒温器)。

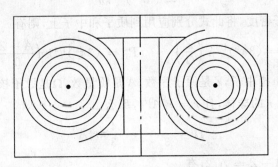

图 11.10　托克马克装置截面示意图

由里向外依次为：等离子体、真空室壁、再生层、环形线圈、外恒温器、涡旋线圈

受控热核反应的实现给人类提供了丰富的能源，但要真正解决这一问题仍需不懈努力。

---

① 等离子体是指气体电离后，大量正离子和与之等量电荷的电子所共存的集合体。

11.8 原子核结构

对原子核内部结构,人们已经有了一定的认识,但仍然不能说全面透彻。因此,这里介绍的只是几种原子核结构模型。

11.8.1 费米气体模型

这个模型认为原子核中的核子类似一群气体分子,每个核子受所有其他分子作用的总效果相当于一个平均势场,这个平均势场可以看做球形方势阱:

$$V(r) = \begin{cases} -V_0 & (r < a) \\ 0 & (r > a) \end{cases} \tag{11.8.1}$$

求解这个势场相应的薛定谔方程即可确定原子核能级及核子运动状态。

质子和中子的自旋等于 1/2,它们都是费米子,因此这个模型称为费米气体模型。费米子遵守泡利不相容原理。每个能级最多只能填充两个质子,自旋分别向上和向下;两个中子,自旋分别向上和向下。原子核处于基态时,所有低能级都被核子占满,只有核子占据的最高能级可能有空位。设此能级的能量为 E_f,称为费米能,相应费米能的动量叫做费米动量(P_f)。根据统计力学知识①,

$$P_f = (3\pi^2)^{1/3} \hbar n^{1/3} \tag{11.8.2}$$

式中:n 是费米子密度。将此式分别应用到质子和中子上,则有

$$P_f^p = (3\pi^2)^{1/3} \hbar \left(\frac{Z}{\Omega}\right)^{\frac{1}{3}} \quad P_f^n = (3\pi^2)^{1/3} \hbar \left(\frac{A-Z}{\Omega}\right)^{\frac{1}{3}} \tag{11.8.3}$$

这里,p 指质子,n 指中子,Z 是原子序数,A 是质量数,Ω 是原子核体积。如果假设原子核是半径为 r 的球体,且 $r = r_0 A^{1/3}$,那么

$$\Omega = \frac{4}{3}\pi r^3 = \frac{4}{3}\pi r_0^3 A$$

近似地取 $Z = A - Z = A/2$,有

$$P_f = P_f^p = P_f^n = (3\pi^2)^{1/3} \hbar \left(\frac{A/2}{4\pi r_0^3 A/3}\right)^{\frac{1}{3}}$$

$$= (9\pi)^{\frac{1}{3}} \frac{\hbar}{2r_0} = \frac{296}{r_0 c} \text{fm} \cdot \text{MeV} \tag{11.8.4}$$

这里 c 为光速。相应费米能

---

① 参见 10.6 节中式(10.6.6)。

$$E_f = \frac{P_f^2}{2M} = \frac{1}{2M}\left(\frac{296}{r_0 c}\right)^2 \text{fm}^2 \cdot \text{MeV}^2 = \frac{1}{Mc^2}\frac{296^2}{2r_0^2}\text{fm}^2 \cdot \text{MeV}^2 \quad (11.8.5)$$

式中：M 是核子质量，Mc^2 是核子静止能量。取 $r_0 \sim 1.3\text{fm}$，$Mc^2 \sim 939\text{MeV}$ 得 $E_f = 28\text{MeV}$。若最后一个核子的结合能为 8MeV，那么势阱深度

$$V_0 = 28 + 8 = 36\text{MeV} \quad (11.8.6)$$

费米气体模型简单明了，也给出了原子核的某些性质，但由于过于简化，无法深入了解原子核内部结构。

11.8.2 液滴模型

原子核的结合能与 A 成正比，说明核力具有饱和性，即一个核子只与周围几个核子作用。这与液体中一个分子只与近邻分子相作用类似。另外，原子核体积与 A 成正比，说明原子核密度是一常数，与 A 无关。这与液滴密度是一常数，与其体积无关类似。据此，有人把原子核比作液滴，这便是液滴模型。1935 年，魏扎克（C. F. von Weizsäcker）根据液滴模型给出了一个精度很高的原子核半经验质量公式。在液滴模型中，原子核的结合能

$$\Delta M = M_0 - M = \Delta_1 M + \Delta_2 M + \Delta_3 M + \Delta_4 M + \Delta_5 M \quad (11.8.7)$$

等式左边 $M_0 = Zm_H + Nm_n (N = A - Z)$，$M$ 是中性原子质量，两者之差给出核外电子质量互相抵消后的原子核结合能（以质量为单位）。等式右边第一项表示核子对结合能的贡献，因此它与 A 成正比

$$\Delta M_1 = a_1 A \quad (11.8.8a)$$

第二项表示将原子核看做液滴后，核表面对结合能的贡献，它与表面积成正比①

$$\Delta M_2 = -a_2 A^{2/3} \quad (11.8.8b)$$

第三项是质子间库仑势对结合能的贡献。可以证明每对质子的库仑排斥势等于 $\frac{6}{5}\frac{e^2}{R}$，共 $C_Z^2 = \frac{Z(Z-1)}{2}$ 对，所以质子总的库仑排斥势

$$E = \frac{6}{5}\frac{e^2}{R} \times \frac{1}{2}Z(Z-1) \sim \frac{3}{5}\frac{e^2 Z}{R}$$

注意到 $R = r_0 A^{1/3} = 1.20 \times 10^{-15} A^{1/3}\text{m}$，有②

---

① 核半径 $\sim A^{1/3}$，因此表面积 $\sim A^{2/3}$。负号的出现表示对式(11.8.8a)的一种修正，因为表面外无核子，处在表面上的核子只能与表面内的核子作用，这些核子对结合能的贡献会减弱。

② 负号表示库仑排斥不利于质子结合。

$$\Delta_3 M = -\frac{E}{1.49\times 10^{-3}} = -7.63\times 10^{-3} Z^2 A^{-1/3} \qquad (11.8.8c)$$

实验表明,质子数和中子数相等($Z=N=A/2$)的核最稳定。第四项即表示原子核对这种情况的偏离,它可以表示成

$$\Delta_4 M = -a_4 \frac{(Z-A/2)^2}{A} \qquad (11.8.8d)$$

最后一项与 N 和 Z 的奇偶性有关。按照 N 和 Z 的奇偶性划分,原子核可以分为三类:①N 和 Z 同为偶(偶偶核),②N 和 Z 中一个为偶一个为奇(奇 A 核),③N 和 Z 同为奇(奇奇核)。在这三类中,原子核的结合程度,① 较高,③ 次之,② 较低。所以 $\Delta_5 M$ 可表达成

$$\Delta_5 M = \delta a_5 A^{-\frac{1}{2}} \quad \delta = \begin{cases} 1 & \text{偶偶核} \\ 0 & \text{奇 }A\text{ 核} \\ -1 & \text{奇奇核} \end{cases} \qquad (11.8.8e)$$

将式(11.8.8a~11.8.8e)代入式(11.8.7)得

$$M = m_H Z + m_n(A-Z) - a_1 A + a_2 A^{\frac{2}{3}} + a_3 Z^2 A^{-\frac{1}{3}}$$
$$+ a_4 \left(\frac{A}{2}-Z\right)^2 A^{-1} - \delta a_5 A^{-\frac{1}{2}} \qquad (11.8.9)$$

上式叫做魏扎克公式,式中各系数常取为:$a_1=0.01691, a_2=0.01911, a_3=0.000763, a_4=0.10175, a_5=0.012$,而 $m_H=1.007825, m_n=1.008665$。这个公式精确度高,对 $A>15$,计算结果与实验结果相差不到1%。不过,液滴模型仍然没有说明原子核内部结构。

11.8.3 壳层模型

实验表明,原子核的性质随着质子数和中子数的增加而显示周期性变化,Z 和 $N=2,8,20,28,50,82,126$ 的原子核具有特殊地位。由此可以推断,与核外电子类似,原子核内部存在某种壳层结构,而这些数字(称为幻数)正代表核子填充形成的满壳层。这个模型称为原子核的壳层模型。

与费米气体模型相同,壳层模型同样认为,原子核内每个核子受其他核子作用的总效果相当于一个平均势场。在最简单情况下,这个势场就由式(11.8.1)给出。求解相应此势场的定态薛定谔方程便得到一系列能级和能态,它们也可以用主量子数 n 和角量子数 l 来刻画。表 11.12 给出了核能态次序、相应核子填充数和一些特定的累积数(幻数)。

表 11.12　　　　　　　　**原子核能态、核子填充数与幻数**

核能态	1s	1p		1d	2s	1d	1f	2p	1f	2p	1g	1g	2d	3s	1h	1h	2f	3p	1i	3p	2f
总角动量	$\frac{1}{2}$	$\frac{3}{2}$	$\frac{1}{2}$	$\frac{5}{2}$	$\frac{1}{2}$	$\frac{3}{2}$	$\frac{7}{2}$	$\frac{3}{2}$	$\frac{5}{2}$	$\frac{1}{2}$	$\frac{9}{2}$	$\frac{7}{2}$	$\frac{5}{2}$	$\frac{1}{2}$	$\frac{11}{2}$	$\frac{9}{2}$	$\frac{7}{2}$	$\frac{3}{2}$	$\frac{13}{2}$	$\frac{1}{2}$	$\frac{5}{2}$
填充数	2	4	2	6																	6
幻数	2		8			20	28				50					82					126

从表中可以看出原子核的能级不仅与 n, l 有关,还与总角动量 $j = l + s$ 有关。对相同的 n, l,$j = l + \frac{1}{2}$ 的能级低于 $j = l - \frac{1}{2}$ 的能级。因为质子间存在库仑排斥力,所以质子的能级比相应中子的能级高。质子能级图和中子能级图在能级较低时差别较小,但随着能级升高,差别也增大。这就说明为什么原子核中一般中子数多于质子数,特别是较重的原子核中。比如 $^{208}_{82}\text{Pb}$ 有 126 个中子但只有 82 个质子。

根据壳层模型,具有相同 l 和 j 的偶数个同类核子耦合的结果,其宇称为偶,总角动量和总磁矩为零。具有相同 l 和 j 的奇数个同类核子耦合的结果,其宇称的奇偶性由 l 确定;其总角动量和总磁矩由处于态 j 的单独粒子相应值确定。这意味着,奇数 A 的原子核中,那些奇数 Z 和偶数 N 的原子核磁矩等于单独那个质子的自旋磁矩和轨道磁矩的合成;那些偶数 Z 和奇数 N 的原子核磁矩等于单独那个中子的自旋磁矩(中子不带电,无轨道磁矩)。它们可以合并表示为:

$$\mu = \begin{cases} \left(j - \frac{1}{2}\right)g_l + g_s & j = l + \frac{1}{2} \\ \frac{j}{j+1}\left[\left(j + \frac{3}{2}\right)g_l - g_s\right] & j = l - \frac{1}{2} \end{cases} \quad (11.8.10)$$

式中,μ 沿 j 方向,单位是核磁子。对质子,$g_l = 1, g_s = 2.79$;对中子,$g_l = 0, g_s = -1.91$。

壳层模型解释了原子核性质的周期性、幻数的出现、中子质子数不等以及核磁矩等许多问题,但仍有不足之处。这体现出,它采用的平均场实际上是一种单粒子近似,没有全面充分考虑核子间的相互作用。

11.8.4　集体模型

壳层模型能够解释许多实验事实,特别是满壳附近的原子核性质。但对两壳层之间的原子核的一些性质就无法解释,比如大的电四极矩、复杂的能谱规律和大的电四极矩跃迁几率等。这些事实说明,原子核中除了单核子自由度外,还存在原子核集体运动形态。原子核集体运动形态可以有集体振动和集体转动。这种模型称为集体运动模型。

原子核的平衡形状是球形时,原子核相对其平衡形状会发生微小变化,这就是球形核的振动。不过,原子核的集体振动频率都比较高,对原子核的低能性质影响较小。

一些原子核具有较大的电四极矩,表明其形状与球形偏离较大,称为变形核。变形核不仅有较大的电四极矩,而且还会产生集体转动。通常偏离球形的原子核仍可看做一个轴对称的椭球形。这样的原子核,绕对称轴不存在集体转动,因此,原子核的集体转动是指垂直于对称轴的转动(图 11.11),其转动能量为

$$E_r = \frac{\hbar^2}{2J} I(I+1) \tag{11.8.11}$$

式中:J 是转动惯量,I 是总角动量。当原子核处在基态时,集体转动轴与对称轴垂直,I 在对称轴上分量① $K=\Omega$。如 $K=\Omega=0$,成立②

$J = 0, 2, 4, 6, \cdots$ 宇称为偶

相应转动能

$$E_r = (6, 20, 42, 72, \cdots) \frac{\hbar^2}{2I} \tag{11.8.12}$$

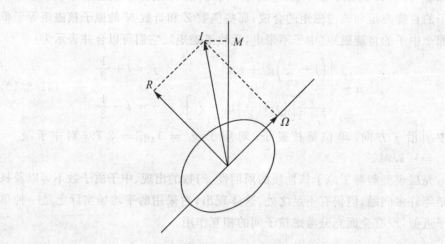

图 11.11 轴对称椭球形原子核的转动

---

① Ω 是所有单个核子角动量在对称轴上的总分量。
② 质子和中子都是偶数的原子核便属于这一类。

原子核的转动能谱(式(11.8.11))是 1953 年由奥·玻尔(A. Bohr)和莫特逊(B. R. Mottelson)提出来的,已得到一系列实验验证。

同壳层模型一样,集体运动模型也较为细致地反映了原子核内部结构。

11.9 基本粒子

11.9.1 强子与轻子

人们在探寻物质结构基本单元的过程中,起初是元素的最小单元——原子,当做不可分的,即原子是物质结构的基本单元。到 20 世纪初,人们认识到原子由电子和原子核组成。1932 年中子的发现证实原子核又是由质子和中子组成的。于是,电子、质子、中子和光子成了物质结构的基本单元。不过,不久后人们在 β 衰变中发现了中微子和阳电子,接着在宇宙射线中又发现了 μ 介子、π 介子、K 介子、Λ 超子等。特别是加速器发展后,观察到的粒子数目更多。现在已经知道的这样的粒子已达 35 种。按照物质相互作用的类型区分,它们可以表示成三大类:光子、轻子和强子(见附录)。

物质有四种相互作用:万有引力、弱相互作用、电磁相互作用和强相互作用。表 11.13 列举了这四种力的相对强度和作用范围(作用力程)。万有引力在四种作用力中强度最弱,虽然在宏观世界它的作用决不可忽视,但在尺度很小的微观粒子世界它几乎表现不出来。因此,在本章的讨论中将不予考虑。光子是传递电磁相互作用的粒子。轻子是彼此间作用以弱相互作用为主的粒子。强子是彼此间作用以强相互作用为主的粒子。

表 11.13　　　　　　　　　　物质的四种相互作用

名　称	引力相互作用	弱相互作用	电磁相互作用	强相互作用
作用力程	∞	$< 10^{-14}$ cm	∞	$10^{-15} \sim 10^{-16}$ cm
相对强度	$G_N \sim 10^{-39}$	$G \sim 10^{-5}$	$e^2 \sim 1/137$	$g_s^2 \sim (2.4 \sim 6.3)$
媒介子	引力子	中间玻色子	光子	胶子
被作用粒子	一切物体	强子、轻子	强子、e, μ, τ, γ	夸克、胶子
特征时间		$> 10^{-10}$ s	$10^{-16} \sim 10^{-20}$ s	$< 10^{-23}$ s

轻子中的电子是众所周知的。μ子是在1936年被安德生(C. d. Anderson)和内德梅尼(S. H. Neddermeyer)从宇宙射线中发现的。μ子的质量估计在电子和质子之间,因此当时把它叫做介子。μ子是不稳定的,其平均寿命是2.2×10^{-6}s。μ子衰变可以通过云室观察到①。实验表明,μ子会衰变成电子,但电子在μ子径迹末端发射并未沿μ子原方向而是朝另一方向偏射。这说明μ子衰变结果还会产生中性粒子,只是中性粒子不可能在云室中留下径迹而被观察到。另外,由于测量出的电子能量是连续分布的,从 0 至 55MeV,因此根据动量守恒定律推知,衰变产生的中性粒子至少应该有两个,起名叫中微子。后来发现中微子有两种:一种同μ子相关,一种同电子相关,分别记为ν_μ和ν_e。μ子衰变用符号可表示成

$$\mu^- \to e^- + \nu_\mu + \bar{\nu}_e \qquad \mu^+ \to e^+ + \bar{\nu}_\mu + \nu_e \qquad (11.9.1)$$

μ子有带正电和带负电的两种,分别记为μ^+和μ^-,μ^+是μ^-的反粒子。它们分别衰变成正负电子e^+和e^-。e^+是e^-(即通常所说的电子)的反粒子。μ子的质量测定为电子的207倍。μ^+子被原子核排斥,μ^-子可以被原子核俘获,但与原子核相互作用极弱。可见,μ子不会有强相互作用,它是一个轻子。

1947年拉德期(C. M. Lattes)、欧恰里尼(G. P. Occhialimi)和包威尔(C. F. Powell)在分析被高空宇宙射线照射过的乳胶②时发现,有种粒子会衰变成μ子,这种粒子带一个单位的正电或负电。后来,人们测定出这种粒子的质量是电子的273.3倍,平均寿命是2.6×10^{-8}s。它被称为π介子。π介子衰变可以表示成

$$\pi^+ \to \mu^+ + \nu_\mu \qquad \pi^- \to \mu^- + \nu_\mu \qquad (11.9.2)$$

由于μ和ν_μ的自旋均为$\frac{1}{2}$,因此$\pi^\pm$的自旋应该是整数,现在确定为0。π^-介子能与原子核中的质子起强烈反应,这种反应是强相互作用的结果,所以π介子是一种强子。1935年汤川秀树(H. Yukawa)提出核力的介子论,认为如同光子传递电磁力,介子传递核力,介子的质量约为电子的200倍。由于μ子是一种轻子,所以汤川理论中的粒子应是π介子。核力存在于带电的质子间,也存在于不带电的中子间,还存在于质子与中子间。欧本海末据此推断,既然核力的媒介可以有带电的$\pi^\pm$介子,那么也应有中性介子,即π^0介子存在的例证。进一步较精密的测量确定π^0介子质量是电子的264倍,平均寿命$<10^{-15}$s。

重子除核子(质子和中子)外,还有质量超过核子的重子,称为超子。比如:

---

① 云室是利用带电粒子通过时凝结的液滴会显示其路径的一种探测器。
② 一种类似照相底片的材料,经显像后可以显示带电粒子透过此材料后的径迹。

Λ^0 超子质量是电子的 2200 倍（核子质量约为电子的 1840 倍），平均寿命是 3.1×10^{-10} s。$\sum^0$ 超子质量是电子的 2323 倍，平均寿命 $<10^{-14}$ s。

K 介子和超子一般都是通过衰变现象发现的。当核子与核子相碰时，能量足够高便可产生 K 介子和超子，高能量 π^- 介子撞击核子也能产生 K 介子和超子。大量实验表明，一个超子总是和一个或两个 K 介子同时产生；没有观察到只有超子或 K 介子单独产生的情况。这种现象称为"协同产生"。

每种粒子都有它的反粒子。粒子与反粒子质量、寿命、自旋相同，但它们的电荷相反。比如，正 μ 子是负 μ 子的反粒子，正电子是负电子的反粒子。中性粒子的反粒子，有的就是它本身，如 π^0 和 η^0；有的是两种不同的粒子，如 ν_e 和 ν_μ 的反粒子 $\bar{\nu}_e$ 和 $\bar{\nu}_\mu$。

11.9.2 守恒律与对称性

在宏观物体运动中，我们知道，存在能量守恒、动量守恒和角动量守恒定律。在原子核反应中，又存在电量守恒定律。在微观粒子世界，同样存在质量、能量、动量、角动量和电荷守恒定律。这就是说，在三种相互作用过程中，参与相互作用的粒子的这些物理量都是不变的。此外，微观粒子还有它独特的物理量及相关性质。

(1) 轻子数和重子数

轻子数包括电轻子数 L_e 和 μ 轻子数 L_μ。对 e^- 和 ν_e，$L_e=1$；对 e^+ 和 $\bar{\nu}_e$，$L_e=-1$；对 μ^- 和 ν_μ，$L_\mu=1$；对 μ^+ 和 $\bar{\nu}_\mu$，$L_\mu=-1$。

重子数记为 B。对重子，$B=1$；对反重子，$B=-1$。

介子和光子的轻子数和重子数均为零。

(2) 同位旋、奇异数和超荷

强子中有些粒子质量接近，但电量不同，这样的粒子可以看做一种粒子处在不同态，刻画这一状态的量子数称为同位旋 I。同位旋的第三分量 I_z 只能取值 $I_z=I,I-1,\cdots,-I$，共 $2I+1$ 个。例如，质子和中子可以看做同位旋 $I=\frac{1}{2}$ 的两个态，它的第三分量分别为 $I_z=\frac{1}{2},I_z=-\frac{1}{2}$。类似地还有 Ξ^- 和 Ξ^0，K^+ 和 K^0，它们的同位旋都是 $\frac{1}{2}$，但 I_z 分别为 $I_z=\frac{1}{2},I_z=-\frac{1}{2}$。三种粒子 $\sum^+\sum^0\sum^-$（$\pi^+\pi^0\pi^-$）合成一组，可以认为 $I=1,I_z=1,0,-1$。单独一种粒子 Λ^0 和 Ω^- 则可认为 $I=I_z=0$。

实验指出,在强相互作用过程中还有一个重要的量子数,称为奇异数,记为 S;凡是实际上能够发生的强相互作用过程,反应前后奇异数的代数和不变。

粒子的电量 Q(以电子电量为单位)、同位旋分量 I_z、奇异数 S 和重子数 B 之间的关系为

$$Q = I_z + \frac{B+S}{2} = I_z + \frac{Y}{2} \qquad (11.9.3)$$

式中:$Y = B + S$ 称为超荷。

(3) 宇称和电荷共轭

我们已经知道,空间反演(记为 P),即 $r \leftrightarrow -r$ 时,波函数符号会发生改变,在有心力场中,它们与角量子数有关。这种宇称叫做轨道宇称。此外,粒子还具有内禀宇称,用 $+1$ 代表偶宇称,用 -1 代表奇宇称。一个体系的宇称是粒子的内禀宇称和它们的轨道宇称之积。费米子和反费米子内禀宇称是相反的,比如,$e^-, p, n, \Lambda^0, \sum^{\pm,0}, \Xi^{-,0}, \Omega^-$ 这些费米子内禀宇称是偶性;它们的反粒子 $e^+, \bar{p}, \bar{n}, \overline{\Lambda^0}, \overline{\sum^{\pm,0}}, \overline{\Xi^{+,0}}, \overline{\Omega^+}$ 内禀宇称是奇性的。玻色子和反玻色子具有相同的内禀宇称,例如 π^+ 和 π^-,K^+ 和 K^-,K^0 和 $\overline{K^0}$ 的内禀宇称都是奇性的。

粒子和反粒子的 I_z, S, B, Y, Q 符号相反。将一个体系内每个粒子变换成它的反粒子的过程中叫做电荷共轭(C)。如果体系的某一性质在此过程中不变,则称为电荷共轭下的不变性。

(4) 时间反演和 TCP 定理

将描述物理过程的时间倒过来的变换称为时间反演(T),即 $t \leftrightarrow -t$。满足因果律的相对论场论认为,任何相互作用在 TCP 联合变换下都是不变的,这个规律叫做 TCP 定理。

表 11.14 列举了基本相互作用下的各种守恒量子。

体系的宇称在空间反演下不变一直被认为是一条公理,叫做宇称守恒。1956 年观察到的两种衰变:

$$\theta^+ \rightarrow \pi^+ + \pi^0 \qquad \tau^+ \rightarrow \pi^+ + \pi^+ + \pi^- \qquad (11.9.4)$$

发现产生衰变的粒子 θ^+ 和 τ^+ 具有相同质量、半衰期和自旋,故应该是一种粒子,现在称为 K 介子。式(11.9.4)是 K 介子的两种衰变方式。由于衰变成的 π 介子具有奇宇称,且轨道角动量为零,无轨道宇称,因此衰变两个 π 介子的宇称为偶性,衰变成三个 π 介子的宇称为奇性。若认同宇称守恒则将面临同一 K 介子有两

种不同宇称的困境。据此,1956年李政道和杨振宁提出弱相互作用中宇称不守恒,这一结论在1957年被吴健雄等人的实验所证实。

表11.14　　　　　　　　　　基本相互作用的守恒定律

相互作用	守恒量														
	能量	动量	角动量 J	电荷	电子轻子数 L_e	μ子轻子数 L_μ	τ子轻子数 L_τ	重子数 B	同位旋 I	同位旋分量 I_z	奇异数 S	宇称 P	电荷共轭 C	时间反演 T	联合变换 CPT
强相互作用	+	+	+	+	+	+	+	+	+	+	+	+	+	+	+
电磁相互作用	+	+	+	+	+	+	+	+	−	+	+	+	+	+	+
弱相互作用	+	+	+	+	+	+	+	+	−	−	−	−	−	−	+

+ 表示守恒,- 表示不守恒

11.9.3　强子的夸克模型

随着大规模加速器的应用,人类对微观世界的认识也逐渐加深。现在普遍认为,强子应该是由更为基本的粒子组成,而许多强子有可能是某种对称性下的多重态。

20世纪50年代盖尔曼(M. Gell-Mann)和西岛(Nishijima)提出奇异量子数 S 概念并指出,强子的电荷 Q、同位旋第三分量 I_z、重子数 B 和奇异数 S 存在如下关系

$$Q = I_z + \frac{1}{2}(B+S) \tag{11.9.5}$$

定义超荷 $Y = B + S$,盖尔曼 — 西岛关系式(11.9.5)又可写成

$$Q = I_z + \frac{Y}{2} \tag{11.9.6}$$

如果把自旋和宇称相同而电荷和超荷不同的一类强子画在 $I_z - Y$ 图上,可得到如图11.12所示的对称图形,它们与 SU(3) 的8维图完全相似。可以认为这类强子是该对称下的不同状态,称为强子的多重态。SU(3) 是所有 3×3 维特殊么正矩阵的集合,盖尔曼和兹韦格(G. Zweig)在1964年各自独立提出,强子是由构

成 SU(3)3 重态的 3 个基元组成的。盖尔曼把构成强子的这 3 个更为基本的组分叫做夸克,它们分别为上夸克 u,下夸克 d 和奇异夸克 s。标记夸克这 3 种类型的量子数,叫做"味"。夸克的自旋量子数为 $\frac{1}{2}$,重子数为 $\frac{1}{3}$;上夸克带 $\frac{2}{3}$ 个单位电荷,下夸克和奇异夸克带 $-\frac{1}{3}$ 个单位电荷;上夸克和下夸克的奇异数为 0,奇异夸克的奇异数为 -1。重子由 3 个夸克组成,反重子由 3 个反夸克组成,介子由一对夸克和反夸克组成。强子的这一结构模型称为夸克模型。

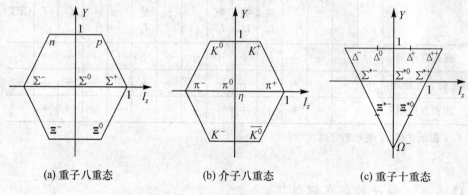

图 11.12 强子的多重态

1974 年丁肇中和里希特(B. Richter)分别独立地发现 J/ψ 粒子。为了解释这一粒子质量很重而衰变很慢的特点,他们引进了第四味夸克,叫做粲夸克 c。1977 年雷德曼(L. M. Lederman)发现寿命更长的 Υ 粒子,它应该由第五味夸克组成,此夸克称为底夸克 b。理论分析表明,夸克还有第六味,称为顶夸克 t。1994 年费米实验室宣布发现 t 夸克。

夸克是自旋为 $\frac{1}{2}$ 的费米子。介子由一个夸克和一个反夸克组成,自旋为零,是玻色子。不过,由 3 个夸克组成的重子,比如 Δ^{++},自旋等于 $\frac{3}{2}$,这就要求这 3 个夸克的自旋平行,与费米子特性不符。为了解决这一困难,人们引入了一个新的自由度,色量子数。如果组成重子的三个夸克有不同的色量子数,则它们属于不同的态,其自旋便可以平行。

夸克通过强相互作用结合成强子。类似光子是电磁相互作用的媒介,有人设想夸克间强相互作用的媒介可以称为"胶子"。关于这一设想的验证已由丁肇中领导的科研小组完成,他们在德国汉堡电子同步加速器中心,通过大量工作,终于找到胶子存在的实验根据。

单个夸克目前在实验上还没有观察到,夸克是否被"囚禁"仍是一个有争议的问题,微观世界的奥秘也有待进一步的探讨。

11.10 例 题

1. 假设两个 p 电子间存在很强的自旋—轨道作用,以致形成 jj 耦合,写出这种情况下的原子组态。

解 对两个非同科 p 电子:

$$l_1 = 1, s_1 = \frac{1}{2}, j_1 = \frac{3}{2}, \frac{1}{2}; \qquad l_2 = 1, s_2 = \frac{1}{2}, j_2 = \frac{3}{2}, \frac{1}{2}$$

而 $\boldsymbol{j} = \boldsymbol{j}_1 + \boldsymbol{j}_2$

当 $j_1 = j_2 = \frac{3}{2}$ 时,$j = 3, 2, 1, 0$,当 $j_1 = \frac{3}{2}, j_2 = \frac{1}{2}$ 时,$j = 2, 1$;

当 $j_2 = \frac{1}{2}, j_1 = \frac{3}{2}$ 时,$j = 2, 1$;当 $j_1 = j_2 = \frac{1}{2}$ 时,$j = 1, 0$

因此可能的原子态为:

$$\left(\frac{3}{2}, \frac{3}{2}\right)_{3,2,1,0}, \left(\frac{3}{2}, \frac{1}{2}\right)_{2,1}, \left(\frac{1}{2}, \frac{3}{2}\right)_{2,1}, \left(\frac{1}{2}, \frac{1}{2}\right)_{1,0}$$

上面的符号意义为 $(j_1 j_2)_j$。因为对一个给定的 j,j_z 取值共 $2j+1$ 种,所以第一括号表示的态有 $2 \times 3 + 1 + 2 \times 2 + 1 + 2 \times 1 + 1 + 1 = 7 + 5 + 3 + 1 = 16$ 个,第二、三个各有 $2 \times 2 + 1 + 1 \times 2 + 1 = 5 + 3 = 8$ 个,第四个有 $3 + 1 = 4$ 个。于是可能原子态共有 $16 + 8 \times 2 + 4 = 36$ 个。

对同科 p 电子,由于泡利不相容原理的限制,有些态不可能出现,比如:当 $j_1 = j_2 = \frac{3}{2}$ 时,不可能有 $j_{1z} = j_{2z} = \pm \frac{3}{2}, j_{1z} = j_{2z} = \pm \frac{1}{2}$,因此,$j \neq 3, 1$。这时可能的原子态是:

$$\left(\frac{3}{2}, \frac{3}{2}\right)_{2,0}, \left(\frac{3}{2}, \frac{1}{2}\right)_{2,1}, \left(\frac{1}{2}, \frac{1}{2}\right)_{0}$$

共 $2 \times 2 + 1 + 1 + 2 \times 2 + 1 + 2 \times 1 + 1 + 1 = 5 + 1 + 5 + 3 + 1 = 15$ 个。

2. 塞曼最先观察到的光谱线在磁场中分裂的特征是:一条谱线($h\nu$)在外磁场中一分为三,且彼此间间距相同。这种现象称为正常塞曼效应。后来的实验又发现,光谱线在磁场中分裂的数目可以不是三个,间隔也可以不同,这种现象称为反常塞曼效应。试说明,当原子在自旋为零的谱项间跃迁时,便会观察到正常塞曼效应。

解 设 E_1 和 $E_2(E_1 > E_2)$ 是某原子的两个能级。无磁场时,两能级间跃迁

$$h\nu = E_2 - E_1$$

外加磁场 B 时,两能级能量变成

$$E'_2 = E_2 + M_2 g_2 \mu_B B \qquad E'_1 = E_1 + M_1 g_1 \mu_B B$$

原来的每个能级分裂为 $2J+1$ 个能级。上下能级差为

$$h\nu' = E'_2 - E'_1 = (E_2 - E_1) + (M_2 g_2 - M_1 g_1)\mu_B B$$

或

$$h\nu' = h\nu + (M_2 g_2 - M_1 g_1)\mu_B B$$

若两能级相应的谱项自旋为零时,则有

$$J_1 = L_1 \qquad J_2 = L_2 \qquad g_2 = g_1 = 1$$

于是

$$h\nu' = h\nu + (M_2 - M_1)\mu_B B$$

根据选择定则

$$\Delta m = M_2 - M_1 = 0, \pm 1$$

知 $h\nu'$ 只能取如下三个值:

$$h\nu' = h\nu + \mu_B B, h\nu, h\nu - \mu_B B$$

上式表明,原来一条光谱线在外磁场中分裂成三条,且彼此间间距相等。这便是正常塞曼效应。

3. 为了快捷计算满足选择定则的塞曼能级间的跃迁,格罗春(Grotrain)设计了一种简易方法,称为格罗春图。将两能级的 $2J+1$ 个 M 值画在相应位置上,然后按选择定则的要求 $\Delta M = M_2 - M_1 = -1, 0, +1$ 将它们相连,这种图形就叫做格罗春图。利用它求出相连两点的 $M_2 g_2 - M_1 g_1$ 便可方便计算出塞曼谱线。试利用格罗春图分析钠 5890Å 谱线的塞曼分裂。

解 钠 5890Å 谱线是钠原子从 $^2P_{3/2} \to {}^2S_{1/2}$ 跃迁的结果。

对谱项 $^2P_{3/2}:L = 1, S = \frac{1}{2}, J = \frac{3}{2}, M = \pm\frac{3}{2}, \pm\frac{1}{2}$,从而

$$g = 1 + \frac{J(J+1) - L(L+1) + S(S+1)}{2J(J+1)} = 1 + \frac{\frac{3}{2} \cdot \frac{5}{2} - 2 + \frac{1}{2} \cdot \frac{3}{2}}{2 \cdot \frac{1}{2} \cdot \frac{3}{2}} = \frac{4}{3}$$

对谱项 $^2S_{1/2}$:

$$L = 0, S = \frac{1}{2}, J = \frac{1}{2}, M = \pm\frac{1}{2}, g = 2$$

相应格罗春图如图 11.13 所示。

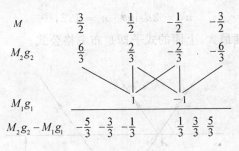

图 11.13　格罗春图

所以

$$\Delta\left(\frac{1}{\lambda}\right) = \left(-\frac{5}{3}, -\frac{3}{3}, -\frac{1}{3}, \frac{1}{3}, \frac{3}{3}, \frac{5}{3}\right)L$$

式中:$L = \dfrac{eB}{4\pi mc} = 1.17 \times 10^2 \text{ m}^{-1}$ 为洛伦兹单位。

4.将两个电极置入真空管中,阴极一般用钨丝制成,两极间加上高电压(几万伏至十几万伏甚至更高)。通电使钨丝加热至白热,阴极会发射电子;电子被电场加速后打到阳极上,就有射线从阳极发射出来。这种射线叫做 X 射线①,它是 1895 年由伦琴(W. C. Röntgen)发现的,又称为伦琴射线。试证明 X 射线被晶体衍射的布喇格(Bragg)公式

$$n\lambda = 2d\sin\theta \quad n = 1, 2, \cdots$$

式中:d 是晶面间距;λ 是 X 射线波长;2θ 是偏转角。

证明　原子在晶体中有规则排列成点阵结构,称为晶格,原子的平衡位置即点阵中的阵点,称为格点。晶体中的原子只能在格点附近做微小振动。X 射线照射在格点所在的两个平行平面(晶面)上时(如图 11.14 所示)会反射出两条平行射线,它们的路程差为

$$AB + BC = AB\left[1 + \sin\left(2\theta - \frac{\pi}{2}\right)\right] = \frac{d}{\cos(\pi/2 - \theta)}\left[1 - \sin\left(\frac{\pi}{2} - 2\theta\right)\right]$$

---

①　X 射线本质上是一种波长 $\sim 1\text{Å}$ 的电磁波。

$$= \frac{d}{\sin\theta}(1-\cos 2\theta) = 2d\sin\theta$$

其中 d 是两晶面间距，2θ 是 X 射线入射和出射方向间夹角，即偏转角。当路程差是 X 射线波长 λ 的整数倍时，即

$$n\lambda = 2d\sin\theta \quad n = 1, 2, \cdots$$

时，出射射线的强度最大。上面的式子即是布喇格公式。

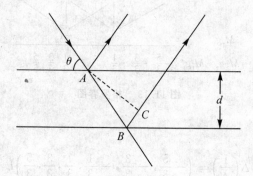

图 11.14　布喇格公式推导示意图

利用布喇格公式可以测量 X 射线的波长。让 X 射线经狭缝后照射到晶体上。在离晶体一定距离处拍摄下晶面衍射来的射线，显像后可见一些谱线。记录留下这些谱线的衍射来的射线方向，也就得到了偏转角 θ，加上已知晶体的晶面间距 d，根据布喇格公式便可计算出 X 射线的波长。这种仪器称为 X 射线摄谱仪。X 射线的谱线由两部分构成：一部分波长连续变化，称连续谱，另一部分呈线状。X 射线的线状谱与受照射材料（靶子）有关。一种元素制成的材料有相应的线状谱，成为这种元素的标识。因此，X 射线的线状谱又称标识谱。标识谱反映了原子内部结构状况，谱线波长代表原子能级间隔，谱线的精细结构显示能级的精细结构。可见，X 射线标识谱在研究原子结构中具有重要作用。

5.光子打在靶粒子上，光子和靶的动量都会发生改变，这一过程称为康普顿（A. H. Compton）散射。假设光子散射前后的频率分别为 ν, ν'，靶粒子开始时静止，质量为 m_0，与光子作用后速度为 v，光子速度方向变化的角度为 θ，试证明：

$$\Delta\lambda = \lambda' - \lambda = \frac{h}{m_0 c}(1-\cos\theta)$$

上式称为康普顿散射公式，式中 $\Delta\lambda$ 是光子散射前后波长的改变，$\frac{h}{m_0 c} =$

0.0242621Å 是康普顿波长。

证明 散射前,光子频率为 ν,动量 $p = \dfrac{h}{\lambda} = \dfrac{h\nu}{c}$,靶粒子速度为 0,质量为 m_0,相应能量为 $m_0 c^2$;散射后,光子频率为 ν',动量为 $p' = \dfrac{h}{\lambda'} = \dfrac{h\nu'}{c}$,靶粒子速度为 v,质量 $m = \dfrac{m_0}{\sqrt{1-v^2/c^2}}$,相应动量为 mv,能量为 mc^2。由动量和能量守恒定律知:

$$h\nu + m_0 c^2 = h\nu' + mc^2$$
$$\boldsymbol{p} = \boldsymbol{p}' + m\bar{\boldsymbol{v}}$$

从动量的矢量表示式可以得到相应的标量式:

$$(mv)^2 = p^2 + p'^2 - 2pp'\cos\theta$$

θ 是 $\boldsymbol{p}$ 与 $\boldsymbol{p}'$ 间的夹角。于是

$$(mv)^2 = \left(\dfrac{h\nu}{c}\right)^2 + \left(\dfrac{h\nu'}{c}\right)^2 - 2\dfrac{h\nu}{c}\dfrac{h\nu'}{c}\cos\theta$$

即

$$m^2 c^2 v^2 = h^2 \nu^2 + h^2 \nu'^2 - 2h^2 \nu\nu' \cos\theta$$

而

$$mc^2 = h\nu - h\nu' + m_0 c^2$$

即

$$m^2 c^4 = h^2 (\nu - \nu')^2 + m_0^2 c^4 + 2m_0 c^2 h(\nu - \nu')$$

与前一式相减给出

$$m_0^2 c^4 = m^2 c^4 \left(1 - \dfrac{v^2}{c^2}\right) = m_0^2 c^4 + 2m_0 c^2 h(\nu - \nu') - 2h^2 \nu\nu'(1 - \cos\theta)$$

由此得

$$\dfrac{c}{\nu'} - \dfrac{c}{\nu} = \dfrac{h}{m_0 c}(1 - \cos\theta)$$

或

$$\Delta\lambda = \lambda' - \lambda = \dfrac{h}{m_0 c}(1 - \cos\theta)$$

这就是康普顿散射公式。

X 射线和 γ 射线是波长很短的电磁波,它们照射在物体上发生的散射也可以用康普顿散射公式加以说明。这曾经是光的微粒性的又一例证。康普顿散射在原子核和高能物理中也能经常遇到,因而具有较广泛的意义。

阅读材料:玻尔与玻尔研究所

尼尔斯·玻尔(N. Bohr 1885—1962),1885 年 10 月 7 日出生于丹麦哥本哈根。父亲是哥本哈根大学生理学教授。玻尔少年时经常随父亲参加每周五丹麦科

学家的家庭学术性聚会,受到了许多潜移默化的科学熏陶。18岁时进入哥本哈根大学数学和自然科学系,主修物理学。1911年获得博士学位后,玻尔被选派赴英国剑桥大学,开始在汤姆孙指导下从事研究,1912年3月转到曼彻斯特大学随卢瑟福工作,这成了他一生的重要转折点。在这里他参加了卢瑟福的科学集体,开始了对原子结构问题的思考,创造性地提出把普朗克的量子说和卢瑟福的原子有核模型相结合的想法。1913年7月起,他以《论原子构造和分子构造》为题,连续三次在英国哲学杂志上发表论文,这就是有名的玻尔原子理论。在玻尔理论中,最重要的是引入了定态条件、频率条件、对应原理这些全新的概念。玻尔原子理论解开了历史上近30年的光谱之谜。为此,玻尔获1922年度诺贝尔物理学奖。

出色的成就为玻尔在国际物理学界赢得了崇高的声誉,但他不为国外优越的条件所吸引,而决心在自己所诞生的国土上建立起国际研究中心。1916年春天,几经波折之后,丹麦政府终于认识到把玻尔这位杰出的物理学家留在国内的重要性,决定在哥本哈根大学专门为他设立一个理论物理学的教授职位。同年夏天玻尔开始担任这一新的职务。为了促进本国物理学教育和研究工作的发展,以及有利于国际交流,玻尔于1917年4月向哥本哈根大学数理学院提出报告,申请建立一所理论物理研究所。1918年11月丹麦政府教育部正式下达文件,同意兴建哥本哈根大学理论物理研究所。经历了三年多的设计与建造,一座三层的楼房于1921年终于完工。在完工不久的研究所建筑里举行了隆重的揭幕典礼。哥本哈根大学校长宣布,哥本哈根大学的理论物理研究所正式成立。玻尔是成立后的第一任所长,并且一直任职到他逝世。所以,人们通常又把它叫做"玻尔研究所"。1965年,在玻尔诞辰80周年之际,为了纪念他,这个研究所正式改名为"尼尔斯·玻尔研究所"。

在玻尔研究所的早年岁月里,研究的主要内容是量子理论和原子结构理论。在量子力学建立的过程中,玻尔研究所成了世界理论物理研究中心,形成了著名的哥本哈根学派。该学派创始人即尼尔斯·玻尔,其中玻恩、海森堡、泡利以及狄拉克等都是这个学派的主要成员。哥本哈根学派对量子力学的解释包括对应原理、测不准关系、波函数诠释、不相容原理和互补原理等。哥本哈根学派对量子力学的创立和发展产生过重大影响。

第二次世界大战前后,玻尔和他的研究所的工作重点转移到了对原子核的理论和实验探讨上。对核反应中复合核形成机制、核结构中的液滴模型和集体运动模型都作出了杰出贡献。1975年,已经接替他父亲担任研究所所长的奥格·玻尔(A. Bohr)还分享了该年度诺贝尔物理学奖。

后来,玻尔研究所经过扩建,规模和面积都大大增加了。研究所不只研究理论,而且有了自己的实验室;也不仅是科学研究的场所,同时还是教育中心。到了20世纪30年代,研究所已经成了一所学校,成了培育世界各国物理实验和理论研究未来指挥员的一个苗圃。国际教育社还设置了奖学金,用来鼓励各国物理学家之间的交流,对物理学的国际化和新一代物理学家的培养作出了重要贡献。

作为国际物理研究中心,玻尔研究所为物理学界创立了一种独特的研究风格,被称为哥本哈根精神。这种精神强调完全自由的判断与讨论的学术风格,合作且不拘形式的学术气氛,高度的智力追求,大胆的涉险精神深奥的研究内容和快活的乐天主义。玻尔以其特有的人格魅力为研究集体提供了一种内聚力,吸引了一批批年轻而富有天赋的理论和实验物理学家来此学习与交流。玻尔是哥本哈根精神的源泉,点燃了想象的火炬让周围人们的聪明才智充分发挥出来。在这里先后有10位科学家得到过诺贝尔物理学奖或化学奖。

玻尔研究所不仅仅是哥本哈根大学的一个理论物理研究所,而且成了世界物理学界的圣地。这正如唐代文学家刘禹锡所言:"山不在高,有仙则灵;水不在深,有龙则灵。"

习 题 11

1. 动能为 7.5MeV 的 α 粒子被金箔($Z = 79$)散射,当散射角 $\theta = 150°$ 时,相应的瞄准距离 b 是多大?

2. 已知金箔厚为 10^{-7}m,密度为 1.9×10^4 kg·m^{-3},摩尔质量为 197g·mol^{-1}。今有一束 α 粒子正面垂直入射,求被金箔散射到 $\theta > 90°$ 范围内的 α 粒子数占全部入射粒子数的百分比。

3. 设金核半径为 7.0fm,当质子正碰金核时,质子能量多大方能刚好达到金核表面?若用铝核代替金核,结论该如何?设铝核半径为 4.0fm。

4. 若用动能为 1MeV 的质子或氘核(氘核是氢的一种同位素的原子核,由一个质子和一个中子组成)正面垂直入射金箔,试计算它们与金箔原子核的最小距离。

5. 动能为 1MeV 的质子流通过窄缝后垂直入射到金银合制的薄层上。已知每单位面积(1cm^2)薄层质量为 1.5mg,薄层含金 70%,含银 30%,质子 $Z_1 = 1$,

金原子序数 $Z_2=79$,银原子序数 $Z'_2=47$,金的摩尔质量 $M=197\text{g/mol}^1$,银的摩尔质量 $M'=108\text{g/mol}^1$,求被散射到 $\theta>30°$ 内质子数与入射质子数之比。

6. 质量为 m_1 的入射粒子与质量为 $m_2(m_2\leqslant m_1)$ 的静止靶核发生弹性碰撞,试证明入射粒子的最大偏转角 θ_2 满足:$\sin\theta_2=m_2/m_1$。

7. 铯的逸出功为 1.9eV,求使铯产生光电效应的入射光频率和波长的阈值。要获得能量为 2eV 的光电子,入射光频率应该多大?

8. 计算氢原子、一次电离的氦离子 He^+、二次电离的锂离子 Li^{++}:(1) 第一、第二玻尔轨道半径及电子在这些轨道上的速度;(2) 基态和第一激发态的电离能;(3) 赖曼系第一谱线波长。

9. 二次电离的锂离子 Li^{++} 从第一激发态向基态跃迁时会发出光子,这种光子能否使处在一次电离的氦离子 He^+ 基态中的电子电离?

10. 一次电离的氦离子 He^+ 从第一激发态跃迁至基态时所辐射的光子能否使处在基态的氢原子电离?如果可以,求电离后所放出电子的速度。

11. 氢和氘混在同一放电管中,问拍摄到的巴尔末系第一条(H_α)光谱线之间的波长差 $\Delta\lambda$ 为多大?已知氢和氘的里德伯常数分别为 $R_\text{H}=1.0967758\times10^7\text{m}^{-1}$,$R_\text{D}=1.0970742\times10^7\text{m}^{-1}$。

12. 处在原子状态的氢压强为 1 个大气压,温度为 20℃,平均来说,盛这种原子态氢的容器的容积至少多大才有可能发现一个氢原子处在第一激发态?假设原子在热平衡时遵守玻尔兹曼分布。

13. 已知氢和重氢的质量分别为 1.0078252 和 2.0141022 原子质量单位,它们的里德伯常数之比 $R_\text{H}/R_\text{D}=0.999728$,求质子质量与电子质量之比。

14. 通常温度下氢原子吸收光谱中包含哪些谱线?它们的波长 λ 满足 $900\text{Å}<\lambda<1500\text{Å}$。

15. 一个正电子和一个负电子所形成的束缚系统,称为电子偶素。试计算电子偶素中正负电子在基态时的距离和由第一激发态向基态跃迁时发射光波的波长。

16. 在 LS 耦合中,下列电子组态可形成哪些原子态?其中哪个态能量最低?(1)np^3;(2)nd^2;(3)$ndn'd$。

17. 氦原子基态的电子组态是 $1s^2$,若其中有一个电子被激发到 $2p$ 态,这两个电子按 LS 耦合可形成哪些原子态?写出相应的原子态符号,画出能级及其跃迁示意图(氦原子的 ^2p 是反常序)。

18. 若电子间相互作用是 LS 耦合,试利用洪特定则确定氟原子假设能级次序是倒转的。

19. Sn 原子基态两个价电子都处在 $5p$ 态,若其中一个电子被激发到 $6s$ 态,这两个电子按 jj 耦合可形成哪些原子态?

20. 计算 $^3F_2$ 和 $^5D_4$ 的 $\boldsymbol{L}\cdot\boldsymbol{S}$ 值。

21. 如图所示是施特恩－盖拉赫实验示意图。处于基态的银原子通过两个狭缝后形成细束。窄银原子束经一不均匀横向磁场后分成两束,最终射到屏上。已知磁场梯度 $\frac{\partial B}{\partial z}=10^3\text{T/m}$,磁极纵向范围 $L_1=0.04\text{m}$,磁极到屏的距离 $L_2=0.1\text{m}$,银原子通过狭缝后速率 $v=5\times10^2\text{m/s}$,屏上两束银原子分开的距离 $d=0.002\text{m}$,求银原子磁矩在磁场方向投影 μ_z 的大小。

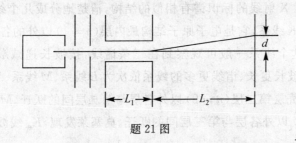

题 21 图

22. 计算处于基态($^5D_4$)的铁原子磁矩 $\boldsymbol{\mu}$ 及投影 μ_z。

23. 试确定矾原子基态并计算出此时它的磁矩(假设能级位置为正常次序)。

24. 在施特恩－盖拉赫实验中,假设使用基态矾原子作原子束,试求屏上偏高最远的两束间的距离。设 $\frac{\partial B}{\partial z}=500\text{T/m}$,$d_1=0.1\text{m}$,$d_2=0.3\text{m}$,原子动能为 80MeV。

25. 实验测得某类氢离子赖曼系主线(即第一条线)双线结构的波数差是 29.6cm^{-1},试判断这是何种类氢离子。

26. 已知 Na 原子光谱谱项 3D 的项值 $T_{3D}=12274\text{cm}^{-1}$,试计算其双层能级间的波数差。

27. 锂原子第一辅线系中 $3^2D_{3/2}\rightarrow 2^2P_{1/2}$ 的光谱线在磁场中将分裂成几条?画出相应的能级及其跃迁示意图。

28. 钠原子的价电子从第一激发态向基态跃迁时,产生两条精细结构的谱线,其波长分别为 5895.93Å 和 5889.96Å。这两条谱线在磁场 B 中发生塞曼效应后又会分裂成几条?若使与 5895.93Å 相关的能级分裂后的最高位置和 5889.96Å 相关的能级分裂后的位置重合。

29. 镉 6438Å 谱线是镉原子从 $^1D_2 \rightarrow {}^1P_1$ 跃迁的结果。试分析在磁场中这两条能级的分裂情况以及分裂后的能级跃迁情况。镉 6438Å 光谱线在磁场中的分裂是否属正常塞曼效应?

30. 钠黄色双线中波长为 5890Å 的谱线是钠原子从 $^2P_{3/2} \rightarrow {}^2S_{1/2}$ 跃迁的结果。试分析在磁场中这两个能级与相应光谱线的分裂情况。

31. 钾原子 $4P-4S$ 跃迁的精细结构为两条,试计算钾原子在磁场 B 中与此两精细结构谱线有关的能级分裂大小。这些分裂后的能级中最高与最低位置间隔 ΔE_2 等于原能级间隔 ΔE_1 的 1.5 倍时,相应的磁场为多大?

32. 各元素 X 射线的标识谱有相似的结构,清楚地分成几个线系。波长最短的一组线叫做 K 线系,它是电子原子结构最内层($n=1$)以外的各层与最内层间跃迁的结果。这个线系一般可观察到在三条谱线,按波长递减顺序为 K_α、K_β、K_γ。比 K 线系波长更长、谱线更多的线系依次为 L 线系、M 线系、N 线系。L 线系是发生在电子壳层第二层($n=2$)以外各层与第二层间的跃迁。M 线系是发生在第三层($n=3$)以外各层与第三层间的跃迁。莫塞莱发现,K_α 线波数

$$\bar{\nu} = R(Z-1)^2\left(\frac{1}{1^2}-\frac{1}{2^2}\right)$$

这个式子叫做莫塞莱经验公式。类似地,对 L_β 线成立

$$\bar{\nu} = R(Z-7.4)^2\left(\frac{1}{2^2}-\frac{1}{3^2}\right)$$

若某元素的 K_α 线波长是 0.685Å,试利用莫塞莱公式计算该元素的原子序数。

33. 已知铷原子 L 线系的吸收限是 1.9Å,试计算从铷原子中电离一个 K 电子所需的功。

34. 已知铜的 K_α 线波长是 1.542Å,让它入射到 NaCl 晶面上。若此 X 射线的偏转角为 $31°40'$ 时观察到一级衍射极大,求晶面间距 d。

35. 证明满足壳层的电子态必是 $'S$。

36. 计算质子的康普顿波长。若质子在康普顿散射中获得 6MeV 的能量,求入射光子至少应具有多大能量?

37. 在光子–电子的康普顿散射中,若入射光子的能量等于电子的静止能,求散射光子的最小能量和电子所获得的最大动量。

38. 证明自由电子不可能发生光电效应。

39. 计算核素 ^{9}Be、^{40}Ca、^{56}Fe 的结合能和平均结合能（比结合能）。已知 $M_H = 1.007825u$, $m_n = 1.008665u$, $M_{Be} = 9.0121858u$, $M_{Ca} = 39.96259u$, $M_{Fe} = 55.9349u$。

40. 考古工作中，可以由古生物遗骸中 ^{14}C 的含量推算古生物距今的时间 t。设 b 是古生物遗骸中 ^{14}C 与 ^{12}C 含量之比，b_0 是空气中 ^{14}C 与 ^{12}C 含量之比，试证明

$$t = \frac{1}{\lambda}\ln\frac{b_0}{b}$$

λ 是衰变常数。

41. 某古生物遗骸 100g 中放射性元素 ^{14}C 的衰变率为 300 次每分钟，求此古生物遗骸距今有多长时间。设空气中 ^{14}C 与 ^{12}C 的含量比约为 1.3×10^{-12}。

42. 放射性活度（或强度）定义为放射性物质在单位时间发生衰变的原子核数（衰变次数），它常用居里作单位来度量。1 居里（Ci）指放射性物质在 1 秒内衰变 3.7×10^{10} 次。而 $1mCi = 10^{-3}Ci$, $(1Ci = 3.7 \times 10^{10} Bq)$。已知 $1mg^{238}U$ 每分钟放射 740 个 α 粒子，求 $1g^{238}U$ 的放射性强度及半衰期。

43. 求核反应 $p + ^3H \to n + ^3He$ 的阈能（最小能量）。若入射质子能量为 3.1MeV，发射的中子与入射质子运动方向成 90° 角，问发射中子和 ^3He 的动能各为多少。设反应物 ^3H 开始时处于静止状态。$(M_{^3He} = 3.016029u)$

44. 计算 $^7_3Li(p,\alpha)^4_2He$ 的反应能。

45. 试计算 $1g^{235}U$ 裂变时所释放的能量相当于多少煤燃烧时所释放的热能。已知煤的燃烧值约等于 $3.3 \times 10^7 J/kg$。

46. 利用式(11.6.28)所示氘核聚变反应，计算 1g 氘所释放的能量相当于多少煤燃烧时释放的热能。

47. 已知核反应 $D + T \to \alpha + n$ 放出的能量为 17.58MeV，假设以 $D+T$ 为燃料建一个功率为 $5 \times 10^6 kW$ 的聚变堆电站，一年需消耗多少氘和氚？若改用煤作燃料，一年需消耗多少吨煤？

48. 证明光子不能在自由状态下转化为正负电子对。

49. 设正、负电子湮没时产生两个光子，求每个光子的频率。

50. 若质子的平均寿命为 1.2×10^{32} 年，要每月能测量到一次衰变，则至少需要用多少吨水？

第12章 万有引力与天体

本章介绍开普勒定律、万有引力定律及应用。太阳系、银河系、星空中的天体及演化。

12.1 万有引力

12.1.1 开普勒定律

在牛顿尚未发现万有引力定律以前,开普勒(J. Kepler)就从当时对行星绕日运行的观测结果,归纳出三条定律,统称开普勒定律。

① 轨道定律:行星绕太阳做大小不同的椭圆运动,太阳位于其中的一个焦点之上。

② 面积速度定律:连接行星与太阳的矢径,在相等的时间内扫过相等的面积。

③ 周期定律:行星绕太阳运行的周期的平方与轨道半长轴的立方成正比。

12.1.2 万有引力定律

在开普勒定律的基础上,牛顿于1686年提出:自然界一切物体之间均存在相互吸引力,称为万有引力。两个物体间吸引力的大小与两物体质量的乘积成正比,而与它们之间距离的平方成反比,即

$$F = -G\frac{m_1 m_2}{r^2} \tag{12.1.1}$$

这便是万有引力定律。式中 $G = 6.67 \times 10^{-11} \mathrm{N \cdot m^2/kg^2}$ 称为引力常数。它的第一次实验测定是1798年由卡文迪什(H. Cavendish)利用扭秤法给出的。

下面我们从开普勒定律来推导公式(12.1.1)。行星绕日运动是平面运动,选取太阳所在位置为极点,太阳到行星的有向矢量为矢径作极坐标系。设时间 $\mathrm{d}t$

内，行星转过的角度为 $d\theta$，矢径由 r 变成 $r+dr$，则行星扫过的面积

$$dA = \frac{1}{2}r(r+dr)\sin(d\theta) = \frac{1}{2}r^2 d\theta \tag{12.1.2}$$

根据面积速度定律有：

$$\frac{dA}{dt} = \dot{A} = \frac{1}{2}r^2\dot{\theta} = \frac{h}{2} \tag{12.1.3}$$

h 为常数，即 $mh = mr^2\dot{\theta} = $ 常数。此处 m 是行星质量，mh 是行星对太阳的动量矩，它是一个常数。回忆第 1 章极坐标中加速度的公式

$$\boldsymbol{a} = (\ddot{r} - r\dot{\theta}^2)\boldsymbol{i} + (r\ddot{\theta} + 2\dot{r}\dot{\theta})\boldsymbol{j} = (\ddot{r} - r\dot{\theta}^2)\boldsymbol{i} + \frac{1}{r}\frac{d}{dt}(r^2\dot{\theta})\boldsymbol{j} \tag{12.1.4}$$

由此可见，行星运动的横向加速度等于零。所以行星所受之力，必趋向太阳，是一种向心力，这便是太阳对行星的吸引力 F。于是，式(12.1.4)给出

$$F = ma = m(\ddot{r} - r\dot{\theta}^2) \tag{12.1.5}$$

令 $u = \dfrac{1}{r}$，由 $r^2\dot{\theta} = h$ 有

$$\dot{\theta} = hu^2$$

而

$$\dot{r} = \frac{dr}{d\theta}\dot{\theta} = \frac{d}{d\theta}\left(\frac{1}{u}\right)\dot{\theta} = -\frac{1}{u^2}\frac{du}{d\theta}\dot{\theta} = -h\frac{du}{d\theta}$$

$$\ddot{r} = \frac{d\dot{r}}{dt} = -h\frac{d}{dt}\left(\frac{du}{d\theta}\right) = -h\frac{d^2u}{d\theta^2}\dot{\theta} = -h^2u^2\frac{d^2u}{d\theta^2}$$

将以上 $\dot{\theta}$ 和 $\ddot{r}$ 的表示式代入式(12.1.5)，得

$$h^2u^2\left(\frac{d^2u}{d\theta^2} + u\right) = -\frac{F}{m} \tag{12.1.6}$$

式(12.1.6)称为比尼公式。根据轨道定律，行星绕日运动的轨道是一个椭圆。在极坐标中，它的方程是

$$r = \frac{p}{1 + e\cos\theta} \qquad u = \frac{1}{p} + \frac{e}{p}\cos\theta \tag{12.1.7}$$

式中：$e = c/a < 1$ 是离心率；$c = \sqrt{a^2 - b^2}$ 是半焦距；a、b 分别是半长轴和半短轴；$p = b^2/a$ 是焦点参数。从而

$$\frac{du}{d\theta} = -\frac{e}{p}\sin\theta \qquad \frac{d^2u}{d\theta^2} = -\frac{e}{p}\cos\theta$$

将上式代入式(12.1.6)，得

$$F = -\frac{h^2}{p}\frac{m}{r^2} \tag{12.1.8}$$

由此可见,行星所受太阳吸引力的大小与行星质量成正比,与行星到太阳距离的平方成反比。

利用周期定律可以证明,它们的比值 h^2/p 都是与行星无关的常数。为此,对式(12.1.3) $\dot{A}=h/2$ 两边在行星运动的一个周期 T(行星完成一个椭圆运动所需时间)内积分:

$$\pi ab = A = \int_0^\pi \dot{A}\mathrm{d}t = \frac{h}{2}\int_0^T \mathrm{d}t = \frac{h}{2}T \qquad (12.1.9)$$

(行星在一个周期内所扫过的面积即椭圆面积 $A = \pi ab$。) 于是

$$T = \frac{2\pi ab}{h}$$

$$\frac{T^2}{a^3} = \frac{4\pi^2 a^2 b^2}{h^2}\frac{1}{a^3} = \frac{4\pi^2 b^2}{h^2 a} = \frac{4\pi^2 p}{h^2} \qquad (12.1.10)$$

由周期定律知,上式左边为一常数,因此右边 p/h^2(或 h^2/p)也是一个与行星无关的常数。令 $h^2/p = GM$(M 是太阳质量),代入式(12.1.8)给出:

$$F = -G\frac{Mm}{r^2} \qquad (12.1.11)$$

这就证明了式(12.1.1)。

值得指出的是:牛顿第二定律和万有引力定律都包含质量的概念。第二定律中的质量表征物体的惯性,称为惯性质量;引力定律中的质量表征物体相互吸引的性质,称为引力质量。表面上看,每个物体都有两个质量。但经过实验检验,物体的这两个质量并无实质上的区别,它们只是同一质量的两种表现形式,在应用上可以不加分辨。

如同静电荷周围存在静电场,任何物体在它周围的空间同样会形成引力场。类似地,引力场的强弱也可用引力场强和引力位势来描写,它们分别等于引力场中单位质量质点所受到的引力和所具有的引力势能。按照现代物理的观点,物体间的相互作用是通过交换相应的作用量子来实现的,因而相互作用的传递也是需要时间的。引力传递的媒介称为引力(量)子,不过,至今在实验上并未观测到引力子的存在。

12.1.3 三种宇宙速度

人造航天器要想遨游太空就必须摆脱地球和太阳的吸引力,因此,它们应具有一定动能,或运动速度。在航天器的发射中有三个速度特别重要,它们称为三种宇宙速度。

1. 第一宇宙速度 v_1

第一宇宙速度是指物体可以环绕地球运动而不下落所需要的最小速度。

地面上的物体所具有的重量来源于地球对物体的吸引力,因此

$$mg = G\frac{Mm}{r^2} \qquad g = \frac{GM}{r^2} \tag{12.1.12}$$

式中: m 是物体质量; M 是地球质量; g 是重力加速度; r 是物体与地心距离。

当物体环绕地球做圆运动时,地球吸引力提供了必需的向心力,即

$$m\frac{v_1^2}{r} = G\frac{Mm}{r^2} = mg \qquad v_1 = \sqrt{gr} \tag{12.1.13}$$

(这里,我们认为物体就在地球表面附近绕地球运动,因此 r 即地球半径)。将 $g \approx 9.8\text{m/s}^2$, $r \approx 6400\text{km}$ 代入,得

$$v_1 = 7.9\text{km/s} \tag{12.1.14}$$

2. 第二宇宙速度 v_2

第二宇宙速度是指物体完全脱离地球引力作用所需要的最小速度。

物体在地面发射时的总能量是它的动能和引力势能之和:

$$E = \frac{1}{2}mv^2 - G\frac{Mm}{r} = \frac{1}{2}mv^2 - mgr \tag{12.1.15}$$

物体发射后能量守恒。如果物体可以离开地球的引力范围,也就是说可以到达与地球相距无穷远处,这时物体的势能为零,总能量即物体动能,其最小值也是零。由此可见,物体脱离地球引力作用所需要的最小速度就是使得它具有总能量为零时的速度,即

$$\frac{1}{2}mv_2^2 - mgr = 0 \tag{12.1.16}$$

所以

$$v_2 = \sqrt{2gr} = \sqrt{2}v_1 = 11.2\text{km/s} \tag{12.1.17}$$

3. 第三宇宙速度 v_3

第三宇宙速度是指物体完全脱离太阳系所需要的最小速度。

物体脱离地球引力作用后进入太阳引力作用范围。物体的总能量等于

$$\frac{1}{2}mv_s^2 - G\frac{M_s m}{r_s} \tag{12.1.18}$$

式中: M_s 是太阳质量, r_s 是物体到太阳的距离,可以近似取为日地距离 R。物体欲摆脱太阳引力的羁绊到达与太阳相距无穷远处,物体的总能量至少应等于零,即

$$\frac{1}{2}mv_s^2 - G\frac{M_s m}{r_s} = 0 \qquad (12.1.19)$$

由此知：

$$v_s = \sqrt{\frac{2GM_s}{r_s}} = \sqrt{\frac{2GM}{r}}\sqrt{\frac{M_s r}{M r_s}} = v_2\sqrt{\frac{M_s r}{MR}} \qquad (12.1.20)$$

最后一个等号的成立利用了式(12.1.2)和式(12.1.17)。已知 $M_s/M = 333400$，$R/r = 23400$，代入得

$$v_s = 11.2 \times \sqrt{\frac{333400}{23400}} \approx 42 \text{km/s}$$

实际上，物体从地面发射并不需要这么大的速度。这是因为地球在绕太阳不停运转，公转速度约为 30km/s，如果物体发射时的速度方向和地球公转方向一致，那么物体就具有这一牵连速度。也就是说，只要物体脱离地球引力后相对地球的速度为 $v = 42 - 30 = 12$km/s，那么它相对太阳的速度便是 42km/s，从而可以离开太阳系。相应地，物体具有的能量是 $\frac{1}{2}mv^2$，这就要求在地面上发射物体的总能量也应该等于这一值，即

$$\frac{1}{2}mv_3^2 - G\frac{Mm}{r} = \frac{1}{2}mv^2 \qquad (12.1.21)$$

上式给出

$$v_3 = \sqrt{\frac{2GM}{r} + v^2} = \sqrt{v_2^2 + v} = \sqrt{11.2^2 + 12^2} = 16.5 \text{km/s} \qquad (12.1.22)$$

在地面上发射的物体（发射体）如果具有第一宇宙速度 v_1 便可以不落回地面而成为人造卫星；如果具有第二宇宙速度 v_2，便可以摆脱地球引力的羁绊而成为人造行星；如果具有第三宇宙速度 v_3，便可以摆脱太阳引力的羁绊离开太阳系而去遨游太空了。

12.2 太阳系

12.2.1 太阳

天上星星数不清，但对人类来说，任何星星都比不上太阳重要。太阳是大地的母亲，万物生长靠太阳。如果没有太阳，地球就会变成一个没有生命的世界。

太阳是离我们最近的恒星。地球到太阳的距离称为 1 个天文单位（AU），

$r = 1\mathrm{AU} = 1.50\times 10^{11}\,\mathrm{m}$。天文学中常用 $\odot$ 表示太阳。太阳的质量 $M_\odot = 1.989\times 10^{30}\,\mathrm{kg}$,半径 $R_\odot = 6.959\times 10^8\,\mathrm{m}$。实验上测得太阳常数(单位时间垂直照射到地球大气层单位面积上的太阳能)$I = 1.36\times 10^3\,\mathrm{W\cdot m^{-2}}$,相应的太阳光度(单位时间从太阳表面所释放出的总能量)$L_\odot = 3.826\times 10^{26}\,\mathrm{W}$,由此得到的太阳表面温度 $J = 5800\mathrm{K}$。

平时我们见到的明亮圆盘状的太阳表面叫做光球。它是太阳外部的一层,又称光球层。光球层厚度为 $100\sim 500\mathrm{km}$,太阳光基本上都是从这层发出的,太阳的连续光谱基本上就是光球发射的光谱。通常所说的太阳大小、太阳表面温度也是指光球的大小、光球层的平均温度。对光球的观测发现,它上面会有些暗斑,称为"黑子",它其实是比周围温度要低($\sim 4500\mathrm{K}$)的斑点。黑子是磁场很强的区域。一般黑子都是成对出现,沿太阳自转方向,位于前面的黑子叫前导黑子,后面的叫后随黑子。成对黑子中前导黑子和后随黑子的磁性分布在两半球恰好相反,即南北两个半球上黑子对的磁极排列次序相反。在一个黑子周期内黑子对磁极次序保持不变,而到下一个周期,次序便会发生颠倒。比如:某一周期内,北半球前导黑子是南极,后随黑子是北极,南半球黑子对的次序则是北极和南极;到了下一个周期,北半球前导黑子变成北极,后随黑子变成南极,南半球黑子对的次序则是南极和北极。黑子活动的周期平均为 11 年,因此,若按黑子磁极的变化,周期则为 22 年。黑子的大小差别显著,大的直径超过 $10^5\,\mathrm{km}$,小的只 $2\sim 3\times 10^3\,\mathrm{km}$。除黑子外,光球上还有"光斑"和"米粒"。黑子周围光亮部分叫做光斑。米粒需在空气稳定的良好条件下用望远镜才能观测到,形状表现为明亮的米粒,实际尺寸约 $10^3\,\mathrm{km}$,温度比周围背景高 $300\mathrm{K}$。

日全食时观测太阳会发现,日轮边缘有一条玫瑰色圆弧,像花边一样,称为"色球层"。色球层是光球之上一层比较稀薄和透明的气态物质,厚约 $1500\mathrm{km}$。色球的光谱为发射谱。色球层中,有时有巨大气柱升腾而起,形状犹如喷泉,或拱桥、草丛。这些气柱叫做"日珥"。用单色光观测法发现,色球上也存在与光球上光斑类似的"谱斑"[①],它实际上是光斑在色球层的延续。时常还能看到,一个亮的斑点在黑子群上空突然出现,在很短时间(几分钟甚至几秒钟)内便扩大成耀眼的一片,随后便缓慢减弱以至消失。这是色球层内的爆发现象,称为"耀斑"。色球之外是过渡区,最外面是"日冕",就是日全食时观测到的环绕日轮的一圈白光。

---

① 从太阳单色光照片上可以见到暗条和明亮的斑纹,暗条实际上是日珥在色球层上投影,明亮的斑纹则取名为"谱斑"。

日冕的温度高达几百万度。在这样高的温度下，物质以等离子体形式存在。日冕离太阳表面较远，受到的引力较小，粒子容易逃逸。因此，日冕经常会发生大规模的、强烈的物质喷射现象，这就是日冕物质抛射。被抛射的带电粒子流好像是从太阳吹出的一股"风"，所以叫做"太阳风"。日冕中有些区域辐射和温度比周围低，这些区域叫"冕洞"。

光球、色球和日冕组成太阳大气。太阳大气中，物质并不宁静，而是在不停地活动。太阳活动是太阳大气层里一切活动的总称，它包括太阳黑子、光斑、谱斑、耀斑、日珥和日冕活动等。太阳活动现象与太阳磁场密不可分。由黑子周期更替表明太阳是一颗准周期磁变性星，其周期约为 22 年。太阳活动的区域（太阳活动区或活动中心）就是在几天到几个月内存在的强磁场区。

太阳活动对地球环境影响是不可忽视的。太阳活动分为缓变型和爆发型两大类。太阳黑子相对数通常被认为是太阳活动的主要参数[①]。太阳活动激烈时，太阳黑子相对数增加，耀斑爆发频繁，太阳风增强，太阳辐射加剧。这些现象与地球环境又会密切相关，对大气气压、大气电状态、大气臭氧含量都有明显作用，给通信、导航、航天也将带来严重影响。对大量资料的统计分析表明，地震活动的强震组合周期与太阳黑子极性变化周期相近，而地震又常有地磁暴相伴，说明太阳活动有可能通过电磁过程影响地球。近年来，日地关系研究（日地物理）已发展成一门跨越太阳物理学、空间物理学和地球物理学的交叉学科。

太阳光球的里面称为内部。太阳内部包括核反应区、辐射区和对流区。太阳最里面是一个高温、高压致密区。温度可高达 $1.5 \times 10^7 \mathrm{K}$，压强约高 $3 \times 10^{18} \mathrm{Pa}$，密度在 $1.6 \times 10^5 \mathrm{kg/m^3}$ 左右。处在这样高的温度和压强下，原子核中电子已摆脱核的束缚而从原子中逃逸掉，余下的就只是原子核。于是，太阳内部最丰富的元素氢便以质子的形式存在。大量粒子互相碰撞，产生激烈的热核反应。内部核反应区进行的热核反应主要有两种类型：一种是质子—质子反应，一种是碳循环，反应的总效果都可以看做四个氢核（即质子）聚合成一个氦核，并放出 26.7MeV 的能量，其表达式为

$$4_1^1\mathrm{H} \rightarrow {}_2^4\mathrm{He} + 2e^+ + 2\nu + 2\gamma + 26.7\mathrm{MeV} \tag{12.2.1}$$

氢聚变成氦的热核反应只有在 1 千多万度的高温下方能进行，因此，这种核反应仅局限在日心附近的一个区域，称为产能核心或核反应区。产能核心产生的巨大

---

① 太阳黑子相对数 R 定义为 $R = \lambda(10g + f)$，g 是观测到的黑子群数，f 是包含在群里的黑子个数，λ 是校正因子。

能量必须通过表面逸出才能保持热力学平衡,主要以对流方式传递热能的区域位于光球之下,称为对流区。在对流区与核反应区之间为辐射区,这是将热量以辐射方式向外输送的地区。

由式(12.2.1)知,在四个质子合成一个氦核的过程中会产生两个中微子。中微子不带电,质量很小,同其他粒子几乎没有相互作用,因而具有很强的贯穿本领。由于中微子可以毫不费力地穿透太阳,那么在地球上捕捉来自太阳的中微子便可以了解太阳内部的信息。人们设计了不同的方法,并在地球不同地点进行了探测,但探测到的太阳中微子却只有理论预言的 $\frac{1}{6} \sim \frac{1}{3}$。其余的中微子何在,这就是太阳中微子之谜。为了解释太阳中微子低流量的问题,人们提出了各种猜测:也许是有关太阳的标准模型需作修正,抑或是有关粒子的现代理论存在缺陷。目前并无定论,答案仍待探讨。

太阳是光和热的源泉,它释放的巨大能量主要来自内部的热聚变反应。因此,太阳中最丰富的元素是氢。如果取氢的数目为 100,它的质量也近似为 100(氢原子量 ~ 1),那么从光谱分析中知,氦的数目为 8.5,质量为 34(氦相对原子质量 ~ 4),其他元素的相应值同样也可以得到。天文学上常取氢的数目(质量)对数等于 12 为标度来衡量其他元素含量多少,称为数目(质量)对数丰富度①,或称相对丰度。表 12.1 列举了太阳中最丰富的前 10 位元素名称及其数目对数丰富度②。

表 12.1　　**太阳中最丰富的前 10 位元素**

名　称	氢	氦	氧	碳	氮	氖	铁	硅	镁	硫
符　号	H	He	O	C	N	Ne	Fe	Si	Mg	S
原子序数	1	2	8	6	7	10	26	14	12	16
相对丰度	12.0	10.9	8.8	8.5	8.0	7.8	7.6	7.5	7.4	7.2

12.2.2　地球

地球是一个略扁的椭球,赤道半径 6378km,两极半径 6357km,平均半径

---

① 这里对数指常用对数。
② 其他恒星中元素含量与太阳中的相似。

6371km。地球体积为 $1.083\times10^{21}\mathrm{m}^3$，质量为 $5.967\times10^{24}\mathrm{kg}$。

地球在永不停息地运动。一方面，地球绕一根通过其中心的轴线（自转轴）自转。自转轴的北端总是指向北极星附近，方向自西向东。另一方面，地球以 $3\times10^5\mathrm{km/s}$ 速度绕太阳公转。地球公转时，地球的自转轴并不与绕日运行的轨道平面垂直，而是呈 $66°33'$ 的角度，而且在公转过程中，不论在轨道上那点，自转轴总是指向大致相同的方向（即指向北极星附近）。这就是说，地球赤道所在的平面（赤道面）总是与公转轨道面成 $90°-66°33'=23°27'$ 的夹角。

地球自转造成了昼夜交替，而地球公转则引起了四季变化。地球自转一周是一天。地球绕太阳运转一周是一年，但这是相对某个恒星而言的，因此叫做"恒星年"。地球从一个春分日到下一个春分日所需要的时间则是我们日常生活中所称的年，叫做"回归年"。1恒星年 = 365日6时9分9.5秒，1回归年 = 365日5时48分45.6秒。两者的差异是太阳并非静止的结果。恒星年代表了地球绕太阳公转的周期，回归年代表了四季变化的周期。后者在人们的日常生活中更有意义，这也是编制历法所依据的年的长度。

地球上四季的变化是因为地球自转轴与公转轨道平面不相垂直的结果（如图12.1）。在春分（秋分）日，太阳光垂直照射在赤道上，白天和黑夜相等，这正如人们所说的，春分秋分，昼夜平分。夏至日，太阳光垂直照射在北回归线上（北纬 $23°27'$）。地球北半球，白天比黑夜长，太阳光入射的角度靠近 $90°$。正是由于受太阳光照射时间长和太阳光接近垂直入射这双重原因，地面温度比较高，时值夏季。冬至日，太阳光垂直照射在南回归线上（南纬 $23°27'$），北半球，白天比黑夜短，太阳光入射的角度远离 $90°$，地面温度比较低，时值冬季（南半球情况恰相反之）。

地球的密度比太阳大，这是因为地球中的元素主要是铁、氧、硅、镁四种，它们占地球质量的 90% 以上。地球内部构造可分三层。靠近地球中心的是地核（又分外核和内核），厚度约 3480km，其中 1200km 以内是内核，呈固态，余下为外核，呈液态。内核温度高达 $6000℃$，压强约为地表大气压的400万倍。地核以上是地幔，厚度约 2891km，温度在 $1200\sim2000℃$，这里的物质大多呈液态。最外层是地壳，厚度仅 21.4km。地壳和地幔顶部是固态的岩石圈，厚度总计约 100km。按现代地质理论，全球岩石圈分成六大板块：欧亚、美洲、非洲、太平洋、印澳和南极板块。各板块处在缓慢的漂移和变化中，导致板块的边缘往往成为地震和火山的频发地带。地球外面是大气层，大气中主要是氮气和氧气。大气层外是电离层，随后是等离子体，再往外，基本上就不属于地球引力作用的范围。

地球的位置是独特的：地球离太阳不近不远，因而地面温度适宜，不像太阳

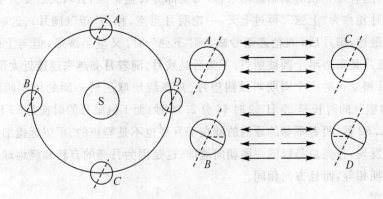

图 12.1　四季的成因
A:春分；B:夏至；C:秋分；D:冬至

系中内行星那样热,也不像外行星那样冷。地球大小适当,因而不大不小的引力维系住一个不厚不薄的大气圈。地球的磁场和大气层阻挡了外来物质和宇宙射线的"入侵"。地球这种得天独厚的环境造成了有利生命体发展的条件。生物进化的结果,到距今 200 万年前,原始人开始出现在地球上。但长时间以来,人类却只知索取,而从未考虑如何珍惜这个人类共同的家园。居住环境的逐渐恶化和灾难性事件的增多向人类敲响了警钟。今天,改善环境,爱护地球已经成了全人类的共识。为此,联合国还规定每年 4 月 22 日为世界地球日。活动宗旨就在于唤起全人类爱护地球、保护家园的意识,促进资源开发与环境保护的协调发展,进而改善地球的整体环境。

12.2.3　月亮

月亮是地球唯一的天然卫星。这个地球的伴侣,自它诞生四十多亿年以来,就一直围绕地球奔腾回旋不息。利用三角视差法测定月亮离地球的距离为 $3.84 \times 10^5 \text{km}$,激光测距的结果为 $384401 \text{km} \pm 1 \text{km}$。月亮的平均半径为 $1.74 \times 10^6 \text{m}$,质量 $7.36 \times 10^{22} \text{kg}$。

月亮和地球一样,自己不会发光。天空中一轮明月是因为反射太阳光的结果。因此,迎着太阳的半个月球是亮的,而背着太阳的半个月球则是暗的。由于日、地、月三者的相对位置随月亮绕地球运转而变化,造成了月有阴晴圆缺,称为月相(如图 12.2)。月亮位于日地间的时候叫做"朔",这时月亮暗的半个球面对着地球,人们看不到它。朔以后的一两天,一弯镰刀状新月挂在天上,凸面向着落日方向。随着月亮相对太阳逐渐东移,明亮部分日益扩展。五六天后变成半圆形,这时的月相称为"上弦"。再过七天,一轮明月当空,称为"望"(满月)。这时,月亮离太阳最远。满月后,圆轮逐渐亏缺。到"下弦"时,又呈半圆形,但与上弦月相反,下弦月是东边半个圆被照亮。下弦后是残月。随着月亮越来越接近太阳,朔又来临。月相变化的一个周期叫做朔望月。月亮绕地球运转一圈的周期叫做恒星月。1 朔望月的时长是 29 日 12 时 44 分 2.78 秒;而 1 恒星月的时长是 29 日 12 时 10 分 42.82 秒。两者不等的原因的就在于月亮也不是静止的。用望远镜细心观测月亮会发现,月亮总是以同一面朝向地球。这是因为月亮的自转和绕地球的转动不仅周期相等,而且方向相同。

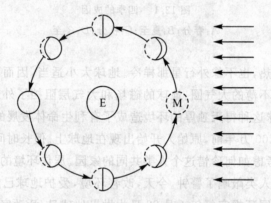

图 12.2　月相的形成
E:地球;M:月亮;箭头:太阳光线

　　月亮绕地球转动,而地球又绕太阳转动。在太阳光照射下,月亮和地球在背向太阳的方向都留下一条长长的影子。当月影扫过地面时,产生日食;当月亮钻进地影时,产生月食。因此,日食发生在朔日(农历初一),月食发生在望日(农历十五六)。但由于月亮轨道平面和地球轨道平面实际不重合,故大多数的朔日和望日并不能观测到日食和月食。月影分本影、半影和伪本影(如图 12.3)。位于本影内的人们看到的是太阳光全部被月亮遮挡,为日全食;位于半影内的人们看到的是月亮只遮住了日轮的一部分,为日偏食;位于伪本影内的人们看到暗月的周围一圈明亮的光球,为日环食。因为地球的本影很长,而宽度约为月亮直径的 2.7 倍,所以月食只有全食和偏食两种,没有环食。

　　如果地球表面全由海洋覆盖,那么因为万有引力的存在,地面上距月亮最近

第 12 章 万有引力与天体

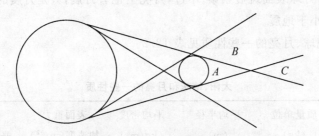

图 12.3　本影、半影和伪本影
A:本影；B:半影；C:伪本影

之处（A）的海水受月亮的吸引比地球中心处大，海水会向月球移动，即上涨。地面上距月亮最远之处（C）的海水受月亮的吸引比地球中心处小，海水会离月亮移动，也上涨。由于水的流动性，与 AC 垂直的地上两点（BD）处的海面会下落。又因为地球的自转，地面上每点的海水每天会产生两次潮涨潮落，这便是潮汐现象。由月亮引起的潮汐叫太阴潮。太阳的引力也会引起潮汐，叫太阳潮。太阳引力对潮汐的影响比月亮的小，因此，太阴潮是主要的。如果太阴潮与太阳潮同时发生，两者叠加，则形成大潮（如图 12.4）。实际上，地球表面并非都是海洋，各地的地形又千差万别，海水也有粘滞等诸多因素使潮涨潮落的高度、时刻、长久都要复杂得多，且因地而异。

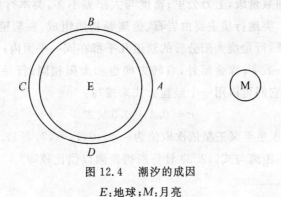

图 12.4　潮汐的成因
E:地球；M:月亮

月亮在中国古代传说中宛如仙境：广寒宫里住着嫦娥，也有玉兔，还可见吴刚伐桂。但实际的月亮是一个荒凉、寂寞的世界，那里没有空气，没有水，找不到任何生物的痕迹。月亮表面坎坷不平，有山峦、坑穴和月谷。由于没有保护层防止

275

外来入侵者,月球表面斑痕累累。不过,月亮上也有月震,只是月震的次数和释放的能量都远小于地震。

太阳、地球、月亮的一些性质见表12.2。

表12.2　　　　　　　　　太阳、地球和月亮的一些性质

	质量单位 (kg)	平均半径 (m)	平均密度 (kg/m³)	表面重力 加速度(m/s²)	到地球的 平均距离(m)
太阳	1.99×10^{30}	6.96×10^{8}	1410	274	1.50×10^{11}
地球	5.98×10^{24}	6.37×10^{6}	5520	9.81	
月亮	7.36×10^{22}	1.74×10^{6}	3340	1.67	3.82×10^{8}

12.2.4　太阳系

太阳系以太阳为中心,按照离太阳由近及远的顺序排列的大行星分别是①:水星、金星、地球、火星、木星、土星、天王星和海王星。这些大行星分成两个不同的类型,一类与地球相似:它们的半径与地球同数量级,几千公里;密度大,4.0~5.5克每立方厘米。这类行星叫做类地行星,它们包括水星、金星、地球和火星。另一类行星叫做类木行星,它们包括木星、土星、天王星和海王星。类木行星半径与木星同数量级,上万公里;密度与太阳差不多。类木行星主要由氢、氦、氨、甲烷等组成。类地行星主要由岩石、金属等物质组成。在轨道运动中,它们也有一些明显特征:行星绕太阳公转的轨道几乎都在同一平面内;公转的方向和太阳自转的方向一致②;除金星外,自转方向也和太阳相同。行星和太阳的距离 r 也有某种规律,它们可以用一个经验公式来描写:

$$r=0.4+0.3\times2^{n} \tag{12.2.2}$$

式中:指数 n 从水星至冥王星依次取值为 $-\infty,0,1,\cdots,7$。表12.3列举了这些行星到太阳的真实距离与式(12.2)计算所得距离以供比较③。

---

① 原来太阳系中第九大行星冥王星2006年被国际天文学联合会改属为矮行星。
② 太阳自转方向为由西向东,即从北极观测为逆时针转动。
③ 与 $n=3$ 对应的不是一颗大行星,而是非常多的小行星。它们在火星和木星之间运动,距离在2~3.5AU。与 $n=7$ 对应的是冥王星,不是海王星,海王星未遵守这个行星距离的经验公式。

表 12.3　　　　r 的真实值与计算值的比较(距离取天文单位)

行星	水星	金星	地球	火星	小行星	木星	土星	天王星	冥王星
n	$-\infty$	0	1	2	3	4	5	6	7
计算值	0.4	0.7	1.0	1.6	2.8	5.2	10.0	19.6	38.8
真实值	0.39	0.72	1.0	1.52	2～3.5	5.2	9.54	19.2	39.5

　　这八大行星都被人类的宇宙飞船探测过。水星是离太阳最近的行星,也是绕太阳运动最快的行星。它绕太阳一周只需 87.969 个地球日,而自转一周也需 58.646 个地球日。水星表面最高温度可达 700K,最低温度可达 100K。从地球上观测星空,金星是最亮的一颗。金星有时在早晨出现,称为晨星或启明星;有时在黄昏出现,称为昏星或长庚星。金星的自转方向很特别,是自东向西。由于火星对红色光反射本领特别强,因此在地球上观测,火星是一颗"红色星球"。火星有些与地球类似的地方,比如,火星上也有四季变化,也有大气。原先,有人猜测火星上可能有生命。多年来花费了许多财力、物力对火星进行探测。结果却令人失望:火星上寒冷、干燥、缺水,不可能有生命存在。木星是行星中体积和质量最大的。木星的卫星也较多,至今已发现有数十颗。木星内部有一个核心,其余部分是构造复杂的大气。土星是太阳系中一颗密度最小的行星,密度只有 0.7g/cm³,比水还轻。观测土星,可以看到在赤道面内围绕土星的系列同心圆,这就是土星的光环。天王星一个特别之处是,它的自转轴几乎就处在公转的轨道平面上。海王星要算是离太阳最远的一颗大行星。它的发现是将摄动理论应用天王星轨道上的结果。行星在太阳引力作用下做椭圆运动,但由于其他邻近行星的存在,行星的椭圆轨道会发生较小改变,这种改变叫摄动。引起摄动的其他行星叫摄动行星,相应的力叫摄动力。行星的摄动是一个三体或多体问题。勒威耶根据天王星运动的不规则性确定出摄动行星的位置。1846 年柏林天文台在此位置附近只差 1°的地方找到了这颗行星,称为海王星。

　　在太阳的周围,除了行星和卫星,还可以见到彗星、流星和陨星。彗星的主要部分是彗头,中间有个固体的核叫做彗核,包围彗核的云雾状结构叫做彗发。接近太阳时,在太阳风作用下,彗发增大并被推向背着太阳方向,形成一条尾巴叫做彗尾。所以彗尾总是背着太阳。哈雷彗星就是一颗著名的彗星。它绕太阳运动的周期约 76 年。行星际空间存在大量小而暗的物体,它们在太阳引力作用下有着各自不同的轨道,如果进入地球大气层,由于空气的阻力便会变热发光。这就是地面上观测到的流星。在一个时刻观测到朝各个可能方向运动的众多流星便是流星雨。除了这种阵雨形式的流星外,还有散兵游勇似的流星,它们一旦闯入更低层的大气便会产生炽热气体成为火流星。火流星如果留下并未燃尽的石块而落到地球表面便是陨星。陨星撞击出的大坑叫陨星坑。

12.3 恒星世界

12.3.1 恒星的距离

从地球上看星空,它好像一个硕大无朋的半球,天文学上称为天球。天球既包括观测者头顶上的半球,也包括隐没在地平线下的另外那个半球,而观测者被认为位于天球球心。由于地球的自转和公转,在观测者眼中,天球上天体的位置也在变化。这种眼睛直接看到的天体运动叫做视运动,它们相应的位置叫做视位置。恒星的视运动有周日视运动和周年视运动,它们是地球自转和公转的反映。地球赤道所在的平面与天球相截所得的大圆称为天赤道。太阳周年视运动在天球上画出的大圆称为黄道。因为地球赤道面与公转轨道面夹角为$23°27'$,所以天赤道与黄道间夹角也是$23°27'$。黄道和天赤道的两个交点即是春分点和秋分点。

从地球上观测,恒星以一年为周期在天球上画圈,在垂直于地球公转轨道平面方向(黄极)上的恒星画的圈最圆,离黄极越远的恒星画的圈越扁,位于黄道上的恒星,画的圈成了直线。恒星所画圈的角半径即是恒星看地球轨道半径的张角,叫做恒星的(周年)视差,记为π。显然,恒星到太阳的距离r与日地距离a、视差π的关系是

$$r = \frac{a}{\sin\pi} \tag{12.3.1}$$

测出恒星的视差便可得到r,这种测量恒星距离的方法称为三角视差法(如图12.5)。恒星的视差一般都非常小,这时$\sin\pi \sim \pi$于是

$$r = \frac{a}{\pi} \tag{12.3.2}$$

式中:π以弧度表示。若π以角秒表示,并记为π'',则因1弧度$=(180\times 3600)\div\pi$角秒$=206265$角秒,所以

$$r = 206265 \frac{a}{\pi''} \tag{12.3.3}$$

式中:r与a同单位。定义日地平均距离为1个天文单位(AU),即

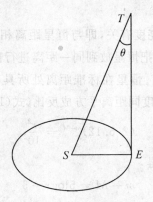

图 12.5 三角视差法

$$1\text{AU} = 1.496 \times 10^8 \text{km}$$

则

$$r = \frac{206265}{\pi''}\text{AU} \tag{12.3.4}$$

由于恒星过于遥远,天文学上常采用另法两个更大的距离单位:光年(ly)和秒差距(pc)。1光年是光在1年内走过的距离,1秒差距是相应视差1″的距离,即

$$1\text{ly} = 63240\text{AU} = 9.46 \times 10^{15}\text{m}$$
$$1\text{pc} = 3.26163\text{ly} = 206265\text{AU} = 3.08568 \times 10^{16}\text{m}$$

这时,式(12.3.2)变成

$$r = \frac{3.26}{\pi''}\text{ly} \quad r = \frac{1}{\pi''}\text{pc} \tag{12.3.5}$$

12.3.2 恒星的亮度

恒星是自己能够发光的星。恒星每秒钟辐射的能量称为光度 L,它代表恒星的发光本领。地球上观测到的恒星的亮度(视亮度)I 与 L 的关系是

$$L = 4\pi r^2 I \tag{12.3.6}$$

式中:r 是恒星到观测点的距离。

两千年前,希腊天文学家喜帕恰斯把肉眼可见的星分成6等,最亮的为1等,最暗的为6等。后来,赫歇尔发现,1等星与6等星,星等相差5等,亮度相差100倍,即星等每增加1等,亮度变暗 $100^{1/5} = 2.512$ 倍。后人沿袭这套划分亮度的星等系统,用更大的正星等表示更暗的星,而用零等、负星等表示更亮的星。比如全天最亮的恒星,天狼星星等是 -1.45,满月是 -12.73 等,太阳

是-26.74等。

以上所述的星等和视亮度有关,即与恒星距离相关,称为视星等(m)。为了表示恒星的真实亮度,应该把恒星放到同一距离进行比较。天文学上将这一距离规定为10pc,称为标准距离。恒星在标准距离处所具有的视星等叫做绝对星等(M)。根据星等定义和视亮度同距离平方成反比(式(12.3.6))的规律,应有

$$(2.5.12)^{m-M} = \frac{r^2}{10^2} \tag{12.3.7}$$

两边取以10为底的对数,得

$$m - M = 5\log r - 5 \tag{12.3.8}$$

式中:视星等可以由观测测定,于是,知道恒星距离就能确定绝对星等或光度,反之,知道恒星的绝对星等或光度则能确定它的距离。通常都是利用式(12.3.8)来确定恒星距离,这是因为恒星的绝对星等可以由周光关系得到。

大多数恒星的亮度在几百年内并无变化,但有些恒星的亮度能发生变化,称为变星。变星可以分为三类,食变星、脉动变星和爆发变星。食变星其实是双星,它们互相绕转产生掩食观象,即一颗星把另一颗星部分或全部遮挡,从而亮度发生变化。脉动变量,其星体会周期性膨胀和收缩,这种物理状态改变引起亮度变化。爆发变星包括新星和超新星等。所谓新星并不是一颗字面意义上的"新"星。它们只是原来太暗被观测者忽视,而在某个时间突然迅速膨胀释放巨大能量,从而使亮度猛增,引起观测者注意。比如,1918年发现的天鹰座新星,原先亮度是11^m(上标m表示视星等),发现时亮度由11^m猛增至-1^m,20多天后降到4^m,近5个月后降到6^m,到1923年又回到11^m。迄今发现的变星中主要是食变星和脉动变星。造父变星是一种具有代表性的脉动变星。1912年,天文学家在分析小麦哲伦云系内的一些造父变星时发现,若以光变周期为横坐标,视星等为纵坐标,那么这些星在此平面坐标系中的位置构成了一条直线,小麦哲伦云系自身大小远小于它离太阳的距离,因此,位于此云系内的造父变星可以认为具有相同距离。于是,根据式(12.3.8),视星等与(光变)周期的关系实际上也反映了光度(绝对星等)与周期的关系。天文学家通过统计方法对"零点"进行校正,即确定直线的位置,最终便得到造父变星的光变周期与绝对星等(光度)之间的关系,简称周光关系。一个距离不明的造父变星,其光变周期和视星等可以观测定出。利用天文学上所编制的周光关系图表,就可以从造父变星的周期立刻得到绝对星等,从而求出它的距离。对一些非常遥远的宇宙体,如星云、星系、它们的视差往往很难观测甚至无法辨认,这时,利用周光关系测定宇宙体内那些造父变星的距离,也

就知道了这些宇宙的大概位置。可见,变星测距是宇宙中测量距离的一种重要方法,通常被人们戏称为"量天尺"。

12.3.3 恒星的光谱

恒星发出的光经过摄谱仪分解成单色光,将其波长成分和强度分布记录下来,便成了恒星的光谱。与太阳光谱相似,恒星光谱也是连续和线状光谱的叠加。在明亮的连续光谱背景上可以看到许多暗的线条,它们称为恒星的吸收光谱。恒星的光谱按照谱线的种类和相对强度可以分为如下类型:O、B、A、F、G、K、M 和补充类型 R、N、S。每一光谱型还可以分成 10 个次型,表示同一类型中由于温度高低引起恒星光谱细节的差异。表 12.4 给出了各光谱类型的特征、温度及所呈现的颜色。

表 12.4　　　　　　光谱的类型、特征、温度与颜色

谱 型	特 征	表面温度(K)	颜 色
O	有电离氦谱线,氢线较弱	40000	蓝
B	氢线增强,中性氦谱线出现	25000	蓝白
A	氢线特强,电离 H、K 线可见	10000	白
F	氢线减弱,电离钙线增强,其他金属线出现	7500	黄白
G	氢线微弱,电离钙线与其他金属线强	6000	黄
K	氢线很弱,电离钙线特强,其他金属线强,分子 CH 和 CN 的吸收带(G 带)出现	4500	橙
M	TiO 分子带很强,金属线仍可见到	3600	红
R N	分子 C_2 和 CN 吸收带出现	3000	橙～红
S	分子 ZrO 吸收带出现	3000	红

属于 B～M 型的恒星在恒星世界中占绝大部分,比如,太阳就是一颗 G2 型星。大多数恒星的化学成分与太阳的差别不是很大;只有少数恒星的化学成分比较特殊,如 R 和 N 型恒星碳元素很多,有碳星之称。

以恒星的光谱型(或表面温度)为横坐标,以绝对星等(或光度)为纵坐标将恒星的位置标记在此坐标平面上,这样绘制的图形叫做赫罗图(见图 12.6)。恒

星在赫罗图上的分布并不均匀,绝大多数恒星落在从左上角到右下角的对角线上,称为主星序。位于主星序上的星称为主序星。太阳位于主星序的中部。一般说来,处在右上方的恒星光度很大,由于它们的温度比较而言并不高,因此表面积应该很大,即体积庞大,被称为巨星或超巨星。相反,处在左下方的恒星光度小,体积也小,称为矮星。赫罗图在恒星演化的研究上占有重要地位。

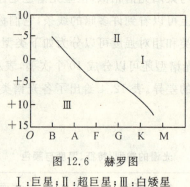

图 12.6　赫罗图

Ⅰ:巨星;Ⅱ:超巨星;Ⅲ:白矮星

12.3.4　恒星的大小

恒星的大小,即恒星的直径,是恒星的基本参量之一。但恒星的角直径非常小,不能用望远镜直接观测定出。不过,恒星的角直径有时可以用迈克耳孙干涉仪或汉·布朗干涉仪得到;然后由恒星的距离便可推出它的线直径(真直径)。对于月掩星,可以根据掩星亮度的变化推导掩星的真直径。对于食变星,可以根据它们的光变曲线推导子星的真直径。其他恒星的大小,一般是利用它的绝对热星等和表面有效温度数值计算它的表面积,再确定它的真直径。

恒星的质量是恒星另一个基本参量,是决定恒星结构和恒星演化的重要因素。恒星的质量,只有对一类双星才能严格导出,它的依据就是推广了的开普勒周期定律。严格地说,行星绕太阳运动应该理解为:两者的质心作惯性运动,而两者均绕质心做圆锥曲线运动。这时的开普勒周期定律是

$$\frac{a_1^3}{T_1^2} : \frac{a_2^3}{T_2^2} = \frac{M+m_1}{M+m_2} \tag{12.3.9}$$

式中:M 是太阳的质量;m_1 和 m_2 是绕日运行的两个行星的质量;a_1 和 a_2 是它们轨道半长轴;T_1 和 T_2 是它们运行一圈的周期。不过,因为 $M \gg m_1, M \gg m_2$,所以式(12.3.9)右边可以看作等于1,这就是本章第1节所给出的。将式(12.3.9)应

用到双星,我们可以写出:

$$\frac{a^3}{T^2} : \frac{a_\oplus^3}{T_\oplus^2} = \frac{M_1 + M_2}{M_\odot + m} \tag{12.3.10}$$

式中:$M_\odot$ 是太阳的质量;m、$T_\oplus$ 是地球的质量及地球绕日周期;$a_\oplus$ 是日地距离;M_1、M_2 是双星质量;a、T 是双星绕行轨道大小及绕行周期。

如果距离取天文单位,则 $a_\oplus = 1\mathrm{AU}$;质量以太阳质量为单位,$M_\odot + m \approx M_\odot = 1$;周期以地球年为单位,则 $T_\oplus = 1$,于是

$$\frac{a^3}{T^2} = M_1 + M_2 \tag{12.3.11}$$

式中:a 为天文单位,T 以年(a)为单位,M_1、M_2 以太阳质量($M_\odot$)为单位。

比如星空中最亮的恒星,天狼星就是一颗双星。观测定出天狼伴星的绕行周期是 50.09 年,轨道半长轴是 $7.50''$,视差是 $0.375''$。这意味着,从天狼星的距离看地球轨道半径(1AU)的张角是 $0.375''$,于是,张角为 $7.50''$ 的轨道半径

$$a = \frac{7.50''}{0.375''} = 20\mathrm{AU} \tag{12.3.12}$$

由此得

$$M_1 + M_2 = \frac{a^3}{T^2} = \frac{20^3}{50.09^2} = 3.19 \tag{12.3.13}$$

要进一步求出每颗子星的质量①,还需知道它们的质量比。从它们的运动情况估计 $M_1/M_2 = 2.33$,因此

$$M_1 = 2.23 M_\odot \qquad M_2 = 0.96 M_\odot \tag{12.3.14}$$

由此可见,天狼星主星(天狼星 A)的质量为太阳质量的 $2 \sim 3$ 倍,而天狼伴星(天狼星 B)的质量与太阳质量接近。

一般恒星的质量不能直接测定,通常利用恒星质量和光度的关系(质光关系)

$$\log(L/L_s) = 3.45\log(M/M_\odot) \tag{12.3.15}$$

来估算。理论和实验观测可以得到恒星的光度,再利用质光关系来推出恒星的质量。目前观测到的稳定恒星的质量较大的 $\sim 60 M_\odot$,较小的 $\sim 0.1 M_\odot$。可见,恒星质量的变动不过 3 个数量级左右。质量过大或过小都不能维系恒星的稳定。

12.3.5 恒星的种类

观测表明,天狼星(A)是一颗正常的主序星。它的表面温度约 10^4 K,光谱型

---

① 双星系统中两个成员都称为子星,较亮的一颗叫主星,较暗的一颗叫伴星。

是 A1 型。天狼伴星的光谱型与主星相同,因此,它们有相同的发光本领和相同的温度。但主星的视星等是 -1.47,而伴星的视星等是 8.64,暗了 10 等。造成主星亮而伴星暗的唯一原因只能是主星表面积大而伴星表面积小。我们知道,星等相差 5 等,亮度相差 100 倍。这就是说,天狼星比它的伴星辐射总能量大 10^4 倍,即表面积大 10^4 倍。由于球体表面积与其半径平方成正比,因此,天狼星半径是伴星的 100 倍。已知天狼星半径约为太阳的 2 倍,那么天狼伴星的半径就是太阳的 $\frac{1}{50}$,而它的质量与太阳相近,所以,天狼伴星的平均密度近似等于太阳的 $50^3 = 1.25 \times 10^5$ 倍,即 $1.75 \times 10^5 \mathrm{g/cm^3}$。这么高密度的星叫做白矮星。天狼伴星是人们发现的第一颗白矮星①。

地球上物质密度最高 $\sim 22.5 \mathrm{g/cm^3}$,太阳核心处密度 $\sim 160 \mathrm{g/cm^3}$。相比较可见白矮星密度之高。但星空中还存在密度更高的星星,那就是中子星。当恒星内部热核反应所生成的简并电子气所提供的张力不足以抗衡坍塌引力时,星体被进一步压缩,以致电子被压进原子核与质子结合成中子。当中子数目增加到一定程度时,简并中子气的压强产生的张力与坍缩引力达到平衡,便形成了中子星。中子星密度与原子核密度同数量级,为 $10^{14} \sim 10^{15} \mathrm{g/cm^3}$。中子星的存在首先只是一种理论上的预言。1934 年巴德(Baade)和兹维基(Zwicky)提出新星爆炸后在其核心可以形成中子星。1939 年奥本海默(Oppeheimer)和沃尔科夫(Volkoff)首次给出一个可能的中子星模型。但这并未引起天文学界的重视,直到 30 年后,1968 年英国天文学家休伊会(Hewish)及其同事宣布发现了脉冲星,同年苟德(Gold)指出,观测到的脉冲量事实上就是快速旋转的中子量。这才导致脉冲量的中子星模型被普遍接受。根据脉冲星磁偶极模型,中子星是一个磁化自转的星体。中子星自转发出脉冲辐射,犹如海边的灯塔,称为灯塔效应。它的辐射由其上亮斑发出,当地球正对此方向时便可以见到这束光。随着中子星自转,光束消失,直到中子星转完一圈,光束重新扫到地球上,才第二次见到光。于是,地球上收到的辐射便是间歇的、脉冲形式的。

恒星世界中还可能存在密度更大的星体,称为黑洞。黑洞并不是指这类天体不会发光;而是说,任何物体和光到了它那里,都将一概被吸收,有进无出,就像掉进了一个无底洞。我们知道,地球上的物体要摆脱地球的引力作用,其最小速度(第二宇宙速度 v_2)必须达到

---

① 矮表示密度高,白表示光谱型颜色为白。

$$v_2 = \sqrt{\frac{2GM}{R}} \tag{12.3.16}$$

式中:M 是地球质量;R 是地球半径。类似地,一个质量为 M 的星球要捕获任何以光速运动的物体(或光子),它的最小半径应不大于

$$r_g = \frac{2GM}{c^2} \tag{12.3.17}$$

r_g 称为天体的引力半径或施瓦西半径。一个质量为 M 的天体,如果它的半径 $r \leqslant r_g$,那么任何到达此处的物质都只能被吸入而无法脱离,这个天体便成了一个黑洞。由于从引力半径内不能传递出任何信息,观测者对黑洞内部($r \leqslant r_g$)的状况一无所知,因此,球面 $4\pi r_g^2$ 又称为黑洞的视界。黑洞这种天体虽然难以想象,深奥莫测,但对黑洞物理的研究表明,它仍然存在一些普遍的规律,其中最醒目的就是类似热力学的四条定律。

第零定律:一个稳定的轴对称的黑洞,其整个视界上的 K 是一个常量。这里

$$K = \frac{GM}{r_g^2} = \frac{c^4}{4GM} \tag{12.3.18}$$

称为表面引力。热力学第零定律定义了温度,同时还指出达到热力学平衡的系统具有确定的温度。黑洞物理学第零定律定义了表面引力 K,同时指出一个稳定的黑洞有不变的 K。

第一定律:能量和动量在每一个物理过程中守恒。

热力学第一定律是能量守恒与转化定律在涉及热现象的宏观过程中的具体体现。黑洞物理学第一定律也是关于能量、动量守恒的定律。

第二定律:在黑洞涉及的全部物理过程中,有关黑洞的总面积绝不会减少。

热力学第二定律解答了有关热力学过程进行方向的问题,它指出一个孤立系统的熵永不减少。黑洞的特点是只吸收周围的物质和辐射,而不放出任何物质和辐射。黑洞视界就像一个单向膜,只能使黑洞质量增加,而黑洞视界表面积将随其质量增加而增加①。可见黑洞视界的面积在这里的作用与热力学中的熵在孤立系统中的作用极为相像。

第三定律:不可能通过有限的物理过程使黑洞的表面引力 K 变为零。

热力学第三定律指出不可能通过有限步骤使系统的温度达到绝对零度。我们已见黑洞的表面引力 K 与系统温度 T 在某种意义上的对应,这两条定律的类似就不言而喻。

---

① 参见式(12.3.17)。

早在1798年,法国天文学家拉普拉斯便预言了黑洞的存在,后来人们又利用广义相对论作了更为严格的推导,但相当长时间内无人注意。直到20世纪60年代中子星被发现后,人们才开始寻找它存在的例证。最佳候选者是双星系统,比如天鹅座 X-1,有一个很强的 X 射线源和一个周期性的掩食,周期 5～6 天。观测表明,它实际上是一个有暗子星的双星系。看得见的是一颗热超巨星,看不见的伴星质量约为 $5M_\odot$。质量这样大的暗子星,有人认为除了黑洞似乎无其他可能。黑洞这种天体,引力半径太小,质量太大。比如像太阳这样的恒星,引力半径仅 3km 左右,而密度高达 10^{16} g/cm³,甚至超过原子核的密度,的确难以想象,以致自然界是否真的存在黑洞,仍然是当前天体物理学家热议的话题,无疑有待进一步探讨。

与正常星(主序星)不同,白矮星、中子星和黑洞都具有很高的密度,它们统称致密星。还有一类恒星位于赫罗图的右上角。它们的光度很大,体积也很大,属于恒星世界的巨人,称为巨星和超巨星。比如,参宿四是一颗红超巨星,半径约为 800 个太阳半径,如果把它放在太阳的位置上,星体可伸展至火星轨道外。

12.3.6 恒星的演化

恒星世界也有老、中、青之分。恒星的演化指的是恒星是如何诞生、成长、衰老和走向终结的。恒星的一生或恒星的演化和它的质量大小与化学成分密切相关。

恒星是由星际物质凝聚而形成的。星空中存在的气团受到某种外界压力会迅速收缩。气团坍缩的结果在其中心产生一个新的平衡天体,称为原恒星。不同质量的恒星,收缩经历的时间长短不一,质量越小,时间越长。比如:$5M_\odot$ 的恒星仅需 $\sim 6\times 10^4$ a, $1M_\odot$ 的恒星历时 $\sim 8\times 10^7$ a, 而 $0.2M_\odot$ 的恒星长达 $\sim 10^9$ a。原恒星形成后慢慢地吸积周围气体和尘埃,温度不断升高。当中心温度达到 $\sim 7\times 10^6$ K 时,氢聚变成氦的热核反应开始发生,恒星释放大量的能量。热核反应产生的压力与引力抗衡,进入一个相对稳定的阶段,这就是主星序阶段。这时恒星演化成一颗主序星。恒星一生中在这个阶段停留的时间最长。迄今发现的恒星有 90% 处在这一阶段。不过,不同质量的恒星在主星序上停留的时间仍然是不同的。太阳在主星序上可驻留 $\sim 10^{10}$ a(目前太阳的年龄估计为 $\sim 5\times 10^9$ a)。$15M_\odot$ 的 B 型星驻留 $\sim 10^7$ a;而 $0.2M_\odot$ 的 M 型可驻留 $\sim 10^{12}$ a。一颗恒星在其大部分氢核燃料耗尽后便进入了它的演化的最后阶段。随着氢的不断枯竭,星球的外壳急剧膨胀,体积增大,表面温度降低,恒星由主序星过渡到红巨星。之后,恒星也可能发展成超新星,产生超新星爆炸。恒星演化到晚期,核能源全部用尽,星体内压力支撑不住外壳,恒星在自身引力下收缩。质量小于 $1.3M_\odot$ 的恒星,收缩后电子压力与引力抗衡,星体达到平衡态,形成白矮星。白矮星靠余下的热能仍可发光,经约 10 亿年才转化为不发光的黑矮星。质量介于 $1.3M_\odot \sim 3M_\odot$ 间的恒星,电子压力不足以抗衡引力,星体继续收缩将电子压入原子核生成中子。当中子的压力与引力平衡时,形成中子星。质量更大的恒星,中子的压力也不足以与引力抗衡,只能继续收缩。当恒星半径收缩到小于引力半径时,便形成了黑洞。

12.4 宇宙空间

12.4.1 银河系

夏季的夜晚仰望天穹,一条明亮的带子横贯长空,人们称之为"银河",西方人叫它"The Milk Way"。用望远镜观测,垂直银河的方向,星星稀少,而沿着银河的方向,可见无数星星汇合成一条星的"河流",组成了一个庞大的恒星系统,称为银河系。

银河系形似一个运动员投掷的铁饼,直径 50kpc,平均厚度为 $1 \sim 2$kpc。银河系的主体称为银盘。银盘中心为核球(或银核),其长轴为 $4 \sim 5$kpc,厚 ~ 4kpc。银河系被直径 ~ 100kpc 的银晕笼罩。如果采用银道坐标来描写银河系,那么银河系中心为银心,银河的中线所在面为银道面。银纬自银道量度,向北为正:$0° \sim +90°$,向南为负:$0° \sim -90°$,银纬 $\pm 90°$ 称为北(南)银极。银经沿反时针方向量度:$0° \sim 360°$。太阳在银道以北 ~ 8pc 处,距银心 ~ 8.5kpc。表 12.5 列举了银河系的一些基本参数。

表 12.5   **银河系基本参数**

银盘直径	银晕直径	银河系质量	银河系恒星数目	银河系年龄	太阳附近银河系旋转速度
50kpc	100kpc	$1.4 \times 10^{11} M_\odot$	1.2×10^{11}	1.2×10^{10}a	250km/s

观测银河系人们会发现,有几十上百颗恒星聚集在一个不大的空间体积内,凭借互相之间的引力联系在一起,对其他恒星而言有大致相同的运动。这样形成的恒星集团称为星团。星团分为疏散星团和球状星团两种。疏散星团的形状无一定规则,包含的星数只数十、数百个,直径在几个秒差距到十几个秒差距。已发现

的银河系内疏散星团约1千多个,集中在银道面附近,故疏散星团又名银河星团。如昴星团就是一个著名的疏散星团。它的距离为127pc,直径4pc,含有约200颗星。离昴星团不远,金牛座中最亮的星(毕宿五)附近是毕星团。它的距离只有42pc,直径约5pc,含有约100颗星。球状星团的形状呈球形或椭球形。球状星团直径约几十个秒差距,包含的星数有几万至几十万,它们是更密集的恒星集团。如武仙座球状星团(M13)是北半天球上可见的一个美丽球状星团,距离为7700秒差距,质量为太阳质量的30万倍。银河系内已发现的球状星团约130多个。与疏散星团不同,球状星团呈现以银心为中心的大致球形的空间分布。

在银河系中还有一种名叫星协的恒星集团。与星团不同的是,星协是一个有物理联系的系统,主要由光谱型大致相同、物理性质相近的恒星组成。星协有 O 星协和 T 星协。前者主要由 O 型, B 型星组成,直径在20～200pc范围内,含星数从十几到上百颗。后者主要由金牛座 T 型星和御夫座 RW 型星组成,直径从几个秒差距到几十个秒差距,含星数从几十到几百颗。星协是不稳定的系统,它们在大约几百万或一千万年前产生,因此它们是十分年轻的恒星集团。

银河系里既有离散的恒星,也有簇集在一起的恒星。所有恒星质量的总和占银河系质量的90%。这也表明,恒星之间的空间(星际空间)并非绝对真空,恒星间存在大量的气体和尘埃。用望远镜观测银河会发现许多云雾状斑点,有的明,有的暗,称为星云。分析表明,有些星云其实就是恒星集团或恒星系统;但有的则是由气体和尘埃组成的云。这种星际气体和尘埃形成的云只属于银河系,所以它们被称为银河星云。按照大小,形状和物理性质,星云可以分成弥散星云,行星状星云,球状体。弥散星云形状不规则,往往没有明确的边界,分布在银道平面的附近。弥散星云按其发光本领可分为亮星云和暗星云,按其组成可分为气体星云和尘埃星云。著名的猎户座星云就是一个发亮的巨大弥散星云,距离太阳系约1500光年,直径约300光年。猎户座星云每立方厘米仅包含约300个原子,但星云范围广,体积约7000立方光年,总计有 10^{60} 个原子。行星状星云比弥散星云小得多,形状如圆盘,和行星相像,直径从几秒到几分。球状体在照片上呈暗黑色圆斑点状,它们是暗星云。

星际空间的物质是非常稀薄的。在银道面附近,星际气体的平均密度只有每立方厘米0.6个原子。如此稀薄的密度甚至比通常实验室所制造出的"真空"还要空。至于星际尘埃就更少了,它的质量估计只有星际气体的几十分之一。观测这些物质常用的方法有:光学观测、射电观测、红外、紫外、X射线和 γ 射线观测。对遥远恒星光谱的研究发现星际气体中有钙、钠、钛、钾、铁等元素。我们知道,恒星成分中含量最多的是元素氢；同样地，星际气体中最丰富的元素仍然是这种结构最简单的氢原子。不过，由于星际空间温度极低和星光照射微弱，因此星际氢原子绝大部分处于基态，不能向下跃迁产生辐射。而星际氢原子吸收星光产生的吸收线波长很短无法穿透地球大气层。所以，用光学仪器不可能在地面上观测到星际氢原子产生的谱线。1945 年范德胡斯特(van de Hulst)提出，氢原子基态实际上可细分为电子和原子核(质子)自旋平行的状态以及自旋反平行的状态。利用这两个能级间的跃迁(自旋倒转跃迁)可以观测到这一跃迁发射的 21cm 波长谱线。虽然自发生这一跃迁的几率微乎其微，但星际氢原子并非存在于真空中，它与邻近原子的碰撞(大约 300 年碰撞一次)可以诱发这一跃迁。再考虑到星际氢原子数目巨大这就足以产生能观测到的谱线。终于在 1951 年，利用射电天文望远镜人们接收到了星际氢原子发射的 21cm 谱线。由 21cm 波长谱线可观测到的气体星云叫做 HI 区。利用 21cm 波长谱线的射电观测可以确定银河广大地区内星际氢的分布。一个重要的结论是：银河系是旋涡星系，即具有旋臂的旋涡结构。

12.4.2 河外星系

星系是宇宙中十分重要又十分壮观的天体，它们是由恒星，气体和尘埃组成的庞大系统。河外星系是指位于银河以外的星系。星系最初观测到的时候被称为星云。1923 年，哈勃用当时最大的望远镜对仙女座星云(M31)照相，在 M31 的边缘部分清晰地显示出许多单个恒星，并且认证和发现了造父变星。利用造父变星的视亮度与周光关系估算出它的距离为 236 万光年，远在银河系之外。因此仙女座星云并非银河系内的气体星云，而是一个独立的恒星系统。为了避免混淆，通常都把这种河外恒星系统不再称为星云而称为星系。

众多的星系除少数几个有自己的专门名称外，一般都以某一星表上的编号来命名。1784 年法国天文家梅西叶(Messier)将 100 多个位置固定的天体编列成表，称为梅西叶星表。1888 年丹麦天文学家德雷耶尔(Dreyer)编了一个包括 7840 个天体的星表，简称 NGC 星表，后来又补编 5386 个天体，简称 IC 星表。如梅西叶星表 31 号(M31)，即 NGC224，就是仙女座星云。

星系基本上分为三类：旋涡星系，椭圆星系和不规则星系。旋涡星系具有旋涡结构，有一个椭圆形核心和两条或更多条旋涡臂(旋臂)从核心向外延伸出去。旋涡星系常用字母 S 表示，按照发展程度不同又分为 Sa，Sb，Sc 等，Sa 型星系旋臂几乎看不出来，而 Sc 型星系，旋臂得到充分发展。有些旋臂并不是以旋涡状从核心延伸,而是通过棒状的长条伸展出去。这样的星系又称棒状星系,以 SB 表示。椭圆星系的形状,有的近于圆形,有的呈椭圆形。不规则星系没有一定的形状。漩涡星系和椭圆星系在已观测到的 10^{12} 个星系中占绝大部分,不规则星系仅占百分之几。

离银河系最近的星系是大、小麦哲伦云。大麦哲伦云离我们 17 万光年,小麦哲伦云 20 万光年。这两个星系属于不规则星系,都比银河系小,直径分别是银河系的 $\frac{1}{4}$ 和 $\frac{1}{10}$,质量分别是银河系的 10% 和 2%。这两个星系又叫做银河系的伴星,它们与银河系组成了一个"三重星系"。距银河系最近的漩涡星系就是上面提到的仙女座星云。它离我们 236 万光年,但与星系世界大小相比,仍然是银河系的近邻。仙女座星系的直径约 13 万光年,质量 $2\sim3$ 千亿个 $M_\odot$。星系在质量上差别很大,最小的只有太阳的几百倍,最大的可达万亿倍。

研究发现,星系有集结成大小不同系统的倾向。单个孤立的星系只占少数,多数星系结合成群,称为星系群,星系群由 10 到几十个星系组成。星系团是比星系群更大的星系系统,它由几百或几千个星系组成,平均直径达几兆秒差距。目前已知的最大星系集团是超星系团,银河系的近邻连同银河系组成的星系群叫做本星系群,范围约 300 多万光年,成员约 30 多个。离银星最近的星系团是室女座星系团,距离约 6000 万光年,成员约 2500 个,其中 68% 是旋涡星系,19% 是椭圆星系,它占据了面积达 $10°\times14°$ 的天区,直径约 850 万光年。另外两个著名的星系团是后发座星系团和北冕座星系团。前者包括数千个星系,比室女座星系远 7 倍;后者有 $400\sim500$ 个成员,距离 10 亿多光年。在恒星世界里,大量恒星基本都处于稳定状态,但也有部分恒星处于变动状态。与此类似,星系世界中,大部分星系都属正常星系,但也有约百分之几的星系有激烈活动,被称为活动星系。这些活动星系中所发生的现象估计与其星系核内巨大能量的释放有关,而活动星系核在能量产生、辐射机制等方面的问题仍在探讨中。

20 世纪 60 年代,利用射电和光学望远镜观测发现了一类性质奇特的天体。这类天体有类似恒星的星象,故称为类星体。类星体一个最显著的特征是巨大红移。银河系内恒星最大红移约 0.002,而类星体的红移至少比它大一个数量级。据此便可把类星体与银河系内的恒星区分开来。因此,类星体又被定义为具有大红移的恒星状天体。类星体发射的能量也是巨大的,它们光度 $\sim 10^{12}L_\odot$。有关类星体的大红移是否为宇宙学红移(即由宇宙膨胀引起的河外天体退行的反映)争论,自类星体发现以来一直不断,至今仍无定论。

12.4.3 宇宙学红移与哈勃膨胀

一方面，根据爱因斯坦相对论，运动的时钟会发生延缓效应。时钟在运动与静止时的观测值关系为

$$\Delta t = \frac{\Delta t_0}{\sqrt{1 - v^2/c^2}} \quad (12.4.1)$$

另一方面，运动的光源会产生多普勒（Doppler）效应，光源发出一个光波的时间变动为

$$\Delta t' = \frac{c+v}{c} \Delta t \quad (12.4.2)$$

式中：v 是光源运动速度，$v>0$ 表示光源离开观测者，$v<0$ 表示光源接近观测者。结合上述两种效应给出运动光源发出一个光波的时间变动为

$$\Delta t' = \left(1 + \frac{v}{c}\right)\left(1 - \frac{v^2}{c^2}\right)^{-\frac{1}{2}} \Delta t_0 \quad (12.4.3)$$

因此

$$\frac{\lambda}{\lambda_0} = \left(1 + \frac{v}{c}\right)\left(1 - \frac{v^2}{c^2}\right)^{-\frac{1}{2}} = \sqrt{\frac{1+v/c}{1-v/c}} \quad (12.4.4)$$

天文学上习惯用光谱线的红移量 z 来表示波长的变化

$$z = \frac{\lambda - \lambda_0}{\lambda_0} \quad (12.4.5)$$

式中：λ_0 表示某一谱线的光在地面发射与观测时的波长；λ 表示地面观测到从远方星系发出的同一谱线的波长。若 $z>0$ 称为红移，$z<0$ 称为紫移。因此

$$1 + z = \frac{\lambda}{\lambda_0} = \left(\frac{1+v/c}{1-v/c}\right)^{1/2} \quad (12.4.6)$$

一般 $v/c \ll 1$，利用牛顿二项式定理，在低阶近似下有

$$\left(1 + \frac{v}{c}\right)^{1/2} = 1 + \frac{1}{2}\frac{v}{c} \quad \left(1 - \frac{v}{c}\right)^{-1/2} = 1 + \frac{1}{2}\frac{v}{c}$$

$$\left(\frac{1+v/c}{1-v/c}\right)^{1/2} = 1 + \frac{v}{c}$$

所以

$$1 + z = 1 + \frac{v}{c} \quad cz = v \quad (12.4.7)$$

1929 年哈勃（E. P. Hubble）观测了 24 个邻近星系发出的光谱线，并与实验室的光谱线进行了对比，发现这些光谱线的波长都变长了，即发生了红移。利用

式(12.4.7)从谱线的红移量 z 可以算出 24 个星系运动速度 v，把它与当时用其他方法定出的这 24 个星系的距离 d 相比较，哈勃发现 $v \propto d$。这一重大发现今天被称为哈勃定律并表示为

$$v = H_0 d \qquad (12.4.8)$$

式中：H_0 称为哈勃常数。当年哈勃测得的值是 $500 \text{km}/(\text{s} \cdot \text{Mpc})$，今天公认值是 $H_0 = 50 \sim 80 \text{km}/(\text{s} \cdot \text{Mpc})$。

哈勃定律表明，目前所有星系都在彼此远去，这种彼此远离的运动称为退行。离我们越远的星系，退行速度越大。星系退行显示宇宙在膨胀①。这种膨胀是各处均匀的。这为日后大爆炸宇宙学的建立提供了重要的观测论据。

12.4.4　微波背景辐射和大爆炸宇宙学

哈勃定律揭示了一个膨胀宇宙的存在。有人据此推测早期的宇宙应该聚集在一个极小的空间内。最先提出这一观点的是俄裔美籍物理学家伽莫夫(G. Gamow)。哈勃发现天体整体退行 20 年后(1948 年)，伽莫夫在理论上预言宇宙起源于一次大爆炸。在大爆炸开始后的 10^{-8} s，温度极高、体积极小、密度极大、演化极快，物质存在的具体形式还不十分清楚。大约 1s 内，强子、轻子各种粒子产生，温度 $\sim 10^{10}$ K。3 分钟后氦核形成，温度 $\sim 10^9$ K。以后体积继续膨胀，温度继续降低，大约 4×10^5 a 出现各种原子、分子，温度 ~ 6000 K。以后星体、星系逐渐形成。到 10^9 a，宇宙平均温度降至 18K，继而演化到现在的世界。在 $10^9 \sim 1.2 \times 10^{10}$ a，地球上出现生命形式。伽莫夫还估算出产生原始爆炸的火球由于膨胀冷却到今天仍会留下 ~ 10 K 的背景辐射温度。伽莫夫的工作在当时并未引起人们的注意，直到 1964 年微波背景辐射被测定。

1964 年，美国贝尔实验室的两位工程师彭齐亚斯(A. A. Penzias)和威尔逊(R. W. Wilson)在检测接收人造卫星微波信号的天线时发现，在波长 7.35cm 处，无论天线指向什么天区，总会接收到一些不能消除的微波噪声，它与方向、昼夜、季节无关。这种微波噪声实际上是来自空间的一种辐射即微波背景辐射。微波背景辐射的发现是继哈勃发现天体整体退行后有关宇宙的学说中第二个巨大成就②。微波背景辐射相当于一定温度的热辐射，反映了宇宙温度演化的进程。根据普朗克黑体辐射理论，微波背景辐射的相应温度为 (2.736 ± 0.046) K。微波

---

① 这里的宇宙是指天文学上所观测到的宇宙。
② 彭齐亚斯与威尔逊也因此获 1978 年诺贝尔物理学奖。

背景辐射的存在证实了大爆炸宇宙学的设想。

在微波背景辐射发现的同时,人们就注意到,在宇宙的可见物质中,按质量计,^{4}He 的含量(丰度)在 24% 左右。这一值远高于恒星内部热核反应提供的氦丰度①。根据大爆炸宇宙学的核合成理论,1964 年,哈利(hoyle)和泰勒(Tayler)计算出的氦丰度为 23% ~ 25%。这与天体的实际测量结果吻合。随后,对 ^{3}He 和 ^{7}Li 含量进行的大爆炸宇宙学核合成理论的计算同样也得到与观测相符的结果。这对大爆炸理论再次给予有力的支持。

哈勃膨胀(星系整体退行)、微波背景辐射和核合成理论为大爆炸宇宙学的建立奠定了三大基石。大爆炸宇宙学利用已知的物理学规律,对宇宙的性质、运动和演化给出了简单、明了的描写,而依据这一理论所作的计算和预言都与实际观测相当符合,所以大爆炸宇宙学被公认为宇宙学的标准模型。

表 12.6　　观测到的宇宙的一些基本参数

半径	质量	密度	重子数	年龄
10^{26} m	$10^{22} M_\odot$	10^{-26} kg/m³	10^{79}	10^{10} a

12.4.5　暗物质和宇宙结构

通过对星际氢原子发射的 21cm 谱线观测显示了银河系的旋涡结构。在万有引力作用下,整个银河系在绕银心旋转。表 12.7 列举了离银心不同距离 r 处观测到的旋转速度 v 的数值。

表 12.7　　银河系旋转速度 v 随离银心距离 r 的变化

r(kpc)	0	1	2	3	5	7	9	10
v(km/s)	0	200	183	198	229	244	255	250

根据牛顿力学,距中心 r 处的旋转速度 v 应为

$$v = \sqrt{\frac{GM(r)}{r}} \tag{12.4.9}$$

---

① 太阳内部热核反应生成的氦丰度估计不足 5%。

式中:$M(r)$ 是 r 内的总质量。

观测显示,星系中可视物质(主要是恒星)的分布并不均匀。恒星在中心区域分布密,在远离中心区域分布稀。假设对某距离 r_0,r_0 外的恒星总质量比 r_0 内的恒星总质量小得多,那么可以认为,当 $r > r_0$ 时,$M(r) = M(r_0)$ 为一常数。于是旋转速度 $v \propto r^{-\frac{1}{2}}$,然而,观测得到的结果却是 v 的变化不大,可近似看做一常数(参见表 12.7)。这意味着有一种不可视物质(暗物质)存在,它对引力作用也有贡献,且其分布 $M(r) \sim r$,$\rho(r) \sim r^{-2}$。这些暗物质数量多,分布范围广。从星系的总质量估计大约为星系中可视物质质量的 $3 \sim 10$ 倍可推知,大量存在的物质是暗物质。由于暗物质的不可观测性,人们对暗物质的认识知之甚少。习惯上将暗物质分为两类:冷暗物质和热暗物质。热暗物质的候选者是质量很小的中微子;冷暗物质则可能是大质量天体物理致密晕物质或者以弥散形式存在的物质,其组成粒子候选者也许是一种中性的超对称配偶粒子。

大爆炸宇宙学是建立在均匀各向同性的假设和广义相对论基础上的标准模型。而微波背景辐射的观测证实了宇宙均匀各向同性的假设。但实际观测到的宇宙是有结构的。在宇宙结构中,从恒星、星团到星系、星系团,直至整个观测到的宇宙,构成了尺度不等的层次。这说明理论模型与实际观测有距离。宇宙结构的形成成了一个具有广泛兴趣的问题。目前,人们普遍认为这是引力不稳定的结果,并提出了一些相应的理论。不过,结构形成理论要与实测比较符合,还需做更细致的工作。

12.5 例　　题

1. 物体在地面纬度 φ 处的表观物重 P_φ 是地球引力 $P = G\dfrac{Mm_G}{R} = m_G g$ 和物体随地球自转而具有的惯性离心力 $F = m_I \omega^2 r = m_I \omega^2 R\cos\varphi$ 的合力。此处 M 是地球质量,R 是地球半径,ω 是地球自转角速度。m_G 和 m_I 分别是物体的引力质量和惯性质量。试分析如何利用这一事实断定 m_G 和 m_I 的异同。

解　设 F 与 P 的夹角为 θ,利用三角形边角对应关系有:

$$\sin\theta = \frac{F\sin\varphi}{P_\varphi} \qquad P_\varphi = \sqrt{F^2 + P^2 - 2FP\cos\varphi}$$

由此得

$$\sin\theta = \frac{F\sin\varphi}{\sqrt{F^2 + P^2 - 2FP\cos\varphi}}$$

如果对任何物体 m_G 和 m_I 成正比且比例系数相同,即 $m_G = \lambda m_I$,则

$$\sin\theta = \frac{\omega^2 R\cos\varphi\sin\varphi}{\sqrt{\omega^4 R^2\cos^2\varphi + \lambda^2 g^2 - 2\omega^2 R\cos\varphi\lambda g\cos\varphi}}$$

$$= \frac{\omega^2 R\sin 2\varphi}{2\sqrt{\lambda^2 g^2 + \omega^2 R\cos^2\varphi(\omega^2 R - 2\lambda g)}}$$

上式右边只与纬度有关,说明同一纬度处,角度 θ 即 P_φ 的方向完全确定,与具体的物体无关。反之,若一个物体的 m_G 和 m_I 不相同。则 θ 或 P_φ 的方向将随物体的不同而发生改变。

1894 年爱德华对此作了一系列的实验,结果表明,对任何物体,m_G 和 m_I 均以同一比例系数成正比。后来又有许多人对此进行过不同的实验,都给出相同的结论:一个物体的引力质量严格与惯性成正比。因此,若定义 m_I 等于 1 个单位的物体 m_G 也同样为 1 个单位,那么任何物体的这两种质量便不能区分。

2.(1) 试利用比尼公式确定发射体运动的轨道方程。

(2) 证明轨道类别完全由发射体的总能量 E 确定:$E<0$ 为椭圆,$E=0$ 抛物线,$E>0$ 为双曲线。

解 (1) 过物体轨道平面,以地心为极点,地心到物体距离为矢径作极坐标,物体在空中运动受到地球的引力为

$$F = -G\frac{Mm}{r^2} = -mk^2 u^2$$

式中:$k^2 = GM$;M 是地球质量;G 是引力常数;m 是物体质量;r 是物体到地心的距离。将其代入比尼公式,得

$$h^2 u^2\left(\frac{d^2 u}{d\theta^2} + u\right) = k^2 u^2$$

即

$$\frac{d^2 u}{d\theta^2} + u = \frac{k^2}{h^2}$$

$h = r^2\dot\theta$ 为一常数。这是一个常系数二阶非齐次微分方程。其解为

$$u = \frac{k^2}{h^2} + A\cos(\theta - \theta_0)$$

$$r = \frac{1}{u} = \frac{h^2/k^2}{1 + Ah^2/k^2\cos(\theta - \theta_0)}$$

适当先取极角,使 $\theta_0 = 0$,上式化简成

$$r = \frac{h^2/k^2}{1 + Ah^2/k^2\cos\theta}$$

对比极坐标中圆锥截线方程

$$r = \frac{p}{1+e\cos\theta}$$

有 $\quad \frac{h^2}{k^2} = p \quad A\frac{h^2}{k^2} = Ap = e$

式中：p 是焦点参数，e 是离心率（或偏心率）。

对椭圆 $\quad e = \frac{c}{a} < 1, c = \sqrt{a^2 - b^2}, p = a(1-e^2)$。

对抛物线 $e = 1$，p 等于抛物线顶点与焦点间距离的 2 倍。

对双曲线 $\quad e = \frac{c}{a} > 1, c = \sqrt{a^2 + b^2}, p = a(e^2 - 1)$。

可见物体在空中运动轨道为一圆锥截线。

(2) 物体在空中运动的总能量等于其动能与引力势能之和：

$$E = \frac{1}{2}mv^2 - \frac{k^2 m}{r} = \frac{1}{2}m(\dot{r}^2 + r^2 \dot{\theta}^2) - \frac{k^2 m}{r}$$

因为引力场是保守力场，所以物体能量守恒。我们可以在物体运动轨道上选一特定点来计算 E 的值。

如轨道为椭圆，则取近地点，这时 $\theta = 0, r = a(1-e), \dot{r} = 0$

$$E = \frac{1}{2}mr^2\dot{\theta}^2 - \frac{k^2 m}{r} = \frac{mh^2}{2r^2} - \frac{k^2 m}{r} = \frac{mpk^2}{2r^2} - \frac{k^2 m}{r}$$

$$= \frac{mk^2 a(1-e^2)}{2a^2(1-e)^2} - \frac{k^2 m}{a(1-e)} = \frac{k^2 m(1+e)}{2a(1-e)} - \frac{k^2 m}{a(1-e)} = -\frac{k^2 m}{2a}$$

如轨道为抛物线，则取顶点，这时 $e = 1, \theta = 0, r = \frac{p}{2}, \dot{r} = 0$：

$$E = \frac{1}{2}mr^2\dot{\theta}^2 - \frac{k^2 m}{r} = \frac{mpk^2}{2r^2} - \frac{k^2 m}{r} = \frac{k^2 mp}{2p^2/4} - \frac{k^2 m}{p/2} = 0$$

如轨道为双曲线，则取顶点，这时 $\theta = 0, r = a(e-1), \dot{r} = 0$

$$E = \frac{1}{2}mr^2\dot{\theta}^2 - \frac{k^2 m}{r} = \frac{k^2 ma(e^2-1)}{2a^2(e-1)^2} - \frac{k^2 m}{a(e-1)}$$

$$= \frac{k^2 m(e+1)}{2a(e-1)} - \frac{k^2 m}{a(e-1)} = \frac{k^2 m}{2a}$$

a 和 e 通常叫做轨道的几何参量，而 E 和 h 叫做轨道的运力参量。它们的关系是

$$E = \mp \frac{k^2 m}{2a} \qquad h = \sqrt{pk} \qquad p = \mp a(e^2 - 1)$$

负号对应椭圆，正号对应双曲线。对抛物线轨道，因 $e = 1, E = 0$，只需一个参数 p

或 $h, p = h^2/k^2$。由此可知,物体运动的轨道类别,也可以由物体总能量 E 确定①:

$E < 0$,椭圆;$E = 0$,抛物线;$E > 0$,双曲线;

$E \geqslant 0$,物体将离开地球而不复返。出现这种情况时的最小发射速度由

$$E = \frac{1}{2}mv^2 - \frac{k^2 m}{r} = 0$$

确定,即

$$v = \sqrt{2k^2/r} = \sqrt{2GM/r} = \sqrt{2gr}$$

这就是第二宇宙速度。

3. 把物体从地面发射到太空需要运载火箭。火箭在运动时,由于燃料不断燃烧和喷射,其质量在不断减少,因此火箭的运动属于变质量运动。设物体质量是时间函数,t 时刻质量的速度为 v,$t + dt$ 时刻质量变为 $m + dm$,速度 $v + dv$。如果将 m 和 dm 看作两个质点,且 dm 在 t 时刻速度为 u,那么根据动量定理

$$(m + dm)(v + dv) - (mv + dmu) = F dt$$

略去二阶无穷小 $dmdv$,得

$$mdv + dmv - dmu = F dt$$

即

$$m \frac{dv}{dt} = F + \frac{dm}{dt}(u - v)$$

令

$$F_r = \frac{dm}{dt} \cdot (u - v) = \frac{dm}{dt} \cdot v_r$$

式中:$\frac{dm}{dt}$ 是变质量物体单位时间放出(或获得)的质量,$v_r = u - v$ 是其相对速度,F_r 则是由于放出(或获得)质量所引起的附加力。于是

$$m \frac{dv}{dt} = F + F_r$$

这便是变质量物体运动方程。对于火箭,$\frac{dm}{dt} < 0$ 属减质量运动。这时 F_r 与 v_r 指向相反,若 v_r 与 v 同向,向前喷气,附加力为制动力;若 v_r 与 v 反向,向后喷气,附加力为推动力。

火箭运行中推动力是非常大的,如果这时忽略外力的作用且设 v_r 为常数,试证明

---

① 若用几何参量,轨道类别则由偏心率 e 确定。

$$v = v_0 + v_r \ln \frac{m_0}{m}$$

式中：v_0，m_0 是 $t=0$ 时 v 和 m 的初始值。这个公式叫做齐奥尔科夫斯基公式。

证明 不计外力时，$\boldsymbol{F}=0$，变质量物体运动方程化为

$$m \frac{d\boldsymbol{v}}{dt} = \boldsymbol{F}_r = \frac{dm}{dt}\boldsymbol{v}_r$$

火箭前进时，向后喷气，$\boldsymbol{v}_r$ 与 $\boldsymbol{v}$ 方向相反，且 v_r 为常数，上式可写成标量形式

$$\frac{dv}{dt} = -\frac{1}{m}\frac{dm}{dt}v_r$$

乘 dt 后积分得

$$\int_0^t \frac{dv}{dt} dt = -v_r \int_0^t \frac{1}{m}\frac{dm}{dt} dt$$

注意到 $t=0, v=v_0, m=m_0, t=t, v=v, m=m$，上式变为

$$\int_{v_0}^{v} dv = -v_r \int_{m_0}^{m} \frac{dm}{m}$$

由此给出

$$v - v_0 = v_r \ln \frac{m_0}{m}$$

这便是齐奥尔科夫斯基公式。

设火箭在地面发射初速度 $v_0 = 0$，所载燃料质量为 m'，不包括燃料的火箭壳（及所载物品）质量为 m_s，这时 $m_0 = m_s + m'$，燃料烧完后火箭的末速度则为

$$v_f = v_r \ln \frac{m_0}{m_s} = v_r \ln\left(1 + \frac{m'}{m_s}\right)$$

由此可见，火箭所能达到的最大速度（v_f）与喷射速度（v_r）和质量比（m_0/m_s）的对数成正比。为了得到更高的末速度，目前多采用多级火箭，即当某一级火箭里的燃料用完后将自动与前面一级火箭脱离，以提高火箭飞行速度。最常用的多级火箭是三级火箭。

4. 通常压强与密度的关系可表示成[①]

$$p = K\rho^b \qquad b = 1 + \frac{1}{n}$$

对非相对论性电子

$$p = \frac{(3\pi^2)^{2/3}}{5}\frac{\hbar^2}{m_e}\left(\frac{\rho}{\lambda m_p}\right)^{5/3} \qquad n = \frac{3}{2} \qquad K = \frac{(3\pi^2)^{2/3}}{5}\frac{\hbar^2}{m_e (\lambda m_p)^{5/3}}$$

---

① 参见第 10 章例题 3。

对相对论性电子

$$p = \frac{(3\pi^2)^{1/3}\hbar c}{4}\left(\frac{\rho}{\lambda m_p}\right)^{4/3}, n=3, K = \frac{(3\pi^2)^{1/3}\hbar c}{4(\lambda m_p)^{4/3}}$$

式中：m_e 为电子质量；$m_p \sim m_n$ 为质子（或中子）质量；λ 为平均一个电子相应核子数，一般 $\lambda = \frac{A}{Z}$（A 为原子量，Z 为原子序数）。

如果将恒星看做球体，那么半径为 r、厚度为 $\mathrm{d}r$ 的壳层内电子的压力为 $4\pi r^2 \mathrm{d}p$（$\mathrm{d}p$ 为内外球面压强差），该壳层引力为 $-G\dfrac{m\mathrm{d}m}{r^2}$（$m$ 为半径 r 的球的质量，$\mathrm{d}m = \rho 4\pi r^2 \mathrm{d}r$ 为该壳层质量）。试利用平衡条件

$$4\pi r^2 \mathrm{d}p = -G\frac{m\mathrm{d}m}{r^2} = -G\frac{m\rho 4\pi r^2 \mathrm{d}r}{r^2}$$

即

$$\frac{r^2}{\rho}\frac{\mathrm{d}p}{\mathrm{d}r} = -Gm$$

推导多方球结构的莱恩—艾姆登方程：

$$\frac{1}{\xi^2}\frac{\mathrm{d}}{\mathrm{d}\xi}\left(\xi^2\frac{\mathrm{d}\theta}{\mathrm{d}\xi}\right) = -\theta^n$$

式中：

$$\rho = \rho_C \theta^n \quad r = a\xi \quad a = \left[\frac{(n+1)K\rho_C^{\frac{1}{n}-1}}{4\pi G}\right]^{\frac{1}{2}}$$

证明 将式

$$\frac{r^2}{\rho}\frac{\mathrm{d}p}{\mathrm{d}r} = -Gm$$

两边再对 r 求导，得

$$\frac{\mathrm{d}}{\mathrm{d}r}\left(\frac{r^2}{\rho}\frac{\mathrm{d}p}{\mathrm{d}r}\right) = -G\frac{\mathrm{d}m}{\mathrm{d}r} = -G\rho 4\pi r^2$$

化简为

$$\frac{1}{r^2}\frac{\mathrm{d}}{\mathrm{d}r}\left(\frac{r^2}{\rho}\frac{\mathrm{d}p}{\mathrm{d}r}\right) = -4\pi G\rho$$

将式 $p = K\rho^b$ 代入上式，得

$$\frac{1}{r^2}\frac{\mathrm{d}}{\mathrm{d}r}\left[r^2 K\left(1+\frac{1}{n}\right)\rho^{\frac{1}{n}-1}\frac{\mathrm{d}\rho}{\mathrm{d}r}\right] = -4\pi G\rho$$

这是一个关于密度 ρ 的二阶微分方程，边界条件为

$$\rho = \rho_C \quad r = 0$$
$$\rho = 0 \quad r = R$$

(ρ_C 为球心处密度，R 为球半径)。注意到

$$\rho = \rho_C \theta^n \qquad r = a\xi$$

$$a = \left[\frac{(n+1)K\rho_C^{\frac{1}{n}-1}}{4\pi G}\right]^{\frac{1}{2}}$$

即得多方球结构的莱恩—艾姆登方程

$$\frac{1}{\xi^2}\frac{\mathrm{d}}{\mathrm{d}\xi}\left(\xi^2\frac{\mathrm{d}\theta}{\mathrm{d}\xi}\right) = -\theta^n$$

边界条件是

$$\theta(0) = 1 \qquad \theta'(0) = 0$$

(后一条件为解的非奇异性所要求)。若记

$$\theta(\xi_1) = 0$$

那么

$$R = a\xi_1 = \left[\frac{(n+1)K}{4\pi G}\right]^{1/2}\rho_C^{\frac{1-n}{2n}}\xi_1$$

$$M = \int_0^R 4\pi r^2 \rho \mathrm{d}r = 4\pi a^3 \rho_C \int_0^{\xi_1} \xi^2 \theta^n \mathrm{d}\xi$$

$$= -4\pi a^3 \rho_C \int_0^{\xi_1} \frac{\mathrm{d}}{\mathrm{d}\xi}\left(\xi^2 \frac{\mathrm{d}\theta}{\mathrm{d}\xi}\right)\mathrm{d}\xi = 4\pi a^3 \rho_C \xi^2 |\theta'(\xi_1)|$$

$$= 4\pi \left[\frac{(n+1)K}{4\pi G}\right]^{\frac{3}{2}} \rho_C^{\frac{3-n}{2n}} \xi_1^2 |\theta'(\xi_1)|$$

莱恩—艾姆登方程一般只能数值求解。我们感兴趣的解是：

$$n = \frac{3}{2} \qquad \xi_1 = 3.65375 \qquad \xi_1^2|\theta'(\xi_1)| = 2.71406$$

$$n = 3 \qquad \xi = 6.89685 \qquad \xi_1^2|\theta'(\xi_1)| = 2.01824$$

将上述结果代入 R, M 表示式中，得

对低密白矮星 $\left(n = \frac{3}{2}\right)$：

$$R = 1.12 \times 10^4 \ (\rho_C/10^9 \mathrm{kg \cdot m^{-3}})^{\frac{1}{3}} \left(\frac{\lambda}{2}\right)^{-5/6} \mathrm{km}$$

$$M = 0.494(\rho_C/10^9 \mathrm{kg \cdot m^{-3}})\left(\frac{\lambda}{2}\right)^{-\frac{5}{2}} M_\odot$$

$$= 0.7 \ (R/10^4 \mathrm{km})^{-3}\left(\frac{\lambda}{2}\right)^{-5} M_\odot$$

对高密白矮星 ($n = 3$)：

$$R = 3.347 \times 10^4 \, (\rho_C/10^9 \text{kg} \cdot \text{m}^{-3})^{1/3} \left(\frac{\lambda}{2}\right)^{-2/3} \text{km}$$

$$M = 1.45 \left(\frac{2}{\lambda}\right)^2 M_\odot$$

它给出白矮星最大可能的质量,为钱德拉赛卡质量极限(M_{ch})。对氢燃烧成氦的核反应

$$\lambda = \frac{4}{2} = 2, \quad M = 1.45 M_\odot$$

5. 在质量更大的情况下,简并电子气的压力仍抵挡不住引力,星体继续收缩,密度不断增加。这时,电子被原子核俘获,中子数增加,质子和电子数减少。当中子数密度达到充分大时简并中子气的压力与引力平衡,恒星从主序星演化成中子星。试利用测不准关系和当中子气的压力与引力平衡时中子总能量为零,对中子星的临界质量作一数量级上的估计。

解 中子的动量

$$p \sim \frac{\hbar}{r} \sim \frac{\hbar}{V^{1/3}} \sim \hbar n^{1/3}$$

中子的能量

$$E_n \sim pc \sim \hbar n^{1/3} c \sim \hbar c \left(\frac{N}{V}\right)^{\frac{1}{3}} \sim \hbar c \left(\frac{N}{R}\right)^{\frac{1}{3}}$$

每个中子的引力势

$$E_G \sim -\frac{GMm_n}{R} = -\frac{GNm_n^2}{R}$$

这里,N 为中子数,V 为中子星体积,M 为中子星质量,R 为中子星半径,n 为中子数密度。每个中子总能量

$$E = E_n + E_G = \hbar c \frac{N^{\frac{1}{3}}}{R} - \frac{GNm_n^2}{R}$$

由 $E = 0$ 给出中子星的临界质量

$$M_{\text{crit}} = Nm_n = \left(\frac{\hbar c}{Gm_n^2}\right)^{\frac{3}{2}} m_n \sim 1.86 M_\odot$$

相应的临界半径

$$R_{\text{crit}} = \left(\frac{3M}{4\pi\rho}\right)^{\frac{1}{3}}$$

中子星的平均密度估计为 $\rho \sim 1.2 \times 10^{18} \text{kg/m}^3$,由此得

$$R_{\text{crit}} \sim 9.2 \text{km}$$

阅读材料:人类航空航天之路

人类很早就梦想能像小鸟一样在空中飞翔,可在实现这一梦想的道路上却不知走了多少世纪。

远在古代,当中国人发明火箭以后,有人就试图借助火箭的推力和风筝的升力上天,但未能成功。数百年后,西方人开始尝试利用热气球升空。1783年6月4日,法国造纸商蒙特高菲尔兄弟放飞了历史上第一只热气球。同年11月21日,奇埃和科特迪瓦乘坐高23米、直径14米的巨大热气球,在900米的巴黎上空飞行达25分钟,成为万里蓝天的第一次来客。19世纪末,动力飞行成为许多著名科学家和工程师研究的主要项目。1903年12月17日美国莱特兄弟进行了人类历史上第一次有动力、可操纵的持续飞行,飞行时间59秒,飞行距离3200米,从而成功实现人类首次飞行。他们所驾驶的"飞行者"1号飞机也成了世界上第一架依靠自身动力进行载人飞行的飞机。随后,莱特兄弟便成立了莱特飞机公司,从事飞机制造和改进业务活动。

人类首次飞行成功后不久,1909年布莱利奥驾驶自己的布莱利奥XI号第一次飞越北海;1913年罗兰·加罗斯公司制造的莫拉纳-H型飞机首次飞越地中海。这些飞机和飞行都在人类航空史上扮演过重要角色。1914年,威廉·波音在购买了第一架飞机后开始把目光转到了飞机制造上来。1916年6月29日,波音在同是工程师的朋友乔治·康拉德·韦斯特维尔特的帮助下,制造并试飞了第一架双座单引擎水上飞机。受到这一成功的鼓舞,波音创建了太平洋航空产品公司,随后改名为波音飞机公司。现在波音公司和它所制造的波音飞机已是名震全球。1939年,泛美航空公司开辟了纽约至法国马赛的第一条客运航线,开始了世界航空载客服务业务。

飞机发明几年之后,有人提出了喷气推进的理论。1937年,第一台喷气发动机设计成型。1968年,苏联图波列夫设计局研制成功世界上第一架超音速运输机,同时也是世界上飞得最快的客机。现在的民用飞机航速更快、性能更完善、飞行更安全、乘坐更舒适。军用飞机也是日新月异,门类齐全,有歼击机、轰炸机、侦察机、预警机和运输机等。飞行高度可高空,低空,超低空;航程可短程,中程,远程;机身可显形,隐形;驾驶可有人、无人。

自从飞机发明以后,飞机已成为现代文明不可缺少的运载工具。它深刻地改变和影响着人们的生活。航空之梦得以成真后,人类又开始了航天之旅。

古代中国发明的火箭传入欧洲,几经改进发展成现代火箭。现代火箭可用作快速远距离运送工具,如作为发射人造卫星、载人飞船、空间站的运载工具,以及其他飞行器的助推器等。火箭用于运载航天器叫航天运载火箭,用于运载军用炸弹叫火箭武器(无控制)或导弹(有控制)。

19世纪80年代,瑞典工程师拉瓦尔发明了拉瓦尔喷管,使火箭发动机的设计日臻完善。1903年,俄国科学家齐奥尔科夫斯基提出了制造大型液体火箭的设想和设计原理。1926年3月16日,美国火箭专家戈达德试飞了第一枚无控液体火箭。德国在第二次世界大战中,先后研制成功了能用于实战的V-1、V-2两种导弹。第二次世界大战后,前苏联在此基础上,1947年仿制成功V-2火箭,1948年自行设计了P-1火箭,射程达300km。1950年和1955年又先后研制成P-2和P-3火箭,射程分别达到500km和1750km。1957年8月,成功发射两级液体洲际导弹P-7,射程已达8000km。第二次世界大战后,美国在德国火箭专家布劳恩的帮助下于1945年发射了V-2火箭,1949年开始研究"红石"弹道导弹。此后,美国又先后研制成功包括洲际弹道导弹在内的各种火箭武器。

除了用作军事目的的火箭武器外,现代火箭还是各种航天器或宇宙探测器的运载工具。1957年,苏联在P-7洲际导弹飞行成功后,在其所用的运载器基础上改装成卫星运载火箭,并于1957年10月4日发射了世界上第一颗人造地球卫星。按照今天的标准衡量,苏联发射的第一颗人造卫星只不过是一个伸展开发射机天线的圆球,但它却是世界上第一个人造天体。人造地球卫星的发射成功首次把人类几千年的航天梦变成了现实。其实,发射人造地球卫星的设想早在1945年就已出现于美国,但到1954年才制定人造卫星计划,1958年2月1日终于成功发射了美国第一颗人造地球卫星。苏联由于发射多种航天器的需要,先后研制成功多种型号的运载火箭,可将100多吨的有效载荷送入近地轨道。美国也先后研制成功"先锋"号、"侦察兵"号、"大力神"号和"土星"号等运载火箭。

人造地球卫星问世后,20世纪60年代苏联和美国发射了大量的科学技术实验卫星。20世纪70年代军、民用卫星全面进入应用阶段,各种专门化卫星,如侦察、通信、导航、预警、气象、测地、海洋和地球资源等卫星相继出现。同时各类卫星亦向多用途、长寿命、高可靠性和低成本方向发展。20世纪80年代后期出现的新型单一功能的微型化、小型化卫星具有重量轻、成本低、研制周期短、见效快的优点,有望成为未来卫星的一支生力军。除美、苏外,中国、欧洲航天局、日本、印度、加拿大、巴西、印尼、巴基斯坦等国都拥有自己研制的卫星。

载人航天在航天活动中占有重要位置。1961年4月12日,苏联用东方号运载火箭发射了世界上第一艘载人飞船,世界上第一位航天员尤里·加加林乘坐"东方一号"飞船进入近地轨道,绕地球转了一圈后返回地面,开创了人类进入太空飞行的新纪元。苏联自1961年4月到1970年9月共发射了17艘载人飞船。1965年3月18日,苏联宇航员列昂诺夫走出"上升2号"飞船,离船5米,停留12分钟,首次实现人类航天史上的太空行走。1969年1月14—17日,苏联的联盟4号和联盟5号飞船在太空首次实现交会对接,并交换了宇航员。苏联从20世纪60年代以来发射了6艘"东方"号飞船和2艘"上升"号飞船,完成了第一阶段的载人航天任务。

同样,美国自1961年5月至1966年11月发射了16艘载人飞船,"水星"和"双子星座"计划是以载人登月飞行为目的"阿波罗"计划的头两个阶段。1965年6月"双子星座"飞船上的航天员第一次步入太空。1966年3月"双子星"8号和"阿金纳"飞行器在轨道上第一次成功地实现对接。此后,"双子星座"飞船系统进行过多次交会和对接。20世纪60年代各种航天器发射频繁,降低单位有效载荷的发射费用就显得日益重要,为了降低费用,提高效益,一些科学家提出了研制能多次使用的航天飞机的设想。美国、前苏联、法国、日本、英国等国都曾对航天飞机的方案作过探索性研究工作。在这些国家中,美国最早开始研制航天飞机并将其投入商业性飞行。美国航天飞机的论证工作始于1969年。1972年1月美国政府批准航天飞机为正式工程项目。1981年4月21日,美国成功发射并安全返回的世界上首架航天飞机哥伦比亚号,使可重复使用的天地往返系统梦想成真。随后制造的航天飞机型号还有"挑战者"号、"探索"号和"努力"号。

月球因为其独一无二的有利条件成为空间探测的第一个目标。1963—1976年是苏联实施月球考察计划的第二个阶段。在此期间苏联共发射21个"月球"号探测器。最重要的成果是:"月球"16号、20号和24号分别于1970年9月、1972年2月和1976年8月在月面软着陆并钻孔取样,将月球的土壤和岩石样品带回地球;"月球"17号和21号在1970年11月和1973年1月分别携带一辆重约1.8吨的月球车在月面软着陆,由地面遥控月球车在月面自动行驶考察。两辆月球车分别行驶了10.5公里和37公里。

美国早期的月球探测器是"先驱者"号探测器,它从1958年开始。此后,美国把对月球探测的第二个阶段计划与"阿波罗"载人登月计划结合起来,执行了"徘徊者"号探测器、"勘测者"号探测器和"月球轨道环行器"探测月球计划。1967年至1972年美国共发射了14次"阿波罗"飞船(其中3次无人飞行,3次载人绕月飞行,6次载人登月飞行,12名航天员登上月球)。1969年7月20日美国宇航员阿姆斯特朗乘坐"阿波罗"11号飞船踏月成功,成为人类踏上月球的第一人。

从月球探测开始,利用行星和星际探测器探测其他星球的工作也逐渐展开。1961年2月12日苏联发射第一个金星探测器。美国在1962年8月26日发射"水手"2号金星探测器,首次准确地计算出金星的质量。从70年代开始前苏联和美国的金星探测进入第二个阶段。1971年,苏联"金星"7号探测器的着陆舱在金星表面软着陆成功,此后相继发射"金星"8号至"金星"16号探测器,发回了一批金星全景遥测照片和测量数据。美国在1978年金星大冲期间发射了"先驱者-金星"1号和2号探测器,在金星表面软着陆成功,对金星进行了综合考察。

人类对火星上可能存在生命的问题一直怀有希望。苏联在1962—1973年间发射了7个"火星"号探测器。1971年12月2日苏联"火星"3号探测器在火星表面着陆。美国在1964—1975年共发射6个"水手"号探测器和2个"海盗"号探测器,实现了着陆舱在火星表面软着陆。苏、美两国对火星探测的结果表明,在着陆点附近未发现地球类型的生命形式。

1973年美国发射的"水手"10号探测器首次对水星进行了考察。测得的数据表明水星表面很像月球,布满大大小小的环形山,有很稀薄的大气,昼夜温差极大。

1972年3月美国发射了第一个探测木星的"先驱者"10号探测器。1973年12月,这个探测器飞近木星,向地球发回300张中等分辨率的木星照片,然后折向海王星,1983年飞过海王星的轨道,1986年越过冥王星轨道成为脱离太阳系的第一个航天器。1973年4月美国发射的"先驱者"11号探测器在1979年9月在离土星34000公里处掠过,拍摄了土星的照片,发回有关土星光环成分的资料。1977年8月和9月,美国发射"旅行者"2号和1号探测器。它们在1979年以后陆续发回木星和土星的照片,清楚地显示出木星的光环、极光和3颗新卫星以及木星的大红斑结构和磁尾形状,土星的光环构造、新的土星卫星、奇异的电磁环境等信息。这一切无论从航天技术水平,或是从空间天文观测成果来看,都是重大的历史性成就。

为了探索宇宙的奥秘,1990年4月美欧联合研制的"哈勃空间望远镜"发射升空。十年间,这一空间望远镜进行了10多万次的天文观测,观测了大约13670个天体,向地球发回了黑洞、衰亡中的恒星、宇宙诞生早期的原始星系、彗星撞击木星以及遥远星系等许多壮观图像,为近2600篇科学论文提供了依据。这是人类空间天文观测工作的又一个里程碑。

在空间建立适合人们长期生活和工作的基地既是航天先驱者的理想,也是进一步开发和利用太空的需要。第一步是建立可长期工作的航天站。到1984年年中,进入近地轨道的航天站有3种:美国的"天空实验室"、苏联的"礼炮"号航天站和欧洲空间局的"空间实验室"。

"天空实验室"是美国国家航空航天局利用"阿波罗"工程节余的"土星"5号运载火箭的末级,将它改造成为试验型航天站,即"天空实验室"。"天空实验室"于1973年5月14日发射进入435公里高的轨道,并和"阿波罗"飞船进行过对接。先后有3批共9名航天员登上"天空实验室"进行生物学、航天医学、太阳物理、天文观测、对地观测和工程技术试验,拍摄了约1000万平方公里地球表面的4万多张照片。"天空实验室"取得的另一重大成果是观察到一次中等程度的太阳耀斑爆发的全过程,并进行了录像,这是研究太阳耀斑的极可贵的资料。根据原来的设计,"天空实验室"应在轨道上运行到80年代初,待航天飞机研制成功后由航天飞机将其回收,但由于1978—1979年太阳黑子活动加剧致使"天空实验室"在轨道上的阻力增加,于1979年7月11日提前坠入大气层烧毁。

"礼炮"号航天站是苏联为军民两用较大规模科学试验而建设的空间航天站,并用"联盟"号飞船来接送航天员和不回收的"进步"号飞船为"礼炮"号航天站运送物资。1971—1984年,苏联总共发射7个"礼炮"号航天站,以实际应用为目标,进一步完善航天设备,并从事许多与科学研究、国民经济、军事有关的探测、侦察、试验活动。1979年发射的"礼炮"6号航天站有两个对接舱口,借以进行不定期的加油、补给、轮换航天员,先后有19批航天员到航天站上工作。1982年4月19日前苏联发射"礼炮"7号航天站。3名航天员在"礼炮"7号航天站上创造了持续飞行236天22小时50分的新纪录,完成了多项需要长期工作的科学研究课题,包括植物在太空环境下从播种、发芽、生长、开花到结果的全过程研究。1986年2月20日,苏联又发射了"和平号"空间站,这是寿命最长的空间站,也是未来永久性空间站的核心舱。

"空间实验室"是由西欧国家按照美国航天飞机货舱的尺寸和承载能力研制的能在空间进行实验的空间站。"空间实验室"由一个圆柱形增压舱和一个敞开的仪器舱组成。前者是航天员的生活和工作场所,装有生命保障系统、数据处理设备和小型专用仪器设备。1983年11月28日"空间实验室"1号由"哥伦比亚"号航天飞机运送入轨道。原联邦德国专家也参加了实验室的工作。"空间实验室"的研制成功为美国国家航空航天局提供了一个重要的航天器,也使西欧开始直接参加载人航天活动。

1984年美国政府宣布建立永久性载人空间站。1993年9月美俄两国达成协议,合作建造一个有16国参加的国际空间站。它是美国航空航天局、欧洲太空局和俄罗斯、日本、加拿大、巴西等国家的太空局合作的结果。1995年6月29日,美国亚特兰蒂斯号航天飞机与俄罗斯和平号空间站第一次对接,开始了总计9次的航天飞机与空间站的对接,为建造国际空间站拉开序幕。国际空间站于2006年完成。2001年5月,美国宇航发烧友蒂托进入国际空间站俄罗斯舱遨游8天,成为地球旅客航天游第一人。

新中国成立后,神州大地发生了翻天覆地的变化,中国人民在航空航天方面取得的成就同样举世瞩目。1951年4月17日,当时的政务院下发《关于航空工业建立的决定》,重工业部航空工业局随之成立,新中国航空工业正式建立。1954年新中国第一架飞机初教5在南昌飞机厂首次升空,标志着中国由飞机修理跨进到飞机制造。1957年12月10日南昌飞机厂试制的中国第一架多用途民用飞机运5首飞成功。1958年7月26日新中国自行设计制造的第一架飞机歼教1在沈阳首飞成功。1963年9月23日,仿米格—19的超音速歼击机首飞成功,这使中国成为当时少数几个能生产超音速战斗机的国家之一。1966年后10年间,中国航空工业完成了"三线"建设的历史任务。到70年代后期,不仅在东北、华北、华东拥有了较强的飞机及其配套产品的生产能力,且在中南、西南、西北等地的"三线"地区建成了能够制造歼击机、轰炸机、运输机、直升机和发动机、机载设备的成套生产基地。从20世纪80年代初到90年代末,军用飞机开展了近40个型号的研制,源源不断地向部队提供了大批航空军事装备;民用飞机开始改变长期发展滞后的局面,进行了20多个型号的研制与改进改型,广泛应用于国民经济各领域;非航空产品生产也迅速崛起,形成了工贸结合、技贸结合、沿海与内地结合、进出口结合的新格局。1993年,航空航天部撤销,分别组建中国航空工业总公司和中国航天工业总公司。1999年,中国航空工业总公司一分为二,分别组建了中国航空工业第一集团公司和中国航空工业第二集团公司。作为特大型国有企业的两大集团下属众多飞机制造公司和各种飞机设计/研究所,以市场为导向,以加速发展、实现跨越为目标昂首迈进21世纪。

60余年的奋发图强,中国航空工业走过了从小到大,从弱到强的不平凡之路,逐步形成专业门类齐全,科研、试验、生产配套的高科技工业体系;中国的航空工业必将继续创造出辉煌的成就!

新中国成立后,于20世纪50年代开始研制火箭。1960年10月,中国制造的第一枚近程火箭实验成功。1966年10月27日,中国成功进行了导弹核武器试验。这标志着中国科学技术和国防力量的一个新里程碑。1970年4月24日，中国第一颗人造地球卫星"东方红"1号在酒泉发射上天，中国成为世界上第五个发射卫星的国家。1975年11月26日，中国发射首颗返回式卫星，3天后顺利返回，中国成为世界上第三个掌握卫星返回技术的国家。1980年5月18日，中国向南太平洋海域成功地发射了新型火箭。1982年10月，潜艇水下发射火箭又获成功。1984年4月8日，用"长征"3号运载火箭发射了地球同步试验通信卫星。1988年9月7日，用"长征"4号运载火箭将气象卫星送入太阳同步轨道。1990年4月7日，中国长征—3运载火箭成功将美国制造的"亚洲一号"卫星发射上天。1992年8月14日，新研制的"长征"2号E捆绑式大推力运载火箭又将澳大利亚的奥赛特$B1$卫星送入预定轨道。这些都表明火箭发源地的中国，在现代火箭技术领域已跨入世界先进行列，并已稳步地进入国际发射服务市场。1999年11月20日，长征二号乙火箭发射"神舟号"无人试验飞船上天，11月21日飞船顺利回收，我国航天技术实现了历史性的跨越。2003年10月15日，我国第一位宇航员杨利伟乘"神舟5号"飞船成功地在预定轨道上飞行了约22个小时，安全返回，实现了中国人的千年飞天梦。2005年10月21日，"神舟6号"载着宇航员费俊龙和聂海胜安全返回地面。中国的月球探测计划经过长期准备、10年论证，于2004年1月正式立项，被称作"嫦娥工程"。嫦娥一号于2007年10月24日，在西昌卫星发射中心由"长征三号甲"运载火箭发射升空。从此中国成为世界上第五个发射月球探测器的国家。随后，2010年10月1日在西昌卫星发射中心"嫦娥二号"成功发射升空。"嫦娥三号"卫星的发射准备工作也在按计划进行。

古代人希望在空中翱翔的梦想今天终于得以实现。航空已经成为快捷、舒适、安全的交通方式。作为四肢动物出身的人类，如今能高高凌驾于鸟类之上，频频穿梭于云霄之间，这是科学技术的奇迹和现代文明的礼赞。同时，人类的航天活动也在积极开展。在不到一个世纪的时间内，航天事业已经取得了巨大的成就，它极大地丰富了人类的知识宝库，也在改变人类社会的面貌。人类的航空航天之路将不会停息，只会越走越辉煌。

习 题 12

1. (1) 当考虑重力影响时，写出火箭在地面发射架发射后的运动方程。

   (2) 求t时刻的运行速度v和喷射行程s。

(3) 若 $f = \dfrac{m}{m_0} = 1 - \alpha t$ 或 $f = e^{-\alpha t}$, 这里 m_0 是 $t = 0$ 时火箭质量, m 是 t 时刻质量, α 是常数。求这两种情况下 v 和 s 的具体表达式。

2. 雨滴在下落过程中会有水汽凝结在上面, 可视为变质量运动。设 $t = 0$ 时雨滴质量为 m, 单位时间凝结其上的水汽质量为 μ, 雨滴下落的过程为自由落体。求 t 秒后雨滴落下的距离。

3. 若雨滴下落时质量的增加率与其表面积成正比, $t = 0$ 时雨滴半径为 r_0, 单位时间雨滴半径的增量为 a, 证明 t 时刻雨滴速度为

$$v = \frac{g}{4a}\left[r_0 + at - \frac{r_0^4}{(r_0 + at)^3} \right]$$

4. 一质点在有心力作用下做双扭线运动, 求此有心力形式。已知双扭线方程为

$$r^2 = a^2 \cos 2\theta$$

5. 设人造卫星在近地点和远地点的速率分别为 v_1 和 v_2, 证明

$$\frac{v_1}{v_2} = \frac{1+e}{1-e}$$

6. 设物体发射后的总能量为 E, 证明 E 与轨道偏心率的关系是

$$e = \sqrt{1 + \frac{2E}{m}\left(\frac{h}{k^2}\right)^2}$$

7. 某彗星轨道为抛物线, 其近日点距离为地球轨道半径的 $\dfrac{1}{n}$, 求彗星在地球轨道内停留时间。假设地球轨道为圆形。

8. 设人造行星在其轨道上某处突然停止运动, 证明它被吸到至太阳表面的时间等于原有周期的 $\dfrac{\sqrt{2}}{8}$ 倍。假设此行星轨道为圆形。

9. 设某星球对地球绕太阳公转轨道的平均半径张角为 $1''$, 证明此星球到地球的距离为 $206265\mathrm{AU}$, 即 $1\mathrm{pc} = 206265\mathrm{AU}$。

10. 已知地球到太阳的距离 $1.5 \times 10^{11}\mathrm{m}$, 太阳半径 $7 \times 10^8\mathrm{m}$。测得地球大气顶层单位面积所接收到太阳光辐射功率 $1.4\mathrm{kW \cdot m^{-2}}$, 试利用斯特藩—玻尔兹曼定律 $J = \sigma T^4$ 计算太阳表面温度。(J 为太阳发射强度即单位面积辐射的功率)

11. 试计算太阳和月亮表面的重力加速度。已知太阳半径为 $6.96 \times 10^5\mathrm{km}$, 月亮半径为 $1.74 \times 10^3\mathrm{km}$。

12. 天文观测得到织女星和天鹅座 61 星的视差分别为 $0.12''$ 和 $0.29''$, 求它

们到地球的距离各为多少秒差距?多少天文单位?多少光年?多少公里?

13. 已知牛郎星的距离为 5.14pc,视星等为 0.76,求绝对星等。

14. 已知半人马座α(南门二)的视星等为 -0.01,绝对星等为 4.35,求它到地球的距离。

15. 1862 年所观测到的天狼伴星(Sirius B)是一颗典型的白矮星。它有大致太阳的质量(2.09×10^{30}kg)和地球的大小(半径 5.75×10^3km)。假设天狼伴星上的氢已完全转变成氦,且氦原子已完全电离成氦核(α 粒子),而氦核的重量约为质子质量的 4 倍。

(1) 计算天狼伴星所包含的核子总数 N 和电子总数 N_e 及 $x=\dfrac{N_e}{N}$。

(2) 如果一个白矮星包含核子总数为 N,电子总数为 N_e 且 $x=\dfrac{N_e}{N}=0.5$,试计算它所具有的引力势能 E_{grav} 和电子气的平均能量 E_{elec}(相当于排斥势能)。

(3) 利用引力势能和电子气平均能量相等的条件,估算白矮星的临界质量 M_c,已知质子质量 $M_P=1.67\times10^{-27}$kg,电子为超相对论性的:$\varepsilon=cp$。

16. 若电子能量极其高以致能与质子发生逆 β 衰变形成中子,这时,作为一种近似可以认为星球全部由中子组成,求中子星的临界质量。已知中子质量 $M_n \sim M_p = 1.67\times10^{-27}$kg。

17. 试计算质量与太阳、武仙座球状星团和银河系相当的天体演化成黑洞时的引力半径。

18. 设恒星均匀分布在空间里,且具有同样的平均亮度,证明西利格定理

$$\frac{N(m+1)}{N(m)}=3.98$$

式中:$N(m)$、$N(m+1)$ 表示从最亮的一直到星等为 $m(m+1)$ 的恒星数目。

19. 假设某恒星在等温下分裂成两个质量相等的较小的恒星,且每个小恒星密度与原恒星密度相同,求:(1) 每个小恒星亮度与原恒星亮度之比;(2) 两个小恒星组成的双星系统亮度与原恒星亮度之比。

20. 若观测到室女座星系团红移 $z=0.0038$,求它的视向速度和距离。假设 $H_0=57$km/(s·Mpc)。

附录 A 常用物理和天体物理常数

物理和天体物理量	符号	数值
阿伏伽德罗常数	N_A	$6.0221367 \times 10^{23} \text{mol}^{-1}$
玻尔兹曼常数	k	$1.380658 \times 10^{-23} \text{J} \cdot \text{K}^{-1}$
		$8.617385 \times 10^{-5} \text{eV} \cdot \text{K}^{-1}$
普适气体常数	R	$8.314510 \text{J} \cdot \text{mol}^{-1} \cdot \text{K}^{-1}$
摩尔体积	v_0	$22414.10 \text{cm}^3 \cdot \text{mol}^{-1}$
（标准状态下理想气体）		
标准大气压	atm	101325Pa
洛喜密特常数	$n_0 = \dfrac{N_A}{v_0}$	$2.686763 \times 10^{25} \text{m}^{-3}$
普朗克常数	h	$6.6260755 \times 10^{-34} \text{J} \cdot \text{s}$
		$4.1356692 \times 10^{-16} \text{eV} \cdot \text{s}$
约化普朗克常数	$\hbar$	$1.05457266 \times 10^{-34} \text{J} \cdot \text{s}$
		$6.5821220 \times 10^{-16} \text{eV} \cdot \text{s}$
斯忒藩－玻尔兹曼常数	σ	$5.67051 \times 10^{-8} \text{W} \cdot \text{m}^{-2} \cdot \text{K}^{-4}$
维恩常数	$b = \lambda_m T$	$2.897756 \times 10^{-3} \text{m} \cdot \text{K}$
真空中光速	c	$299792458 \text{m} \cdot \text{s}^{-1}$
真空磁导率	μ_0	$4\pi \times 10^{-7} \text{N} \cdot \text{A}^{-2}$
真空介电常数 $(1/\mu_0 c^2)$	ε_0	$8.854187817 \times 10^{-12} \text{F} \cdot \text{m}^{-1}$
电子静止质量	m_e	$9.1093897 \times 10^{-31} \text{kg}$
		0.51099906MeV
电子磁矩	μ_e	$9.2847701 \times 10^{-24} \text{J/T}$
电子半径	r_e	$2.81794092 \times 10^{-15} \text{m}$
电子荷质比	$-e/m_e$	$-1.75881962 \times 10^{11} \text{C/kg}$
质子电荷	e	$1.60217733 \times 10^{-19} \text{C}$
质子静止质量	m_p	$1.6726231 \times 10^{-27} \text{kg}$
		938.27231MeV
中子静止质量	m_n	$1.6749286 \times 10^{-27} \text{kg}$
		939.56563MeV
玻尔磁子	μ_B	$9.2740154 \times 10^{-24} \text{J} \cdot \text{T}^{-1}$
		$5.78838263 \times 10^{-5} \text{eV} \cdot \text{T}^{-1}$

玻尔半径	a_0	$0.529177249 \times 10^{-10}$ m
磁通量子$(h/2e)$	Φ_0	$2.06783372 \times 10^{-15}$ Wb
电导量子$(2e/h)$	G_0	$7.748091733 \times 10^{-5}$ S
法拉第常数	F	96485.3383 C·mol^{-1}
万有引力常数	G	6.6742×10^{-11} m·kg^{-1}·s^{-2}
标准重力加速度	g	9.80665 m·s^{-2}
原子质量单位	m_u	$1.66053886 \times 10^{-27}$ kg
电子伏(特)	eV	$1.60217733 \times 10^{-19}$ J
里德佰常量	R_∞	1.09737312×10^7 m^{-1}
	R_H	1.09677576×10^7 m^{-1}
精细结构常数	$\alpha = e^2/4\pi\varepsilon_0 \hbar c$	$1/137.036$
电子康普顿波长	$\lambda_c = h/m_e c$	2.4263×10^{-12} m
太阳质量	$M_\odot$	1.989×10^{30} kg
太阳半径	$R_\odot$	6.96×10^5 km
太阳光度	$L_\odot$	3.83×10^{26} W
地球质量	$M_\oplus$	5.98×10^{24} kg
地球赤道半径	$R_\oplus$	6378 km
地球轨道速度	$V_\oplus$	30 km·s^{-1}
天文单位距离	AU	1.49598×10^8 km
秒差距	pc	206264.806 AU $= 3.085678 \times 10^{13}$ km
光年	ly	63240 AU $= 9.4605 \times 10^{12}$ km
日	d	86400 s
回归年	y(a)	365.24219 d $= 31556926$ s
恒星年		365.25636 d

附录 B 原子在基态时的电子组态

元素	K	L		M			N				O				P			Q		原子基态	电离能(电子伏特)
	1s	2s	2p	3s	3p	3d	4s	4p	4d	4f	5s	5p	5d	5f	6s	6p	6d	7s	7p		
1H	1																			$^2S_{1/2}$	
2He	2																			$^1S_0$	
3Li	2	1																		$^2S_{1/2}$	
4Be	2	2																		$^1S_0$	
5B	2	2	1																	$^2P_{1/2}$	
6C	2	2	2																	$^3P_0$	
7N	2	2	3																	$^4S_{3/2}$	
8O	2	2	4																	$^3P_2$	
9F	2	2	5																	$^2P_{3/2}$	
10Ne	2	2	6																	$^1S_0$	
11Na	2	2	6	1																$^2S_{1/2}$	
12Mg	2	2	6	2																$^1S_0$	
13Al	2	2	6	2	1															$^2P_{1/2}$	
14Si	2	2	6	2	2															$^3P_0$	
15P	2	2	6	2	3															$^4S_{3/2}$	
16S	2	2	6	2	4															$^3P_2$	
17Cl	2	2	6	2	5															$^2P_{3/2}$	
18A	2	2	6	2	6															$^1S_0$	

续表

元素	K	L		M			N				O				P			Q		原子基态	电离能(电子伏特)
	1s	2s	2p	3s	3p	3d	4s	4p	4d	4f	5s	5p	5d	5f	6s	6p	6d	7s	7p		
19K	2	2	6	2	6		1													$^2S_{1/2}$	
20Ca	2	2	6	2	6		2													$^1S_0$	
21Sc	2	2	6	2	6	1	2													$^2D_{3/2}$	
22Ti	2	2	6	2	6	2	2													$^3F_2$	
23V	2	2	6	2	6	3	2													$^4F_{3/2}$	
24Cr	2	2	6	2	6	4	1													$^7S_3$	
25Mn	2	2	6	2	6	5	2													$^6S_{5/2}$	
26Fe	2	2	6	2	6	6	2													$^5D_4$	
27Co	2	2	6	2	6	7	2													$^4F_{9/2}$	
28Ni	2	2	6	2	6	8	2													$^3F_4$	
29Cu	2	2	6	2	6	10	1													$^2S_{1/2}$	
30Zn	2	2	6	2	6	10	2													$^1S_0$	
31Ca	2	2	6	2	6	10	2	1												$^2P_{1/2}$	
32Ge	2	2	6	2	6	10	2	2												$^3P_0$	
33As	2	2	6	2	6	10	2	3												$^4S_{3/2}$	
34Se	2	2	6	2	6	10	2	4												$^3P_2$	
35Br	2	2	6	2	6	10	2	5												$^2P_{3/2}$	
36Kr	2	2	6	2	6	10	2	6												$^1S_0$	
37Rb	2	2	6	2	6	10	2	6			1									$^2S_{1/2}$	4.177
38Sr	2	2	6	2	6	10	2	6			2									$^1S_0$	5.696
39Y	2	2	6	2	6	10	2	6	1		2									$^2D_{3/2}$	6.370
40Zr	2	2	6	2	6	10	2	6	2		2									$^3F_2$	6.837
41Nb	2	2	6	2	6	10	2	6	4		1									$^6D_{1/2}$	6.883
42Mo	2	2	6	2	6	10	2	6	5		1									$^7S_3$	7.10
43Tc	2	2	6	2	6	10	2	6	5		2									$^6S_{5/2}$	7.28
44Ru	2	2	6	2	6	10	2	6	7		1									$^5F_5$	7.346
45Rh	2	2	6	2	6	10	2	6	8		1									$^4F_{9/2}$	7.464
46Pd	2	2	6	2	6	10	2	6	10											$^1S_0$	8.330

理论物理概论(下册)

314

附录 B 原子在基态时的电子组态

续表

元素	K 1s	L 2s	L 2p	M 3s	M 3p	M 3d	N 4s	N 4p	N 4d	N 4f	O 5s	O 5p	O 5d	O 5f	P 6s	P 6p	P 6d	Q 7s	Q 7p	原子基态	电离能（电子伏特）
47Ag	2	2	6	2	6	10	2	6	10		1									$^2S_{1/2}$	7.576
48Cd	2	2	6	2	6	10	2	6	10		2									$^1S_0$	8.994
49In	2	2	6	2	6	10	2	6	10		2	1								$^2P_{1/2}$	5.786
50Sn	2	2	6	2	6	10	2	6	10		2	2								$^3P_0$	7.344
51Sb	2	2	6	2	6	10	2	6	10		2	3								$^4S_{3/2}$	8.642
52Te	2	2	6	2	6	10	2	6	10		2	4								$^3P_2$	9.01
53I	2	2	6	2	6	10	2	6	10		2	5								$^2P_{3/2}$	10.451
54Xe	2	2	6	2	6	10	2	6	10		2	6								$^1S_0$	12.130
55Cs	2	2	6	2	6	10	2	6	10		2	6			1					$^2S_{1/2}$	3.894
56Ba	2	2	6	2	6	10	2	6	10		2	6			2					$^1S_0$	5.212
57La	2	2	6	2	6	10	2	6	10		2	6	1		2					$^2D_{3/2}$	5.614
58Ce	2	2	6	2	6	10	2	6	10	1	2	6	1		2					$^4G_4$	5.65
59Pr	2	2	6	2	6	10	2	6	10	3	2	6			2					$^4I_{9/2}$	5.42
60Nd	2	2	6	2	6	10	2	6	10	4	2	6			2					$^5I_4$	5.49
61Pm	2	2	6	2	6	10	2	6	10	5	2	6			2					$^6H_{5/2}$	5.55
62Sm	2	2	6	2	6	10	2	6	10	6	2	6			2					$^7F_0$	5.63
63Eu	2	2	6	2	6	10	2	6	10	7	2	6			2					$^8S_{7/2}$	5.68
64Gd	2	2	6	2	6	10	2	6	10	7	2	6	1		2					$^9D_2$	6.16
65Tb	2	2	6	2	6	10	2	6	10	9	2	6			2					$^6H_{15/2}$	5.98
66Dy	2	2	6	2	6	10	2	6	10	10	2	6			2					$^5I_3$	5.93
67Ho	2	2	6	2	6	10	2	6	10	11	2	6			2					$^4I_{15/2}$	6.02
68Er	2	2	6	2	6	10	2	6	10	12	2	6			2					$^3H_6$	6.10
69Tm	2	2	6	2	6	10	2	6	10	13	2	6			2					$^2F_{7/2}$	6.18
70Yb	2	2	6	2	6	10	2	6	10	14	2	6			2					$^1S_0$	6.25

续表

元素	K 1s	L 2s	L 2p	M 3s	M 3p	M 3d	N 4s	N 4p	N 4d	N 4f	O 5s	O 5p	O 5d	O 5f	P 6s	P 6p	P 6d	Q 7s	Q 7p	原子基态	电离能 (电子伏特)
71Lu	2	2	6	2	6	10	2	6	10	14	2	6	1		2					$^2D_{3/2}$	6.15
72Hf	2	2	6	2	6	10	2	6	10	14	2	6	2		2					$^3F_2$	7.0
73Ta	2	2	6	2	6	10	2	6	10	14	2	6	3		2					$^4F_{3/2}$	7.88
74W	2	2	6	2	6	10	2	6	10	14	2	6	4		2					$^5D_0$	7.98
75Re	2	2	6	2	6	10	2	6	10	14	2	6	5		2					$^6S_{5/2}$	7.87
76Os	2	2	6	2	6	10	2	6	10	14	2	6	6		2					$^5D_4$	8.7
77Ir	2	2	6	2	6	10	2	6	10	14	2	6	7		2					$^4F_{9/2}$	9.2
78Pt	2	2	6	2	6	10	2	6	10	14	2	6	9		1					$^3D_3$	9.0
79Au	2	2	6	2	6	10	2	6	10	14	2	6	10		1					$^2S_{1/2}$	9.22
80Hg	2	2	6	2	6	10	2	6	10	14	2	6	10		2					$^1S_0$	10.437
81Tl	2	2	6	2	6	10	2	6	10	14	2	6	10		2	1				$^2P_{1/2}$	6.108
82Pb	2	2	6	2	6	10	2	6	10	14	2	6	10		2	2				$^3P_0$	7.415
83Bi	2	2	6	2	6	10	2	6	10	14	2	6	10		2	3				$^4S_{3/2}$	7.287
84Po	2	2	6	2	6	10	2	6	10	14	2	6	10		2	4				$^3P_2$	8.43
85At	2	2	6	2	6	10	2	6	10	14	2	6	10		2	5				$^2P_{3/2}$	9.4
86Rn	2	2	6	2	6	10	2	6	10	14	2	6	10		2	6				$^1S_0$	10.746
87Fr	2	2	6	2	6	10	2	6	10	14	2	6	10		2	6		1		$^2S_{1/2}$	4.0
88Ra	2	2	6	2	6	10	2	6	10	14	2	6	10		2	6		2		$^1S_0$	5.278
89Ac	2	2	6	2	6	10	2	6	10	14	2	6	10		2	6	1	2		$^2D_{3/2}$	6.9
90Th	2	2	6	2	6	10	2	6	10	14	2	6	10		2	6	2	2		$^3F_2$	…
91Pa	2	2	6	2	6	10	2	6	10	14	2	6	10	2	2	6	1	2		$^4K_{11/2}$	5.7
92U	2	2	6	2	6	10	2	6	10	14	2	6	10	3	2	6	1	2		$^5L_6$	6.08
93Np	2	2	6	2	6	10	2	6	10	14	2	6	10	4	2	6	1	2		$^6L_{11/2}$	5.8
94Pu	2	2	6	2	6	10	2	6	10	14	2	6	10	6	2	6		2		$^7F_0$	5.8

续表

元素	电子壳层																			原子基态	电离能(电子伏特)
	K	L		M			N				O				P			Q			
	$1s$	$2s$	$2p$	$3s$	$3p$	$3d$	$4s$	$4p$	$4d$	$4f$	$5s$	$5p$	$5d$	$5f$	$6s$	$6p$	$6d$	$7s$	$7p$		
95Am														7	2	6		2		$^8S_{7/2}$	6.05
96Cm														7	2	6	1	2		$^9D_2$	
97Bk														9	2	6		2		$^8H_{17/2}$	
98Cf														10	2	6		2		$^5I_8$	
99Es														11	2	6		2		$^4I_{15/2}$	
100Fm														12	2	6		2		$^3H_6$	
101Md														13	2	6		2		$^2F_{7/2}$	
102No														14	2	6		2		$^1S_0$	
103Lw														14	2	6	1	2		$^2D_{5/2}$	

附录 C 元素周期表

注：相对原子质量录自1979年国际原子量表，以 $^{12}C=12$ 为基准，相对原子质量末位数，凡平排的准至 ± 1，排作下标的准至 ± 3。

图例：
- 原子序数 → 19
- 元素符号 → K 钾
- 元素名称
- 原子量 → 39.0983

族 周期	IA	IIA	IIIB	IVB	VB	VIB	VIIB	VIII			IB	IIB	IIIA	IVA	VA	VIA	VIIA	O
1	1 H 氢 1.0079																	2 He 氦 4.00260
2	3 Li 锂 6.941	4 Be 铍 9.01218											5 B 硼 10.81	6 C 碳 12.011	7 N 氮 14.0067	8 O 氧 15.999₄	9 F 氟 18.998403	10 Ne 氖 20.179
3	11 Na 钠 22.98977	12 Mg 镁 24.305											13 Al 铝 26.98154	14 Si 硅 28.085₅	15 P 磷 30.97376	16 S 硫 32.06	17 Cl 氯 35.453	18 Ar 氩 39.948
4	19 K 钾 39.0983	20 Ca 钙 40.08	21 Sc 钪 44.9559	22 Ti 钛 47.8₉	23 V 钒 50.9415	24 Cr 铬 51.996	25 Mn 锰 54.9380	26 Fe 铁 55.84₇	27 Co 钴 58.9332	28 Ni 镍 58.69	29 Cu 铜 63.54	30 Zn 锌 65.38	31 Ga 镓 69.72	32 Ge 锗 72.5₉	33 As 砷 74.9216	34 Se 硒 78.9₆	35 Br 溴 79.904	36 Kr 氪 83.80
5	37 Rb 铷 85.467₈	38 Sr 锶 87.62	39 Y 钇 88.9059	40 Zr 锆 91.22	41 Nb 铌 92.9064	42 Mo 钼 95.94	43 Tc 锝	44 Ru 钌 101.0₇	45 Rh 铑 102.9055	46 Pd 钯 106.42	47 Ag 银 107.868	48 Cd 镉 112.41	49 In 铟 114.82	50 Sn 锡 118.6₉	51 Sb 锑 121.7₅	52 Te 碲 127.6₀	53 I 碘 126.9045	54 Xe 氙 131.2₉
6	55 Cs 铯 132.9054	56 Ba 钡 137.33	57-71 La-Lu 镧系	72 Hf 铪 178.4₉	73 Ta 钽 180.9479	74 W 钨 183.8₅	75 Re 铼 186.207	76 Os 锇 190.2	77 Ir 铱 192.2₂	78 Pt 铂 195.0₈	79 Au 金 196.9665	80 Hg 汞 200.5₉	81 Tl 铊 204.383	82 Pb 铅 207.2	83 Bi 铋 208.9804	84 Po 钋	85 At 砹	86 Rn 氡
7	87 Fr 钫	88 Ra 镭 226.0254	89-103 Ac-Lr 锕系	104 Rf 𬬻	105 Ha 𬬭													

镧系	57 La 镧 138.905₅	58 Ce 铈 140.12	59 Pr 镨 140.9077	60 Nd 钕 144.2₄	61 Pm 钷	62 Sm 钐 150.3₆	63 Eu 铕 157.2₅	64 Gd 钆 157.2₅	65 Tb 铽 158.9254	66 Dy 镝 162.5₀	67 Ho 钬 164.9304	68 Er 铒 167.2₆	69 Tm 铥 168.9342	70 Yb 镱 173.0₄	71 Lu 镥 174.96₇
锕系	89 Ac 锕 227.0278	90 Th 钍 232.0381	91 Pa 镤 231.0359	92 U 铀 238.0289	93 Np 镎 237.0482	94 Pu 钚	95 Am 镅	96 Cm 锔	97 Bk 锫	98 Cf 锎	99 Es 锿	100 Fm 镄	101 Md 钔	102 No 锘	103 Lr 铹

附录 D 一些核素的性质

核素			原子质量(u)	丰度(%);或衰变类型	半衰期 $T_{1/2}$
Z	符号	A			
0	n		1.008 665	β^-	10.6min
1	H	1	1.007 825	99.985	
	H	2	2.014 102	0.014 8	
	H	3	3.016 050	β^-	12.33a
2	He	3	3.016 029	1.38×10^{-4}	
	He	4	4.002 603	99.999 86	
3	Li	6	6.015 123	7.5	
	Li	7	7.016 004	92.5	
4	Be	9	9.012 183	100	
5	B	11	11.009 31	80.2	
6	C	12	12.000 00	98.89	
	C	13	13.003 35	1.11	
	C	14	14.003 24	β^-	5 730a
7	N	13	13.005 74	ε	9.96min
	N	14	14.003 07	99.63	
	N	15	15.000 11	0.366	
8	O	16	15.994 92	99.76	
	O	17	16.999 13	0.038	
9	F	18	18.000 94	β^+ (96.9%);EC(3.1%)	109.8min
	F	19	18.998 40	100	
10	Ne	20	19.992 44	90.51	

续表

核素			原子质量(u)	丰度(%);或衰变类型	半衰期 $T_{1/2}$
Z	符号	A			
11	Na	21	20.997 65	β^+	22.47s
	Na	23	22.989 77	100	
12	Mg	24	23.985 04	78.99	
	Mg	27	26.984 34	β^-	9.46min
13	Al	27	26.981 54	100	
	Al	28	27.981 91	β^-	2.24min
14	Si	28	27.976 93	92.23	
15	P	29	28.981 80	β^+	4.1s
	P	30	29.978 31	ε	2.5min
	P	31	30.973 76	100	
16	S	32	31.972 07	95.02	
17	Cl	34	33.973 76	β^+	1.526s
	Cl	35	34.968 85	75.77	37.3min
	Cl	38	37.968 01	β^-	
18	Ar	39	38.964 31	β^-	269a
19	K	39	38.963 71	93.26	
20	Ca	40	39.962 59	96.94	
	Ca	41	40.962 28	EC	1.0×10^5a
	Ca	43	42.958 77	0.135	
21	Sc	43	42.961 15	ε	3.89h
	Sc	45	44.955 91	100	
22	Ti	48	47.947 95	73.7	
23	V	51	50.944 0	9.975 0	
24	Cr	51	50.944 8	EC	27.7d
	Cr	52	51.940 5	93.79	
25	Mn	54	53.940 4	EC	312d
	Mn	55	54.938 0	100	

续表

Z	核素 符号	A	原子质量(u)	丰度(%);或衰变类型	半衰期 $T_{1/2}$
26	Fe	56	55.934 9	91.8	
	Fe	57	56.935 4	2.15	
27	Co	59	58.933 2	100	
	Co	60	59.933 8	β^-	5.271a
28	Ni	60	59.930 8	26.1	
	Ni	63	62.929 7	β^-	100a
29	Cu	63	62.929 6	39.2	
	Cu	64	63.929 8	EC(41.4%); β^+(19.3%); β^-(39.6%)	12.7h
30	Zn	64	63.929 1	48.6	
31	Ga	64	63.936 8	ε	2.62min
	Ga	69	68.925 6	60.1	
32	Ge	71	70.925 0	EC	11.2d
	Ge	74	73.921 2	36.5	
33	As	75	74.921 6	100	
34	Se	78	77.917 3	23.5	
35	Br	79	78.918 3	50.69	
36	Kr	81	80.916 6	EC	2.1×10^5a
	Kr	84	83.911 5	57.0	
	Kr	85	84.912 5	β^-	10.7a
37	Rb	85	84.911 8	72.17	
	Rb	87	86.909 2	27.83; β^-	4.8×10^{10}a
38	Sr	88	87.905 6	82.6	
	Sr	90	89.907 7	β^-	28.8a
39	Y	89	88.905 9	100	
40	Zr	90	89.904 7	51.5	
	Zr	93	92.906 5	β^-	1.5×10^6a

续表

核素			原子质量(u)	丰度(%);或衰变类型	半衰期 $T_{1/2}$
Z	符号	A			
41	Nb	93	92.906 4	100	
42	Mo	98	97.905 4	24.1	
	Mo	99	98.907 7	β^-	66.02h
43	Tc	99	98.906 3	β^-	2.14×10^5a
	Tc	99	98.906 4	IT99%	6.02h
	Tc	100	99.907 7	β^-	15.8s
44	Ru	102	101.904 3	31.6	
45	Rh	103	102.905 5	100	
	Rh	105	104.905 7	β^-	35.4h
46	Pd	106	105.903 5	27.3	
	Pd	109	108.905 9	β^-	13.43h
47	Ag	107	106.905 1	51.83	
	Ag	109	108.904 8	48.17	
48	Cd	113	112.904 4	12.2;β^-	9×10^{15}a
	Cd	114	113.903 4	28.7	
49	In	115	114.903 9	95.7;β^-	5.1×10^{14}a
50	Sn	120	119.902 2	32.4	
	Sn	121	120.904 2	β^-	27.1h
51	Sb	121	120.903 8	57.3	
	Sb	123	122.904 2	42.7	
52	Te	126	125.903 3	18.7	
53	I	123	122.905 6	EC	13.0h
	I	127	126.904 5	100	
	I	131	130.906 1	β^-	8.04d
54	Xe	132	131.904 1	26.9	
55	Cs	133	132.905 4	100	
	Cs	137	136.907 1	β^-	30.17a

续表

核素			原子质量(u)	丰度(%);或衰变类型	半衰期 $T_{1/2}$
Z	符号	A			
56	Ba	138	137.905 3	71.7	
57	La	139	138.906 4	99.911	
58	Ce	140	139.905 4	88.5	
	Ce	141	140.908 3	β^-	32.5a
59	Pr	141	140.907 7	100	
60	Nd	144	143.910 1	23.8;α	2.1×10^{15}a
61	Pm	148	147.917 5	β^-	5.37d
62	Sm	152	151.919 7	26.6	
63	Eu	153	152.921 2	52.1	
64	Gd	158	157.924 1	24.8	
65	Tb	159	158.925 3	100	
	Tb	161	160.927 6	β^-	6.90d
66	Dy	164	163.929 2	28.1	
67	Ho	165	163.930 3	100	
	Ho	166	165.932 3	β^-	26.80h
68	Er	168	167.932 4	27.1	
69	Tm	169	168.934 2	100	
70	Yb	174	173.938 9	31.6	
71	Lu	175	174.940 8	97.41	
	Lu	176	175.942 7	2.591;β^-	3.6×10^{10}a
	Lu	177	176.943 8	β^-	6.71d
72	Hf	180	179.946 6	35.2	
73	Ta	181	180.948 0	99.877	
74	W	184	183.951 0	30.7	
75	Re	185	184.953 0	37.40	
76	Os	192	191.961 5	41.0	
77	Ir	193	192.962 9	62.7	

续表

Z	核素 符号	A	原子质量(u)	丰度(%);或衰变类型	半衰期 $T_{1/2}$
78	Pt	195	194.964 8	33.8	
79	Au	197	196.966 6	100	
	Au	198	197.968 2	β^-	2.696d
80	Hg	202	201.970 6	29.8	
81	Tl	205	204.974 4	70.5	
82	Pb	208	207.976 6	52.3	
83	Bi	209	208.980 4	100	
84	Po	210	209.982 8	α	138.38d
	Po	212	211.988 9	α	0.3×10^{-6}s
85	At	216	216.002 4	α	0.3×10^{-3}s
86	Rn	222	222.017 6	α	3.823 5d
87	Er	222	222.017 5	β^-(99%);α(0.01—0.1%)	14.4min
88	Ra	226	226.025 4	α	1.6×10^3a
89	Ac	227	227.027 8	β^-(98.62%);α(1.38%)	21.773a
90	Th	232	232.038 1	100;α	1.41×10^{10}a
91	Pa	233	233.040 2	β^-	27.0d
92	U	233	233.039 5	α	1.592×10^5a
	U	235	235.043 9	0.720;α	7.038×10^8a
	U	238	238.050 8	99.275;α	4.468×10^9a
93	Np	239	239.052 9	β^-	2.35d
94	Pu	239	239.052 2	α	2.41×10^4a
	Pu	241	241.056 8	β^-(99%);α(0.002 4%)	14.4a
95	Am	243	243.061 4	α	7.37×10^3a
96	Cm	245	245.065 5	α	8.5×10^3a
97	Bk	247	247.070 3	α	1.4×10^3a
98	Cf	249	249.074 9	α	351a
	Cf	252	252.081 6	α(96.91%);SF(3.09%)	2.64a

续表

核素			原子质量(u)	丰度(%);或衰变类型	半衰期 $T_{1/2}$
Z	符号	A			
99	Es	253	253.084 8	α	20.47
100	Fm	255	255.090 0	α	20.1h
101	Md	255	255.091 1	EC(92%);α(8%)	27min
102	No	257	257.096 9	α	26s
103	Lr	260	260.105 28	α(75%);ε(15%);SF	180s
104	Rf	261	261.108 52	α(80%);ε(10%);SF	65s
105	Db	262	262.113 69	SF(71%);α(26%);ε	34s
106	Sg	263	263.118 11	SF(70%);α(30%)	0.8s
107	Bh	262	262.123 00	α(80%);SF(20%)	102ms
108	Hs	265	265.29 90	α	1.8ms
109	Mt	266	266.137 70	α	3.4ms

注:表中符号:β^-——β负衰变;β^+——β正衰变;EC——轨道电子俘获;ε——β^++EC;IT——同质异能跃迁。

附录 E.1 新一层次的"基本粒子表"

类别	粒子名称	符号	质量 (MeV/c^2)	电荷 Q	平均寿命 τ	自旋宇称 J_P	同位旋 I, I_z	轻子数 L	重子数 B	超荷 Y	奇异数 S	粲数 c	底数 b	顶数 t
媒介子	光子	γ	$<3\times10^{-33}$	0	稳定	1^-	0,1 0							
	胶子	G	0	0	稳定	1^-	0							
	中间玻色子	$W^\pm$	80330 ± 150	±1	$(2.93\pm0.18)\times10^{-25}$ s	1								
		Z^0	91190 ± 5	0	$(2.60\pm0.03)\times10^{-25}$ s	1								
	引力子	g	0	0	稳定	2								
轻子	电子	e^-	0.5109907 ± 0.00000015	-1	$>2\times10^{22}$ a	$\frac{1}{2}$		1	0					
	电子型中微子	ν_e	<0.17	0	稳定	$\frac{1}{2}$		1	0					

附录E.1 新一层次的"基本粒子表"

续表

类别	粒子名称	符号	质量 (MeV/c^2)	电荷 Q	平均寿命 τ	自旋宇称 J_P	同位旋 I, I_z	轻子数 L	重子数 B	超荷 Y	奇异数 S	粲数 $\mathscr{C}$	底数 b	顶数 t
	μ子	μ^-	105.658389 ±0.000034	-1	$(2.19703 \pm 0.00004)\times 10^{-6}$ s	$\frac{1}{2}$		1	0					
	μ型中微子	ν_μ	<0.17	0	稳定	$\frac{1}{2}$		1	0					
	τ子	τ^-	1776.9±0.5	-1	$(291.0\pm 1.5)\times 10^{-15}$ s	$\frac{1}{2}$		1	0					
	τ型中微子	ν_τ	<24	0		$\frac{1}{2}$		1	0					
夸克或层子	上夸克	u	~5	$\frac{2}{3}$		$\frac{1}{2}^+$	$\frac{1}{2},\frac{1}{2}$	0	$\frac{1}{3}$	$\frac{1}{3}$	0	0	0	0
	下夸克	d	~10	$-\frac{1}{3}$		$\frac{1}{2}^+$	$\frac{1}{2},\frac{1}{2}$	0	$\frac{1}{3}$	$\frac{1}{3}$	0	0	0	0
	粲夸克	c	~1300	$\frac{2}{3}$		$\frac{1}{2}^+$	0,0	0	$\frac{1}{3}$	$\frac{4}{3}$	0	1	0	0
	奇夸克	s	~200	$-\frac{1}{3}$		$\frac{1}{2}^+$	0,0	0	$\frac{1}{3}$	$-\frac{3}{2}$	-1	0	0	0
	顶夸克	t	~177000	$\frac{2}{3}$		$\frac{1}{2}^+$	0,0	0	$\frac{1}{3}$	$\frac{4}{3}$	0	0	0	1
	底夸克	b	~4300	$-\frac{1}{3}$		$\frac{1}{2}^+$	0,0	0	$\frac{1}{3}$	$-\frac{3}{2}$	0	0	-1	0

附录 E.2 介子表

类别	粒子	符号	质量 m (MeV/c^2)	电荷 Q	自旋宇称 J_P	同位旋 I	同位旋 I_z	重子数 B	奇异数 S	寿命 τ (s)	主要衰变方式	反粒子
介子	π介子	$\pi^\pm$	139.6	±1	0^-	1	±1	0	0	2.6×10^{-8}	$\pi^+\to\mu^++\nu_\mu$ $\pi^-\to\mu^-+\bar\nu_\mu$	$\pi^\mp$
		π^0	135.0	0	0^-		0	0	0	0.84×10^{-16}	$\pi^0\to\gamma+\gamma$	π^0
	K介子	K^+	493.7	+1	0^-	1/2	±1/2	0	+1	1.24×10^{-8}		K^-
		K^0	497.7	0	0^-		−1/2	0	+1	0.89×10^{-10} 5.18×10^{-8}	$K_S^0\to\pi^++\pi^-$ $K_L^0\to\pi^0+\pi^0+\pi^0$	$\bar K^0$
	φ介子	ϕ	1 019.5	0	1^-	0	0	0	0	1.6×10^{-22}	$\phi\to K^++K^-$	ϕ
	ψ介子	ψ'	3 686	0	1^-	0	0	0	0	3.1×10^{-21}	$\psi'\to J/\psi+\pi^++\pi^-$	ψ'
	D介子	D^+	1 869.4	+1	0^-	1/2	+1/2	0	0	1.06×10^{-12}	$D^+\to K^-+\pi^++\pi^+$	D^-
		D^0	1 864.5	0	0^-		−1/2	0	0	0.42×10^{-12}	$D^0\to K^-+\pi^++\pi^0$	$\bar D^0$

附录E.2 介子表

续表

类别	粒子	符号	质量 m (MeV/c^2)	电荷 Q	自旋宇称 J_p	同位旋 I	同位旋 I_z	重子数 B	奇异数 S	寿命 τ (s)	主要衰变方式	反粒子
介子	B介子	B^+	5 279	+1	0^-	1/2	+1/2	0	−1	1.62×10^{-12}	$B^+ \to J/\psi + K^+$ $B^+ \to D^0 + l + \nu^*$	B^-
		B^0	5 279	0	0^-	1/2	−1/2	0	−1	1.56×10^{-12}	$B^0 \to J/\psi + K^0$ $B^0 \to D + l^+ + \nu$	$\bar{B}^0$
	ϒ介子	ϒ	9 460	0	1^-	0	0	0	0	6.6×10^{-20}	$? \to l^+ + l^-$	ϒ

附录 E.3 重子表

类别	粒子	符号	质量 m (MeV/c^2)	电荷 Q	自旋宇称 J_P	同位旋 I	同位旋 I_z	重子数 B	奇异数 S	寿命 τ (s)	主要衰变方式	反粒子
重子	核子	p	938.3	+1	1/2+	1/2	+1/2	+1	0	稳定($>10^{30}$ 年)		$\bar{p}$
		n	938.6	0	1/2+		-1/2	+1	0	917	$n \to p + e^- + \bar{\nu}_e$	$\bar{n}$
	Λ 超子	Λ^0	1115.7	0	1/2+	0	0	+1	-1	2.6×10^{-10}	$\Lambda^0 \to p + \pi^-$ $\Lambda^0 \to n + \pi^0$	$\bar{\Lambda}^0$
	Σ 超子	Σ^+	1189.4	+1	1/2+	1	+1	+1	-1	0.8×10^{-10}	$\Sigma^+ \to p + \pi^0$ $\Sigma^+ \to p + \pi^+$	$\bar{\Sigma}^+$
		Σ^0	1192.5	0	1/2+		0	+1	-1	7.4×10^{-20}	$\Sigma^0 \to \Lambda^0 + \gamma$	$\bar{\Sigma}^0$
		Σ^-	1197.4	-1	1/2+		-1	+1	-1	1.48×10^{-10}	$\Sigma^- \to n + \pi^-$	$\bar{\Sigma}^-$
	Ξ 超子	Ξ^0	1314.9	0	1/2+	1/2	+1/2	+1	-2	2.9×10^{-10}	$\Xi^0 \to \Lambda^0 + \pi^0$	$\bar{\Xi}^0$
		Ξ^-	1321.3	-1	1/2+		-1/2	+1	-2	1.64×10^{-10}	$\Xi^- \to \Lambda^0 + \pi^-$	$\bar{\Xi}^-$

附录 E.3 重子表

续表

类别	粒子	符号	质量 m (MeV/c^2)	电荷 Q	自旋宇称 J_P	同位旋 I	同位旋 I_z	重子数 B	奇异数 S	寿命 τ (s)	主要衰变方式	反粒子
	Ω 超子	Ω^-	1 672.5	-1	$3/2^-$	0	0	$+1$	-3	0.82×10^{-10}	$\Omega^- \to \Lambda^0 + K^-$ $\Omega^- \to \Xi^0 + \pi^-$	$\overline{\Omega}^+$
	Λ_c 超子	Λ_c^+	2 284.9	$+1$	$1/2^+$	0	0	$+1$	0	2.1×10^{-13}	$\Lambda_c^+ \to \Lambda^0 + \pi^+ + \pi^-$ $\Lambda_c^+ \to p + K^- + \pi^+$	$\overline{\Lambda}_c^-$
	Λ_b 超子	Λ_b^0	5.641	0	$1/2^+$	0	0	$+1$	0	1.1×10^{-12}	$\Lambda_b^0 \to \Lambda_c^+ + l^- + \nu$	$\overline{\Lambda}_c^-$

附录 F 太阳系行星的一些性质

	水星	金星	地球	火星	木星	土星	天王星	海王星	冥王星
到太阳平均距离(10^6 km)	57.9	108	150	228	778	1430	2870	4500	5900
公转周期(a)	0.241	0.615	1.00	1.88	11.9	29.5	84.0	165	248
自转恒星周期(d)	58.7	243*	0.997	1.03	0.409	0.426	0.451*	0.658	6.39
轨道速率(km·s^{-1})	47.9	35.0	29.8	24.1	13.1	9.64	6.81	5.43	4.74
转道倾角(相对于地球)	7.00°	3.39°	0°	1.85°	1.30°	2.49°	0.77°	1.77°	17.2°
轨道偏心率	0.206	0.0068	0.0167	0.0934	0.0485	0.0556	0.0472	0.0086	0.250
赤道半径(km)	2425	6070	6378	3395	71300	60100	25900	24750	3200
质量(相对于地球)	0.0554	0.815	1	0.1075	317.83	95.147*	14.54	17.23	0.17
密度(kg·m^{-3})	5.60	5.20	5.52	3.95	1.31	0.704	1.21	1.67	?
表面重力加速度(m·s^{-2})	3.78	8.60	9.78	3.72	22.9	9.05	7.77	11.0	0.3(?)
已知卫星数	0	0	1	2	16+环	17+环	15+环	2+环(?)	1

附录 G 25 颗亮星星表

序号	星名	赤经(2000)	赤纬(2000)	视星等 m_v	距离/pc	自行/((")·a^{-1})	光谱型	绝对星等
1	天狼星 Sirius, α CMa	$06^h 45^m 09^s$	$-16°42'46''.6$	-1.44	2.64	1.34	A0	$+1^m.45$
2	老人星 Canopus, α Car	06 23 57.1	$-52\ 41\ 44.6$	-0.64	95.88	0.03	F0 1	-5.53
3	大角 Arcturus, α Boo	14 15 39.7	$+19\ 11\ 13.0$	-0.05	11.25	2.28	K2Ⅲ	-0.30
4	织女星 Vega, α Lyr	18 36 56.3	$+38\ 46\ 59.0$	-0.03	7.76	0.35	A0 V Uar	$+0.58$
5	半人马座 α α Centauri	14 39 36.7	$-60\ 50\ 06.8$	-0.01	1.35	3.71	G2 V	$+4.35$
6	五车二 Capella, α Aur	05 16 41.4	$+45\ 59\ 56.3$	0.08	12.94		M1	-0.48
7	参宿七 Rigel, β Ori	05 14 32.3	$-08\ 12\ 05.9$	0.18	236.97	0.00	B8 I	-6.69
8	南河三 Procyon, α CMi	07 39 18.1	$+05\ 13\ 38.4$	0.40	3.50	1.26	F5Ⅳ	$+2.70$
9	水委一 Achernar, α Eri	01 37 42.8	$-57\ 14\ 12.0$	0.45	44.09	0.10	B3 V	-2.77
10	参宿四 Betelgeuse, α Ori	05 55 10.3	$+07\ 24\ 25.3$	0.45	131.06	0.03	M2 I b	-5.13
11	半人马 β β Centauri	14 03 49.4	$-60\ 22\ 22.7$	0.61	161.03	0.04	B1Ⅲ	-5.42

续表

序号	星名	赤经(2000)	赤纬(2000)	视星等 m_v	距离/pc	自行/$(('') \cdot a^{-1})$	光谱型	绝对星等
12	牛郎星 Altair, α Aql	19 50 47.0	+08 52 02.8	0.76	5.14	0.66	A7Ⅳ	+2.21
13	南十字 α α Crucis	12 26 35.9	−63 05 56.6	0.77	98.33	0.04	B0Ⅳ	−4.19
14	毕宿五 Aldebaran, α Tau	04 35 55.2	+16 30 35.1	0.87	19.96	0.20	K5Ⅲ	−0.63
15	南宿一 Spica, α Vir	13 25 11.6	−11 09 40.5	0.98	80.39	0.05	B1Ⅴ	−3.55
16	大火 Antarces, α Sco	16 29 24.5	−26 25 55.0	1.06	185.19	0.03	M1Ⅰ+B2.5Ⅴ	−5.27
17	北河三 Pollux, β Gem	07 45 18.95	+28 0.1 34.7	1.16	10.34	0.63	K0Ⅲ	+1.09
18	北落师门 Formalhaut, α PsA	22 57 39.1	−29 37 18.5	1.17	7.69	0.37	A3Ⅴ	+1.75
19	天津四 Deneb, α Cyg	20 41 25.9	45 16 49.2	1.25	990.10	0.00	A2Ⅰ	−8.73
20	南十字 β β Crucis	12 47 43.3	−59 41 19.4	1.25	108.11	0.05	B1Ⅲ	−3.92
21	轩辕十四 Regulus, α Leo	10 08 22.3	+11 58 01.9	1.36	23.76	0.25	B7Ⅴ	−0.52
22	大犬 Canis Majoris	06 58 37.6	−28 58 19.5	1.50	132.10	0.00	B2Ⅱ	−0.41
23	北河二 Castor, α Gem	07 34 35.9	+31 53 19.0	1.58	15.81	0.25	A2Ⅴ	+0.58
24	天蝎 λ λ Scorpii	17 33 36.5	−37 06 13.5	1.62	215.52	0.03	B1.5Ⅳ	−5.05
25	参宿五 Bellatrix, γ Ori	05 25 07.9	+06 20 59.0	1.64	74.52	0.02	B2Ⅲ	−2.72

附录 H 诺贝尔物理学奖(1901—2010)

时间	获奖者	国籍	研究成果
1901	伦琴(W. C. Röntgen)	德	1895 年研究真空管放电时发现 X 射线
1902	塞曼(P. Zeeman)	荷	1896 年发现磁场对辐射现象的影响,即塞曼效应
	洛伦兹(A. H. Lorentz)	荷	对塞曼效应的理论研究
1903	贝克勒耳(A. H. Bequerel)	法	1896 年发现天然放射性
	皮埃尔·居里(A. H. Becquerel)	法	对天然放射性现象的研究
	居里夫人(M. S. Curie)	法籍波	同上(夫妇共同)
1904	瑞利(J. Rayleigh)	英	气体密度的研究以及与此有关的氩的发现
1905	勒纳德(P. Lenard)	德	阴极射线研究
1906	约瑟夫·汤姆孙(J. J. Thomson)	英	气体放电理论和实验研究,1897 年发现电子
1907	迈克尔逊(A. A. Michelson)	美	发明光学干涉仪及光谱学和精密度量学研究
1908	李普曼(G. Lippmann)	法	发明应用干涉现象的彩色照相法
1909	马可尼(G. Marconi)	意	发明无线电报和对发展无线电通信的贡献
	布劳恩(C. F. Braun)	德	对无线电报的研究和改进
1910	范德瓦耳斯(J. D Van der Waals)	荷	气体和液体状态方程的研究
1911	维恩(w. Wien)	德	发现热辐射定律
1912	达伦(N. G. Dalén)	瑞典	发明和燃点航标、浮标联合使用的自动调节装置
1913	昂内斯(H. K. Onnes)	荷	研究低温下物质性质,制成液氦,发现超导现象
1914	劳厄(M. Von Laue)	德	1912 年发现 X 射线的晶体衍射
1915	亨利·布拉格(W. H. Bragg)	英	利用 X 射线分析晶体结构
	劳伦斯·布拉格(W. L. Bragg)	英	同上(父子共同)
1917	巴克拉(L. G. Barkla)	英	发现元素的特征 X 射线
1918	普朗克(M. Planck)	德	1900 年发现能量子概念,为量子理论奠定基础
1919	斯塔克(J. Stark)	德	发现极隧射线的多普勒效应及光谱线在电场作用下的分裂现象

续表

时间	获奖者	国籍	研究成果
1920	纪尧姆(C. E. Guillaume)	法	发现镍合金钢的反常及其在精密物理学的重要性
1921	爱因斯坦(A. Einstein)	德	在理论物理方面的成就和发现光电效应规律
1922	尼尔斯·玻尔(N. Bohr)	丹	研究原子结构和原子辐射，1913年提出氢原子模型
1923	密立根(R. A. Millikan)	美	基本电荷和光电效应方面的工作，1909年油滴实验
1924	塞格巴恩(K. M. Siegbahn)	瑞典	X射线光谱学方面的发现和研究
1925	夫兰克(J. Franck)	德	发现电子与原子碰撞时只能传给原子分立能量
	赫兹(G. L. Hertz)	德	同上(共同)
1926	佩林(J. B. Perrin)	法	对物质不连续结构的研究，发现沉积平衡
1927	康普顿(A. H. Compton)	美	光子与自由电子的非弹性散射研究，即康普顿效应
	威尔孙(C. T. R. Wilson)	英	发明一种观测带电粒子径迹的方法——威尔孙云室
1928	里查孙(O. W. Richardson)	英	热电子现象方面的工作，发现里查孙定律
1929	德布罗意(L. V. de Broglie)	法	1925年提出电子的波动性
1930	拉曼(C. V. Raman)	印	1928年发现光散射的拉曼效应
1932	海森伯(W. K. Heisenberg)	德	创立量子力学矩阵形式，1927年提出不确定关系
1933	薛定谔(E. Schrödinger)	奥	创立量子力学非相对论波动力学，即薛定谔方程
	狄拉克(P. A. M. Dirac)	英	创立量子力学相对论波动力学，即狄拉克方程
1935	查德威克(J. Chadwick)	英	1932年发现中子
1936	赫斯(V. F. Hess)	奥	1911年发现宇宙线
	卡尔·安德孙(C. D. Anderson)	美	1932年发现正电子
1937	戴维森(C. J. Davisson)	美	1927年发现电子在晶体中的衍射现象
	乔治·汤姆孙(G. P. Thomson)	英	同上(各自)
1938	费米(E. Fermi)	意	证实中子辐射产生新放射性核素及慢中子产生核反应
1939	劳伦斯(E. O. Lawrence)	美	发明和发展回旋加速器，用加速器取得成果，特别是产生人工放射性元素
1943	斯特恩(O. Stern)	美	发展分子束方法，发现质子磁矩
1944	拉比(I. I. Rabi)	美	用核磁共振法测原子核磁矩

续表

时间	获奖者	国籍	研究成果
1945	泡利(W. Pauli)	奥	1924年发现不相容原理,即泡利原理
1946	布里奇曼(P. W. Bridgman)	美	高压装置发明及高压物理方面工作
1947	阿普顿(E. V. Appleton)	英	研究大气高层物理性质,发现无线电短波电离层
1948	布莱克(P. M. S. Blackett)	英	发展威尔孙云室,在粒子和宇宙线方面作出贡献
1949	汤川秀树(H. Yukawa)	日	提出核子的介子理论并预言 π 介子的存在
1950	鲍威尔(C. F. Powell)	英	发展核乳胶方法,发现 π 介子
1951	科克罗夫特(J. D. Coekroft)	英	用人工加速粒子轰击原子产生原子核嬗变
	瓦尔顿(E. T. S. Walton)	英	同上
1952	布洛赫(F. Bloch)	美	在核磁共振精密测量方法上的发展及有关发现
	珀塞尔(E. M. Purcell)	美	同上
1953	泽尼克(F. Zernicke)	荷	发现相差衬托法并发明相衬显微镜
1954	玻恩(M. Born)	英	量子力学研究,特别是对波函数的统计诠释
	博特(W. W. G. Bothe)	德	发明了符合计数法,用以研究核反应和宇宙射线
1955	兰姆(W. E. Lamb)	美	有关氢光谱精细结构(即兰姆位移)的发现
	库什(P. Kusch)	美	1947年精密测定电子磁矩,发现非常磁矩
1956	肖克利(W. Shockley)	美	发明晶体管及对晶体管效应的研究
	巴丁(J. Bardeen)	美	同上
	布拉顿(W. H. Brattain)	美	同上
1957	杨振宁(C. N. Yang)	美籍中	发现弱相互作用下宇称不守恒
	李政道(T. D. Lee)	美籍中	同上(共同)
1958	切伦科夫(P. A. Cherenkov)	苏	1934年发现切伦科夫效应
	弗兰克(I. M. Frank)	苏	1937年理论解释切伦科夫效应
	塔姆(I. E. Tamm)	苏	同上
1959	西格里(E. G. Segrè)	美籍意	1955年发现反质子
	钱伯伦(O. Chamberlain)	美	同上
1960	格拉泽(D. A. Glaser)	美	发明气泡室
1961	霍夫斯塔特(R. Hofstadter)	美	研究电子被核散射问题,发现核子结构
	穆斯堡尔(R. L. Mössbauer)	德	1958年发现无反冲 γ 共振吸收
1962	朗道(L. D. Landau)	苏	物质凝聚态理论的研究,特别是液氦
1963	梅耶夫人(M. G. Mayer)	美籍德	1949年提出核壳层模型
	詹森(J. H. D. Jenson)	德	同上
	维格纳(E. P. Wigner)	美籍匈	核和基本粒子理论

续表

时间	获奖者	国籍	研究成果
1964	汤斯(C. H. Townes)	美	独立制成微波激射器,导致激光器的发展
	巴索夫(N. G. Basov)	苏	同上
	普罗霍罗夫(A. M. Prokhorov)	苏	同上
1965	费曼(R. P. Feynman)	美	量子电动力学方面的研究
	施温格(J. S. Schwinger)	美	同上
	朝永振一郎(S. Tomonaga)	日	同上
1966	卡斯特勒(A. H. Kastler)	法	发现和发展了研究原子核磁共振的光学方法
1967	贝斯(H. A. Bethe)	美	核反应理论,恒星能量产生理论
1968	阿尔瓦雷兹(L. W. Alvarez)	美	发展氢泡室和数据分析系统,发现大量共振态
1969	盖尔曼(M. Gell-Mann)	美	基本粒子分类和相互作用,1964年提出夸克模型
1970	阿尔芬(H. O. G. Alfvén)	瑞典	等离子体物理和磁流体动力学的基本研究和发现
	尼尔(L. E. F. Néel)	法	反铁磁性和铁氧体磁性的基本研究和发现
1971	伽伯(D. Gabor)	英籍匈	1948年发明全息照相
1972	巴丁(J. Bardeen)	美	1957年提出BCS超导理论
	库珀(L. N. Cooper)	美	同上
	施里弗(J. R. Schrieffer)	美	同上
1973	约瑟夫森(B. D. Josephson)	英	理论预言通过隧道势垒的超流现象即约瑟夫森效应
	贾埃弗(I. Giaever)	美籍挪	发现超导体中隧道效应
	江崎(Leo Esaki)	日	发现半导体中隧道贯穿,1957年制成隧道二极管
1974	赖尔(Sir Martin Ryle)	英	射电天文物理的开拓工作,射电望远镜的发明
	赫威斯(A. Hewish)	英	射电天文物理的开拓工作,发现脉冲星
1975	阿格·玻尔(A. Bohr)	丹	发现核内集体运动和粒子运动的联系
	莫特尔孙(B. R. Mottelson)	丹	同上
	雷恩瓦特(B. Richter)	美	同上
1976	里克特(B. Richter)	美	发现J/ψ粒子
	丁肇中(S. C. C. Ting)	美籍中	同上(各自)
1977	菲利浦·安德孙(P. W. Anderson)	美	磁性和无序系统的电子结构的理论研究
	莫特(N. F. Mott)	英	同上
	范弗莱克(J. H. Van Vleck)	美	同上

续表

时间	获奖者	国籍	研究成果
1978	彭齐亚斯(A. A. Penzias)	美	发现宇宙微波背景辐射
	罗伯特·威尔孙(R. W. Wilson)	美	同上
	卡皮查(P. L. Kapitza)	苏	低温物理方面的发明和发现
1979	温伯格(S. Weinberg)	美	1967年提出弱电统一理论
	萨拉姆(A. Salam)	巴	同上
	格拉肖(S. L. Glaschow)	美	1973年发展了温伯格—萨拉姆理论
1980	克罗宁(J. W. Cronin)	美	通过K^0介子衰变实验确定CP不守恒
	菲奇(V. L. Fitch)	美	同上
1981	布洛姆伯根(N. Bloembergen)	美	非线性光学和激光光谱学的研究
	肖洛(A. L. Schawlow)	美	激光及激光光谱学的研究
	凯·塞格巴恩(K. M. Siegbahn)	瑞典	发展高分辨电子能谱仪和光电子能谱的研究
1982	肯尼思·威尔孙(K. G. Wilson)	美	相变的临界现象理论
1983	钱德拉塞卡(S. Chandrasekhar)	美籍巴	恒星结构和演化过程的研究,特别是白矮星
	福勒(W. A. Fowler)	美	宇宙中化学元素的形成的核反应理论和实验研究
1984	鲁比亚(C. Rubbia)	意	1983年发现中间玻色子$W^{\pm}Z^0$
	范德梅尔(S. Van der Meer)	荷	发明随机冷却方案聚焦质子—反质子束
1985	克利津(K. Von Klitzing)	德	1980年发现量子霍尔效应
1986	鲁斯卡(N. Ruska)	德	1933年发明电子显微镜
	宾尼希(G. Binnig)	德	1981年发明扫描隧道显微镜
	罗雷尔(H. Rohrer)	瑞士	同上(共同)
1987	缪勒(K. A. Müller)	美	1986年发现高T_C氧化物超导体
	柏诺兹(J. G. Bednorz)	美	同上(共同)
1988	莱德曼(L. Lederman)	美	产生中微子束,发现v_μ验明轻子二重态结构
	施瓦茨(M. Schwartz)	美	同上(共同)
	斯坦伯格(J. Steinberger)	美	同上(共同)
1989	拉姆齐(N. F. Ramsey)	美	发明分离振荡场方法并用到氢微波激射器和原子钟
	德默尔特(H. G. Dehmelt)	美	发展电磁陷阱捕获带电粒子技术,用于高精密测量基本物理常数
	保罗(W. Paul)	联邦德国	同上
1990	弗里德曼(J. Freidman)	美	通过实验首次结果证实了强子有结构的理论
	肯得尔(H. Kandall)	美	同上(共同)
	泰勒(R. Taylor)	美	同上(共同)
1991	德然纳(P. G. de Gennes)	法	把研究简单系统中有序现象的方法推广到更复杂的物质形态,特别是液晶和聚合物

续表

时间	获奖者	国籍	研究成果
1992	夏帕克(G. Charpak)	法	发明多丝正比室
1993	赫尔斯(R. A. Hulse)	美	1974年发现一种新型的脉冲星,为研究引力开辟了新的可能性
	泰勒(J. H. Taylor)	美	同上(共同)
1994	布罗克豪斯(B. N. Brockhouse)	加	发展了中子谱学
	沙尔(C. G. Shull)	美	发展了中子衍射技术
1995	佩尔(M. L. Perl)	美	1977年发现τ轻子
	莱因斯(F. Reines)	美	1959年探测到中微子
1996	戴维·李(David M. Lee)	美	发现氦－3中的超流动性
	奥谢罗夫(D. D. Osheroff)	美	同上(共同)
	里查森(R. C. Richardson)	美	同上(共同)
1997	朱棣文(S. Chu)	美籍中	发展了激光冷却陷俘原子的方法
	科恩-塔诺季(C. Cohen-Tannoudji)	法	同上
	菲利普斯(W. D. Phillips)	美	同上
1998	劳克林(R. B. Laughlin)	美	分数量子霍尔效应的理论
	施特默(H. L. Stormer)	德	分数量子霍尔效应的发现
	崔琦(D. C. Tsui)	美籍中	同上(共同)
1999	霍夫特(G. Hooft)	荷	非阿凡尔规范场重整化的理论
	韦尔特曼(M. J. G. Veltman)	荷	同上
2000	阿尔费罗夫(Z. I. Alferov)	俄	研究半导体异质结构
	克勒默(H. Kromer)	美	同上(各自)
	基尔比(J. S. Kilby)	美	发明集成电路
2001	埃里克·康奈尔(Eric A. Cornell)	美	对玻色爱因斯坦冷凝态的研究
	卡尔·维曼(Carl E. Wiemian)	美	同上
	沃尔夫冈·克特勒(Wolfgang Ketterle)	德	同上
2002	小雷蒙德·戴维斯 (Raymond Davis Jr)	美	在宇宙中的微中子研究所作出的卓越贡献
	小柴昌俊(Masatoshi Koshiba)	日	同上
	里卡多·贾科尼(Riccardo Giacconi)	美籍意	发现了宇宙X射线源
2003	阿列克谢·阿布里科索夫 (Алексéй Алексéевич Абрикóсов)	俄美	在量子物理学超导体和超流体领域中作出的开创性贡献
	维塔利·金茨堡(Vitaly Ginzburg)	俄	同上
	安东尼·莱格特(Anthony J. Leggett)	英美	同上
2004	戴维·格罗斯(David Gross)	美	对量子理论中夸克渐进自由现象的开创性发现
	戴维·波利兹(H David Politzer)	美	同上

续表

时间	获奖者	国籍	研究成果
2005	弗兰克·维尔茨克(Frank Wilczek)	美	同上
	罗伊·格劳伯(Roy J. Glauber)	美	对光学相干的量子理论的贡献
	约翰·霍尔(John L. Hall)	美	发展了基于激光的精密光谱学
	特奥多尔·亨施(Theodor W. Hänsch)	德	同上
2006	约翰·马瑟(John C. ather)	美	发现了宇宙微波背景辐射的黑体形式和各向异性
	乔治·斯穆特(George F. Smoot)	美	同上
2007	艾尔伯·费尔(Albert Fert)	法	对发现巨磁阻效应的贡献
	皮特·克鲁伯格(Peter Grünberg)	德	同上
2008	南部阳一郎(Yoichiro Nambu)	日	发现了亚原子物理的对称性自发破缺机制
	小林诚(Makoto Kobayashi)	日	提出了对称性破坏的物理机制,并成功预言了自然界至少三类夸克的存在。
	益川敏英(Toshihide Maskawa)	日	
2009	高锟	英籍中	在光学通信领域中光的传输的开创性成就
	韦拉德·博伊尔(Willard Boyle)	美	发明成像半导体电路——电荷耦合器件图像传感器 CCD
	乔治·史密斯(George E. Smith)	美	
2010	安德烈·盖姆 Andre Geim	英	二维空间材料石墨烯的突破性实验
	康斯坦丁·诺沃肖洛夫 Константин Новосёлов	英俄	同上

主要参考书目

[1] 彭恒武,徐锡申. 理论物理基础(M). 北京:北京大学出版社,1998.

[2] 西北工业大学理论力学教研室. 理论力学(M). 北京:科学出版社,2005.

[3] 郭硕鸿. 电动力学(M). 北京:高等教育出版社,1997.

[4] 周世勋. 量子力学(M). 北京:高等教育出版社,2009.

[5] 褚圣麟. 原子物理学(M). 北京:高等教育出版社,2006.

[6] 李宗伟,肖兴华. 天体物理学(M). 北京:高等教育出版社,2001.

[7] Landau L D and Lifshitz E M. Course of Theoretical Physics (M). Beijing:Beijing World Pub. Co.,1999.